中央美術學院规划教材

室内设计概论

The Conspectus of Interior Design

崔冬晖 主编

北京大学出版社
PEKING UNIVERSITY PRESS

图书在版编目（CIP）数据

室内设计概论／崔冬晖主编．—北京：北京大学出版社，2007.12
（中央美术学院规划教材）

ISBN 978-7-301-12242-6

Ⅰ.室… Ⅱ.崔… Ⅲ.室内设计－高等学校－教材 Ⅳ.TU238

中国版本图书馆 CIP 数据核字（2007）第 080737 号

书　　名：室内设计概论
著作责任者：崔冬晖 主编
责 任 编 辑：田　炜
整 体 设 计：北京河上图文设计工作室／薛磊
书　　号：ISBN 978-7-301-12242-6/J · 0162
出 版 发 行：北京大学出版社
地　　址：北京市海淀区成府路 205 号　100871
网　　址：http://www.pup.cn　电子邮箱：pkuwsz@yahoo.com.cn
电　　话：邮购部 62752015　发行部 62750672　编辑部 62752025　出版部 62754962
印　刷　者：北京宏伟双华印刷有限公司
经　销　者：新华书店
720 × 1020 毫米　16 开本　25.75 印张　400 千字
2007 年 12 月第 1 版　2019 年 3 月第 5 次印刷
定　　价：88.00 元

中央美术学院规划教材 编审委员会

目录

总序 6

前言 8

第一章 导论 10

第一节 室内空间设计的概念与定义 10

第二节 室内设计师的知识结构 19

第三节 室内设计的程序与步骤 27

第二章 室内设计发展史 40

第一节 西方室内设计发展史 40

第二节 中国室内设计发展史 75

第三章 室内空间设计 88

第一节 室内空间的概念 88

第二节 室内空间的设计基础 99

第三节 室内空间的组织 115

第四节 室内空间的规划设计 126

第四章 室内设计的类型 144

第一节 办公空间室内设计 144

第二节 专卖店室内设计 171

第三节 餐饮空间室内设计 187

第四节 其他特殊空间室内设计 204

第五章 室内装饰材料 240

第一节 装饰材料概述 240

第二节 基本的装饰材料 242

第三节 装饰材料的绿色设计意识 258

第四节 室内材料教学 261

第六章 室内设计的做法与结构 264

第一节 做法与结构同室内设计的关系 264

第二节 室内设计做法与结构的意义 265

第三节 影响室内设计做法与结构的因素 270

第四节 室内结构的分类及标准做法 278

第五节 标准化与特殊性 291

第七章 室内色彩设计 294

第一节 色彩学概述 294

第二节 色彩在室内空间中对人的心理与生理影响 301

第三节 室内空间中色彩的运用 304

第四节 色彩在室内设计中的作用实例 307

第八章 室内陈设艺术设计 312

第一节 室内陈设的定义和宗旨 313

第二节 室内陈设艺术设计范围 316

第三节 室内空间中的陈设方式 331

第四节 室内陈设教学 333

第九章 室内家具设计 336

第一节 室内家具设计概论 336

第二节 中西方家具发展比较 337

第三节 家具的种类及加工工艺 349

第四节 家具设计与人体工程学 352

第五节 现代家具设计的程序和特点 355

第六节 未来家具设计的发展趋势 360

第十章 室内设计表现技法 366

第一节 手绘表现技法 366

第二节 电脑制图技法 388

总序

教材建设是高等艺术教育最重要的学术内容之一。

教材作为教学过程中传授课程内容、掌握知识要领的文本依据，具有延续经验传统和重构知识体系的双重使命。艺术教育的基本规律决定了它具有结构开放、风格差异、强调直观、类型多样等多种特性，是一种严肃而艰难的专业建设。尽管如此，规划和编撰一套高起点、高标准、高质量的专业教材，仍然是中央美术学院长期以来始终不渝的工作目标。

我国的美术教育正在经历一场深刻的变化。传统的现实主义造型艺术教育正在逐渐向覆盖美术、设计、建筑、新媒体等多学科的综合型"大美术"教育转换；原来学院相对封闭、单一的学术环境正在转变为开放、多元、国际化的学术平台；一段时间内以对西方文化引进、吸收和消化为主的文化建设也在转变为具有明显主体意识特征的积极的文化建设。在这样的转变中，中央美术学院原有的教学经验与传统经受了考验和变革，原有的学科体系有了更全面、更理性的发展，原有的教学用书已不能适应新的教学需要，及时地总结和编撰新的规划教材，已成为当务之急。

中央美术学院作为中国美术教育最高学府，建校以来始终坚持积极应对社会发展与文化建设需要、创建新中国最高成就的美术教育事业的办学方针，坚持高标准、高质量的人才培养目标。本次教材编写，在原有教学传统的基础上，吸收了最新的教学改革成果，力求反映新的时代条件下人才培养的目标与要求，反映"大美术"教育的学科系统性、发展性。根据美术院校教学用书类型多样、层次丰富和风格差异的特征，本套教材分为理论类、技术类与（工作室）教学法三个系列。理论类教材主要汇集美院各院系开设的概论、艺术史与专业史、创作理论与方法等基础理论课程的教学内容；技法类教材主要汇集各专业的基础技法与创作技能训练内容；（工作室）教学法则以各专业工作室为单元，总结不同专业、不同艺术风格的工作室教学体系与创作方法，集中体现美院工作室教学体系下的优良教学传统与改革探索。

这套规划教材计划近百种，将在今后五年内陆续完成。但是，在任何情况下，我们都不应忘记，教材的完成只是一种过程的记录，它只意味着一种改革与尝试的开始而不是终结。当代教育家怀特海（Alfred North Whitehead）曾说："教育只有一种教材，那就是生活的一切方面。"（《现代西方资产阶级教育思想流派论著选》，人民教育出版社1980年版，第116页）关联着社会发展和改革实践的艺术生活永远是最生动、有效的教材，追求这种实践的持续和完美，才是我们真正长久的教材建设目标。

中央美术学院院长、教授

2007年5月

前言

21世纪，中国的设计教育进入了飞跃发展的阶段。室内设计教育的发展也毋庸置疑地有了长足的进步。中央美术学院建筑学院的室内教研室做为国内一流的美术类综合大学的教研单位，以中央美院深厚的历史与人文底蕴为依托，在建筑学院良好的专业技术与专业设计能力的氛围之下，扩充自身的专业知识与专业精神——通过基础设计课程加强学生的设计能力与设计思维能力；通过设计表现课程加强学生的设计表达能力与绘制能力；通过理论课程加强学生的审美能力与专业理论知识；通过技术类课程加强学生的专业技术能力与现场设计协调能力。在全面考虑中央美院学术背景的情况下，室内教研室本着培养出有设计能力、有专业知识、有审美能力、有整体设计协调能力的，适合于社会的优秀室内设计专业设计师的方向不断努力。

在这样的大背景之下，《室内设计概论》一书应运而生。本书依据近年来中央美术学院建筑学院室内教研室在教学中遇到的问题，广泛参考近来出版的专著、教材、论文等进行编写。强调知识结构的完整性，文字的可读性，知识点的实用简明性以及理论内容的扎实、易懂。本书生动的文字与丰富的图片内容，有助于加深学生对于相关知识的理解。希望学习本专业的学生通过本书，能够对室内设计的基础概念、风格流派、设计方法、空间类型和设计内容有一个基础性的理解。而在社会上从事建筑装饰、室内空间设计的相关人员及相关专业的学生亦可以本书作为入门基础的教学参考书。

本书由中央美术学院建筑学院的吕品晶教授牵头主编，室内教研室主任崔冬晖统稿编写目录。崔冬晖老师负责第一章，第四章第四节，第七章的编著；邱晓葵老师负责第四章第二节、第三节，第五章，第八章的编著；梁梅老师负责第二章的编著；杨宇老师负责第四章第一节，第六章的编著；韩文强老师负责第三章，第四章第四节，第十章第一节的编著；王豪老师负责第九章，第十章第二节的编著；第四章摘录吕非老师生前所著部分文字。

在编写过程中，我们得到了多方的大力协助。首先要感谢张琦曼教授对于建筑学院室内专业常年的大力支持，没有张琦曼教授多年的关心与建设，室内教研室就不会有今天的发展。感谢建筑学院吕品晶院长、常志刚院长的大力支持，在整个编写过程中，两位领导一直非常关心编纂工作，并给予我们大量的技术支持。感谢梁梅老师与王豪老师的辛勤工作，保证了本书内容的完整丰富。感谢北京大学出版社为本书进行的编辑与校对工作。感谢中央美术学院建筑学院室内专业的全体学生默默无闻的基础工作，使得全书内容翔实丰富。他们是孙敏同学、陶家乐同学、杨陆峰同学、杨萌萌同学、孔祥栋同学、朱虹同学、胡娜同学等。同时，对中央美术学院相关各部门的同志一并表示衷心的感谢。并以此纪念刚刚逝去的吕非老师。

因为编纂时间紧张、篇幅有限，本书在一些知识点上不能面面俱到，也留下了诸多的遗憾。另外因为时间仓促，书中难免错误与纰漏，敬请读者批评指正，以便以后积极改正。不到之处，敬请谅解。

中央美术学院 建筑学院 室内教研室

2007-6-5

第一章　导论

第一节　室内空间设计的概念与定义

室内空间设计这一重要的设计行为有着多种多样的基础含义，我们可以从社会学的角度来看看两个例子，展开这一含义的描述。

第一个案例是有关哥伦比亚和委内瑞拉交界处亚马逊丛林中的莫蒂隆（Montilone）印第安人社会。他们的居住地也就是聚落，全部大同小异——一个大的公共居所能够容纳10到30个家庭，被称为“博伊奥”（bohio）（这类公共居所在亚马逊地区随处可见）。博伊奥是圆形的茅草顶结构，茅草顶几乎着地，以使居所内光线昏暗，各家可以在博伊奥的圆周边缘以隔墙限定自己的空间，中间悬挂着吊床。各家还在自己的空间前方的泥土地面上架设火炉，这样所有的炉火都面向巨大的中央公共空间，有效地阻挡了他人窥视自家的视线。于是，当狩猎的父亲午后归来时，会轻摇吊床逗弄婴孩。这种家的私密气氛，是由在炉火边烹饪的妇女营造的。[①]

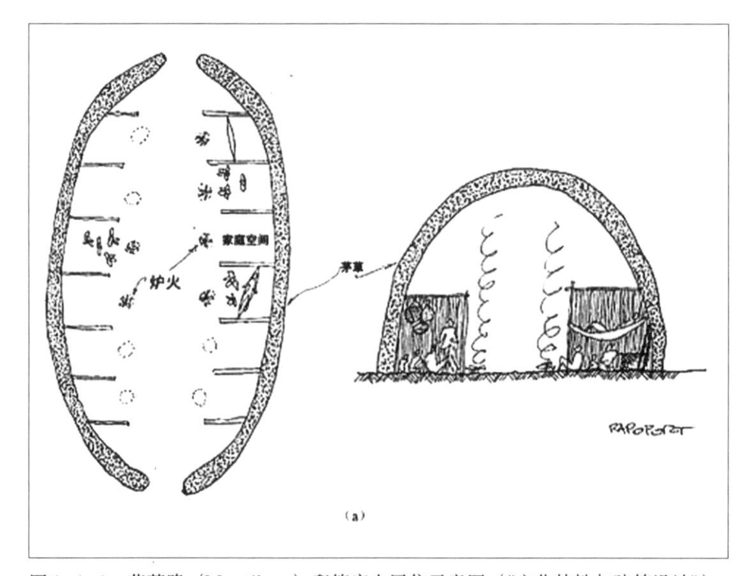

图1-1-1　莫蒂隆（Montilone）印第安人居住示意图（《文化特性与建筑设计》）

① 〔美〕阿摩斯·拉普卜特（Amos Rapoport）：《文化特性与建筑设计》，常青、张昕、张鹏译，北京：中国建筑工业出版社，2004年，第3页。

第二个案例涉及澳洲土著人的传统露营地。每一个家庭通过一日数遍的清扫划定各自的空间，都有一堵挡风墙（Wiltja）。炉火位于各家空间的边缘，紧靠宽敞的中央公共空间。在旷野的夜色中，火焰挡住了人们透过中央空间互相观望的视线（与莫蒂隆印第安人的实例很相似），但彼此间的交谈声却不绝于耳。

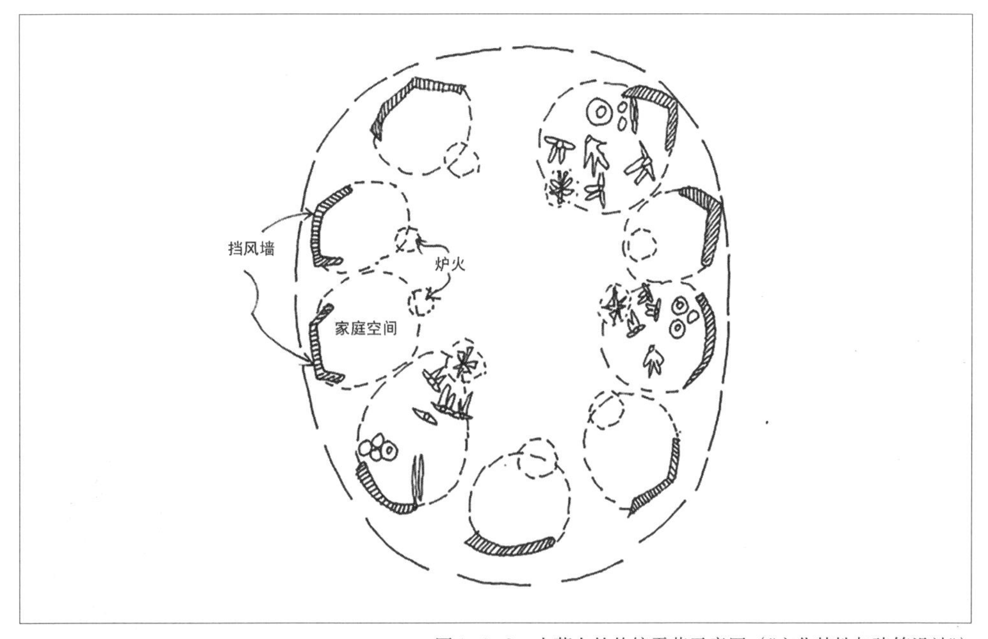

图 1-1-2　土著人的传统露营示意图（《文化特性与建筑设计》）

从上面的案例中我们可以清楚地看到，人类作为社会动物，在文明的发展过程中，不可避免地会有社会行为与社会意识。而这些行为又几乎都在室内空间中完成（无论文明的先进与落后）。人的一生80%的时间都要在室内空间中度过，所以室内空间是人类文明重要的推进载体与成果象征物。若要了解室内空间，并想设计室内空间，首先必须了解的是**文化、行为和建成环境**之间的复杂关系。这些复杂关系对“良好”或者“更美好”的环境寓意有着关键性影响。因为在这样一个关系到特定文化及其社会机制、生活方式、行事规则与建成环境的复杂系统中，即便是某处细微的改变，也会在系统内引起出乎预料的严重后果。

在莫蒂隆印第安人的博伊奥住屋案例中，茅草屋顶不仅比较凉爽，还能防止蚊虫肆虐，抵御当地大量野生小动物的入侵。妇人们在家中编织，休憩，看护孩子。男女主人同处时，博伊奥的形状及公共空间边缘的炉火，构成了家的私密气氛。

室内空间的设计应当通盘考虑社会的、文化的和物质的因素。环境质量是可以感知的，往往反映在人与环境互动的关系中，上述两个案例均是如此，它们也表明了如何借助文化机制来促成这种互动。也就是说，在设计所要考虑的种种人文变量中，文化变量最为重要。①

在室内空间中，空间及其围合体是室内空间的重要形成因素。

一 空间及其围合体

空间在我们日常生活中的地位要比纯技术、美学所描述的重要得多。空间机能将我们聚集起来，同时又能把我们分隔开。空间对于人际关系互相作用的方式非常重要。因此空间是交流的最基本和普遍形式的本质所在。尽管存在着文化差异，人类关于空间的语言能够在人们聚居的任何地点、任何时间被观察到。由于这种语言不能被直接

图 1-1-3　日本横滨 购物中心公共空间

① 〔美〕阿摩斯·拉普卜特（Amos Rapoport）：《文化特性与建筑设计》，常青、张昕、张鹏译，第 8 页。

地看到或听到，也不能被记录下来，所以它很少被人注意。但是，当我们在空间中移动，与他人发生关系时，我们一生都在使用这种语言。或许，**只有当其被十分不恰当地使用时，我们才会注意到这种空间语言。**

二 环境

不管环境是否是特殊地域的一个部分,其产生的安全感对我们而言都是很重要的。当我们步入图书馆或办公室、剧院或舞厅、报告厅或实验室，如同我们所讲的那样，环境早已设定。即使我们以前不曾到过这个特定的图书馆，我们也会依其环境认定这就是图书馆。伴随当下的环境，就会引导出一套社交规范，这些规范与环境有关，而且与特定的人群并无特别的关系。简单地说，我们知道在图书馆里应该怎样才算举止适宜。如果缺少了这些空间的和环境的特性，生活将变得无法忍受地紧张。如果每次我们都进入一个不知道应该怎么做的陌生之地，我们就必须十分努力地辨认、学习那里的规则。在学会之前，我们很可能会犯许多错误，这让许多人不安，陷入一个棘手的境地，而且很可能导致长时间的社交危机。

很明显，空间的功能之一是创造一种环境，一种有利于按照我们日常生活中身份的范围来形成的环境。这在很大程度上并不是由设计师来完成的，而是使用者自己完

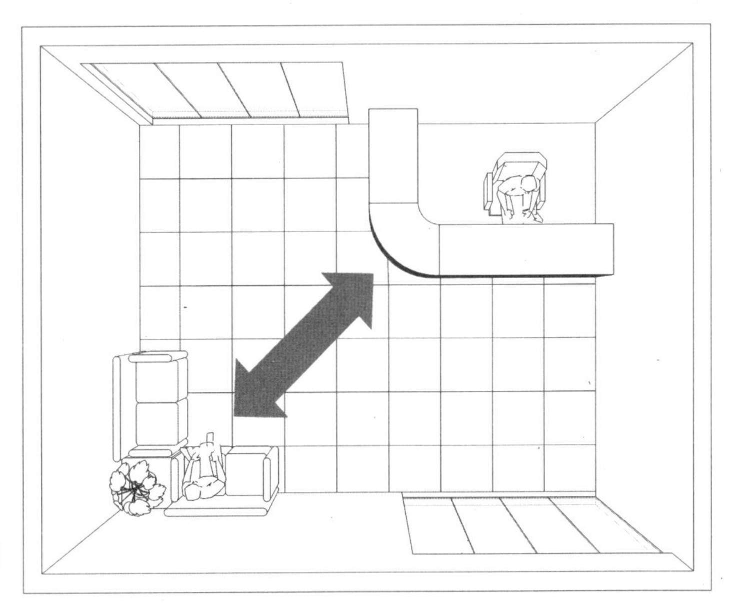

图 1-1-4　社会行为决定空间的定义

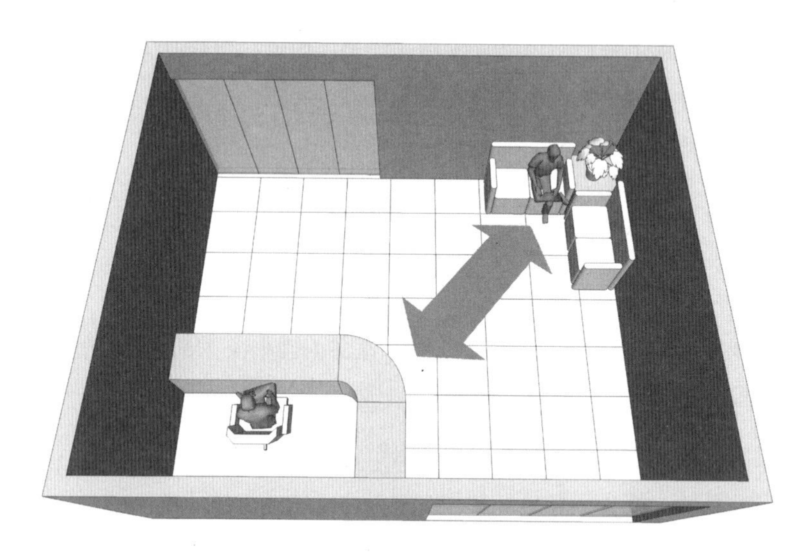

图1–1–5　社会行为决定空间定义

成的，毕竟，**空间实际上是其自身行为举止的外在延伸**。相应地，对设计师的挑战是如何创造一个能够引发并有助于占据和人格化的空间。

但是这种观点告诉我们，人类可以通过很多途径觉察到彼此。每一种知觉都有一个还算固定的范围，除非视线或声音被阻挡，或被其他事物掩盖，或是用技术手段将范围扩大了。那么距离即不是一个简单的连续统一，而是一系列知觉的阈值。在我们的生活以及同其他人的关系中，距离不仅重要而且关键，因为它决定了我们将会如何相互影响。[①]

三 人的行为

在某种程度上，人的行为既取决于个性也取决于文化习俗。现在试想一幅发生在工作场合的情景。你准备去拜访另一个公司的生意伙伴，在此之前，你和他约好了时间并礼节性地早来了一会儿，但也没有早到令人不自在的地步！当你走进办公楼，来到接待大厅里，里面是一张接待桌。这只是一项小生意，所以当你出现时，接待人员仍坐在桌后，做着未完成的案头工作。她（我们暂定她为女性，当然也完全可能是男性！）抬起头看到了你，并礼貌地问候了你，你告诉她你的约会，并早来了5分钟。她拿起电话打给你的主顾，示意你坐在不远处的位置上。这些座位可能在几米之外，坐

① 〔英〕布莱恩·劳森：《空间的语言》，杨青娟等译，北京：中国建筑工业出版社，2003年，第118页。

在那里即使你知道她在讲电话，但也很难听清讲话的内容。她放下电话，稍微提高了些声音，告诉你要找的人还在忙着手边的事，问你是否介意多等几分钟。这个时候你只能从公文包里拿出一些文件来看，而接待员此时会回到座位上处理一些其他工作。你们的距离足够远，不会相互干扰。你们可以暂时忽略对方，而不会感到尴尬，也不会觉得不便。过了一会儿，训练有素的接待员跟你有一句没一句地聊一些诸如天气或停车难之类的琐事，让你知道她并没有忽略你的存在。又过了一会儿，她又告诉你她看到你的生意伙伴在打电话，并向你保证等他一结束就打电话给他。几分钟之后，他终于从那边的办公室里走了出来，来到接待桌旁，你站起身来，在他为让你久等道歉时，你们彼此致意并相互问候。你表示对此并不介意，用点头和微笑向接待员致谢，然后你们会一起离开，开始你们的会谈。

这一切都在极其不经意间发生，一般情况下，你不会注意到这种行为或这种摆设方式的意义。然而，你现在或许会问，接待处、等待处、入口和办公室的门究竟该相距多远。或许你还会问，这个距离近（远）到什么程度，这种关系就很难维持。对此人们一定有答案，但是令人吃惊的是当我们坐在绘图板前设计这样的空间时，却总是忽略掉这些人类有关距离知识的内涵！①

从上边的例子可以看出，在室内空间设计中，人的行为与建成环境的和谐统一，是设计师进行室内设计的重要设计内容。一件成功的室内设计作品，它的空间属性必将十分清晰，人身处其中，会产生安全、愉快与舒适的感觉。

通过实例分析中对于**空间、环境与人的行为**的描述，我们可以逐渐勾勒出室内空间设计的定义。

室内设计（interior design）是对建筑内部空间进行的设计。它是为满足人类生活、工作的物质要求和精神要求，根据空间的使用性质、所处环境的相应标准，运用物质技术手段及美学原理，同时结合历史文脉、环境风格和气氛等文化内涵，营造出功能合理、舒适美观、符合人类生理与心理要求的内部空间环境。由于它是对室内整体环境进行的综合治理、设计及艺术加工因而学术界也经常使用“室内环境设计”（interior environment design）的一词对其加以命名。

《中国大百科全书建筑 · 园林 · 城市规划卷》把室内设计定义为“建筑设计的组成部分，旨在创造合理、舒适、优美的室内环境，以满足使用和审美的要求。室内设计

---

①〔英〕布莱恩 · 劳森：《空间的语言》，杨青娟等译，北京：中国建筑工业出版社，2003年，第121页。

的主要内容包括：建筑平面设计和空间组织、围护结构内表面(墙面、地面、顶棚、门窗等)的处理，自然光和照明的运用以及室内家具、灯具、陈设的选择和布置。此外，还有植物、摆设和用具的配置”。

室内（interior）是相对室外而言，是供人们居住、生活和工作的相对隐蔽的内部空间，室内不仅仅是指由墙面、地面、天花板等构件所围合的建筑物内部，还应包括火车、飞机、轮船等交通工具的内部空间。其中，顶盖的使用使其与外空间有了质的区别，因此有无顶盖往往是区分室内外的重要标志。

“室内设计”（interior design）有别于“室内装饰”（interior ornament）、“室内装潢”（interior decoration）、“室内装修”（interior finishing）等概念。相对于“室内设计”而言，后三者均为较狭隘、片面的概念，不能涵盖“室内设计”的概念的全部内涵。

“室内装饰”与“室内装潢”的差别不大，主要是为了满足视觉艺术要求而对空间内部及围护体表面进行的一种附加的装点和修饰，以及对家具、灯具、陈设的选用配置等，它除了注意空间构图和色调等审美价值外，亦须保持技术和材料的合理性，较多的迎合当下的时尚流行意识。“室内装修”偏重于材料技术、构造做法、施工工艺，以至照明、通风设备等方面的处理。而室内设计则是以人在室内的生理、行为和心理特点为前提，综合考虑室内环境各种因素来组织空间，包括空间环境质量、空间艺术

图1-1-6 赫尔辛基现代美术馆

效果、材料结构和施工工艺等，并运用装修、装饰、家具、陈设、照明、音响、绿化等手段，结合人体工程学、行为科学、视觉艺术心理，从生态学角度对室内空间作综合性功能布置及艺术处理，以获得具有完善的物质生活及精神生活的室内空间环境。

室内设计已逐渐成为完善整体建筑环境的一个组成部分，是建筑设计不可分割的重要内容，它受建筑设计的制约较大，是对建筑设计的继续、深化、发展以及修改和创新，它综合考虑功能、形式、材料、设备、技术、造价等多种因素，注重视觉环境、心理环境、物理环境、技术构造和文化内涵的营造，是物质与精神、科学与艺术、理性与感性并重的一门学科。

综合多种概念我们提炼出：**室内空间设计是人类历史发展出来的，通过科学技术与美学的紧密结合，为提高人的行为便利性与舒适性，协调社会活动与发展文化，并提高建成环境品质的综合设计行为。**我们也可以理解为：室内空间设计是一种理性创作与感性表现并重的活动，其作用是在有限的室内空间环境及有限的物质条件下发挥其实用性与经济性，并满足与平衡人们精神与心理的需求，是人们为提高生活质量而进行的有意识地营造理想化、舒适化的内部空间的设计活动。美化生活是其主要目标，符合实用、经济、美感三大原则是其目的。也就是说，室内设计是以科技为工具，人性为出发点去创造一个让精神与物质文明更加和谐，生活更有效率，更能增进人生意义的生活环境的一种工作。

室内空间设计即为满足人们生产、生活的需求而有意识地营造理想化、舒适化的内部空间，同时，室内设计是建筑设计的有机组成部分，是建筑设计的深化和再创造。[①]室内空间设计是以其空间性为主要特征，它不同于以实体构成为主要目的的一般建筑和造型设计。对室内设计含义的理解，以及它与建筑设计、室内装饰装潢设计、室内装修设计等系统的关系，我们将从如下不同的角度和侧重点来加以分析研究。

(1) 室内空间设计是根据建筑物的使用性质、所处环境和相应标准，运用现代物质技术手段和建筑美学原理，创造出功能合理、舒适美观、满足人们物质和精神生活需要的室内空间环境的一门实用艺术。这一空间环境即具有满足相应的使用功能的要求，同时也反映了历史底蕴、建筑风格、环境氛围等精神因素。其间，明确地将“创造满足人们物质和精神生活需要的室内空间环境”作为室内设计的目的，这正是以人为本、一切为人的室内空间设计的旨趣。

① 邹寅、李引：《室内设计基本原理》，北京：中国水利水电出版社，2005年，第2页。

图 1-1-7　某会议室室内设计——赵冰

（2）室内空间设计即是建筑设计的有机组成部分，同时又是对建筑空间进行的第二次设计，它还是建筑设计在微观层次的深化与延伸。在与建筑整体环境设计的水乳交融中，它充分体现了现代室内空间环境设计的艺术生命力。

（3）室内装饰、装潢是着重从外表的视觉意识的角度来探讨、研究并解决问题。如室内空间各界面的装点美化、装饰材料的选用等。室内装修则突出工程技术、施工工艺等方面，是指对建筑工程完成之后，进行的各界面、构件等的装修工程。

（4）室内空间设计既与人们所认同的建筑体系相区别，还与大众认可的装饰、装潢、装修等概念对空间所作的工作内容与设计改造不同。室内设计在空间中营造良好的人与人、人与空间、人与物、物与物之间的技能关系的同时，还表达设计的心理及生理的平衡与满足。室内设计是人类生活中重要的设计活动之一。它不仅关乎人们的过去、现在，还体现着人们对未来世界的探索与追求。所以说，现代的室内空间环境设计在空间领域范围扩大的同时，在时间范围上也持续拓展，有着长远而广阔的未来。①

我们之所以将几种主流的关于室内空间设计的定义串联在一起描述，是因为室

① 郐寅、李引：《室内设计基本原理》，中国水利水电出版社，2005 年，第 2 页。

内空间设计是一门综合而复杂的学科，一家之言或寥寥数语无法让学习者很好地理解这一综合设计学科的。有鉴于此，特将室内空间设计定义整理成一个综合概念来描述。

第二节 室内设计师的知识结构

室内设计师作为室内空间设计这一综合性设计的执行者，必须拥有综合而完整的设计能力与过人的协调能力。室内设计师是通过自身所接受的教育与经验，拥有了对于室内空间的设计能力与相应的表达和沟通能力，能完成设计任务的工作者。

在室内空间设计尚未发达的时代，很多艺术家、雕刻家、石匠或者是工艺美术者，他们和建筑师或单一、或集团性地进行着这一设计行为，对建筑围合成的空间进行有目的有计划的装饰与设计。随着人类文明与技术的发展，以及社会意识形态的提升，室内空间设计渐渐成为一门综合性的独立学科。

在现代，这一设计的专业性越来越强，学科交叉也越来越多，以前仅靠经验与感觉的设计，成功率越来越小。因此现代的室内设计师所要具备的能力也就越来越多，专业化程度也越来越高。本节将系统地介绍室内设计师所要掌握的知识体系。

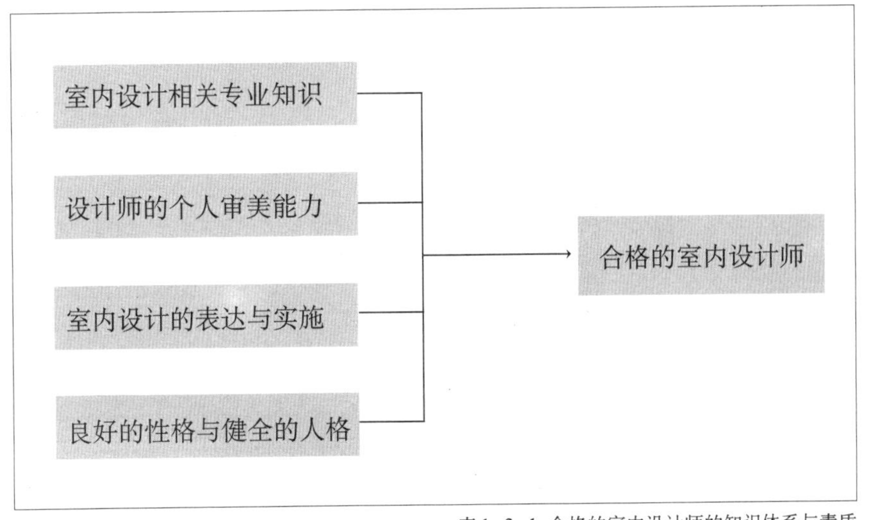

表 1-2-1 合格的室内设计师的知识体系与素质

一名合格的室内设计师，需要具备的知识体系主要有三大块，它们包括室内设计相关的专业知识能力、室内设计师的个人审美能力、室内设计的表达和实施能力。之所以加上良好的性格与健全的人格，是因为除了具备专业性的知识之外。设计师更应该是一个易于沟通和交流的人，在社会压力逐渐增加的今天，良好的性格与健全的人格，甚至可能是决定设计师成败的关键。

一 室内设计相关专业知识

室内设计相关知识当中，室内材料学、室内声学、室内色彩学和光与光环境学属于室内物理性学科的一部分，在室内空间划分愈加详细，功能要求愈加多样，同时专业知识日渐复杂的今天,学生对于这几门室内物理性学科是必须要有所了解与掌握的。其中，光与光环境学和色彩学是最近几年才开始发展的新兴学科，光与色彩在室内空间中会对人的心理产生强大的影响。

图1-2-1 *Colors*（《室内设计项目 · 下》）

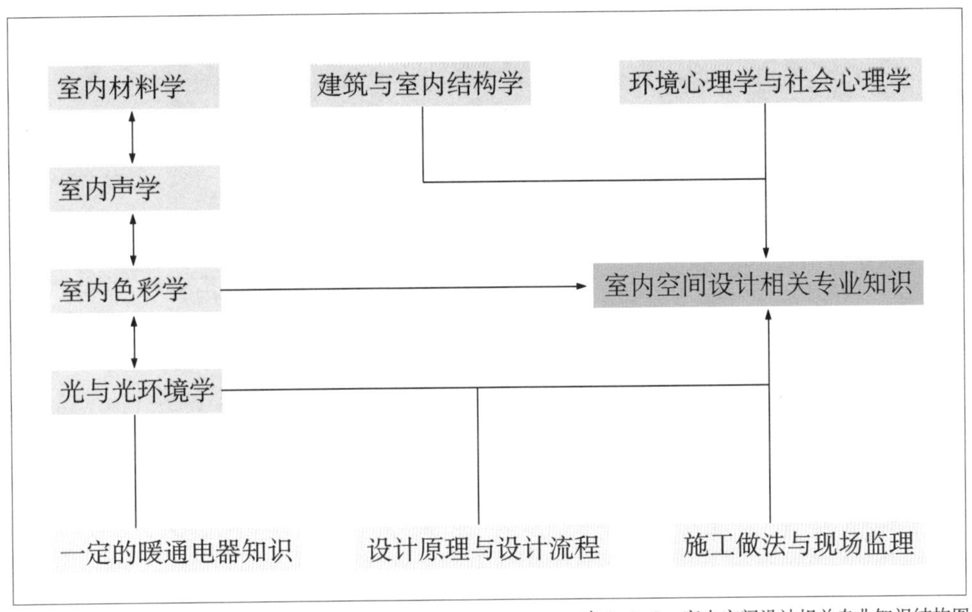

表 1–2–2　室内空间设计相关专业知识结构图

建筑与室内结构学是一门以建筑结构为基础的学科，通过对建筑本身结构条件的理解和深化，学习者可以很快地掌握建筑的特点，并对其室内围合空间有更加翔实与贴切的空间感受与空间想象，这对于室内设计师来说，无疑是一个重要的知识要点。另外，对于建筑外空间与内空间的结合与改造的可行性，这也是一条理解的捷径。

在这门课程的学习中，非理工学科的学生，可能除了掌握书本上的知识外，还要学习制作模型，模型制作是学习这一科目的重要途径。

认知心理学家赫伯特·A.西蒙在他的理论体系中已经提出：无论你身处室内或室外，环境对于人的心理起到了决定性的作用。在上一节中，我们也试图分析在一个办公空间中，周围的墙壁、桌椅的摆放与室内空间环境的形式，决定着人采取社会行为的动作与心理感受。这一简单的例子旨在强调，环境心理学与社会心理学对于室内空间设计的重要性。在室内空间设计刚刚在国内兴起的时，人们往往过于注重表现图纸的重要性，而空间当中家具和围合的很多距离数据往往取决于设计师的经验，这难免会出现很多偏差。尤其是在公共室内空间中，空间的诸多定义是随着建筑体的形式、使用频率、使用人群的不同而随时变化着的。所以理论依据往往在这个时候显得特别重要。环境心理学与社会心理学正是提供这些依据的重要学科。

设计原理与设计流程是设计管理当中的一个部分，掌握好设计流程，是从宏观上

图1-2-2，3　基于建筑与室内结构学的课程，学生制作的模型——李志强

控制室内空间设计工程之成败的关键。在下一小节中，我们会有进一步的描述。

总之，室内设计相关的专业知识是室内设计师进行工作的重要知识体系，是设计深入的重要理论支撑，它是室内空间设计理论体系中的重点。

二 设计师的个人审美能力

没有一本教科书或者是参考书敢说，读完我这本书你就会拥有高于常人的审美能力。这是因为，良好的审美能力是要通过扎实的美学知识，广博的个人眼界，和长年累月的审美积淀所培养出来的。单单读一本或两本书，是解决不了问题的。

另外，在时尚元素快速变化、媒体盛行的当今时代，审美这个词已经成为一个边界模糊、多次定义的词语了。在这里，我们不会尝试给予审美一个极其标准的解释，而是要强调，良好的品味与审美能力对于一个室内空间设计师来说是何等地重要。

个人审美能力直接决定了设计师设计作品水平的高低。而室内空间设计又是一个多种类媒介混合的设计门类，单以居住空间设计为例，除了做好空间之间的设计围合之外，饰品的选择、家具的选型、灯具的搭配甚至植物的选择，都会直接影响到这一室内空间的品质，以及使用者的心情。更不要说，设计整体空间色调以及空间规划这些重要的设计内容中，审美能力的重要性了。

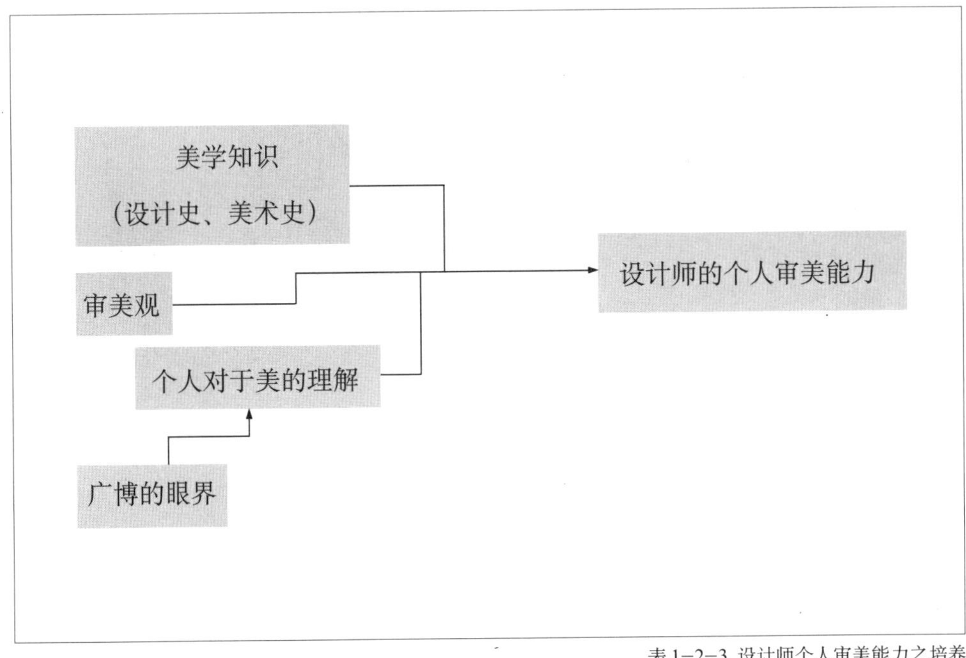

表1–2–3 设计师个人审美能力之培养

图1-2-4　美学知识与建筑室内历史类知识的学习与归纳，也是审美培养的重要渠道——李志强

三 室内空间设计的表达与表现

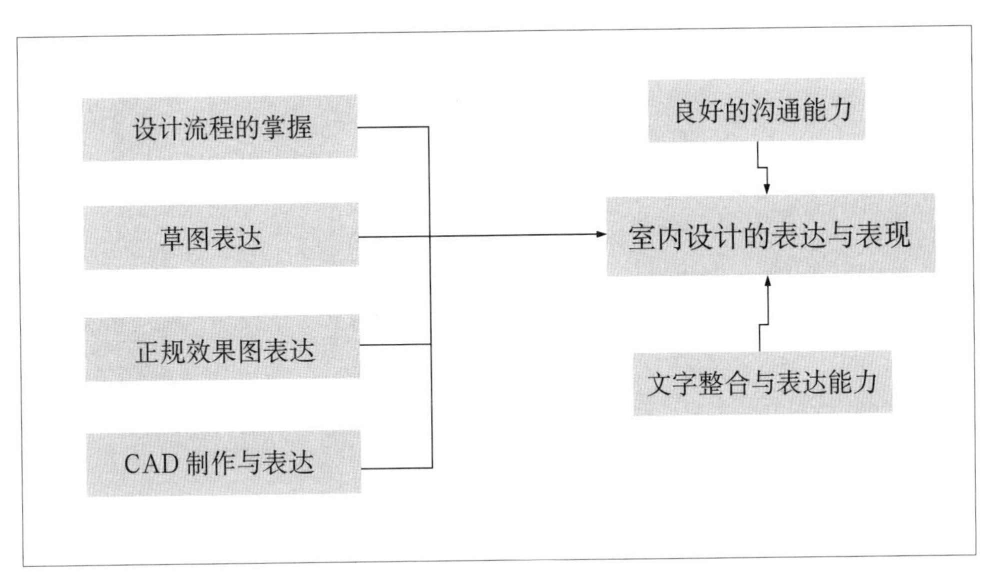

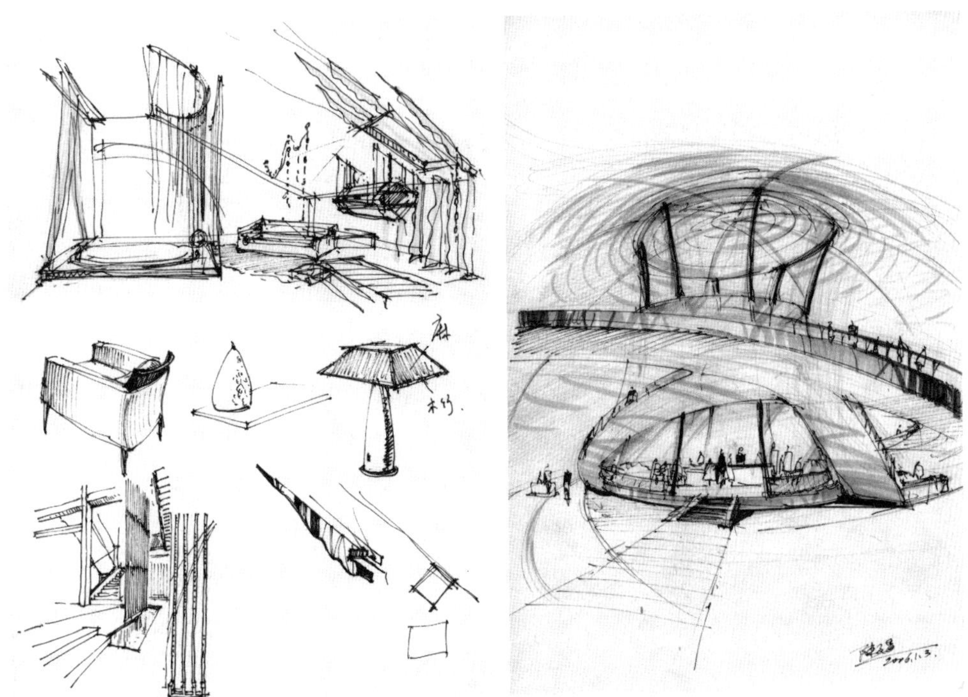

图1-2-5，6　草图的绘制，可以直接表达出概念——陈文昌

图 1-2-7　电脑效果图可以将空间更加准确的模拟出来——游秀星

上述两个小节所阐述的都是知识框架中的内容，第三小节中的内容则是表达框架的内容，知识框架好像台词，表达框架好像语言，只有好的台词，加上流畅的语言，才会是好的戏剧，才能吸引观众，并让观众与你产生共鸣。

设计需要通过表达和业主沟通。只有良好的沟通才会让设计达到一定的高度。

室内空间设计的表达主体上有草图表达（表达自己的创意和概念，与甲方或业主现场沟通）、正规效果图表达（创意完善，推进设计进程）、CAD 制作与表达（完善设计，细化设计与实施设计）三个部分。另外，文字的整合能力与语言阐述的逻辑性和感染性都是设计师表达与表现能力的体现。

第三节 室内设计的程序与步骤

室内空间设计师在掌握了一定的专业知识之后，需要做的工作就是对于设计程序与步骤的掌握。室内设计就是对建筑物内部空间的规划、布局和设计。这些物质设施满足了我们寻求遮蔽和保护等基本需求；它们给我们提供了一种活动平台，并影响我们的活动方式；它们培养了我们的愿望，并表达了伴随我们活动的思想；它们影响我们的观点、情绪和个性。因此，室内设计的目的是将室内空间改进功能、增加美感和提高心理舒适感。

任何设计的目的都是将部分组织起来，形成一个连续的整体，以达到某种目的。在室内设计中，根据功能、美学和行为向导等因素，将被选择的物体组合成三维的空间模式。这些模式所产生的元素之间的关系最终决定了一个室内空间的视觉品质和功能舒适性，并且影响我们对它的感知和使用。[①]

图 1-3-1　设计师通过设计整合空间

在室内空间设计中，控制整个设计程序与设计进度是设计师的工作重点之一。整个设计工作中，程序与步骤是整个设计任务的全局性大方向。

① 〔美〕程大锦：《室内设计图解》，2003 年，第 46 页。

一 现有条件的调研与考察

首先，我们必须注意到现有条件中的诸多因素。而这其中，最重要的是：什么可以改变，什么不可以改变。在接到任务的时候，对于使用者的设计要求，现状条件的调研至关重要。其中，使用者的要求、活动要求（性质）、家具设备要求、空间分析、面积要求、品质要求、关系要求是调研的基础问题之所在。调研要分析清楚这几大块问题，接下来的资料整合是设计程序的第一大部分内容。

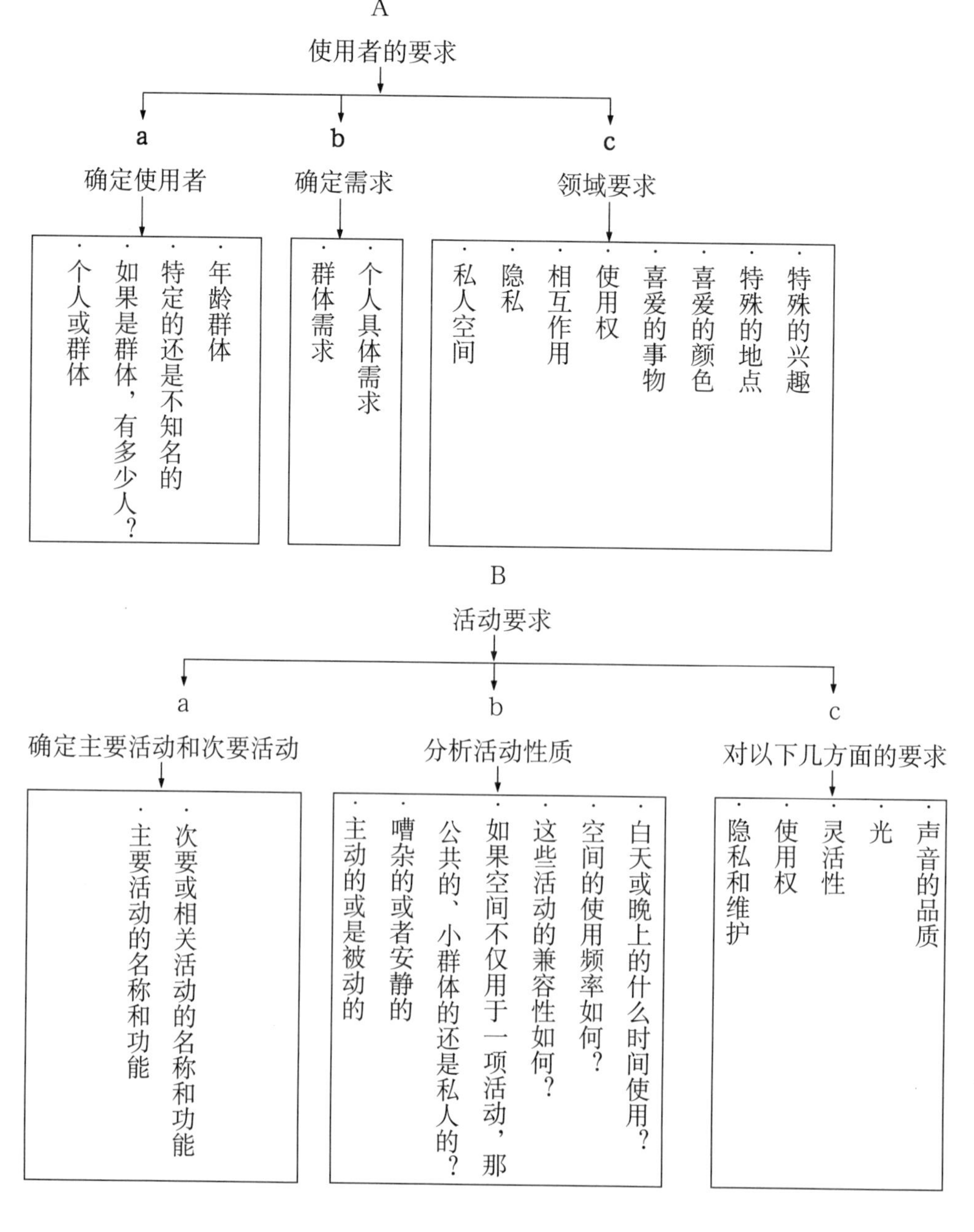

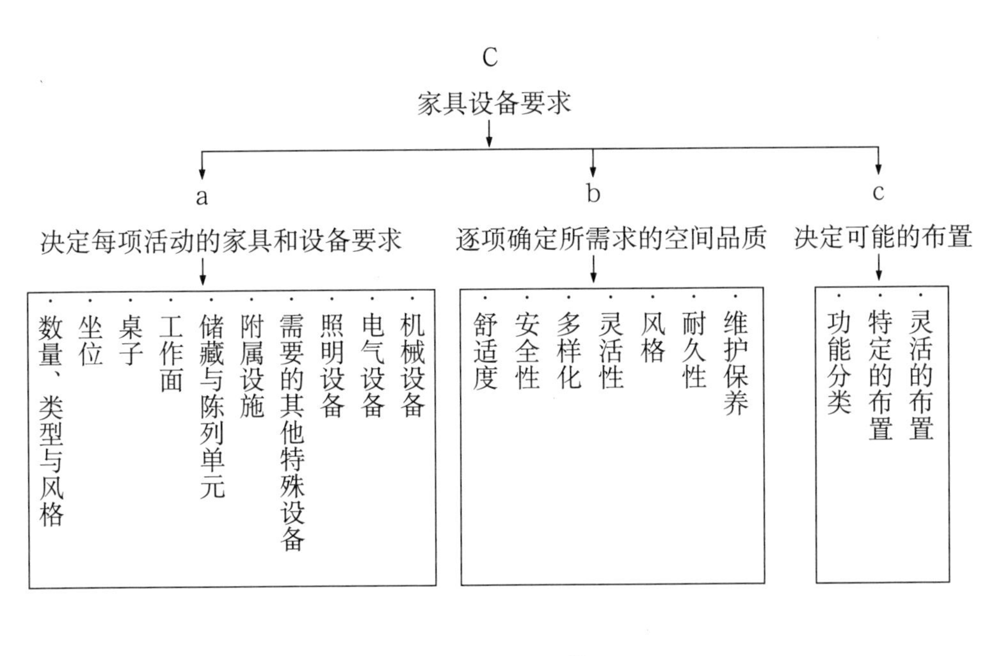
C
家具设备要求
a
决定每项活动的家具和设备要求
b
逐项确定所需求的空间品质
c
决定可能的布置
·机械设备
·电气设备
·照明设备
·需要的其他特殊设备
·附属设施
·储藏与陈列单元
·工作面
·桌子
·坐位
·数量、类型与风格
·维护保养
·耐久性
·风格
·灵活性
·多样化
·安全性
·舒适度
·灵活的布置
·特定的布置
·功能分类

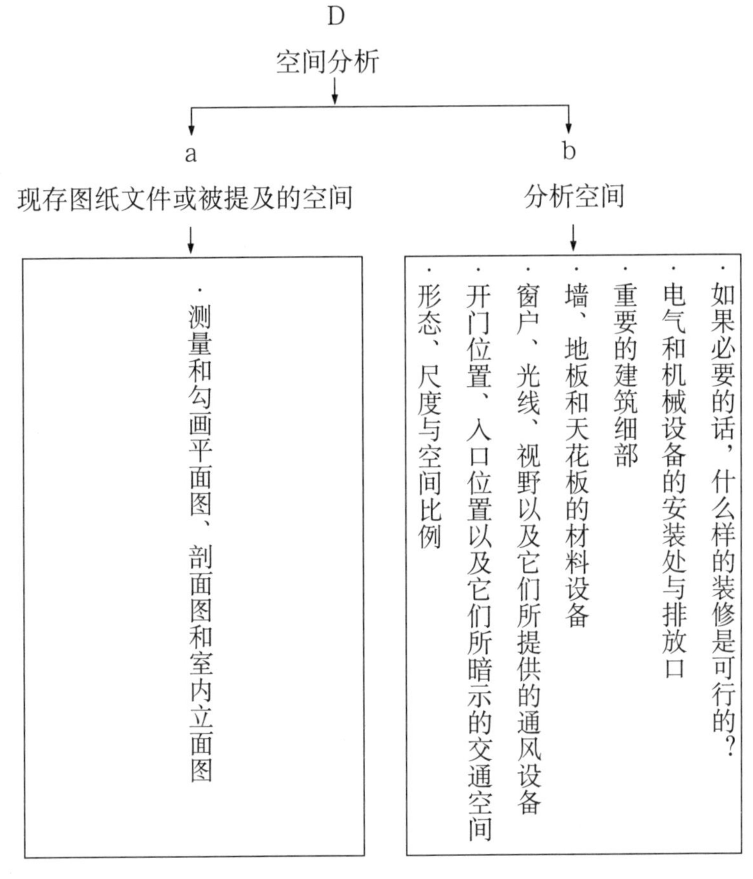
D
空间分析
a
现存图纸文件或被提及的空间
b
分析空间
·测量和勾画平面图、剖面图和室内立面图
·如果必要的话，什么样的装修是可行的？
·电气和机械设备的安装处与排放口
·重要的建筑细部
·墙、地板和天花板的材料设备
·窗户、光线、视野以及它们所提供的通风设备
·开门位置、入口位置以及它们所暗示的交通空间
·形态、尺度与空间比例

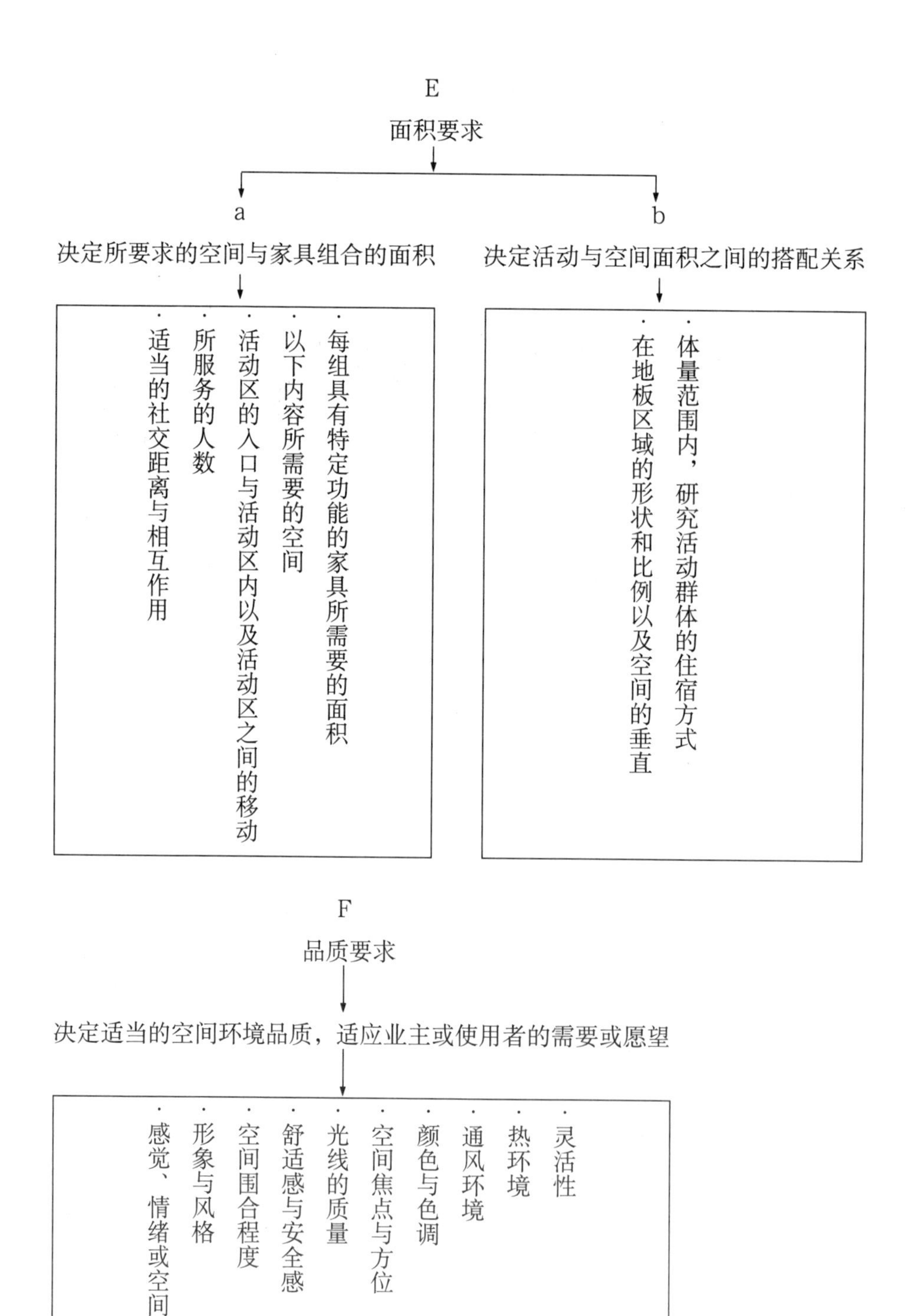
E
面积要求
a
决定所要求的空间与家具组合的面积
b
决定活动与空间面积之间的搭配关系
· 每组具有特定功能的家具所需要的面积
· 以下内容所需要的空间
· 活动区的入口与活动区内以及活动区之间的移动
· 所服务的人数
· 适当的社交距离与相互作用
· 体量范围内，研究活动群体的住宿方式
· 在地板区域的形状和比例以及空间的垂直
F
品质要求
决定适当的空间环境品质，适应业主或使用者的需要或愿望
· 灵活性
· 热环境
· 通风环境
· 颜色与色调
· 空间焦点与方位
· 光线的质量
· 舒适感与安全感
· 空间围合程度
· 形象与风格
· 感觉、情绪或空间氛围

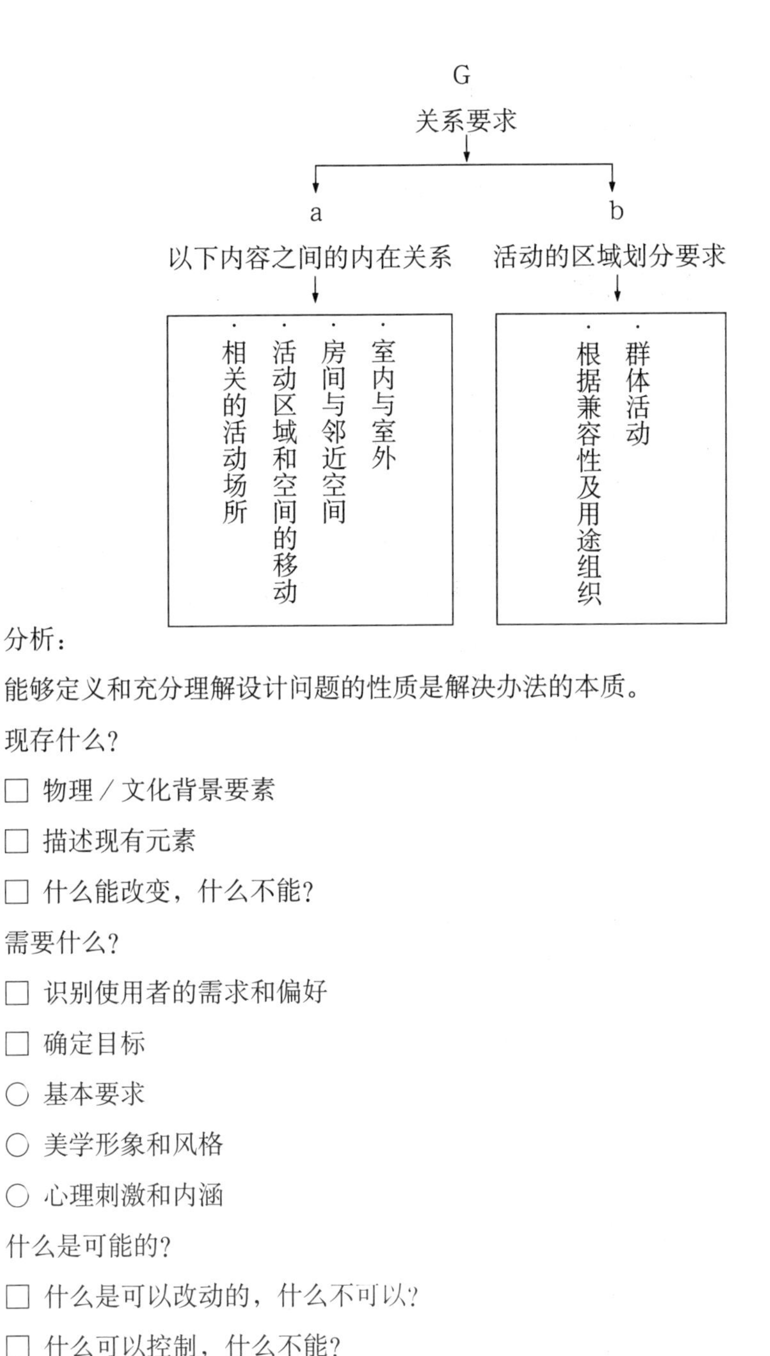

分析：

能够定义和充分理解设计问题的性质是解决办法的本质。

现存什么？

□ 物理／文化背景要素

□ 描述现有元素

□ 什么能改变，什么不能？

需要什么？

□ 识别使用者的需求和偏好

□ 确定目标

○ 基本要求

○ 美学形象和风格

○ 心理刺激和内涵

什么是可能的？

□ 什么是可以改动的，什么不可以？

□ 什么可以控制，什么不能？

□ 允许什么，禁止什么？

□ 确定限制：时间、经济、法律、技术[①]

①〔美〕程大锦：《室内设计图解》，2003年。

以上内容的调研主要来自与设计师或设计团队对于业主（甲方）和使用者的访谈与沟通，以及对于现有条件的探查与周围环境的分析。这一步是设计的基础平台与数据支撑。越加详细的分析，对于后边的设计愈加有利。

二 方案与概念的形成

调研完成之后，设计师或设计团队会逐渐形成一个共识，这个共识可能是一个想法或者是几个设计方向。在接下来的工作中，这些想法必须逐渐清晰与明确成一个概念，无论这个概念多么简单，它都必须是符合与业主沟通之后形成的调研基础上的概念。此处需要强调的是，这一阶段中的概念，很多可能只是需要设计空间当中的一部分，或很小的局部，或者只是一个颜色概念，或是一种材料。这些小的概念点，将在后边的设计工作中逐渐延伸演变成整体设计。

这一阶段的概念沟通，主要是通过草图的形式，因为草图的表达是一种思维形态的纸面再生。虽然草图带有很强的不确定成分，但是它的随意性与快速性都表明其是

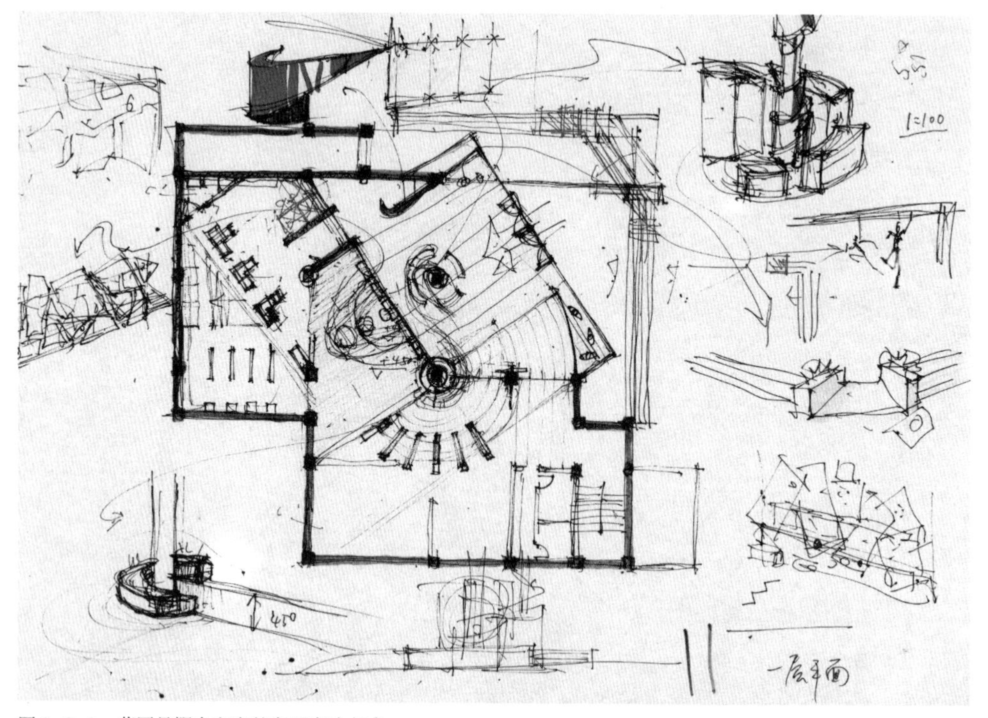

图 1–3–2　草图是概念方案的主要表达方式

明确初期概念的重要手段。

草图的绘制，同样也反映出了设计者的个人素质。很多优秀的设计师，在草图的绘制当中，就已经表达出了重要的设计概念，并能让人们很快看懂。

概念的逐步完成要通过多次的分析与尝试。这其中，必须保持与业主（甲方）的及时沟通。

三 方案的明确与深化

在方案的某些概念明确之后，就将进入整体的设计阶段。这个阶段将延续上一个步骤——根据概念，分析整个空间，完善深化概念。其间草图、Sketchup 软件、Photoshop 和 CAD 都是很好的表现工具。对于整个空间，这一阶段对于人流分析、高差、颜色、照明、材料等都要有一个全盘性的考虑。这些内容必须基于调研与概念的大基础之上，有很多人会在这一阶段脱离或忘记调研结果，而自我想象很多条件进行设计，这是非常不可取的。

图 1-3-3　某办公空间的空间初步分析——孔祥栋

四 方案的全面深化

这一阶段当中，设计师或设计团队必须结合详细的现状条件，将设计深化到各个层面中，做到以概念在实际实施时可以实现为准则。

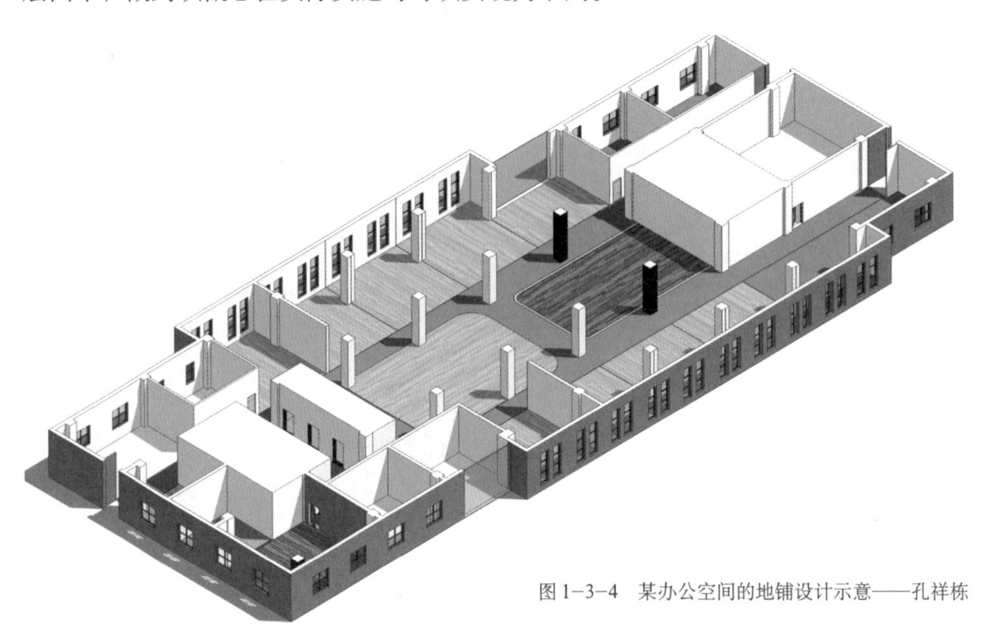

图 1-3-4 某办公空间的地铺设计示意——孔祥栋

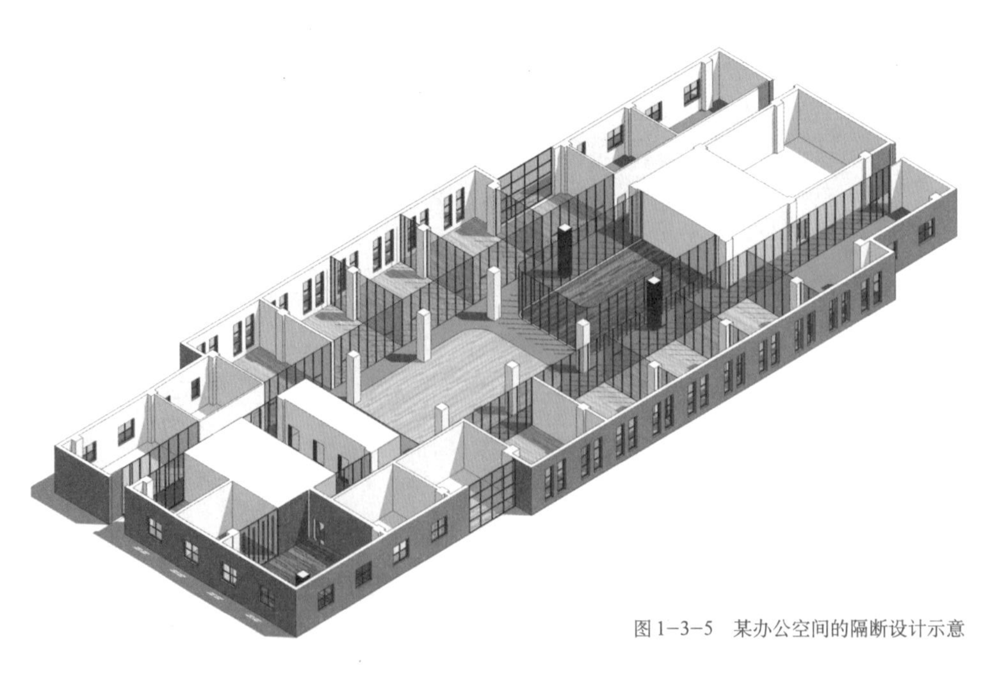

图 1-3-5 某办公空间的隔断设计示意

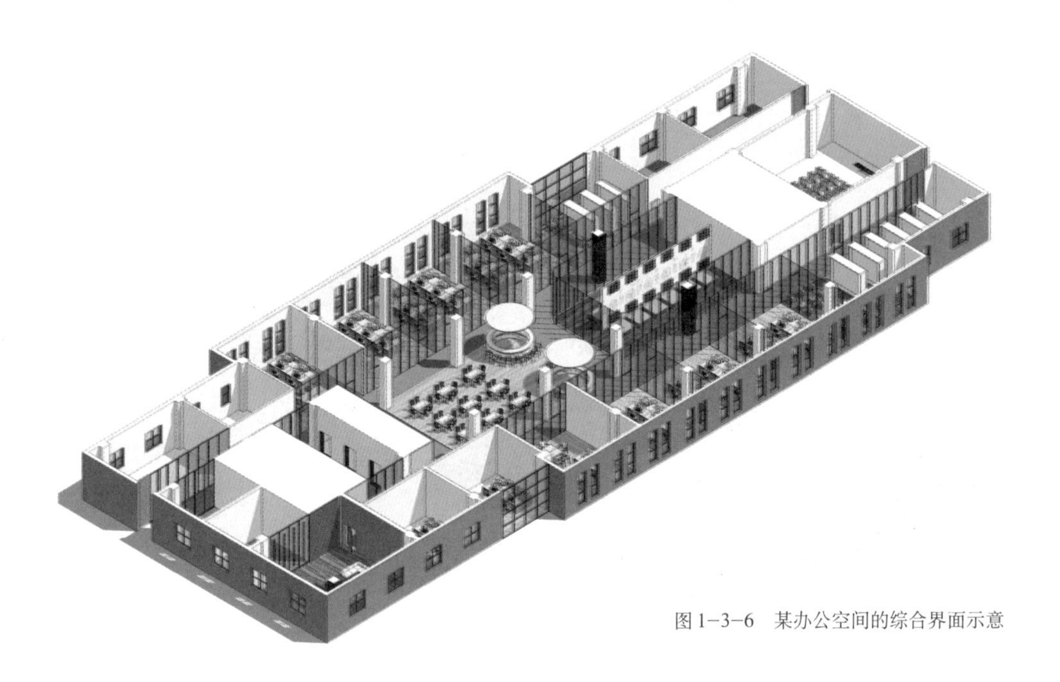

图 1-3-6　某办公空间的综合界面示意

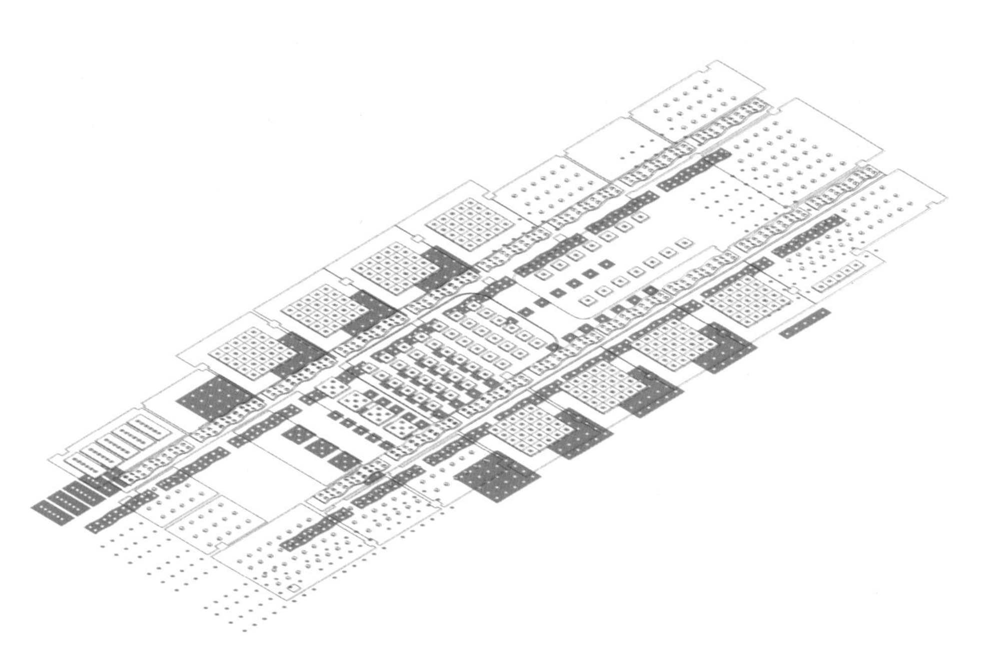

图 1-3-7 某办公空间的顶棚示意

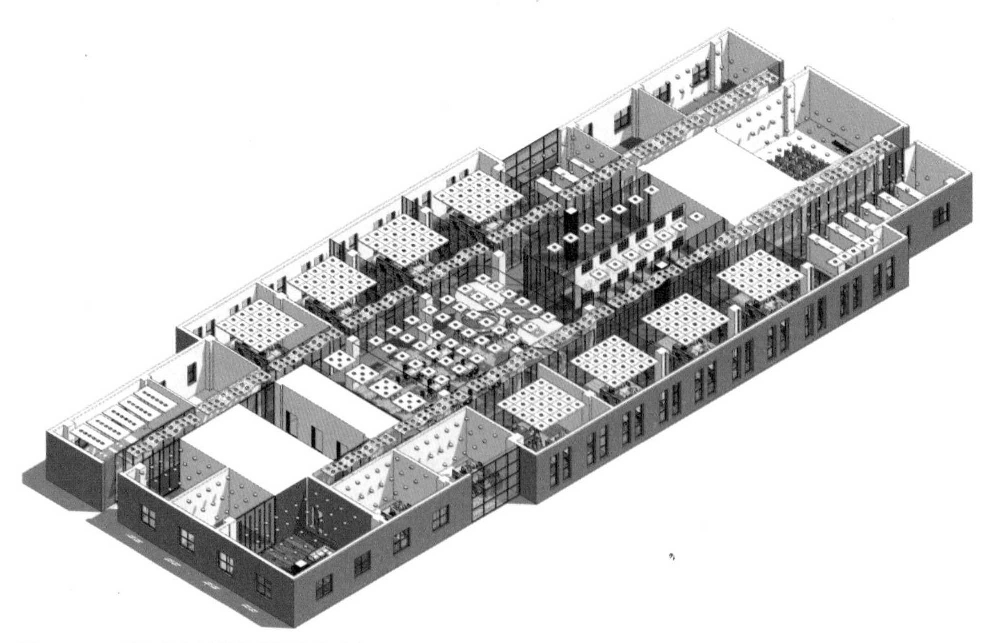

图 1-3-8　某办公空间的带顶棚综合示意

图 1-3-9　某办公空间的透视效果示意

五 设计的确认与实施

完成了全面的空间方案设计之后，在与甲方充分沟通的情况下，设计将进入确认实施阶段。这一阶段对于每层的地面、天花板、墙面等主界面都要进行无缝拼接式的图纸绘制。这一过程主要依靠施工图来体现。另外，还要绘制主要空间的效果图，以期达到最接近实施后效果图的工作。

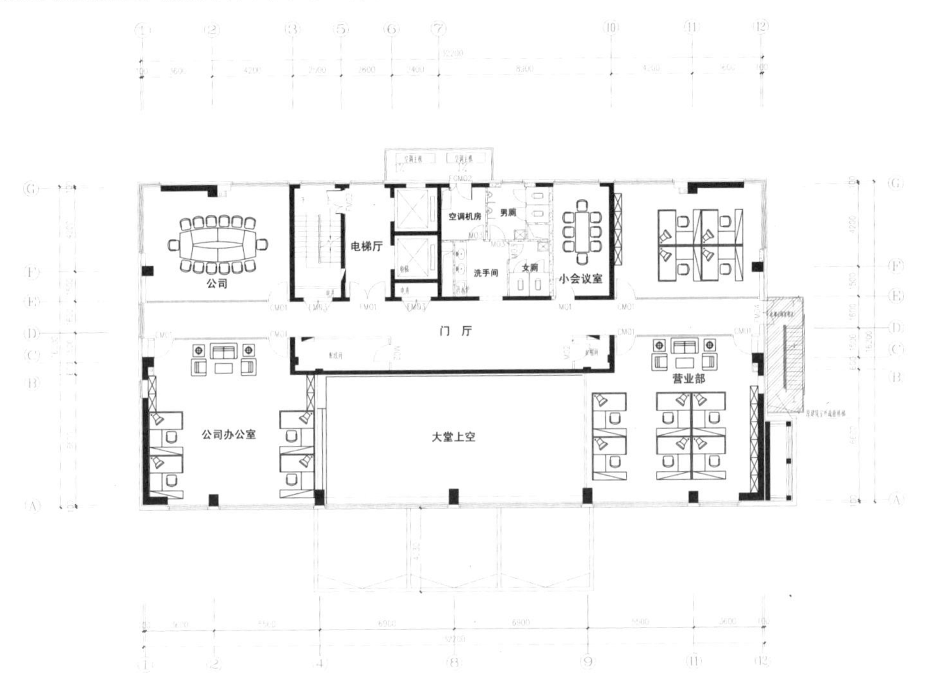

图 1-3-10 某办公空间的施工图——赵冰

上：图1-3-11　某餐饮空间的最终效果图——游秀星
下：图1-3-12　某餐饮空间的最终效果图——陶家乐

六　施工监督与效果调整

确认图纸无误之后，设计师或设计团队必须继续跟进施工阶段，以期实现施工能够达到自己想要的结果。介于现场的条件，施工监督是很多设计师所排斥的工作内容，但是，为了保证空间效果的最终品质，这一将平面图纸变为立体空间的步骤是不可回避的。

以上各部分，是整个室内空间设计当中的主要程序和步骤，各个步骤可以互相融合、贯通。室内空间设计是一个复杂的跨学科专业，要求从业者掌握很多的专业知识，而这些知识要依靠阅读更多的专业书籍与实际经验的积累。

本书作为室内空间设计的概论，将对以上所描述的诸多主要知识点进行详细的描述与阐发。

图 1-3-13　某办公空间的最终实施完成照片——秦赫

思考题

1．室内空间设计与室内装潢设计的区别在哪里?

2．室内空间设计需要设计师具备哪些能力，谈谈你最感兴趣的室内空间设计知识是哪部分?

3．室内空间设计的调研阶段共有几个大问题需要你来调研?

参考书目

1．〔美〕阿摩斯 · 拉普卜特（Amos Rapoport）：《文化特性与建筑设计》，常青、张昕、张鹏译，北京：中国建筑工业出版社，2004 年。

2．〔英〕布莱恩 · 劳森：《空间的语言》，杨青娟等译，北京：中国建筑工业出版社，2003 年。

3．邹寅、李引：《室内设计基本原理》，北京：中国水利水电出版社，2005 年。

4．〔美〕程大锦：《室内设计图解》，大连：大连理工大学出版社，2003 年。

5．邱晓葵、吕非、崔冬晖编著：《室内设计项目 · 下》（公共类），北京：中国建筑工业出版社，2006 年。

第二章 室内设计发展史

第一节 西方室内设计发展史

一 古希腊、古罗马及中世纪的室内设计

据科学家估计，人类在地球上居住的历史约有170万年，但有详细历史记载其发展状况的大约只有6000年左右。对于室内设计来说，史前虽然留下了穴居、巢居的痕迹，但由于建筑和材料保存时间的局限性，几乎很难真实地复原当时的室内状况。加之当时的居住环境极为简陋，史前人类的建筑和居住状况除了具有考古学和人类学上的意义外，对于今天的室内设计并没有多少可以借鉴的价值，因此，西方室内设计的发展史就从古代文明的辉煌时期古希腊开始。

（一）古希腊、古罗马的建筑和室内设计

古希腊留存下来的只有一些神庙的遗迹，从这些断墙残垣上看来，当时的室内是非常简单的，但组成古希腊室内的建筑成分却成为西方室内设计发展史上不断出现的元素，并对西方室内设计风格的形成产生了重要影响。

现存古希腊神庙的遗迹主要是石结构，最典型的建筑形制采用柱廊的形式，一般在正立面和背立面采用八柱式，在其两边还各有一排柱子，形成了完整的周围柱廊形式。间距紧密的列柱支撑着上面的短石梁和人字形屋顶，内部空间构造很简单。古希腊神庙最著名的是对柱式的应用，早期典型的是多立克柱式（Doric Order），这种柱子没有柱础，直接立在三级基座上，上面的柱头是一个圆形的托盘加一块方形的盖板，柱子从底部到顶部有稍微的收缩。继多立克柱式之后，古希腊建筑中广泛使用的柱式是爱奥尼柱式（Ionic Order）。爱奥尼柱式在比例上比多立克柱子更为细长，并带有装饰细部的柱础，柱头上面是一对卷涡，看起来比较柔美。与多立克柱子的刚强和男性化相比，爱奥尼柱子更为女性化。第三种柱式是科林斯柱式（Corinthian Order），应用时间较晚，与前两种柱式比较，科

林斯柱式装饰最多，柱头的四个角均有涡卷，柱头下面是一圈毛茛叶装饰。科林斯柱式在罗马时代得到广泛应用，并成为后来古典主义风格建筑细部喜爱的题材。

图2-1-1　科林斯柱式(Corinthian Order)

古希腊建筑和室内设计对后来的重要贡献还包括他们对模数的运用，神庙中的间距、檐部的各条水平带，甚至最小的构件都是按照规定的模数来精确制定的。而对于神庙内部空间的划分，古希腊采用了黄金分割的比例关系。雅典的帕特农神庙被认为是最完美的希腊神庙，神庙的两个内部空间的平面都采用1∶1.6180的黄金比例关系，它的正立面也正好适应长方形的黄金比。此外，帕特农神庙还是希腊神庙中运用视差校正（refinements）的成功范例，神庙的柱子间距是按规定的模数制定的，但角柱与相邻柱子的间距要比其他正常的柱间稍微窄一些，基座面的水平线条还有一点微微地向上弯曲，柱子有一点向内倾斜，檐部的线条也有一点向上弯曲，视差校正的处理手法体现了神庙在视觉上的和谐关系，突出了希腊神庙建筑的美学特点。

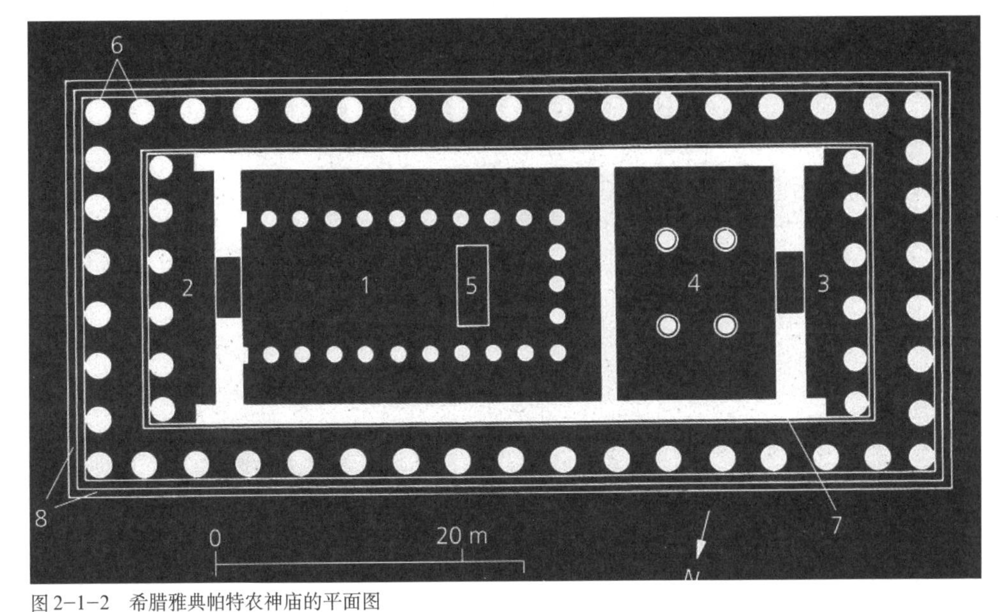

图 2-1-2　希腊雅典帕特农神庙的平面图

1.神堂，2.前门廊，3.背门廊，4.宝库，5.雅典娜神像基座，6.周围柱廊，7.实墙，8.基座与台阶

图2-1-3　罗马卡拉卡拉浴场的复原图

古罗马的建筑和室内设计是在古希腊基础上发展起来的，在公元前753年至公元前300年间罗马奠定了自己的传统。罗马借用了希腊的美学概念，并体现出了高度的组织性和技术性，而且，罗马通过在建筑上采用券、拱和穹顶等技术，创造了巨大的室内空间。券是用楔形石结合在一起形成的，每一块石头称为券石，与邻边的石头共同支撑。券经常做成弧形，常见的半圆形即成为罗马券。在建筑结构中，券与券连接起来成为拱，简单地把券并排起来称为筒拱，也称为隧道拱，比较复杂的拱是用两个筒拱直角交叉。穹顶结构是一种圆形的拱顶，呈半球形，一座穹顶覆盖一个圆形空间。

与此同时，罗马还开始应用经过火燃的经久耐用的砖，并发明了混凝土——采用火山灰作天然水泥，与石子、沙子及水混合而成。正是因为这些材料和构造技术的发展，罗马才发展起来体量巨大的建筑和室内空间，如罗马大斗兽场（公元72—80年）和卡拉卡拉浴场（公元211—217年）。

罗马在神庙建筑中发展了经过改造的希腊柱式，他们喜欢采用精致的爱奥尼和科林斯柱式，以及一种把爱奥尼和科林斯柱式相结合的混合柱式。最著名的罗马万神庙（约公元118—128年）集罗马的建筑艺术和构造技术为一体，内部是一个巨大的圆形空间，直径约43米，整个室内空间的高度接近于上面穹顶的高度，穹顶由五层格子顶构成，每一层逐渐缩小，顶部中间的圆形开口便于室内采光。巨大的圆形内部空间有丰富的表面装饰，阳光通过圆形天窗射入室内照在梁枋上，和大理石地面上的反光一起取得了奇异的效果。

图2-1-4　罗马万神庙内部

（二）中世纪的室内设计

公元400年左右，罗马帝国的统治地位急剧衰落，帝国分裂为东、西两个国家。经过激烈的斗争之后，基督教终于登上了统治舞台，欧洲开始进入近1000年的中世纪时代。由于基督教占统治地位，教堂建筑成了中世纪最重要的建筑类型，随着技术、功能和装饰的变化，室内设计也体现出了不同的风格特征。

1.拜占庭风格

公元330年，罗马迁都拜占庭，并因君士坦丁大帝将拜占庭改名为君士坦丁堡。在拜占庭的作品中，虽然保留了古罗马的工程技术，但罗马建筑的经典细部几乎已丧失殆尽，仅剩下如柱子和柱头这些可以自由运用的基础构件，以及一些人们喜爱的装饰元素。拜占庭风格的魅力在于装饰丰富的室内，墙表面覆盖着彩色大理石拼成的几何图案，以及表现宗教题材的马赛克镶嵌画，中央空间被一圈回廊环绕着，回廊上面是楼座部分，随柱排列的半圆龛形成中央空间与周围空间的联系纽带。柱子暗示了罗马渊源，但柱头却雕刻成抽象的形式，更接近近东血统。

图2-1-5　土耳其伊斯坦布尔的圣索菲亚大教堂

拜占庭建设者发明了帆拱，将三角楔形球面填充在以直角相交的两个相邻的圆券之间的空间内，然后向上伸至顶部形成正圆。拜占庭建筑技术和艺术最辉煌的代表作是位于君士坦丁堡（今土耳其的伊斯坦布尔）的圣索菲亚大教堂（532—537年），教堂内部令人震撼的巨大空间来自其高超的帆拱结构体系，教堂中心直径达33米的砖砌穹顶就是以帆拱的方式来支撑的。在圣索菲亚大教堂中，帆拱上部到顶部之间是40个小窗，环状排列，光线透过它们照亮了室内，与此同时，这些小窗还使穹顶产生了一种飘浮在空中的奇妙效果。

2.罗马风

公元771—814年，查理曼大帝建立了新的集权中心，新的艺术风格开始出现。“罗马风”一词的出现是由于在建筑和室内设计中不断使用罗马的一些元素，特别是半圆形券和其他室内设计细部。

罗马风设计最易识别的视觉元素就是半圆形券，它体现了建筑先进技术的保留与延续。早期罗马风建筑只采用简单的筒拱、固定不变的半圆形，后来出现了较复杂的拱顶体系，还出现了交叉拱。意大利佛罗伦萨的圣米尼亚托教堂（1018—1062年）和法国韦兹莱的马德莱娜修道院都体现了罗马风的某些特征。由于罗马风的建造方式传入英格兰是随着1066年的诺曼底人征服英国而实现的，因此，英格兰的罗马风建筑用“诺曼底”一词，代表作有达勒姆郡的达勒姆大教堂（1110—1133年）。教堂上部的交叉拱顶略微尖起，预示着后来哥特风格的兴起。

图2-1-6　意大利佛罗伦萨圣米尼亚托教堂

3.哥特风格

哥特式在欧洲的流行是12世纪到14世纪。哥特式（Gothic）一词最初是贬义的，人们认为中世纪风格就像西哥特人的作品那样是原始粗野的。在哥特教堂的石结构中，日益复杂的设备、金属格栅和大门、雕花石屏、祭坛和坟墓、木制的长排坐椅、宝座以及布道台在中世纪晚期都得到了发展。哥特式最重要的颜色来自彩色玻璃窗。在制造玻璃的过程中，把颜色融入玻璃中，吹制或浇注成小块，然后用H形铅条将小块玻璃拼装起来，形成图案或人物形象。当阳光通过彩色玻璃窗照进教堂时，不仅为阴暗的室内增添了色彩斑斓的效果，还让人产生了一种身处天国的幻觉。

在哥特式风格中，尖券的技术开始发展起来。普遍认为尖券的重要性与它的象征意义是分不开的：它向上的尖端会引导人们目光向上，从而使思想升华到宗教的天国

图2-1-7　法国沙特尔的圣母大教堂

领域。但尖券在很多场合的使用并没有宗教意义，主要是为大教堂解决技术问题而出现的。哥特式建筑充分运用了几何理论概念，叠置的圆形、正方形以及八边形在许多平面的布局中得到了强调。同样，几何形式也能发展用于剖面和立面设计，这表明借助于比例的复杂知识的理论系统已占据了美学统治地位。

哥特风格的代表作有法国巴黎的圣丹尼斯修道院（约1135—1144年），法国沙特尔的圣母大教堂等。法国哥特大教堂的风格又可以细分为辐射式和火焰式，辐射式主要指建筑中装饰的精美，窗花格的辐射线成为一种重要元素，许多法国主教堂的巨大玫瑰窗就是典型的辐射式。火焰式这一名词用来描绘法国哥特式设计晚期的装饰细部，复杂的窗花格形式以及精细甚至繁琐的装饰细部是其典型特征。英国哥特大教堂的风格则以装饰式和垂直式为典型，装饰式是14世纪的教堂建筑风格，以簇叶式雕刻线为

图2-1-8　法国巴黎圣丹尼斯修道院

图 2-1-9 伦敦的西敏寺修道院的亨利七世小礼拜堂

基础的雕饰是这一风格的主要特征。垂直式是15世纪哥特式教堂的特点，窗户的平行垂直划分和扇形穹顶的应用是这一风格的主要特征。代表作有伦敦的西敏寺修道院的亨利七世小礼拜堂（1503—1519年）和剑桥皇家学院礼拜堂（1446—1515年）。

二 文艺复兴时期的室内设计

大约在1400年左右，首先在意大利，尤其是在佛罗伦萨，中世纪风格开始在艺术、建筑、室内设计以及人类生活的各个领域逐渐让位于文艺复兴风格。“人文主义”一词说明了文艺复兴思想赋予个人的重要性。该思想发展了一种理念，即每个人都有学习、发现和成功的潜能。早期文艺复兴风格的建筑对称有序，许多房间都铺有漂亮的几何花纹的地砖地面，房间都十分简洁朴素，可以体会到一种稳固的高尚美学，这种美学使奢华与庄重维持着极好的平衡。

文艺复兴时期的室内设计风格受到了古典风格的强烈影响。线脚和带状细部采用了古罗马的范例，一般墙面平整整洁，色彩呈中性或画有图案。在装饰讲究的室内，墙面绘有壁画。顶棚由梁支撑，一些室内有丰富的方格顶棚。地砖、陶面砖或大理石的地面往往拼贴成方格图案或比较复杂的几何图形。壁炉装饰有壁炉框，其中一些是巨大的雕像装饰。家具的使用比中世纪更为广泛，椅子和长凳上面的垫子既有实用功能，也把色彩引入到室内。床有时候很大，放在平台上，带有雕花的床头板、踏足板，四角柱子支撑着顶盖和幕帘。在教堂建筑中，窗户上的彩色玻璃让位于单色玻璃，壁画广泛采用了祭坛壁画的形式，三联一组或带框的壁画形式，画面内容阐释了宗教主题。

图 2–1–10　伯鲁乃列斯基设计的意大利佛罗伦萨大教堂

文艺复兴时期著名的建筑师有伯鲁乃列斯基（Brunelleschi，1377—1446年）、阿尔伯蒂（Leon Battista Alberti，1404—1472年）、伯拉孟特（Donato Bramante，1444—1514年）和米开朗琪罗（Michelangelo，1475—1564年）等，他们的代表作有佛罗伦萨大教堂（1420—1436年）、佛罗伦萨圣克罗切教堂的巴齐礼拜堂（1429—1461年）、佛罗伦萨美第奇-吕卡第府邸（1444年）等。伯鲁乃列斯基设计的佛罗伦萨大教堂以高度和尺度巨大的穹顶著称，至今仍然是当地引人注目的标志性建筑。他设

图2-1-11　米开朗琪罗设计的意大利佛罗伦萨圣洛伦佐教堂美第奇礼拜堂

计的巴齐礼拜堂采用了古罗马风格的元素，布局对称。1485年，阿尔伯蒂出版了《论建筑》一书，他的论著阐明了一种应用古典柱式的系统性方法，并推动了一种建立在“和谐”基础上的美学观。

文艺复兴晚期，一些建筑师和艺术家把古典模式进行转化、修改和变形，产生了强烈的戏剧性倾向，因此出现了所谓的手法主义风格（mannerism）。“手法主义”一词首次出现于历史性文献中是用来描述一种风格的绘画艺术，这种风格在文艺复兴的传统中发展出了一种表达自由的个人情感。在设计中，手法主义是指细部在使用方式上突破了规则，个人的意志开始取代早些时候的规则，对古典的形式进行适当的修改，增加既有活力又活泼的雕塑，加强了古典元素高度个性化的使用的表现力，并赋予空间强烈的手法主义特征。手法主义的出现预示了欧洲室内设计新风格的产生。

三 巴洛克和洛可可风格的室内设计

巴洛克风格在意大利沿袭了16世纪文艺复兴鼎盛期演变而来的手法主义风格，并在此基础上有了新的发展。17世纪时，巴洛克在意大利、奥地利、德国南部、西班牙及葡萄牙都得到了发展。“洛可可”一词用来描绘18世纪起源于法国、德国南部和奥地利的艺术作品，一般来说，巴洛克风格多体现在宗教建筑上，而洛可可风格则在世俗建筑中有所体现，两者有时候也有重叠的部分。如法国始建于路易十四的凡尔赛宫和巴黎卢浮宫就很难用巴洛克或洛可可某一种风格来描绘，它们应该是文艺复兴、巴洛克和洛可可风格以及新古典主义风格的集中体现。

(一) 巴洛克风格（Barocco）

“巴洛克”一词来源于葡萄牙文，意指异形的珍珠。巴洛克建筑和室内设计强调富有雕塑性、色彩斑斓的形式，造型来源于自然、树叶、贝壳、涡卷。墙和顶棚都有修饰，有些隔断也用立体的雕塑装饰，或有人像和花草元素，它们有些涂上多种颜色，并融入彩绘的背景中，创造出一种充满动感的人像密集的幻觉空间。在巴洛克风格的室内，幻觉画、拱顶镶板画和透视天棚画，让人产生穹顶般的错觉，如同天空或天堂。巴洛克建筑和室内设计是天主教反宗教改革运动的精神的体现，它宣扬破除偶像崇拜，为民众提供新的视觉刺激，呈现出日常生活少见的丰富、美丽的背景。

图2-1-12　意大利威尼斯公爵府议会厅

当你走进一座巴洛克教堂，那里往往集视觉空间、音乐和典礼仪式于一体，对于虔诚的信徒来说是一种非常有效的方式。在空间塑造中，巴洛克设计喜爱复杂的几何形。卵形和椭圆形比方形、长方形和圆形更受欢迎。曲线的、复杂的楼梯处理以及复杂的平面布局带来动感和神秘感，通过增加充满幻觉的绘画和雕塑，设计的目的从简洁明晰迅速变得复杂繁琐。

当巴洛克家具只为权贵服务时，精美甚至卖弄就成了宫廷室内家具的典型特点。巴洛克家具喜欢硕大、肥胖和鼓形。镜框和画框都带有雕刻和镀金，极尽繁琐之能事，贝壳、卷草或卷涡形是深受喜爱的装饰图案。路易十四时期的家具与那时的宫殿、城市府邸一样，尺度巨大、结构厚重、装饰丰富，这表明建筑与室内设计是统一的。橡树与胡桃木是常用的木材，采用镶嵌细工、镀金和镀银来进行装饰。椅子一般是方形

图2-1-13　意大利都灵斯图皮尼吉宫内的狩猎厅

的，很厚重，带有扶手、座位和靠背，并有垫子和套子。所有的巴洛克家具都精雕细刻，常用象牙、贝壳、黄铜、锡和银镶嵌。

1629年，意大利雕塑家伯尼尼（Gianlorenzo Bernini，1598—1680年）负责设计罗马的圣彼得大教堂祭坛上的华盖（1624—1633年），华盖由四个巨大的青铜柱子支撑，柱子看上去是罗马的科林斯式的，柱身却是经过扭曲的，产生了强烈的动态感。整个华盖缀满藤蔓。天使和人物都充满活力，体现出巴洛克风格的典型特征。威尼斯的公爵府议会厅，是1874年火灾后重建的。其内部空间富丽堂皇，墙面上有一个巨大的钟，绘画和镀金的装饰布满墙裙和墙面。天棚画周围的边框都是镀金的图案，给人强烈的视觉冲击。奥地利梅尔克修道院（1702—1738年）和德国、瑞士的一些教堂建筑的室内都体现出巴洛克风格的特征。

图2-1-14　意大利雕塑家伯尼尼设计的罗马圣彼得大教堂祭坛上的华盖

图 2-1-15　德国慕尼黑宁芬堡宫内阿马连堡小宫

(二) 洛可可风格 (Rococo)

“洛可可”一词来源于法语或西班牙文，意指“贝壳状的”。路易十五时代（1723—1774 年）的风格逐渐变得比较精致、轻盈和华丽，带有流线型，这在室内设计、家具设计和相关的装饰艺术方面表现得比较明显。在法国，精巧的洛可可风格与巴洛克风格相互交织，共同进入18世纪，随后，法国的洛可可风格很快被奥地利和德国模仿，后来影响到英国。

流畅的曲线、精巧的雕刻是法国18世纪洛可可风格的典型特点，同时还有对舒适

图 2-1-16　巴黎圣路易岛朗贝尔公馆大客厅

性的追求，使得带垫子的小沙发椅和加长的躺椅都得到了发展。洛可可风格的房间通常造型简单，仅用安静、清淡色彩的镶板，但表面常用曲线装饰雕刻。洛可可是一种轻松活泼、尺度亲切宜人的装饰风格，通常有优美的曲线和精巧的细部。逃避现实的幻想和欢乐的气氛是洛可可设计的本质。

洛可可家具追求苗条和纤细。家具腿是修长优雅的曲线，镶嵌的图案小巧精美，贝壳、卷草或卷涡形也是深受欢迎的装饰图案。

四 工艺美术运动和新艺术风格

英国在18世纪末就开始了工业化进程，是最早完成工业革命的国家。为了展示工业革命的成果和维多利亚时代的繁荣，1851年，英国政府在伦敦的海德公园举办了首届世界博览会。约瑟芬 · 帕克斯顿爵士（Sir Joseph Paxton，1801—1865年）设计了博览会展馆，展馆的外形类似于一个巨大的玻璃温室，使用了1851英尺长的钢筋作为支架，用了近30万张玻璃板，在9个月内装配完成，在建造速度上被认为是当时建筑界的一个奇迹。展馆因为用了玻璃，采光良好，被称为“水晶宫”。展馆通过新材料和新的结构手段创造了一种工业时代的新理想，为建筑的新形式和新的审美观念的出现奠定了基础。

博览会展出的作品主要是工业技术和发明的成果，这些作品表现出过分的装饰和对历史风格的参考。大多数产品在风格上模仿维多利亚时代繁琐的造型和装饰，庸俗不堪，毫无美感可言。在此前提下，出现了工艺美术运动。

图2-1-17　英国伦敦水晶宫

(一) 工艺美术运动 (The Art and Craft Movement)

工艺美术运动的发起人是威廉 · 莫里斯 (William Morris, 1834—1896年)。莫里斯接受过艺术家和建筑师的训练，曾经研究过哥特式建筑，还加入了当时英国著名的画派——拉菲尔前派，从事艺术创作。1859年，受莫里斯委托，建筑师菲利普 · 韦伯 (Philip Webb, 1831—1915年) 为莫里斯在肯特郡 (Kent) 设计了一幢住宅。这是一栋具有创造性的建筑，强调了功能性、使用性和舒适性。因外墙用了红砖，他们为之取名为“红屋”。红屋采用了红色的砖墙，红色的瓦屋顶，无装饰，平面布局、外部形式以及窗户和门的安排都严格遵守内部功能的需要。室内的装修布置都是莫里斯和他的朋友一起设计的，他们还为这一建筑设计制作了精美的家具、壁纸和地毯等。

1861年，27岁的莫里斯和他的朋友成立了“莫里斯-马歇尔-福克纳公司” (Morris Marshall Faulkner & Co)，从事家具、纺织品、彩绘玻璃和日用品的设计和制作。家具的设计主要由菲利普 · 韦伯负责，拉菲尔前派的画家们，包括伯恩 · 琼斯 (Burne Jones) 和罗塞蒂 (Rossetti) 则被请来为一些家具进行彩绘装饰。19世纪60年代，莫

图2-1-18　红屋的室内设计

里斯着手设计了他最为著名的一些壁纸。这些壁纸的图案基于自然的造型，例如花和藤蔓等植物。植物花纹设计的题材大量来自于自然植物的造型，经过装饰处理后成为非常优雅的植物图案，体现出对称、和谐、有秩序的美感。

1875年开始，莫里斯公司生产的家具逐渐形成了自己的风格。这种风格的家具造型简洁优雅，带有传统和乡村家具的特征，主要采用原木，如桦树和榉木，结构部件加工成葫芦形状，坐垫用竹子、藤或草编织而成，强调了家具的实用性和舒适感。

图2-1-19　英格兰斯塔福德郡怀特威克庄园住宅的室内
图2-1-20　查尔斯·R.麦金托什设计的白色家具

（二）新艺术运动（Art Nouveau）

19世纪末20世纪初，在工艺美术运动之后，一种新的风格开始在欧洲流行，这种与人们实际生活相关的新的艺术形式被称为“新艺术”（Art Nouveau）。这是一种代表着时代的新风格和新形式，在形式上受到了英国工艺美术运动的直接影响，带有欧洲中世纪艺术和18世纪洛可可艺术的痕迹和手工艺文化的装饰特色。它同时还带有东方艺术的审美特点以及对工业新材料的运用，包含了当时人们对过去的怀念和对新世纪的向往情绪，成为体现时代特色的艺术形式。新艺术运动以英国、法国和比利时为中心，波及德国、奥地利、意大利、西班牙和美国，许多国家在短时期里都出现了新艺术现象。

苏格兰新艺术运动时期的建筑和室内设计以格拉斯哥学派（Glasgow School）为代表，代表人物是麦金托什（Charles Rennie Mackintosh，1868—1928年）和以他为主的四人设计小组。1897年，麦金托什接受了最重要的一个项目：设计新格拉斯哥艺术学校。这是一座两层高的建筑，具有英国传统建筑结实平稳的外立面，但麦金托什运用了大量的新材料如玻璃和铸铁，铸铁组成的装饰图案是麦金托什设计中最具特色的地方，弧形的铁条和用铁条挽成的风格化的玫瑰花支撑着窗户，坚实粗重的墙面与细腻的装饰形成了对比。这种精致细长的装饰特点从外部一直延伸到室内，使内外风格统一起来。麦金托什与新艺术的联系并不是风格上的而是观念上的，新艺术的曲线在麦金托什的作品中变成了夸张的、随意的直线条。他在某种程度上继承了英国工艺美术运动的理性成分，在感性和个性化的艺术语言里保留了简洁、平衡和稳定。

最能够代表新艺术成熟的曲线风格的室内设计是维克多·霍塔（Victor Horta，1861—1947年），1892—1893年建成的布鲁塞尔的“塔塞尔”公寓（Hotel Tassel）

图2-1-21 查尔斯·R.麦金托什设计的家具及室内

上：图2-1-22　维克多·霍塔设计的楼梯
下：图2-1-23　法国南希马松住宅

是新艺术风格成熟的作品。最能体现霍塔才华的是室内的装饰设计。活泼、跳跃、类似植物根须的曲线遍布在门面装饰、地面装饰、墙面装饰、楼梯装饰、柱头装饰甚至灯具的装饰上，这些线条轻盈、自然，像植物似的在屋子里生长着、伸展着、蔓延着，呈现出一种生命的活力。这种装饰并不显得拥塞或呆板，相反，流畅、优雅、精致和富有韵律的线条让人觉得像植物生长那样自然，它所呈现出来的美感是赏心悦目的。

法国“南希学派”(Nancy School)设计的家具最为著名，在1900年的巴黎博览会上，南希学派的设计尤其引人注目。这次博览会，展示了南希学派在新艺术自然造型方面所取得的最高成就。南希学派家具风格的形成是其地方背景所造就的：当地的植物和木头常被用于家具镶嵌和宗教雕塑，这些处理技巧和方式为南希学派的家具设计风格提供了基础。

新艺术室内设计风格的特点有：

1. 拒绝维多利亚式、历史复古主义和折衷主义的风格；

2. 采用现代材料(玻璃和铸铁)、现代技术(工业制品)和新发明(如电灯)；

3. 与其他艺术门类联系密切，把绘画、浅浮雕及雕刻艺术形式运用在建筑的室内外设计中；

图 2-1-24　维克多 · 霍塔设计的室内细部

4. 装饰主题主要来源于自然物，如花、葡萄藤、贝壳、鸟的羽毛、昆虫的翅膀等，并将这些自然素材抽象成装饰元素；

5. 曲线形式成为最重要的主题，体现在基本结构和装饰中，将普通的曲线和自然形式的流线联系起来，这种曲线成为新艺术运动最重要的主题纹样。

五 现代室内设计运动

随着人们对工业时代的不断了解和认识，欧洲的建筑师们在建筑与装饰领域，坚决反对历史样式，开始运用新材料和新技术，努力创造符合工业时代的设计，开始从实践的角度思考形式与功能的辩证关系。形式与功能的关系是20世纪初期建筑师关注的焦点。在民主思想的影响下，反对铺张的装饰，追求朴实无华是这一时期建筑师们谈论的重要话题，同时，他们开始积极探讨机器时代的新美学精神。

1907年，德国成立了第一个具有现代设计意义的组织——德国工业联盟，把提高机器化生产的水平作为联盟的目标。彼得 · 贝伦斯（Peter Behrens，1868—1940年）是德国工业联盟的中心人物。他开办了自己的建筑事务所，开始在建筑等设计中用坚硬的直线代替了新艺术的曲线，发展出简朴新颖的风格。他为德国通用电气公司（AEG）设计的透平机车间是早期现代建筑的经典作品，建筑采用了玻璃和钢结构，为车间提供了良好的采光和宽阔的室内空间。1917年，凡·杜斯博格（Theo Van Doesburg，1883—1931年）创办了《风格》杂志，荷兰几个具有前卫思想的设计师和艺术家聚在一起，以杂志为宣传阵地，开始探索艺术、建筑、家具设计、平面设计等方面的新方法和新形式，形成了荷兰“风格派”。风格派的建筑从基本的立体造型出发，

图2-1-25 里特维德设计的“施罗德”住宅及室内

室内由一系列互相开放的房间组合而成，就造型和功能而言，墙的存在不是用来隔断或限制，而是扩展视野。里特维德（Gerrit Rietveld，1888—1964年）在乌德勒兹设计的“施罗德”（Schroder）住宅充分体现了“风格派”的建筑观点，建筑的外立面是大块的、矩形的白色墙面，这些墙面被明显的栏杆线、窗户框架和铁梁或水平或垂直地划分开来。室内通过阳台和栏杆凸现到建筑的外部，住宅的内部空间分为上下两层，下面由分开的房间组成，楼上的起居室则是一个开放的连续空间，墙面位置的上下装有轨道，可以灵活移动活动的墙面，根据需要安排空间。

为现代建筑和室内设计做出重要贡献的是四位著名的建筑师，他们活跃在建筑和室内设计领域，其设计语汇和元素表现出现代主义的特征。他们是德国的沃尔特·格罗皮乌斯（Walter Gropius，1883—1969年）、德国的路德维希·米斯·凡·德罗（Ludwig Mies van der Rohe，1886—1969年）、瑞士的勒·柯布西耶（Le Corbusier，1887—1965年）和美国的弗兰克·劳埃德·赖特（Frank Lloyd Wright，1867—1959年）。

在提倡简洁的风格之后，功能主义的设计思想首先表现出对装饰的摈弃。美国建筑师、芝加哥学派的代表人物路易斯·H．沙利文（Louis Henry Sullivan，1890—1924年）明确表达了对装饰的厌恶，旗帜鲜明地提出了“形式服从功能”的现代设计原则。他认为世界上一切事物都是“形式永远服从功能，这是规律”。沙利文认为建筑应该从内而外地设计，相似功能的空间在结构上具有一致性，他的思想在当时具有革

图2-1-26 勒·柯布西耶设计的马赛公寓

命性的意义。他的观点提出了功能在建筑设计中的主导地位，明确了功能与形式之间的主从关系。“形式服从功能”的观点为当时正在探索过程中的工业产品设计指出了明确的设计原则，并被普遍地运用到现代设计中。

勒·柯布西耶对现代主义的设计思想做出了重要的贡献。1923年，他出版了《走向新建筑》一书，书中强烈地批评了保守派的建筑观点，为新的建筑形式提供了一系列的理论依据。他认为“住宅是居住的机器”，像机器一样，住宅也可以大批量生产。他极力鼓吹用工业化的方法大规模建造房屋，赞美简单的几何形体。他设计建造了一组标准化住宅，把自己的理论付诸实践。勒·柯布西耶的观点把功能主义的观点上升到理性的高度，并发展了新的建筑形式，几何形体也由此成为现代建筑的普遍形式。勒·柯布西耶的建筑作品对现代设计实践产生了巨大的影响，其作品的成功之处在于在美学价值和现代技术的“机器时代”的现实之间建立了联系。

在柯布西耶之后，米斯·凡·德罗提出了“少即多”的设计观念，进一步把现代建筑的设计原则推向更为简洁的发展方向。米斯设计的巴塞罗那博览会的德国馆由八根钢柱组成，柱上支撑着一个平板屋顶，建筑没有封闭的墙体。巴塞罗那馆似乎是第一座

图 2-1-27 勒·柯布西耶设计的萨伏伊别墅室内

图2-1-28 米斯·凡·德罗设计的巴塞罗那博览会的德国馆室内

充分发挥钢材和混凝土的现代结构能力的建筑，这些结构使墙成了非限定性的元素——它们不起支撑屋顶的作用，所以室内空间可以自由设计，没有分隔墙。同时，室内设计成任意开敞的形式以满足特殊的功能。

从“形式服从功能”到“少即多”，建筑设计在形式上完成了向现代主义的蜕变，也从理论上确立了功能主义、理性主义的设计原则。去掉了设计的装饰因素后，无论是建筑还是室内设计都根据功能来决定，因此不管是欧洲、美洲还是亚洲，现代设计在形式上都逐渐趋于一致，功能主义成为世界各国现代设计的普遍风格，由此形成了国际主义风格。国际主义风格的建筑大量采用了现代建筑材料——钢架和玻璃，在形式上是简单的几何形方盒子，框架结构多用钢筋混凝土，屋顶为钢筋混凝土的平顶。勒·柯布西耶利用现代技术和材料把这种风格进一步发展，他所设计的巴黎瑞士学生

上：图2–1–29　米斯·凡·德罗设计的范斯沃斯住宅室内
下：图2–1–30　弗兰克·劳埃德·赖特设计的流水别墅室内

宿舍就是典型的例子。米斯·凡·德罗可以说是把国际主义风格发扬光大的建筑师，他设计的美国伊利诺斯理工学院的校舍、西格拉姆大厦都典型地体现了现代建筑和室内设计的国际主义风格。

勒·柯布西耶在《走向新建筑》一书中也阐述了国际主义风格的设计原则，那就是垂直的、严格的几何形建筑外立面。虽然每个建筑师对建立在功能主义和理性主义思想之上的国际主义风格的建筑原则的理解不完全一样，但他们有许多相似的地方。他们都认为随着新时代的来临，建筑也应该有新功能、新技术，尤其是新形式。他们提倡艺术与技术在建筑上的结合，认为建筑空间是建筑的实质，建筑是空间的设计及其表现，建筑设计应该实现外观和室内的统一。他们在建筑美学上都极力反对外加的装饰，提倡美应当把功能及建筑手段（如材料与结构）结合起来，认为建筑的美在于空间的容量与体量在组合构图中的比例和表现。除了这些共同点外，功能主义和理性主义建筑还强调建筑和建筑师的社会责任，重视建筑的经济性和社会性。

六 后现代室内设计

20世纪60年代中期，随着高科技特别是电脑业的迅猛发展，现代工业社会朝着信息社会急速前进，西方社会步入了一个所谓“后工业社会”时期。欧、美文化界掀起了一股反现代主义的浪潮，理论家和批评家们开始频繁使用“后现代主义”这一术语来解释一系列复杂的文化思潮和现象。到了七八十年代，后现代主义成为西方文化中的重要思潮，此时也是对后现代主义争论最激烈的时期。90年代以来，围绕后现代主义的争论虽有所减弱，但是后现代主义思想在文化领域中的深刻影响已成为事实。人们已经比较普遍地接受了这一概念，并广泛地用来讨论文学、艺术、建筑、音乐乃至设计等领域出现的与现代主义相异的各种新思潮和新风格。

作为后工业社会的文化产物，后现代主义首先反对社会中的一切规范性、同一性和秩序性，以反叛的姿态对现代主义的创造进行破坏和革新，同时反对建立任何新的

图2-1-31　索托萨斯设计当代家具博物馆室内

模式，进而主张实现根本的多元化，倡导互异或相悖的各种文化理论、艺术形态乃至生活方式的并存共生。后现代主义文化思潮以其反叛和革命精神及其多元化的主张，深刻影响了西方文化和艺术的各个领域。在60年代以来的艺术领域中，装置艺术、行为艺术以及录像艺术等的出现无不受到后现代主义思潮的影响。

在建筑和室内设计方面，后现代主义的影响也是显而易见的。随着“后工业”、“产品语义学”、“符号学”、“隐喻”等概念在设计领域中的引进，设计已成为内涵丰富的一种文化现象。从60年代设计师们开始的激进设计和反设计探索，到80年代形成高峰的后现代设计浪潮，后现代设计已成为后现代主义文化和艺术思潮中一个重要的组成部分。

美国建筑家、理论家罗伯特·文丘里(Robert Venturi)最早明确提出了反现代主义的设计思想。他于1966年出版的《建筑的复杂性与矛盾性》一书，堪称一部反对国际主义风格和现代主义思想的宣言。在书中，他首先肯定了现代主义建筑是对人类文明进程的伟大贡献，然后，他提出现代主义建筑已经完成了它在特定时期的历史使命，国际主义丑陋、平庸、千

上：图2-1-32　菲利普·约翰逊设计的A.T&T大厦室内
下：图2-1-33　文丘里与斯科特·布朗设计的伦敦国家美术馆室内

图 2–1–34　文丘里住宅的室内设计

篇一律的风格已经限制了设计师才能的发挥并导致了欣赏趣味的单调乏味。他相信，现代主义已经过时了，现代主义大师们所创造的辉煌变革已成为了新的桎梏。1972年，文丘里出版的另一本著作《向拉斯维加斯学习》更为明确地表达了对含混风格的偏好。文丘里认为，拉斯维加斯街道两旁混乱的“七国建筑”是“一种全新的城市形式”，在他看来“那些看上去杂乱无章的低级建筑表现出一种诱人的活力与效力”。可以说，文丘里提出的传统和混合的审美趣味是后现代设计风格的雏形。

文丘里之后，英国建筑师和理论家查尔斯 · 詹克斯（Charles Jencks）为确立建筑设计和室内设计的后现代主义理论作出了重要贡献。他出版了一系列的后现代建筑理论著作，如《后现代主义》、《今日建筑》、《后现代建筑语言》等。詹克斯详尽地列举和分析了在世界各地出现的建筑新潮，并把它们归于后现代范畴，使后现代一词开始在设计领域广为流传。在后建筑的名目之下，设计师摆脱了现代建筑在思想和形式上的束缚，充分发挥个人的想象力和创造力，在建筑的形式和观念上不断革新。因此，说到后现代建筑和室内设计，往往包括了从20世纪70年代开始出现的多种与现代建筑风格不同的风格。谈到后现代风格，简单的办法是把现代主义之后出现的各种风格都

图 2-1-35　伦佐·皮亚诺和理查德·罗杰斯设计的巴黎蓬皮杜艺术中心及室内

归到后现代的名义之下，包括后现代、新古典、高科技、解构主义、新现代主义等，这些建筑和室内设计风格各异、形式也不相同。后现代因此是一个笼统的、复杂的、甚至是一个包罗万象的概念。

建筑师查尔斯·穆尔（Charles Moore）是后现代建筑设计的代表人物，他为美国的意大利社区设计的意大利广场就表现出设计师对古罗马和地中海传统建筑风格的偏爱。意大利广场建于1975—1980年，这一设计也是穆尔与精通当地文化的建筑师密切合作的结果。广场在设计中既考虑到了当地居民的审美趣味和生活方式，又考虑了与周围环境的协调，在设计中吸收了附近一幢摩天大楼的黑白线条，将之变化为一圈由大而小的同心圆。针对古典和现代建筑的严肃形式，穆尔把墙上喷水的雕像做成了自己的头像，其中象征性地运用古典建筑的语言亦成为后现代建筑设计的重要特点。

到了20世纪70年代末80年代初，后现代设计慢慢开始被消费者所接受，并赢得了一些著名委托人的信任。1980年，被认为最具有创新精神的美国建筑设计师迈克尔·格雷夫斯（Michael Graves）两次击败纯现代主义建筑师，接受了俄勒冈州的公益服务大厦的设计项目，格雷夫斯在这场建筑竞标中的胜出意味着后现代的胜利。尽管有不少缺点，然而公益服务大厦使人们首次意识到，建筑完全可以在大规模的基础上，运用住户所能理解的语言将艺术性、装饰性与象征性融为一体。把艺术性、装饰性和象征性统一起来，这正是后现代建筑师所期望实现的建筑理想。

上：图2-1-36　迈克尔·格雷夫斯设计的俄勒冈州的公益服务大厦室内
下：图2-1-37　迈克尔·格雷夫斯设计的休斯敦家具陈列室

图 2-1-38　诺曼 · 福斯特设计的杜马斯办公楼室内

20世纪70年代引起轰动的巴黎蓬皮杜艺术中心，被认为是早期后现代建筑的代表作。它是由意大利著名的建筑师伦佐·皮亚诺（Renzo Piano）和英国建筑师理查德 · 罗杰斯（Richard Rogers）设计的。这一建筑一反现代建筑外形简洁的特点，把建筑内部的许多设施都放在了建筑物的外部，如通风管道、电梯和楼梯等，以至于完工后的建筑仍然像外面围着施工的脚手架一样。但艺术中心采用了金属管的构架，形成了内部完全没有支撑的自由空间，为展览和表演提供了宽敞空旷的室内面积。高技派最重要的代表人物是英国出生的建筑师诺曼 · 福斯特（Norman Foster），他为法国雷诺汽车公司设计的英国销售中心和香港的汇丰银行大厦是这一风格的经典作品。雷诺汽车销售中心采用了桅杆式的金属悬挂支撑结构，外面可以清晰地看到建筑结构。香港的汇丰银行是福斯特建筑理念的集中体现，因为建筑外面采用了结构清晰的钢铁衍架，视觉上好像整个建筑物都悬挂在衍架上。2003年在伦敦建成的瑞士再保险公司的总部大楼可以说是福斯特的又一杰作，不仅在形式上突破了他以前的建筑，也达到了高科技风格的又一个高度。

美国建筑师弗兰克 · 盖里（Frank Gehry）被认为是解构主义风格的大师。他的风格是冷峻、怪诞的，充满了幻想和超现实的色彩。他的建筑类似于科幻电影里外太空住宅或未来的城市，常由一些不规则的几何体组成，因为采用了金属材料而呈现出技术的特征。1998年设计的西班牙古根海姆博物馆是他建筑思想的结晶，这座矗立在

图2-1-39　弗兰克·盖里设计的西班牙古根海姆博物馆及室内

河边的庞然大物，就像是把一些不规则的几何体随意地垒在了一起，建筑的外立面是可以在阳光下闪闪发光的薄钛金属片，使它看起来一点儿也没有人类居所的痕迹，它在城市的边缘就像一座天外来物。其有机、扭曲、变形的造型非常特别，很难与任何建筑理论联系起来。他随后设计的Richard B.Fisher中心和迪斯尼音乐厅更是把他自己的风格表现得更为成熟。

图 2-1-40　贝聿铭设计的巴黎卢浮尔宫金字塔玻璃入口处及室内

把某位建筑师归类于某种风格并不是一种好的方式，因为这个建筑师的作品也许同时体现出几种风格的混合。如活跃在世界建筑领域的华裔建筑设计师贝聿铭，他既有高科技风格的建筑作品，如香港的中银大厦，也有一些借鉴了古典建筑语言，但在结构上利用了现代科技成果的作品，如北京的香山饭店。他为巴黎卢浮尔宫所设计的金字塔形的玻璃入口，就很难把它归到什么风格，而更多地体现出建筑师在古典建筑形式上的再创造。而且，很多后现代建筑和室内设计都体现出风格的含混性和复杂性的特点。

从后现代的建筑风格看来，设计师并没有找到一条类似于现代主义那样明确的设计路线，他们所做的工作只是在现代的基础上进行调整和修正，只是针对现代主义存在的一些问题探讨一些可能的解决方式，只是在脱离了现代主义教条的束缚后，个人对建筑和室内设计所作的不同诠释。没有人宣称已经找到了新方法，也没有人宣称完全否定了现代主义。从风格上来讲，设计已经进入了多元化的时代。

第二节 中国室内设计发展史

一 中国传统室内设计发展历程

中国室内设计是伴随着中国五千年的建筑文化、器物制造和各种与室内装饰装修的技术文明发展起来的，具有独特的中国文化特色。

中国古代建筑以木构架结构为主，有抬梁、穿斗和井干三种不同的结构方式，与此相应地，中国古代建筑创造了与这种结构相适应的各种外观、平面和室内空间，以及室内空间的处理方式。中国古代建筑的特点之一是从整个形体到各部分构件，利用木构架的组合和各构件的形状及材料本身的质感等进行艺术加工，达到建筑的功能、结构和艺术的统一。民间建筑的艺术处理比较朴素、灵活，而宫殿、庙宇和宅邸等建筑则比较华丽、繁琐。

在中国传统建筑中，并没有室内设计这一说法，室内设计被称为装修和

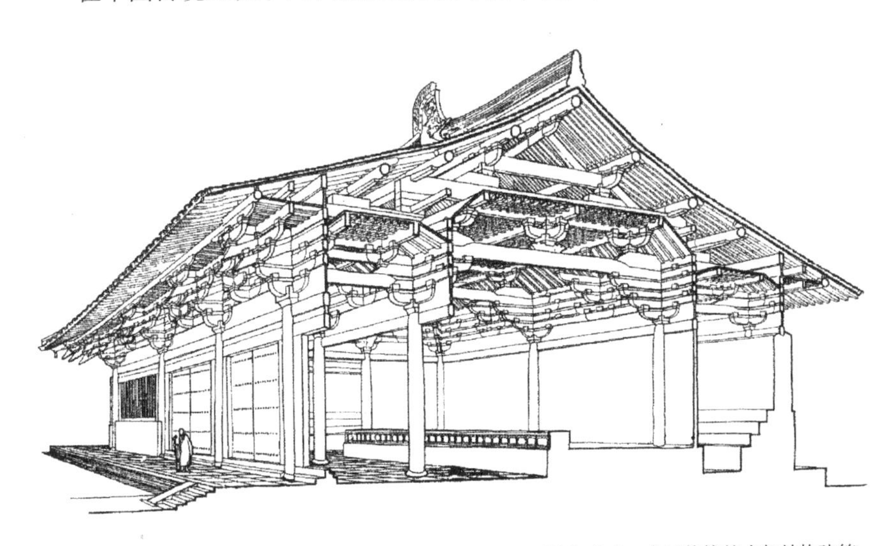

图 2-2-1 中国传统的木架结构建筑

图2-2-2 中国传统建筑的装修和装饰

陈设，和中国传统的木架结构的建筑有密切的联系。装修按位置分为外檐装修和内檐装修，包括台基以上、柁枋以下的所有门、窗、隔断及彩画等。外檐装修是指建筑的外部空间与内部空间的间格物，即外墙上的门、窗、隔扇及梁枋彩画等；内檐装修是指室内装修，包括将建筑内部的大空间分成若干小空间的分隔物，也包括地面、墙面、顶棚的做法。内檐装修运用木瓦、粉刷、油饰、绘画、雕刻等手段完成。经过装修后的室内还有家具、织物、摆设等陈设。

中国古代建筑的室内装饰是随着人们生活起居习惯及装修、家具的发展和演变而逐步发生变化的。原始社会，由于生产力低下，人们的居住方式主要是穴居和巢居，后来才有了草泥构筑的房子。为了克服地表面洞穴中的潮湿，人们将洞内作烘烤处理，或在底部铺垫经烧过的土，居住条件极为简陋。穴居时期的生活用品主要是陶器，出土的彩陶文物造型美观、装饰简单，既是当时人们的日常生活用品，也是室内的主要陈设品。进入商周后，在建筑方面已经有了比较成熟的夯土技术，能构建规模庞大的宫殿，建筑细部也很精致。因为当时主要流行席地跪坐的习俗，席与床是当时室内的主要陈设，家具有案、俎和禁等低矮的家具，因为年代久远，现在只能从文字和艺术作

图 2-2-3 河南信阳战国墓出土的案

品中看到一些有关此时期室内装修和陈设的描述。春秋时期，中国进入了一个文化发展极为活跃的时期，在我国最早的一部工程技术专著《考工记》中，可以看到春秋战国时期许多重要建筑制度，如王城规划思想，以及版筑、道路、门墙和主要宫室内部的标准尺度等。因为崇尚礼制，建筑与装饰方面等级森严，无论是彩画还是色彩都有明确的规定。人们在室内虽然还是跪坐，但家具又发展了可以凭靠的“几”、用作室内隔断的“屏风”和用来搭挂衣服的衣架，以及用在席下的“筵”等。

秦统一中国后，土木工程大兴，修建了规模空前的宫殿、陵墓、万里长城、驰道和水利工程等。文字记载中的阿房宫规模庞大、气势宏伟，建筑构造技术已达到了非常高的水平。汉代中国进入了封建社会的上升期，国力大盛，建筑与装饰体现出宏大的气势。建筑在汉代取得了很大的发展，建筑中已开始使用大量成组的斗拱，木结构的楼阁逐渐增多。砖石建筑也开始发展起来，砖券结构有了较大的发展。中国建筑作为世界建筑史中的一个独特的体系，在汉代已基本上形成了。一般而言，汉代小型住宅的平面为方形或长方形，以木构架结构为主，墙壁用夯土筑造。比较大型住宅的平面呈一字形或曲尺形，平房或楼房都用墙垣构成院落，还有比较复杂的三合式和日字形平面的住宅，所构成的院落已体现出中国建筑所特有的风格。这一时期，与室内设

图 2-2-4　绘画中的唐代家具设计

计相关的建筑、家具、画像石、画像砖、漆器和金银器都得到了极大的发展。中国传统的建筑结构体系和基本形式在这一时期已基本确立，用于构造的砖、瓦质量也达到了很高的水平，装饰纹样更加丰富，人物、文字、植物、动物和几何纹等已经广泛运用在门窗、墙、柱子、斗拱、天花板和瓦件上。秦汉时期人们仍然保持席地而坐的习惯，几的形式逐渐增多，并饰以绘画和装饰图案。为了放置更多的器物和食物，案逐渐加长加宽。床既可用于日常起居，也用来宴请宾客。帐幔是这一时期十分流行的陈设，门、窗通常配有施帘与帷幕，地位较高的人还在床上加帐。

两晋南北朝是中国历史上一次民族大融合的时期，也是中国室内设计发展的一个转折点，室内装饰和传统家具都有了新的发展。此时在建筑装饰上出现了覆斗式藻井，天花板、藻井形式多样、色彩丰富。由于这一时期宗教极为兴盛，因而宗教建筑尤其是佛教建筑大量兴建，出现了许多巨大的寺、塔、石窟和精美的雕塑与绘画。建筑装饰题材中增加了佛教内容，如莲花、须弥座等。睡觉用的床增高，周围有可以拆卸的矮屏，上面可以加顶。出现了长几、曲几和多折屏风等新型家具，还有了椅子、方凳、束腰凳等部分高的坐具。这些高形家具的出现对室内设计的发展产生了较大影响。

图 2–2–5　五代顾闳中所画的《韩熙载夜宴图》

经过了短暂的隋朝后，中国历史进入了封建社会发展的高峰期——唐朝，唐朝农业和手工业的发展带动了文化和艺术的发展，丝绸之路的繁荣等与海外的广泛来往扩大了国际贸易和文化交流。大唐盛世为建筑和室内设计的发展提供了强有力的经济和文化支持，中国建筑在此时期发展到成熟阶段。唐朝在城市建设、木构建筑、砖石建筑和建筑装饰及施工技术方面都得到了巨大发展。与唐朝强盛的社会背景一致，唐朝的建筑和室内设计风格规模宏大、气势非凡、色彩丰富、装饰精美，体现出沉稳厚实的艺术风格。唐朝的大型建筑群体处理日趋成熟，木构建筑也解决了大面积、大体量的技术问题，并逐渐定型。房屋的空间加大，窗可启闭，增加了室内的采光和内外空间的流通。在室内装修的彩画中，初步使用“晕”的技法，装饰纹样中大量运用卷草纹、人物纹和瑞兽纹，回纹、连珠纹和火焰纹也常有使用，装饰风格富丽而和谐。在唐代，手工艺如织锦、印染、陶瓷、金银器、漆器和木工艺都进入繁荣时期，极大地丰富了室内装饰与陈设。与家具相关的手工艺技术如螺钿镶嵌、漆绘等也发展起来，丰富了室内家具的装饰和造型。隋唐虽然还有席地而坐的习俗，但已开始出现垂足而坐的习惯。在家具方面出现了多种凳、椅、桌，还有供多人使用的长凳和长桌，以及多折有座的大屏风。唐代出现了高形桌、椅和屏风，并以屏风为背景布置厅堂的家具。唐代的高型方桌和高型床塌在造型上吸取了当时建筑中大木梁架的造型和结构特点，显示出较好的稳定性。家具选材十分广泛，除桑木、桐木外，还有紫檀、楠木、花梨木和沉香等贵重木材。唐代家具的基本造型和种类奠定了中国传统家具的基本形态和种类。从五代顾闳中的绘画作品《韩熙载夜宴图》中，我们基本可以看到唐代室内设计和家具的面貌。

图 2-2-6　绘画中的宋代家具

图 2-2-7　明代家具造型

宋朝在经济和文化方面都有发展，手工业的分工更为细密，国内和国际贸易相当活跃，中等城市的数量增多，城市生活更为繁荣。宋代的木、砖、石结构有不少新发展，装修、彩画和家具经过改进后已基本定型，室内布局也出现了新的方式，艺术形象趋于柔和绚丽。宋朝的建筑和室内设计受到了唐朝的影响，但在形式和装饰上都有发展，而且更为精致。宋代的琉璃瓦、雕刻和彩画的发达，为建筑增添了更多的艺术效果。园林建筑方面景观建筑增多，园林建筑中的借景、对景等手法影响了室内设计布局的变化。室内的空间高度加大，天花板、藻井、彩画、斗拱的雕刻更加精美和富于变化，木雕和砖雕已经广泛用于室内外。这一时期，席地而坐的习惯基本上已经消失，所以高足家具得到了更大的发展。高足的桌、凳和椅子已经非常普遍，并大量运用线脚，极大地丰富了家具的造型。宋代已普遍使用屏风，架类家具如衣架、盆架不仅品种多，造型也非常美观。宋代家具多有质朴简洁的造型和突出使用功能的理性美，在装饰上不作大面积的雕饰处理，仅以朴素的线面为主，主要在局部加以装饰，形成了较好的节奏和韵律。椅子、凳子的结构、造型和高度都与现代家具很接近，圈椅也大大简化，为中国家具在明代的繁荣打下了基础，也为中国最具文化特色的明式家具的发展提供了准备。随着起居方式的变化，还出现了成套的家具，室内的陈设格局也产生了变化。北宋颁布了《营造法式》，对各类建筑的设计、结构、用料等都做了明确的规定，这对总结中国传统建筑的经验和推动建筑和室内设计的发展都产生了极大的作用。

元代是中国少数民族统治时期，因为各民族的往

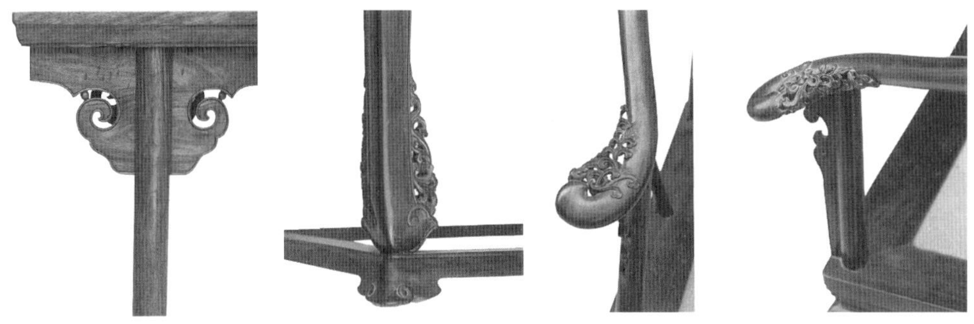

图 2-2-8　明代家具设计细部

来和文化融合，为建筑和室内设计增添了新内容。虽然中国传统建筑和室内设计总体风格没有发生变化，却由于吸收了少数民族的元素而变得更为丰富；尤其表现在建筑中贵重材料的运用和表现出极高水平的壁画上，如元代的永乐宫壁画。

明清时期是中国传统建筑和室内设计的发展和完善时期，达到了新的高峰。明清时期的建筑确定了中国传统建筑的类型，并往世俗化方向发展。民间建筑的类型及数量都有增加，质量也不断提高，各民族建筑都有所发展，住宅类型丰富多样。明清时期彩画更为华美艳丽，尤其是清代，因为彩画常常用原色，造成大红大绿的效果。图案纹样也更为丰富，多为具有寓意的吉祥图案。明清造园风气日盛，皇家园林和私家园林都达到了历史的最高峰，并产生了对中国园林和宅第建筑具有重要意义的著作《园冶》。园林建筑的发展也推动了室内设计、家具设计和陈设设计的发展。清代的广州、杭州和宁波等地区都是家具制作的中心，这一时期家具的类型和式样，除了满足饮食起居的需要外，还根据厅堂、卧室和书房等室内空间的不同需要配置不同的家具，并根据房屋的进深、开间大小和使用要求，考虑配套家具的种类、式样和尺度，进行家具的成套摆放。明清时期还将房屋结构、装修、家具和字画陈设等作为统一的整体处理。明清时期，家具除了在制作技术上达到极高的水平外，种类也极为丰富，床、凳、椅、案、几等都有各种不同

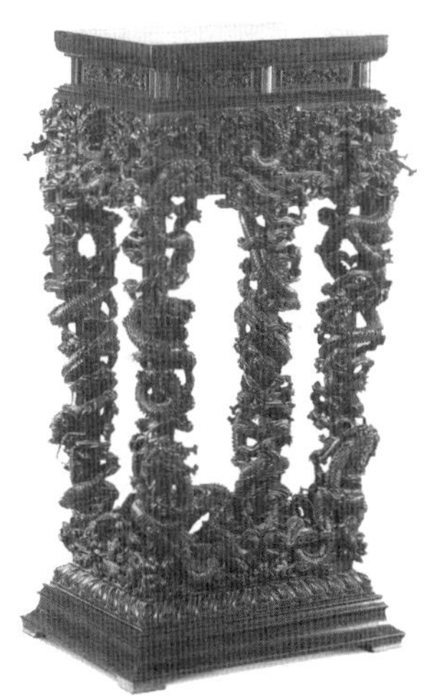

图 2-2-9　清代家具设计

的样式，以椅子为例，就有靠背椅、灯挂椅、官帽椅、交椅、圈椅、玫瑰椅等。明清时期的室内空间分隔物种类增多，主要采用飞罩、落地罩、栏杆罩和帷幕进行室内分隔。除此之外，还采用博古架、屏板、挂落等来丰富室内隔断的方式，这些隔断往往都有丰富精美的雕刻图案。室内陈设除了金属、陶瓷等器物外，盆景、奇石、对联和挂屏也备受欢迎，它们丰富了传统室内设计的语言。

明代家具代表了中国传统家具的最高水平，已经成为中式家具的代名词。明式家具注重功能、造型优美、做工精巧、用材讲究，以简洁素雅著称，体现出极为深刻的民族文化内涵和极高的艺术品味。明代家具注重选材，并充分体现出材质的色泽和纹理之美，很多明代家具仅在辅助构件上进行雕饰，往往通过结构与造型形成优美的形式。明式家具装饰节点都极为讲究，细节都经过了精心推敲，虽然采用了雕刻、镶嵌等多种手法，但装饰往往只是点到为止，非常节制。清代家具大多沿用了明代式样，但精雕细作更盛，往往因装饰过于繁琐而品位不如明式的简洁高雅。清代在建筑装修和家具装饰上往往过于精美，采用玉、珐琅、雕漆等进行繁密的装饰，被认为艺术品位不够高。

图 2-2-10　中国传统室内设计的隔断、配套家具和陈设艺术

二 中国近现代室内设计的发展和变化

清末，由于外国列强的入侵，中国沿海一些地区开始殖民地化，中国的封建统治也几近崩溃。1912年，中华民国宣告成立。自1840年鸦片战争以来，西方的建筑理念和风格逐渐进入中国。帝国主义入侵中国后，在沿海一些城市建造使领馆、教堂和别墅。到民国时期，一批中国建筑师从国外留学归来，把西方的建筑风格和设计理念引入国内，中国的建筑和室内设计进入中西融合时期。

由于受到欧美建筑风格的影响，以及中国沿海城市被外国人开商埠、划租界之后出现的外国建筑式样的影响，中国室内设计呈现出中西结合的特征。一些建筑师吸收了国外近现代建筑的技术，运用新材料和新功能，尝试把中西风格结合起来，创造新的建筑和室内设计风格。这一时期中西结合的建筑风格主要体现在一些沿海开放地区的建筑中，在北京、上海、天津、青岛、广州和哈尔滨等城市，西方古典风格、现代风格和中国传统风格糅合在一起，出现了一些著名的建筑物，如上海汇丰银行、上海沙逊大厦、上海国际饭店、天津的劝业场以及北京的清华大学大礼堂。这些建筑很明显地体现出西方建筑的风格特点，但在一些装饰、装修和室内设计方面又蕴涵着中国

图2-2-11　上海沙逊大厦（和平宾馆）的室内设计

上：图 2-2-12
人民大会堂国宴厅
下：图 2-2-13
人民大会堂过厅

传统建筑的一些元素。

与此同时，还有一些建筑师在尝试中国民族风格，如南京中山陵、广州中山纪念堂、北京燕京大学和协和医院等。其中尤其以吕彦直设计的南京中山陵最为著名。同为吕彦直所设计的广州中山纪念堂被认为是继承中国传统建筑精神的优秀设计作品，其主体结构虽然采用了现代材料和钢筋混凝土结构，但其中的梁、柱、枋、斗拱和彩画都是中国传统的形式，室内装饰装修保留了中国传统室内设计的风格特色。

1949 年，新中国建立后，中国的建筑和室内设计进入了新的发展期。建国初期，因为国家财力有限，建筑活动规模不大，室内设计也没有专业的设计师队伍。1956年，中央工艺美术学院成立，由中央美术学院实用美术系、清华大学营建系（部分教师）及杭州的中央美术学院华东分院实用美术系组成。设立了装饰艺术系、室内装饰系、染织美术系、陶瓷美术系、装潢艺术系、家具设计系等，开始培养中国的设计人才。1958年，为庆祝建国十周年，政府决定在北京兴建人民大会堂等国庆工程，包括民族文化宫、北京站等十个大型建设项目，称为“十大工程”。作为一项政治任务，北京市动员了全国的设计力量，集中财力物力，在短时期就完成了建设任务。十大建筑首次聘请了美术家和装饰设计专家配合建筑师进行了室内、家具和陈设艺术品的设计与制作。通过这些项目的设计，艺术家和设计师们探索了中西结合、民族形式的问题，对中国现代室内设计产生了十分重要的影响。十大建筑的室内设计图案大量采用了具有象征性的政治题材，如太阳、五星、麦穗、向日葵等，也被全国各地的建筑和室内设计竞相模仿，形成了中国现代室内设计的程式化风格。

20世纪70年代后期，中国开始进行改革开放，室内设计从此进入大发展时期。改革开放早期，旅游业的发展带动了全国各地高级饭店、宾馆的建设，中国的室内设计水平获得了突破性的发展。毛主席纪念堂、中南海紫光阁、北京饭店等大型宾馆的室内外装饰艺术设计对中国建筑和室内设计都起到了积极的推动作用。改革开放初期，中国室内设计广泛引进国外先进的室内设计技术、材料和理念，使中国室内设计水平得到了很大的提高。许多设计师在探索民族风格的同时，也开始运用现代风格。1974年建成的北京饭店、1982年建成的北京香山饭店和1983年建成的广州白天鹅宾馆都是这一时期的代表作。室内设计在功能处理、环境创造和文化品位上都达到了很高的水平。

图2-2-14　北京香山饭店四季厅

随着改革开放的不断深入和经济的飞速发展，中国的室内设计从20世纪90年代进入到高速发展时期，并开始为大众服务。城市里不断增长的房地产项目和国家的大型建设项目，都促进了中国室内设计的迅速发展。一方面，人们物质生活的不断提高和居住环境的不断改善，对室内设计的要求也越来越高；另一方面，房

上：图 2-2-15
北京国家图书馆大厅
下：图 2-2-16
珠海机场大厅

地产开发商认识到室内设计可以提高自己在市场上的竞争地位，因此也把室内设计作为商业竞争的一种手段。另外，国外设计师在中国的设计项目也把国际最新的室内设计风格和理念带到中国，为中国室内设计的发展注入了新的活力。与此同时，随着国内消费水平的提高，国际著名的家具、厨房用品、卫浴用品和家居用品相即进入中国市场，加之建筑和室内设计材料的不断更新，中国室内设计的发展不断被催化、促进。与之相应，中国设计院校不断成熟的室内设计教育也在为中国室内设计领域不断输送专业人才。经过近20年的成长和发展，中国已经有了一大批专业的室内设计公司和室内设计师队伍。从设计风格上来讲，也开始进入到一个多元化时期。既有从中国传统室内设计吸取设计元素，开拓出具有时代感的作品，也有从欧美风格中获得设计灵感，并加入了中国风格的作品。还有一些则完全把现代主义设计元素运用到中国室内设计中，试图发展本土的现代主义室内设计风格。一些观念前卫的设计师把西方后现代风格的室内设计的功能和形式介绍进来，设计了无论从形式到理念都很超前的作品。

随着信息化时代的到来，国际学术交流越来越便捷和频繁，中国的室内设计无论是在实践上还是在观念上与国际的差距越来越小。有关民族风格的讨论和实践虽然仍在进行，但生态、绿色、环保和健康已经成为人们在室内设计中更为关注的问题。

参考书目

1. 〔美〕约翰 · 派尔:《世界室内设计史》，刘先觉等译，北京：中国建筑工业出版社，2003 年。
2. 〔英〕史蒂夫 · 科罗维主编:《世界建筑细部风格》(上、下)，刘琼、邓士泉译，香港国际文化出版有限公司，2006 年。
3. 刘敦桢主编:《中国古代建筑史》，北京：中国建筑工业出版社，1984 年。
4. 侯幼彬:《中国建筑美学》，哈尔滨：黑龙江科学技术出版社，1997 年。
5. 张绮曼编:《室内设计的风格样式与流派》，北京：中国建筑工业出版社，2006 年。
6. 张绮曼、郑曙旸主编:《室内设计资料集》，北京：中国建筑工业出版社，1991 年。
7. 张绮曼主编:《室内设计经典集》，北京：中国建筑工业出版社，1994 年。
8. 霍维国、霍光:《中国室内设计史》，北京：中国建筑工业出版社，2003 年。
9. 梁梅:《世界现代设计史》，上海：上海人民美术出版社，2007 年。
10. 梁梅:《信息时代的设计》，南京：东南大学出版社，2003 年。

第三章 室内空间设计

第一节 室内空间的概念

一 宏观的空间概念

空间是设计师最基本的素材。空间是一种客观存在，在空间中我们可以移动身体，看到形状、听到声音、闻出气味、感受到和风与暖阳。空间又是无形的和扩展的。我们对于空间的感受，主要来自于空间之中实体元素之间的复合关系。点、线、面、体等实体几何元素可以被用来围合和限定空间，在建筑上，这些基本元素就变成了柱子、梁以及墙面、地板和屋面等，它们被组织起来形成建筑外形，并界定了室内空间的边界。建筑实体及其围合而成的空间是一个有机体，两者互为依存。我们的祖先曾对此进行了准确的阐述："凿户牖以为室，当其无，有室之用。故有之以为利，无之以为用。"老子的话既包含了"有无相生"的辩证论点，也揭示出我们利用物质材料和技术手段营造房屋的根本目的，不是门、窗、墙等实体有形部分，而是"无"的部分，也就是空间，以其来容纳人类的生活内容。

人类是从近代才建立起空间的意识，才意识到创造空间才是建筑活动的主要目的和基本内容，室内空间随着人们空间意识的变化而不断发展演变和丰富。在早期文明时代，人们理解

图 3-1-1　古埃及金字塔

左：图3-1-2　古罗马万神庙的室内
右：图3-1-3　巴塞罗那国际展览会德国馆的室内

建筑更习惯于注重实体本身，如古埃及金字塔、古希腊建筑等，都只是注重其雕塑般的实体外表的处理，并没有更多地顾及其内部的适宜和完善。空间概念的第二阶段出现于公元前后，古罗马的万神庙第一次展现出令人惊叹的宏大的室内空间，室内空间由此步入历史。从基督教具有的高耸直立的空间，到文艺复兴时期亲切宜人的空间，再到巴洛克动态空间，空间形态不断丰富，但建筑外部形式与内部空间仍呈现分离状态。空间概念的第三阶段产生于1929年，密斯 · 凡 · 德罗于当时设计了巴塞罗那国际展览会德国馆，空间终于从封闭的墙体中解放了出来，出现了内外流动连续的空间，此后空间的创造以物质和精神功能的双重要求，进一步突破箱式空间的限制，打破室内外及层次上的界限，而着眼于空间的延伸、交错、复合、模糊等空间创造。纵观历史，室内空间呈现出由简单到复杂、由封闭向敞开、由静态到动态、由理性向感性转换的态势。

当代室内空间设计更强调空间环境整体系统的把握，综合运用建筑学、社会学、环境心理学、人体工程学、经济学等多学科的研究成果，紧密结合技术与艺术手段进行整合设计。室内空间设计中心已从建筑空间转向时空环境（三维空间加上时间因素），以人为主体，强调人的参与和体验；对建筑所提供的内部空间进行调整和处理，在建筑设计的基础上进一步调整空间的尺度和比例，解决好空间与空间之间的衔接、对比

图3-1-4　西班牙古根海姆博物馆室内，弗兰克·盖里设计

和统一等问题。室内空间设计是一个完善空间功能布局、提升空间品质的过程。不管室内设计的性质如何，我们应考虑满足以下的室内空间设计标准：实用、经济、美观、独特。**实用**是指满足使用功能，即创造出使生活更加便利的环境，如满足遮风避雨、避寒暑等最基本的要求，以及根据空间的功能特点和人类的行为模式进行相应的区域划分，使其形成合适的面积、容量以及适宜的形状；**经济**是指在选择和使用材料时，设计方案应自然、经济，仅靠堆砌高档和昂贵的材料并不能形成好的空间设计，要根据使用者的经济承受能力，尽量以较少的资金投入发挥最大的空间效益；**美观**是要求空间能够满足一定的精神和审美需求，利用空间的各种艺术处理手法，使我们的眼睛以及感觉器官获得审美上的享受；**独特**是指根据人的个性化要求，利用空间形态对人的心理反馈作用强调某种形象，向空间的使用者和体验者传达某种信息，使空间具有深刻的形式内涵。

二 室内空间与建筑空间

一旦进入室内，我们就会感觉到被建筑的墙面、顶面和地面等实体界面围护着，这些建筑元素形成了室内空间的物质边界。我们的一切设计都是围绕这个固定的建筑空间展开的，因此明确建筑物的结构和围护系统是室内空间设计展开的基础条件。有了这样的理解，设计者就能有效地选择一个要做的、要深化的或者提供一个与建筑空间基本品质相对应的事物。

大多数建筑物由地基系统、上层结构和围护系统构成，此外机械和电气系统也为室内空间提供必要的环境调节。建筑物的基础是地基系统，它将建筑物牢牢地固定在地基上，并支撑着上部各种建筑构件和空间；上部结构包括楼地面、墙壁、柱子、屋顶等。它们承受着三类荷载：**静荷载**包括建筑结构和非结构组成成分的重量，含所有固定设备；**动态荷载**包括使用者、可移动设备和家具以及积雪；**活荷载**包括风力、地震力等。建筑的围护结构包括外墙、窗、门、屋顶以及进一步划分和界定空间的隔墙、吊顶等，它们将室内空间与外部环境隔离开来，通常只承受自身的重量。机械和电气系统包括通风、空调、供暖、电力、供水等设施，它们通常是隐蔽起来的，但设计师要考虑暴露在外部的灯具、线路、通风装置、回水装置等室内环境设备，以及风道、水管、电线在水平和竖向上所要求的空间。

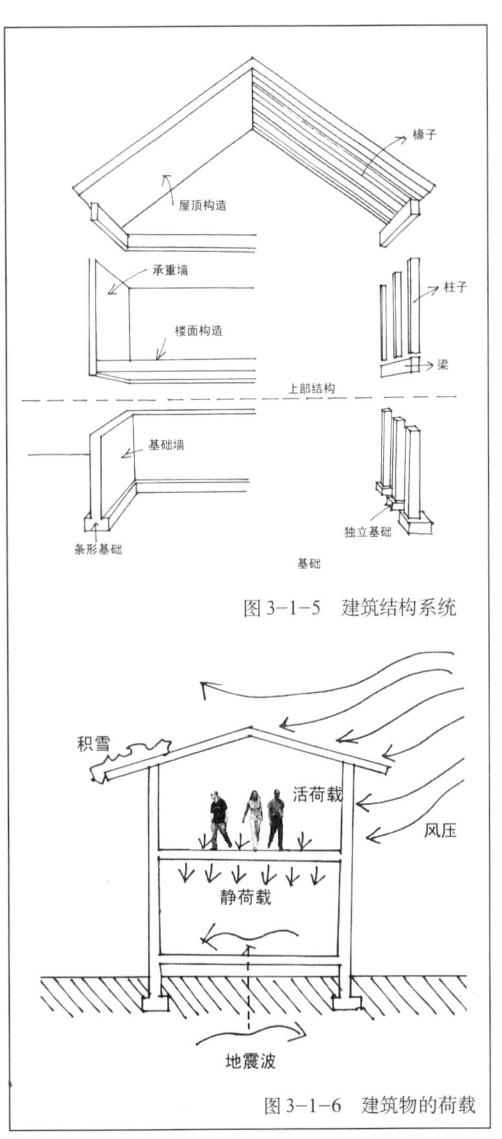

图 3-1-5 建筑结构系统

图 3-1-6 建筑物的荷载

建筑物的各类系统形成了室内空间

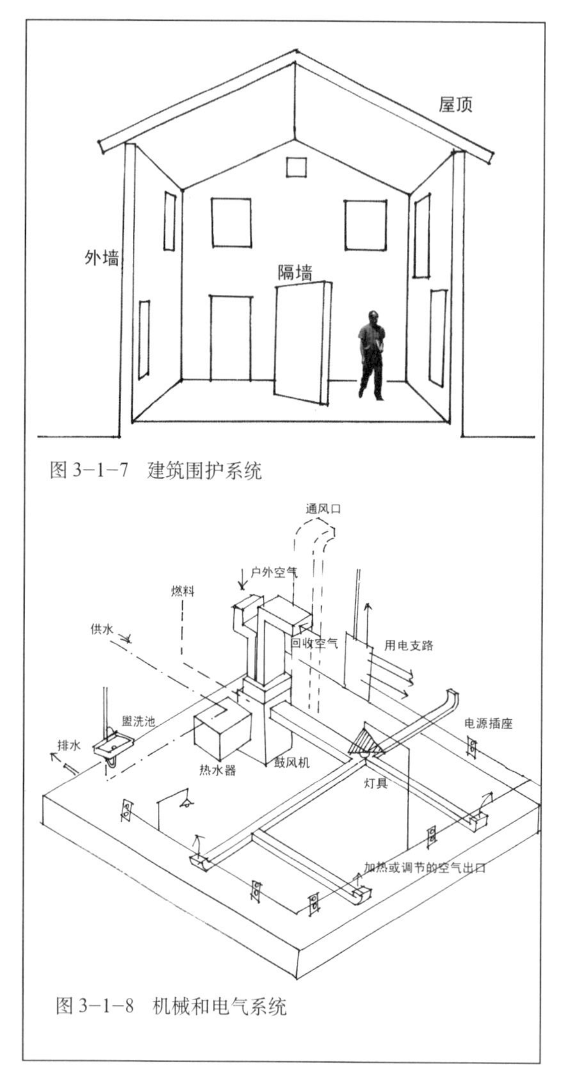

图 3-1-7　建筑围护系统

图 3-1-8　机械和电气系统

的基本形态，如何有效地利用空间，如何根据使用者的个性化要求进行调整和改造，是室内设计最重要的内容。因此，室内空间设计是建筑空间的深化和再创造的过程，室内设计师既要考虑其建筑特色，又要考虑潜在的改造和增建的可行性。根据室内空间的具体功能和形式特征，室内设计师可以改变原有建筑空间的边界，通常包括去除或添加墙壁，以改变空间的形状并重新安排现存空间的样式或添加新的空间。也可以对建筑空间进行非结构性的改善和调整，包括利用色彩、光、质感来调节空间氛围等。

建筑设计与室内设计对空间的关注、考虑问题的角度与处理空间的方法有别，建筑设计更多地关注空间大的形态、布局、节奏、秩序与外观形象，而不会面面俱到地将内部空间一步设计到位。室内设计与建筑设计是相辅相成的，是对建筑设计的延续和发展。建筑设计形成的室内空间是室内设计若干程序的设计基础。

三　室内空间与人的感受

相对于外部空间来说，室内空间与人的生活和各种行为有着更为密切、更加直接的关系。现代室内空间设计已不再仅满足于人们对视觉上美化装饰的要求，而是综合运用技术手段、艺术手段创造出符合现代生活要求、满足人的心理和生理需要的室内环境。

（一）空间的感知

人们通过触觉、听觉、嗅觉、视觉感受室内空间的环境质量。人对空间的感知方式要求室内设计不仅要满足人体的舒适性，而且要为感觉器官的适应能力创造良好的环境条件，这就涉及对色彩、光线、温度、湿度、声音、质感等环境要素的设计思考。比如一个报告厅的室内环境若通风不畅，则数百人的聚集势必造成空气污浊，影响室内的环境质量。再如观众厅的设计若忽略了声学要求而用材不当，造成音质不能满足听觉舒适度的要求，也会直接导致设计失败等。

人通过在室内空间中的活动获得对空间的整体印象，这就需要空间中存在秩序和相互和谐的关系。过分统一势必造成单调乏味，而过分繁琐则会使人产生混乱之感，因此，良好的室内环境也是这种复杂和统一之间的均衡结果。我国古典园林常通过空间的过渡、空间的分隔与对比、空间的开敞和封闭、视线的引导与暗示等手段使人们体验空间，将大自然的声、光、色、味与人工设施、装饰图案及情趣融为一体，充分展现了人类空间知觉的丰富多彩。

（二）空间的属性

人对空间形式的心理感受，如空间开敞与封闭、动与静、公共与私密等显示出空间与人的心理反应具有对应关系。根据这种对应关系，我们可以设计出满足人的不同情感需要的空间。

1.开敞与封闭

空间的开敞和封闭主要取决于周边界面的围合程度、洞口的大小等因素。随着实体围护限定性的提高，空间的封闭性逐渐增强。

封闭空间是用限定性较高的实体包围起来的空间。它具有很强的区域感、私密性和安全感，给人以温馨、亲切的感觉。封闭空间是最基本的空间

图3-1-9　开敞空间

形式。开敞空间是外向性的，限定度和私密性较小，强调空间与外界环境的相互交流和渗透。和同样面积的封闭空间相比，要显得大些、开放些。开敞空间经常用做室内外空间之间的过渡空间，具有流动性和趣味性。

2.动态与静态

动态空间通过空间的开合与视觉导向性，给人以运动感。空间中往往采用动态韵律的线条、连续组织的界面（如曲面等）或者对比强烈的图案或色块，使视觉处于不停流动的状态，空间的方向感较明确。也可利用一些动态元素（如活动的设施：电梯、自动扶梯、旋转地面、活动雕塑等），引导人们从“动”的角度观察周围事物，以产生运动的空间感受。可以利用自然景观（如瀑布、喷泉等）或变幻的声光（如优美的音乐、丰富变化的灯光效果等）来形成运动景象，给空间增添动态特征。

静态空间通过饰面、景物、陈设等营造静态的环境特征，给人以恬静、稳重之感。静态空间的限定度较强，趋于封闭型；空间及陈设的比例、尺度相对均衡、协调，无大起大落；多为对称空间，除了向心、离心外，少有其他的空间倾向，从而达到一种静态的平衡；有的静态空间为尽端空间，作为空间序列的终点，私密性较强；静态空间以淡雅、柔和、简洁为基调。

上：图3-1-10　静态空间
下：图3-1-11　动态空间

3.公共与私密

空间的公共和私密涉及空间领域感的差别，与空间的可进入程度、管理形式、使用者和维护者有直接关系。由于人的行为的多样性，从个人空间到公共交往空间有一系列的私密性等级，可利用不同的限定方式和空间氛围营造手段达到限定空间领域性的目的。

私密空间一般界线明确，是领域感较强的封闭型空间，使用人数较少，具有鲜明的个人特征。公共空间较为开放通透，使用人数多，空间也相对灵活。所谓**共享空间**是指一些大型公共建筑内的公共活动中心和交通枢纽，是一种综合性的、多功能的公共空间。这类空间区域界定灵活，大中有小；内外交融、互为共享，从而满足人的选择与交流的心理需求。

图3-1-12　共享空间

（三）空间形式的个性化

现代生活的多层次是基于人们丰富物质和精神生活的需要。室内空间设计不但要考虑人的心理感受，还要注重不同人的心理特征。如有人喜欢华贵艳丽的室内观感，有人偏爱清淡素雅的格调等。我们要分别研究空间使用对象的个性、气质、性格、兴趣、生活方式、职业特点等因素，努力创造适合于使用者的个性化空间，避免千篇一律的标准化设计。如教师之家可能会突出书香门第的环境气氛，而艺术家之家则可能会运用色彩对比、艺术作品突出主人的情趣。对室内空间形式多样性的认知有利于我们寻求空间变化的突破口。

1.结构空间

结构空间的特点是通过全部或部分暴露建筑物原有结构，使人感悟结构构思以及建造技术的内在空间美。有些具有一定美感的结构构件，其本身就带有某种装饰性，会带给人一种质朴的结构美。若能充分合理地利用结构本身会为空间创造提供明显的或潜在的条件。随着新技术、新材料的发展，人们对结构的精巧构思和高超技艺有所接受，这更增强了室内空间的表现力与感染力。

图3-1-13　结构空间

2. 交错空间

交错空间的特征是由于打破常规界面和层次，空间中各层之间相互交错穿插、垂直界面分离错位、不同空间交融渗透。如艾森曼的住宅设计，由两个互成角度冲突交叉和叠合的立方体形成，室内空间成为全白色的直线形雕塑的抽象。贝聿铭设计的美术馆中庭则利用立体交通设施的相互叠合，既便于组织和疏散人流，且具有较强烈的层次感和动态效果，也可增加很多情趣。

图 3—1—14　3 号住宅，艾森曼设计

图 3—1—15　美术馆中庭空间，贝聿铭设计

3. 隐喻空间

隐喻有暗示联想之意。隐喻空间的特点是通过象征手法从造型上易于为人们所理解，寓意于人们的联想之中，引发人们的情感共鸣。如汉斯·霍莱因(Hans Hollein)设计的奥地利旅游局办公楼，其玩具形的构件象征了不同的旅游目的地——

图3—1—16　隐喻空间

柱子的片段使人联想到罗马和希腊；一个花园凉亭以及最明显的金属棕榈树则暗示了奇异的热带和沙漠地区的景色。

4.迷幻空间

迷幻空间的特点是追求神秘、幽深、新奇、动荡、变幻莫测的空间效果。在设计时，往往背离习惯，利用扭曲、旋转、错位等手法对现有的规矩空间进行变化，利用镜面的幻觉在有限的空间中创造无限的、荒诞古怪的空间感，强化一种虚幻与真实并存，亦真亦假的梦幻氛围。

人塑造了空间，空间又影响着人的感觉和行为。在设计中注重空间感知的活力将使我们的室内空间环境更充实、更有意义，并有利于人性化的空间展现。

图 3-1-17　德国电影博物馆室内，运用镜面和光线营造出梦幻的氛围

第二节 室内空间的设计基础

“设计基础”以抽象的方法阐述室内空间中的一些基本问题，它广泛地应用于设计之中，并超越了具体而特殊的设计概念。室内空间可以看成是，由点、线、面、体占据、扩展或围合而成的三维虚体，具有形状、色彩、材质等视觉因素。各元素间不同的组合关系形成特定的空间形态。室内空间的形式法则涉及实体与空间元素间的组合关系，如尺度、平衡、韵律、和谐等诸多问题，研究和运用这些规律对设计实践的思维结构很有帮助。当然，任何“法则”都不可能直接产生优秀的设计方案，但这些概念的介绍可以帮助我们更好地理解设计作品。

一 室内空间的设计元素

我们可以从空间形态构成的角度把室内空间设计元素归结为抽象的点、线、面、体、光、色、质等。

（一）点

在室内空间中，相对于周围背景而言，足够小的形体都可认为是点。如某些家具、灯具相对于足够大的空间都可以呈现点的特征。空间中既存在实点也存在虚点，如墙面的门窗孔洞等。

单一的点具有凝聚视线的效果，可处理为空间的视觉中心，也可处理为视觉对景，能起到中止、转折或导向的作用。两点之间产生相互牵引的作用力，被一条虚线暗示着。三个点

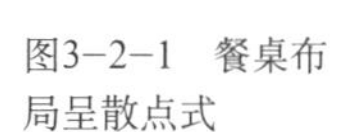

图3-2-1 餐桌布局呈散点式

之间错开布置时，形成虚的三角形面的暗示，限定开放空间的区域。多个点的组合可以成为空间背景以及空间趣味中心。点的秩序排列具有规则、稳定感；无序排列则会产生复杂、运动感。通过点的大小、配置的疏密、构图的位置等因素，还能在平面造成运动感、深度感，并带来凹凸变化。

（二）线

点的移动形成了线。线在视觉中可表明长度、方向、运动等概念，还有助于显示紧张、轻快、弹性等表情。在室内空间中作为线的视觉要素有很多，有实线如柱子、形体的线脚等，有的则为虚线如长凹槽、带形窗等。

线条的长短、粗细、曲直、方向上的变化产生了不同个性的形式感，或是刚强有力，或是柔情似水，给人以不同的心理感受。线条在方向上有垂直、水平和斜线三种。垂直线意味着稳定与坚固；水平线代表了宁静与安定；斜线则产生运动和活跃感。曲线比直线更显自然、灵活，复杂的曲线如椭圆、抛物线、双曲线等则更为

图 3-2-2　水平线加强通道空间的进深感

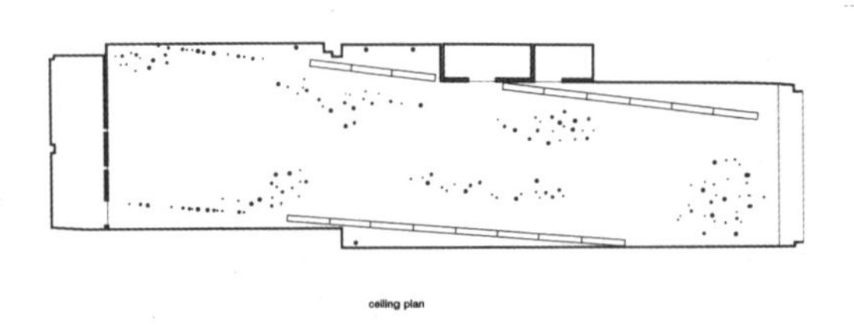

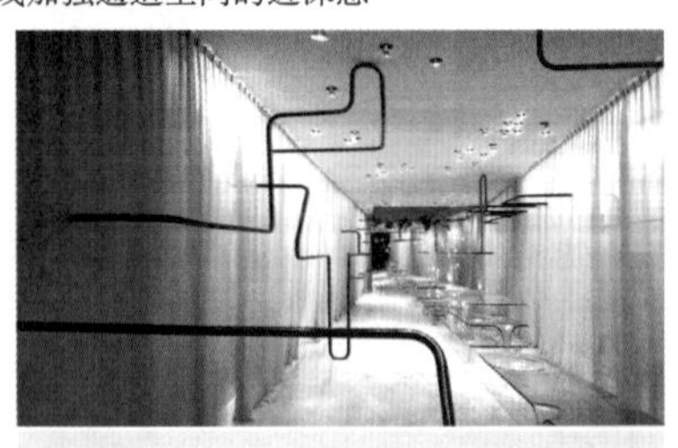

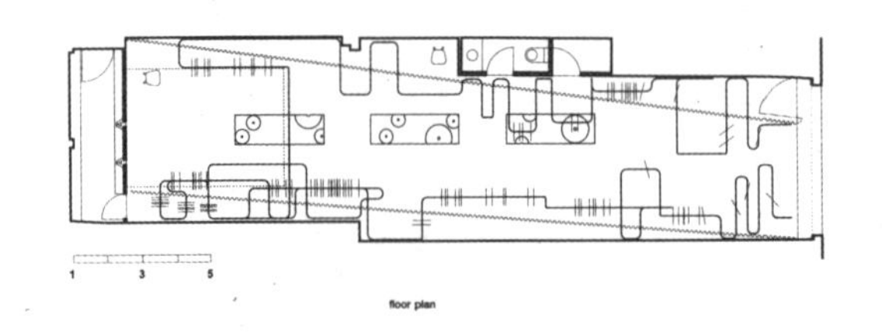

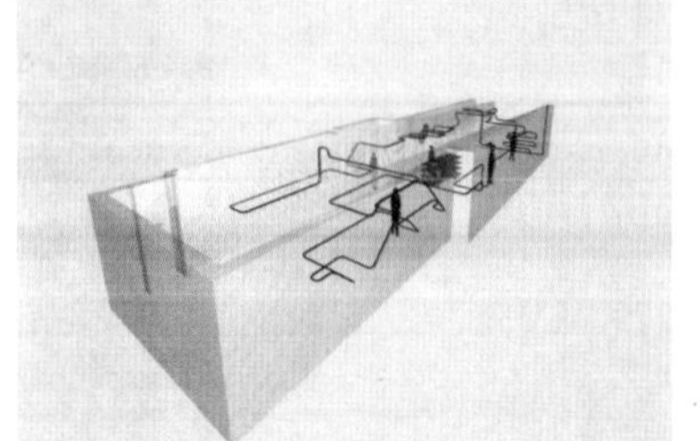

图 3-2-3　某专卖店设计利用长 200 米的钢管折叠延伸，产生运动活跃感

多变和微妙。线的密集排列还会呈现半透明的面或体块特征，同时会带来韵律、节奏感。线可用来加强或削弱物体的形状特征，从而改变或影响它们的比例关系；在物体表面通过线条的重复组织还会形成种种图案和肌理。

（三）面

面属于二维形式，长度和宽度远大于其厚度。室内空间中的面如墙面、地面及门窗等，既可能是本身呈片状的物体，也可能是存在于各种体块的表面。作为实体与空间的交界面，面的表情、性格对空间环境影响很大。面在空间中起到阻隔视线、分隔空间的作用，其虚实程度决定了空间的开敞或封闭。面有垂直面、水平面、斜面和曲面之分。水平面比较单纯、平和，给人以安定感；垂直面有紧张感；斜面则呈现不安定的动感；曲面柔和，具有亲和力。

面的主要特征是它的形状。形状可分为几何形和非几何形两大类。**长方形**是最常见的几何形。如果长度达到宽度的4倍，就好像走廊，可强调纵深的方向性。这种长度占优势的空间非常适合那些接近目标或让人穿行的展览廊式的空间，而不适于起居室等缺少中心焦点的空间。由长方形构成的盒式空间有时显得既平凡

上：图3-2-4　垂直面准确地界定了会议空间
下：图3-2-5　曲面柔和，具有亲和力

又生硬。**正方形**代表着纯粹和理性。它是一种静态的、中性的图形，没有主导方向。正方形是最简单的形状，其等长的四边表现了稳定感和秩序感，正方体的效果就更强烈了，且显示出纪念感。**圆形**是一个集中性的、内向性的形状，在它所处的环境中，通常是稳定、且以自我为中心的。圆形空间或大厅常用于纪念性空间中。圆形空间给人强烈的围合和包容感，穹隆顶是圆形大厅常用的屋顶形式，它更增加了包容感。**三角形**意味着稳定性。由于它的三个角是可变的，三角形空间比长方形更易于灵活多变。正三角形显示出纪念感。**非几何形**是指那些各组成部分在性质上不同且以不稳定的方式组合在一起的形。不规则形一般是不对称的，富有动态。不规则的曲线形空间意味

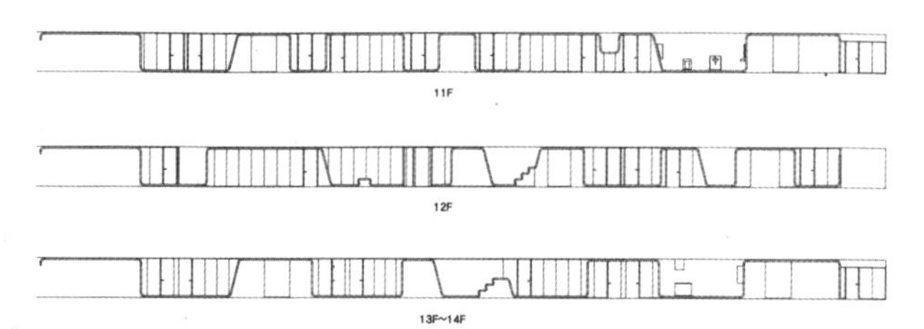

图3-2-6　某办公空间室内通过连续的面限定出不同的空间

图3-2-7　面折叠、卷曲形成多样的形态，并形成不同的功能区域

着自由和流动，善于表现柔和的形态、动作的流畅以及自然生长的特性。

（四）体

面的平移或线的旋转轨迹就形成了三维形式的体。体不仅是由一个角度的外轮廓线所表现的，而且是对从不同角度看到的视觉印象的综合叠加。体具有充实感、空间感和量感。室内空间中既有实体，也有虚体，如有点、线、透明材料围合的体等。

实体厚重、沉稳，虚体则相对轻快、通透。体的特征也与线的特征有直接联系，正方体和长方体空间清晰、明确、严肃，而且由于其测量、制图与制作方便，在构造上容易紧密装配而在建筑空间中被广泛应用；球体或近似形状的曲线体圆浑、饱满，但与特定功能的结合往往较为困难；三角形体块通过方向调整可形成动感与稳定、坚实等不同印象。

体块还可通过切削、变形等分解、组合手段衍生出其他形体，丰富视觉语言，满足各种复杂的使用要求。体常常与“量”、“块”等概念相联系，体的重量感与其造型，各部分之间的比例、尺度、材质甚至色彩有关，例如粗大的柱子，表面贴石材或者不锈钢板，重量感会大有不同。另外，体表的装饰处理也会使其视觉效果发生相应的改变。

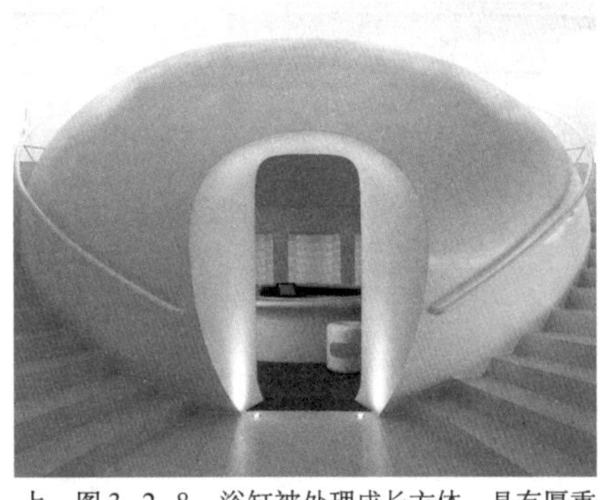

上：图 3–2–8　浴缸被处理成长方体，具有厚重感的实体
中：图 3–2–9　通道设计成圆柱形的虚体
下：图 3–2–10　某盥洗室被设计成椭球体

（五）光

光可以形成空间、改变空间或者破坏空间，它直接影响到人对物体大小、形状、质地和色彩的感知。

光的亮度与光色是决定空间气氛的主要因素。光的亮度会对人心理产生影响。一般说来，亮度较高的房间比较暗的房间更为刺激，但是这种刺激必须和空间所应具有的气氛相适应；处于较低位置的灯和弱的光线，在周围造成范围较大的暗影，天棚显得较低，房间内的气氛更亲切、幽静。如在餐厅中只用微弱的星星点点的烛光照明来渲染温馨浪漫的气氛。

上左：图3–2–11　酒吧灯光较暗，显得亲切、幽静
上右：图3–2–12　某电梯厅利用明亮的顶部照明突出高耸的空间感
下：图3–2–13　某银行大厅顾客接待区通过局部照明给人以温暖的感受

室内的气氛会由于不同的光色而发生变化，应根据不同气候、环境和室内空间的性格要求来确定。家庭的卧室常常采用暖色光而显得更加温暖和睦；夏季在客厅等公共活动区使用青、绿色的冷色光，使人感觉凉爽。强烈的多彩照明，如霓虹灯、各色聚光灯，可以把室内的气氛调动起来，增加繁华热闹的气氛。现代家庭也常在节日用一些彩色的装饰灯来点缀起居室、餐厅，以增加欢乐的气氛。不同色彩的透明或半透明材料，在增加室内光色上也可以发挥很大的作用。

直射光能加强物体的阴影，光影相对比能加强空间的立体感。利用光的作用，可以来加强空间的趣味中心，也可以用来削弱不希望被注意的次要地方，从而进一步使空间得到完善和净化。许多商店为了突出新产品，采用照度较高的重点照明，获得良好的照明艺术效果。通过照明设计可以使空间变得轻盈通透，许多台阶照明及家具的底部照明，使物体和地面看似脱离，形成空透、悬浮的效果。光的形式可以从尖利的小针点到漫无边际的无定形式，光与影本身就是一种特殊的艺术形式。当光透过遮挡物，在地面撒下一片光斑，光影交织，疏疏密密不时变换，这种艺术魅力是难以言表的。我们可以通过照明设计，以生动的光影来丰富室内空间，使光与影相得益彰，交相辉映。

光既可以是无形的，也可以是有形的。大范围的照明，如天棚、支架照明，常常以其独特的组织形式来吸引观众，如商场以连续的带

上：图 3–2–14　光影交错造成丰富的视觉感受
下：图 3–2–15　几何形的灯具形成发光顶棚

状照明，使空间更显舒展，明亮的顶棚还能增加空间的视觉高度。现代灯具都强调几何形体的构成，在基本的球体、立方体、圆柱体、角锥体的基础上加以改造，演变成千姿百态的形式，同样运用对比、韵律等构图原则，达到新颖、独特的效果。但是在选用灯具的时候一定要和整个室内一致、统一，决不能孤立地评定优劣。

（六）色

色彩和形状一样是各式各样形态的视觉根本性质。色彩的来源归因于光，光是根源，它照亮了形态和空间，没有光，色彩也不复存在。色彩具有三种属性，即色相、明度和纯度，这三者在任何一个物体上都是同时显示出来的，不可分离的。实体色彩上的变化，可以由光照效果产生，也可以由环境色及背景色的并列效果产生。这些因素对室内空间设计十分重要，在设计时不但要考虑室内空间各部分的相互作用，还要考虑这些色彩在光照下的相互关系。

色彩能够引起人们心理上的很多情感和共鸣，大致可反映在以下四方面：色彩的**距离感**可以使人感觉到进退、凹凸、远近的不同，一般暖色系和明度高的色彩具有前进、凸出的效果，而冷色系和明度较低的色彩则具有后退、凹进效果。室内设计中常利用色彩的这些特点去改变空间的大小和高低。色彩的**重量感**主要取决于明度和纯度，明度和纯度高的显得轻，如桃红、浅黄色。在室内设计的构图中常以此达到平衡和稳定的需要，以及表现性格的需要如轻飘、庄重等。色彩的**尺度感**主要取决于色相和明度两个因素。暖色和明度高的色彩具有扩散作用，因此物体显得大，而冷色和暗色则显得小。不同的明度和冷暖有时也通过对比作用显示出来，室内不同家具、物体的大小和整个室内空间的色彩处理有密切的关系，可以利用色彩来改变物体的尺

图 3-2-16　丰富的色彩增清了空间的感染力

图 3-2-17　冷色系具有后退的空间感

图 3-2-18　暗色系家具体积分明，结合灯光显示出飘浮感

度、体积和空间感，使室内各部分之间关系更为协调。色彩的**温度感**和人类长期的感觉经验是一致的，如红色、黄色感觉热；而青色、绿色感觉凉爽。色彩的冷暖具有相对性，如绿色要暖于青色。

室内色彩可以统一划分成许多层次，色彩关系随着层次的增加而复杂，随着层次的减少而简化，不同层次之间的关系可以分别考虑为背景色和重点色。大面积的背景色宜用明度低的灰色调，重点色常以小面积的色彩出现，在彩度、明度上比背景色要高。在色调统一的基础上可以采取加强色彩力量的办法，即重复、韵律和对比强调室内某一部分的色彩效果。室内的趣味中心或视觉重点，同样可以通过色彩的对比等方法来加强它的效果。通过色彩的重复、呼应、联系，可以加强色彩的韵律感和丰富感，使室内色彩达到多样统一，统一中有变化，不单调、不杂乱，色彩之间有主有从，形成一个完整和谐的整体。

左：图 3-2-19　餐厅采用红色，具热烈、温暖的环境气氛
右：图 3-2-20　空间以蓝色调为主，局部点缀红色，色彩主次分明，统一中有变化

（七）质

实体由材料组成，这就带来质感的问题。所谓质感，即材料表面组织构造所产生的视觉感受，常用来形容实体表面的相对粗糙和平滑程度，也用来形容实体表面的特殊品质，如粗细、软硬、轻重等。每种材料都有不同的质感特征，这也有助于实体形态表达不同的表情。例如木材、藤材、毛皮材料松弛，组织粗糙，具亲切、温暖、柔软等特点；抛光石材、玻璃、金属材料细密、光亮、质地坚实，组织细腻，具有精密、轻快、冷漠的特点；混凝土、毛石更具粗犷、刚劲、坚固的特点。

每种材料都存在触觉和视觉两种基本质感类型，人的视觉与触觉是交织在一起的，触觉质感真实存在，可通过触摸感受，如软硬、冷暖等。而在许多情况下，单凭视觉方式就可以感受物体表面的触觉特征，如凹凸感、光泽度等。这主要是基于我们过去对相似事物、相似材料的回忆联想而得出的反应，是对材料质地的联想。这种“视觉质感”有时是客观真实的，有时则可能是触觉无法感受到的错觉。

肌理与质感是紧密联系的设计要素，指客观存在的物质表面形态。肌理既可由物体表面的介于立体与平面之间的起伏产生，也可以由物体表面无起伏的图案纹理而产生。图案是装饰性图样或者物体表面的装饰品，它几乎总是以图案母本的重复为基础

左：图 3-2-21　某旅馆室内利用金属壁炉与毛石墙面、木质顶棚形成对比
右：图 3-2-22　楼梯墙面的曲线肌理加强了空间的动感和趣味性

的。当物体表面重复性图案很小，以至于失去其个性特征而混为一团时，其质感会胜过图案感。

肌理依附于材料而存在，能够丰富材料的表情。不同表面肌理会给人不同的质感印象。同一质感的材料可形成不同的肌理：材质本身的“固有肌理”和通过一定的加工手段获得的“二次肌理”。室内装饰材料一般会以材料本身内在特征或特定生产工艺形成的“固有肌理”展现，如木纹、织物的编织，砌砖形成的肌理，具有自然本色的外观；而结构层的表面进一步加工出新的球或纹饰，如雕刻、印刷、穿孔等手段，便又形成了另一种效果，即所谓的“二次肌理”。

上：图 3-2-23　墙面利用二次肌理加强了界面的丰富性
下：图 3-2-24　墙面的叶片图案与原木坐凳结合，突出了一种淳朴自然的韵味

肌理越大，质地会越粗，粗肌理会显得含蓄、稳重、朴实。同时被覆盖的物体会产生缩小感；反之会产生扩张感。即使特别粗糙的肌理，远看也会趋于平整光洁。细腻材料的肌理会显得柔美、华贵，会使空间显得开敞，甚至空旷。粗大肌理或图案会使一个面看上去更近，虽然会减少它的空间距离，但同时也会加大它在视觉上的重量感。大空间中，肌理的合理运用可改善空间尺度，并能形成相对亲切的区域，而在小空间里使用任何肌理都应有所节制。运用不同的质感对比，可加强空间的视觉丰富性；无质感、肌理变化的空间，往往易产生单调乏味之感。

二 室内空间的形式法则

室内设计包括对室内设计元素的选择以及在一个空间中它们的排列情况，以便满足某种功能和美学的愿望和需求。在空间中，没有一个单独的部分或元素是单独存在的。所有的局部形式元素都会在视觉冲击力、功能和意义等方面相互依赖。因此我们要考虑在一个空间中室内设计元素之间所建立的视觉关系。

（一）尺度

尺度与比例是两个非常相近的概念，都用于表示事物的尺寸或形状。**比例**是物体本身一个部分与另外一个部分或一个部分与整体之间的数学关系，比如2∶1；而**尺度**是某物比照参考标准或其他物体时大小的相对关系，比如2米对1米。尺度是与空间的形状、比例相关的概念，直接影响着人们对于空间的感受。简单地说，比例通常被说成是适宜的或不适宜的，而尺度则说成大或小，如尺寸不到或太过了。尺度重在强调人与室内空间比例关系所产生的心理感受。

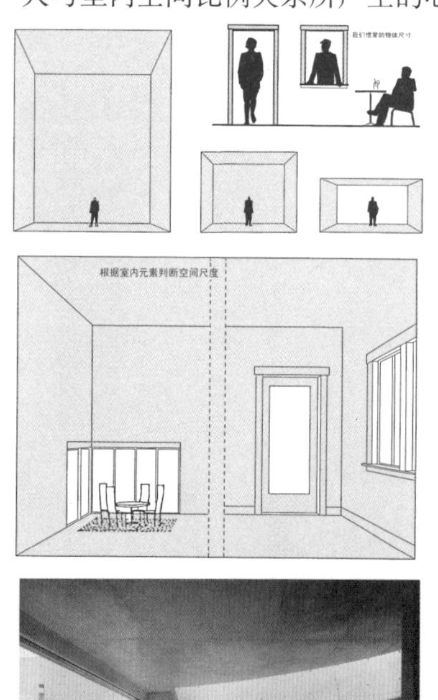

左上：图 3–2–25　不同的空间尺度
左下：图 3–2–26　家具是度量空间的标准之一
右：图 3–2–27　哥特式教堂，空间高耸，显示出超常的尺度我们通常把尺度描述成大或小，总是相对于其他参照物而言。许多参照物的尺寸和特点是我们熟知的，因而能帮助我们衡量空间和周围其他要素的大小，是度量空间的尺子。**人体尺度**是建立在人体尺寸和比例关系基础上的，可以利用具有人文意义的要素，例如桌子、椅子、沙发或者楼梯、门、窗等帮助我们判断空间的大小，还可以使空间具有适宜人使用的尺度。如在衡量楼梯踏步的高度时，会用人们所习惯的高度尺寸作为标准。

每个空间，无论形状如何，都被它的空间高度和屋顶、天花板的形状强烈地制约。低矮的室内可能看上去舒适而有人情味，也可能是沉闷的。通常认为高度既可以给空间增添开放的感觉，也可导致其丧失所需的亲密感。当空间尺度大于人体尺度很多倍时，就会给人带来超常的尺度感。很多纪念类、宗教类建筑正是借助这种超常尺度来渲染雄伟壮阔的感觉。

（二）平衡

人们在观察周围物体时，存在追求稳定、平衡的趋势。构成室内空间的每种元素均具有其独特的造型、尺寸、色彩、材质等特性，结合其在空间中的位置、数量等要素，共同决定了空间每一部分的视觉分量和它们之间以及与整个空间之间吸引力的强弱。

轴对称平衡、中心对称平衡与非对称平衡是平衡的三种类型。沿一条轴线左右对应地安排相同的空间、十分相近的元素，便可得到轴对称平衡关系。轴对称的视觉效果简单明了，有助于显示稳定、宁静、庄严的气氛

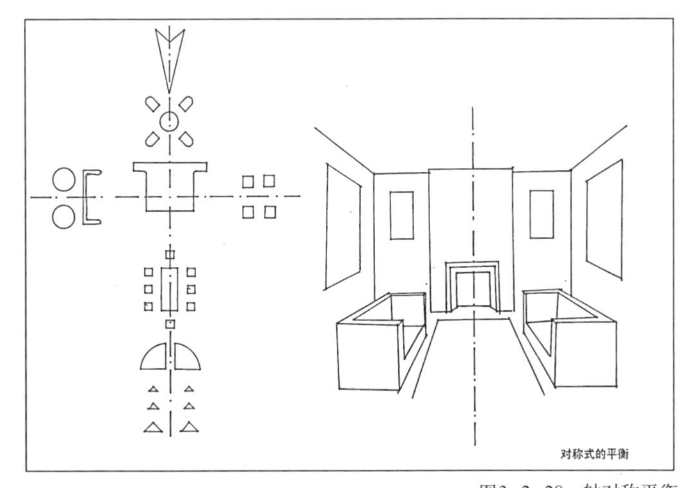

图3-2-28　轴对称平衡

中心对称是由某种空间、构件围绕一个实际或潜在的中心点旋转而形成的放射式平衡，犹如石块落入池塘所形成的阵阵涟漪。中心对称形成向心式构图，中

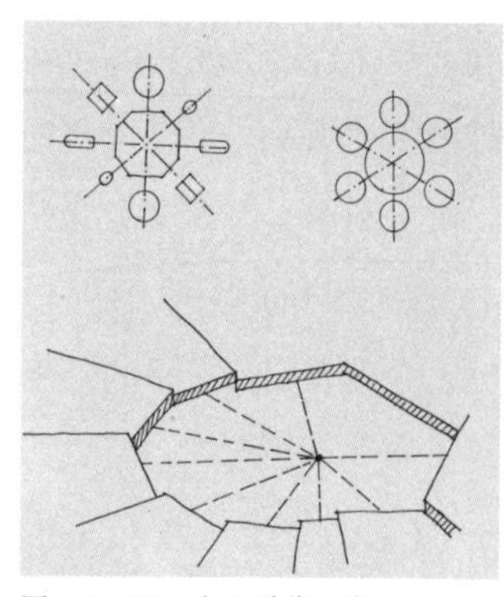

图 3-2-29　中心对称平衡

图 3-2-30　中心对称平衡

图 3-2-31　非对称平衡

心地带常作为焦点加以强调，是一种静态的、正式的平衡式样。

非对称平衡的构图元素无论是尺寸、形状、色彩还是位置关系都不追求严格的对应关系，追求的是一种微妙的视觉平衡。这种平衡较难获得，但比对称形式更含蓄、自由和微妙，可表达动态、变化和生机勃勃之感。非对称平衡更容易因地制宜，适应不同的功能要求、空间和场地条件。现代设计师更喜欢均衡美而不是容易显得呆板的对称美。

（三）韵律

韵律是表达动态感觉的重要手段。空间与时间要素的重复产生了韵律。但这种重复不是一成不变的简单重复，而是有着渐变、或母体的交替等变化，是相同、相似的因素有规律地循环出现，或按一定的规律变化。正如利用时间间隔使声音规律化的反复出现强弱、长短变化一样，韵律造成视线在时间上的运动，使人的心理情绪有序律动而感受到节奏，这种律动或急促、或平缓，使空间充满动感和生机。过多的重复有可能导致呆板和单调，而过于复杂的韵律会使空间显得杂乱无章。

图3-2-32　电梯厅设计具有秩序感

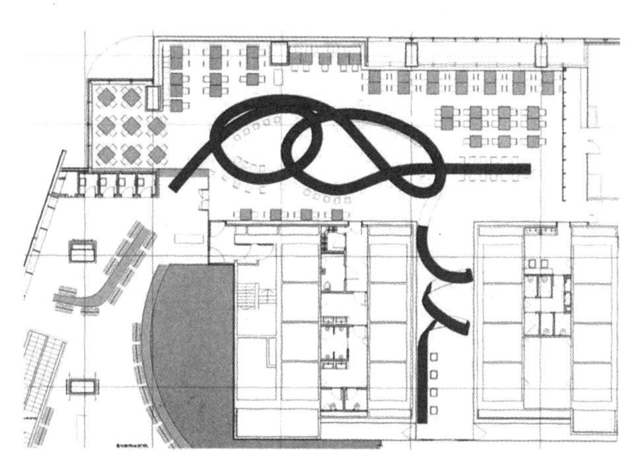

图 3-2-33　设计利用红色带形成韵律变化

(四) 强调

为突出空间的主题或中心，必须强调其中的关键部分，也称重点表现。若要使空间中的某一元素或视觉特征成为空间的重点，可以通过造型、色彩、肌理、尺度、位置、照明对比等方法加以强调，其他从属元素则要弱化和有所节制。在室内空间设计中通常使用各种手法突出强调一个部位的视觉分量，吸引人们的注意力。如，采用对比强烈或不规则的造型，超常尺度和比例，鲜明的对比色彩和反差强烈的肌理，极精致的细部等。

空间中的重点是相对而言的，没有一般也不会形成重点，重点与一般应容易区别而引起注意，同时强调也应避免过于突兀，设计中要注意必要的平衡与呼应。重点强调某个局部可以形成空间高潮，打破单调，加强变化和多样性。没有重点的空间单调、呆板而且乏味，但过多的重点则容易难辨主次、喧宾夺主。

左：图 3-2-34　曲面围合的会议室形成银行中庭的视觉焦点
右：图 3-2-35　会议室内部不规则的洞口

（五）统一与变化

统一与变化同时存在于一对矛盾的统一体中。构成空间的各要素在造型、色彩、质感、材料、尺度、位置等方面视觉特征的一致性形成了统一，取得视觉统一最简单的方法是重复。重复可以把不相关的要素组合起来，使它们相互靠近、围合、成组，形成视觉上的整体。通过建立视觉中心、对称轴、靠拢组团、赋予空间的重点和高潮等手段，能够统一纷乱的构成元素，获得和谐、理性与规律性。但过于强调元素的相似，统一就会变得千篇一律，变得单调、呆板和乏味。应注意平衡、和谐及韵律，在增强整体统一的同时追求对比、变化和趣味。在统一的空间中通过一些对比变化，求得生动，使其呈现活泼感和趣味性。空间中的主题、重点也能通过对比而获得。然而这种求变手法对比过于强烈时，又会将带来视觉上的混乱。在空间设计时统一与变化需要相互协调，保持一种平衡。

图 3–2–36　统一与变化

一 室内空间的限定

室内空间的限定是对原有建筑空间进行二次分隔与组合。在空间中采取何种限定方式，既要根据空间的特点和功能要求，又要考虑空间的艺术特点和人的需求。空间各组成部分之间的关系通过各种限定要素来体现。

（一）水平限定

在地面背景上水平放置一个反差很大的图形，一个简单的空间领域即被限定出来。将这个水平面向上抬升，沿着水平面边界生成的若干个垂直表面，在视觉上强化了该面与原有水平面之间的分离感。同样，将此水平面下沉到地面以下，下沉部分的垂直表面亦可限定一个空间。

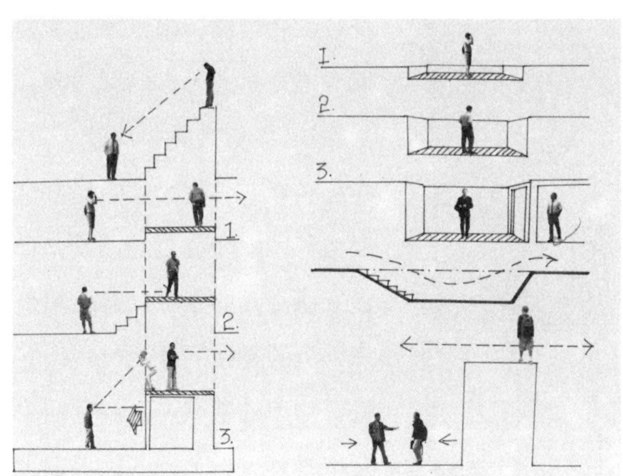

图3-3-1 水平限定

顶面依靠自身就能限定空间。经过设计的顶面能够在一个层间中限定和表达的各个空间区域，还可以通过抬高或降低顶面改变空间尺度，限定穿越其中的动线，使空间具有方向性和方位感。

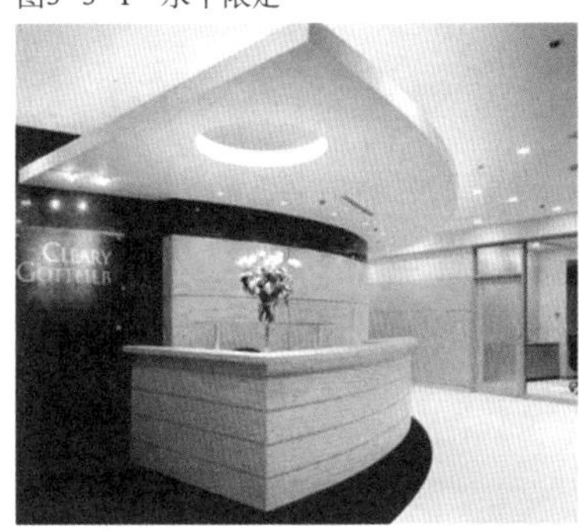

左：图 3-3-2 顶面限定局部小空间
中：图 3-3-3 地面铺装的变化也可限定办公区域的范围
右：图 3-3-4 居室中采用地台空间划分了书房和客厅

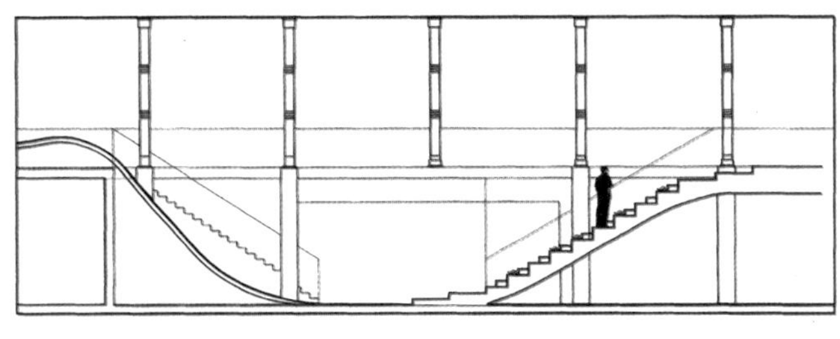

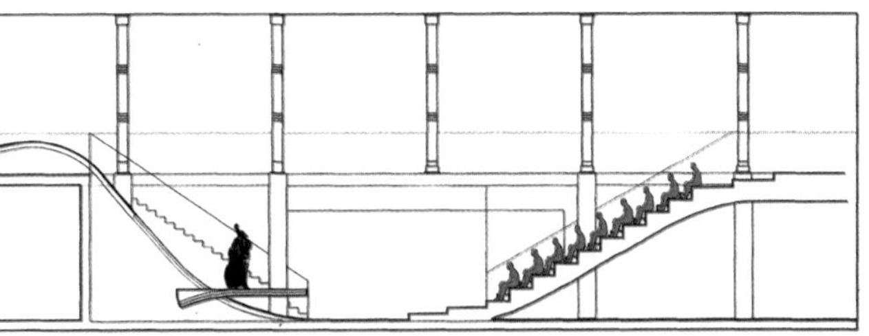

图 3-3-5　服装专卖店运用空间水平起伏，既满足鞋类展示的需要，又兼顾小型服装展的视觉要求

图 3-3-6　服装专卖店内景照片

水平限定的方式，界面本身就比较模糊，因此限定度较低，主要是通过人的联想和视觉感知,侧重人的心理效应。如在起居室或宾馆大堂内局部铺上地毯，配合成组的沙发，形成交谈空间的领域；舞厅里少许下沉的舞池部分，呈现出它特有功能的领域；会议空间中在中心会议桌上方的顶界面上作起伏变化的层次，强调中心会议的特殊地位。一个餐饮空间中，各就餐区域的界定主要是通过不同餐桌椅的形式及不同布置方式、地面的起伏和铺装材料的变化、吊顶的高度变化、灯具布置的变化等，创造出多样的空间形态，从而丰富了空间的层次和内容。

（二）垂直限定

垂直形体有助于限定一个空间容积，为身在其中的人们提供围合感与私密性。一个独立的垂直面分离两个相邻的空间，成为两个空间的公共边界。由两个垂直面组成的L形围合面可以产生一个半开放的空间区域，其围合感自转角处沿对角线向外扩展。两个平行的垂直面明确地限定了它们之间的空间容积，这个空间容积有着明确的轴向性，沿平行垂直面的中线指向空间的两个开放端。由三个垂直面组合而成的U形构图限定了一个有较强稳定感的空间，仅有唯一的开放端。四个垂直面则围合成一个完全的内向空间，且其边界能够影响到周围的空间领域。

利用到顶的实体界面在既有的建筑空间中进一步限定空间，是室内设计中常用的限定空间的方法。这种方法能够在较大程度上保证私密性以及安静，有效地隔离外界对内部空间的干扰，如声、光、热、视线、人流活动等。如，在规模较大的餐厅中常在周边或某一区域用轻质隔断围合成一个个独立的小空间，闹中取静地创造优雅的就餐环境。

独立垂直面空间对空间的分隔程度取决于其大小、高低、垂直面材质的通透性以及形态上的变化。在空间中局部采用分隔面，形成隔而不断的关系，表现出一定的流动性。分隔面对空间的分隔程度取决于界面的高低。当分隔面高度低于人的视线高度时，被分隔空间是在原空间里界定出的一个范围，两者在

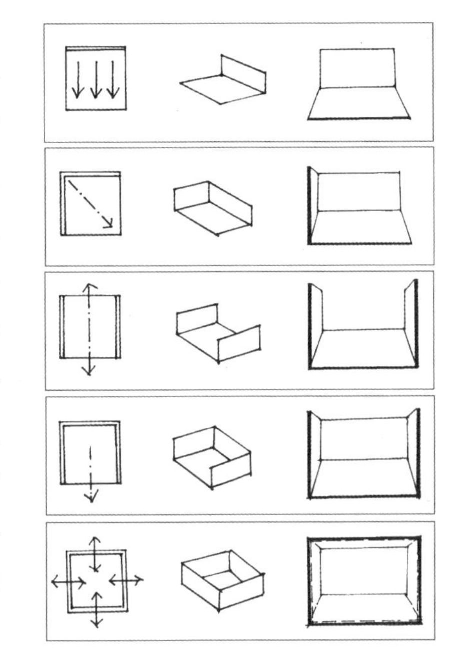

上：图 3-3-7　垂直限定
下：图 3-3-8　某办公空间以磨砂玻璃作为隔断，空间相对私密

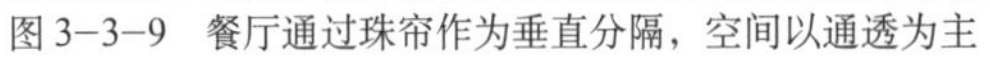

图 3-3-9　餐厅通过珠帘作为垂直分隔，空间以通透为主

图 3-3-10　通过金属作为垂直分隔，空间以通透为主

视觉上是贯通的，并不影响原空间的完整性；当分隔面高度逐渐接近人的视线高度时，空间流动性减弱，被分隔空间的独立感逐渐加强，可在原空间划分出一个相对安静，受外界影响程度较低的空间；当分隔面高度接近顶界面时，被分隔的空间逐渐趋于封闭，但此部分空间毕竟仍属于原空间，只是独立性相对更强些。如果需要减弱分隔空间的封闭感，可以采用弱化分隔面材质上或形态的方法，如玻璃隔断、架子等。若分隔实体的长度小于整个分隔面长度的二分之一，则两侧分空间贯通性较好，以流动为主，表明两部分空间有所分别，但在功能上仍是同一属性；如果分隔实体的长度超过二分之一以上，则呈现洞口形态，两侧的空间分隔感加强，空间相对独立。

二　室内空间的组合

有时一个空间仅有单一的功能即可满足使用要求，但多数情况下，单一空间难以满足复杂的使用功能要求，因此需要由若干个单一空间进行功能组合，形成形态多样的复合空间。在设计中，应根据整体的功能需求具体分析人在各部分空间中的行为状态和心理需求，分清主次，区别对待，选择恰当的组合形式，合理安排空间的比邻与隔离，形成不同的空间组群。

（一）空间的组合关系

1.包容式空间

在一个大空间中，运用实体或象征的手法围隔、限定出多个大小不同的空间，经过限定的空间与原有空间之间形成套叠的关系，即容积较大的空间将容积较小的空间包容在内，也称母子空间。包容式实际上是对原有大空间的二次限定，这种限定空间的方法既可满足功能要求，也可丰富空间层次、创造宜人的尺度。

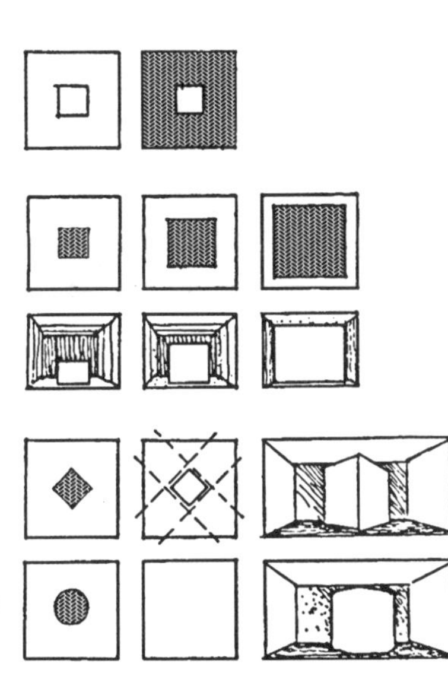

左：图 3−3−11
包容式空间
右：图 3−3−12
筒状楼梯形成大厅中的一个小空间

2.穿插式空间

限定性较强的两个空间在水平或垂直方向有部分叠合，但原有的两个空间仍大致保持各自的界限及完整性，其叠合的部分往往会形成一个共有的空间地带，形成交错空间。叠合程度的不同与以及叠合部分与原有空间的通透关系会产生以下三种情况：

共享： 叠合部分为两个空间共有，分隔界面可有可无，与两个空间分隔感较弱。

主次： 叠合部分与一个空间分隔感弱，可视为与其合并为一体；而与另一个空间分隔感强，这空间因此而缺损叠合部分的空间。

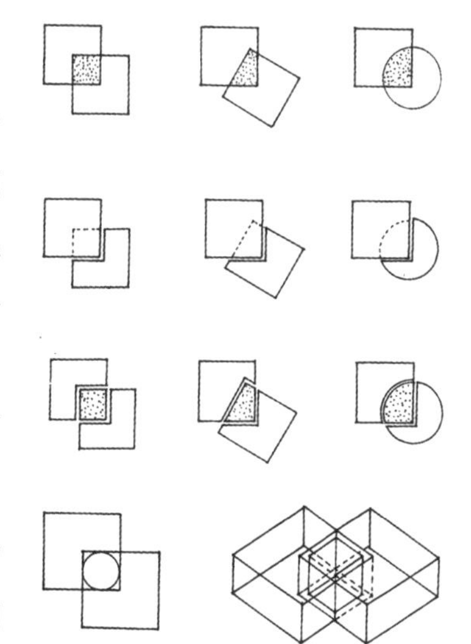

图3−3−13　穿插式空间

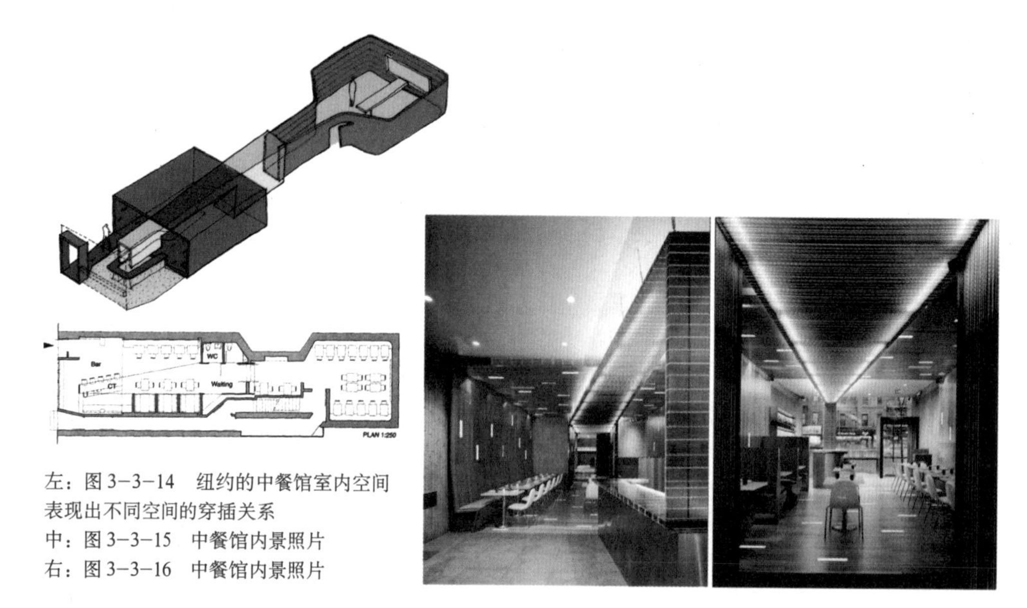

左：图 3-3-14　纽约的中餐馆室内空间表现出不同空间的穿插关系
中：图 3-3-15　中餐馆内景照片
右：图 3-3-16　中餐馆内景照片

过渡： 叠合部分保持独立，自成一体，与两个空间分隔感都很强烈，可视为两个空间的过渡部分，这等同于改变两个空间的原有形状，在中间插入另外一个空间。

3. 邻接式空间

在空间的各种组合关系中最常见的形式是邻接。邻接的每个空间都被明确地限定，并且以各自的方式满足独立的功能要求或表达独立的象征意义。界定接邻空间的限定面的特点，决定着两个空间在视觉和空间上的连续程度。

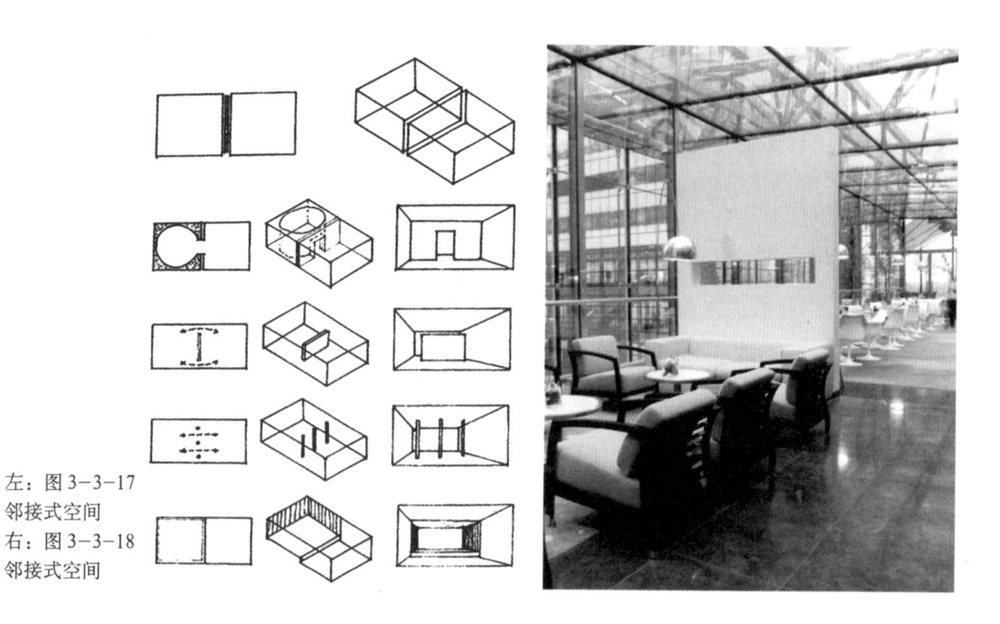

左：图 3-3-17 邻接式空间
右：图 3-3-18 邻接式空间

4.由过渡空间连接的空间

连接两个空间的过渡空间在形状、大小和朝向上可与它所连接的空间不同，以表达联系作用，也可以是一系列大小、形状完全一样的空间相互连接，从而形成线性的空间序列。过渡空间可采用线性的方式，联系两个相隔一定距离的空间，或一系列彼此没有关系的空间。当过渡空间足够大时，可以成为主导空间，具有将各部分空间组合在其周围的能力，形状可完全根据它所连接或联系的空间形状和朝向来确定，起到形式上相互兼容、过渡的作用。

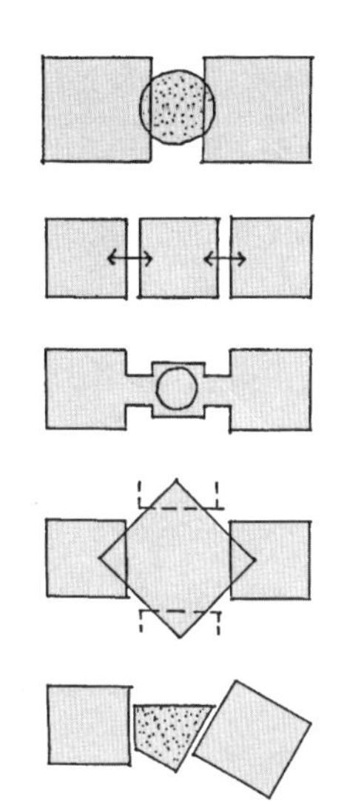

图 3-3-19 过渡空间连接

（二）空间的组合方式

在各种空间组合关系中，空间组合的方式在使用功能和象征意义方面起着重要作用。空间的组合方式可分为以下五种。

图3-3-20 教堂平面是典型的集中式组合

1.集中式组合

集中式组合是一种稳定的向心式的构图。它由一定数量的次要空间围绕一个大的占主导地位的中心空间构成。集中式组合的形式相对紧凑，具有规整的几何图形，可以用来在空间中建立点或场所，终止轴向构图，在一个限定范围和空间容积中，作为实体形式。

2.放射式组合

放射式组合是一个外向型平面，向外伸展到周围环境中。中心空间通常也是规划的形式。以中央空间为核心的线式分支可能在形式和长度上彼此相近，并保持着这类组合总体形式的规整性，也可能彼

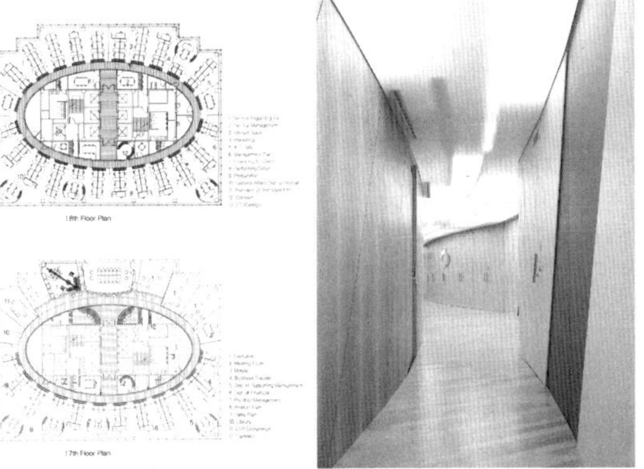

图 3-3-21 某办公空间采用放射式组合，环状交通空间富于动感

此不同，以适应功能或环境的特殊要求。

3.线式组合

线式组合的特征是“长”，具有强烈的方向感，同时意味着运动、延伸和增长。线式组合通常由一系列空间构成，这些空间可以逐个连接，也可以由一个单独的线式空间来联系。沿着线式序列可以在任何一处安排具有重要功能或象征意义的空间，通过尺寸、形式或所处的位置来加以强调，表明它们的重要性。

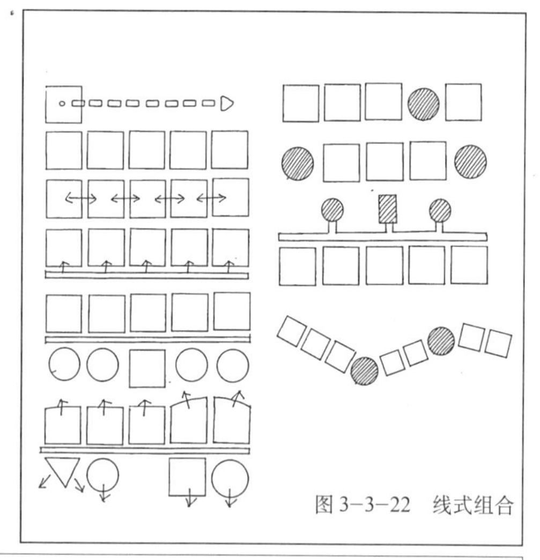

图 3-3-22　线式组合

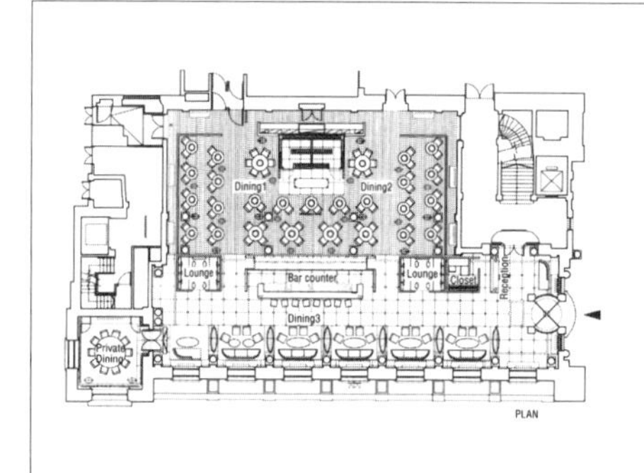

图 3-3-23　通过线式空间连接不同的餐厅区域

4.组团式组合

一些具有类似的功能、形状、朝向等共同的视觉特征空间，通过紧密连接使各个空间之间互相联系，形成团状组合。组团式组合通常包括若干重复的、细胞状的空间。组合的图案不来源于固定的几何概念，而是根据具体的使用功能或概念形式确定，因此灵活多变，增加和变换某个局部不会影响其组合的特点。

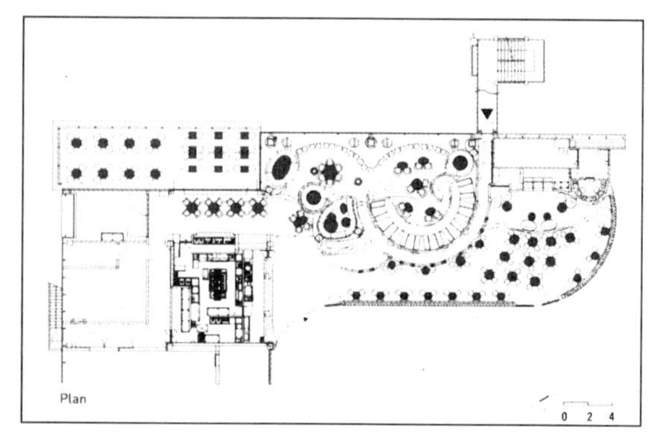

图 3-3-24　某餐厅空间设计计划分成多个就餐组团，增添餐厅环境的丰富性和趣味性

图 3-3-25　不同个性的空间

5.网格式组合

网格源于两套相交的平行线，通常呈垂直状态，在交点处形成由点构成的图案。由网格的规整性和连续性形成组合力渗透在所有的组合要素中，使由点和线形成的图形均存在于网格中的稳定位置或稳定区域。网格组合的空间尺度、形状、功能有可能各不相同，但由于具有共同的关系，仍能成为一体。网格可以通过变化、倾斜，改变某一区域中视觉与空间的连续性；可以中断，划分出主体空间或者作为室内自然景观；还可以位移或在基

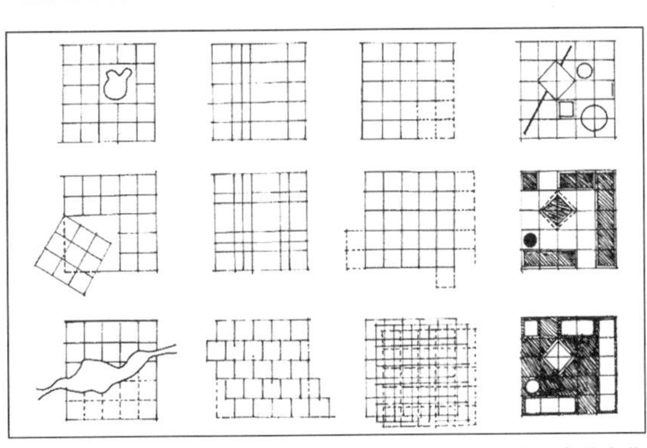

图3-3-26　网格式组合的变化

本形中旋转，使空间形象发生变化。现代建筑结构形式常采用框架结构体系，利用其形成的网格式空间，这使得网格式组合在室内空间设计中运用得相当普遍。

三 空间的序列

建筑师按建筑功能给予空间的合理的组织顺序，是人在空间中活动的先后顺序关系。室内空间根据具体的使用性质，各部分空间之间有着顺序、流线和方向上的联系。设计师按照合理的空间序列设计，决定要给人先看什么，后看什么，这就产生了空间节奏、空间过渡、空间主体以及空间终了的序列。

（一）流线

流线是人们在空间中移动的路线，也就是交通空间。流线连接着各个空间或空间的各个组成部分，是构成空间的骨架，影响着整体空间的形态。流线与它们所连接的空间的关系包括以下三种形式：

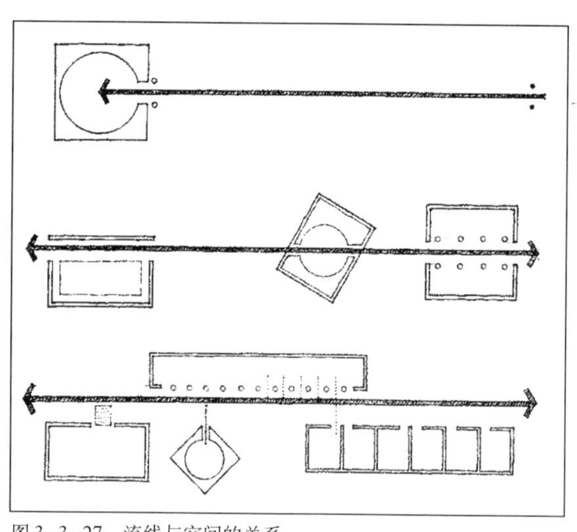

图 3–3–27　流线与空间的关系

从空间旁边经过： 路径的形状可以是灵活多变的，与各部分空间的距离可近可远，空间本身仍保持其整体性；路径还可以经过渡空间连接空间。

从空间内部穿过： 路径可以沿空间的边缘穿越而过，或沿空间的轴向、斜向穿越。穿越空间的路径可以在空间中形成休息与运动的不同区域。

终止于一个空间： 路径的尽头是重要的功能空间或重要的象征性空间，此空间具有一种终止的感觉并具良好的私密性，有宁静或包含之意。私人办公室、住宅主卧室或宾馆高级套房均可采用这样的路径与空间的关系。

交通空间的功能是满足人们在此空间中行进、停留、休息或赏景的需要，无论采用哪种流线形式，都应尽量避免人流逆向行进的发生，因此，一般都会采用环状的流线布局。

（二）序列

序列即各部分空间按次序编排的先后关系。为突出空间主题或展现空间的总体形式，综合运用对比、重复、过渡、衔接、引导等空间处理手法，把每个独立的单元空间按空间排列与时间先后这两种因素，组织成统一、变化和有序的复合空间集群，使各部分有机地统一起来。我们可以运用多种设计方法形成空间序列。

1.空间的对比与变化

通过空间体量对比，引起人们心理和情绪的变化。如，在通往大体量空间以前布置小空间，夸大空间体量，获得“小中见大”的效果，如同我国古典园林中的“先抑后扬”一样。也可结合空间开合、明暗、虚实等进行对比，如从封闭的小空间进入开敞的大空间，会获得豁然开朗之感。还可以通过形状与方向对比，变换空间形状，以打破空间的单调感。此外，通过标高对比能够丰富空间层次，增加空间趣味。

2.空间的重复与再现

几乎所有的空间里都含有本质上可以重复的要素，以某种要素为主在各个空间中反复加以使用，可形成韵律、节奏感。一种或几种空间形式有规律地反复出现，空间效果简洁清晰，具有统一感。

3.空间的渗透与层次

在空间的限定与组合时，采用象征分隔、局部分隔的手法，上下左右相互渗透，采用“借景”手法，有效地增加空间的层次、改变空间的尺度，获得虚实相生的空间效果。

4.空间的引导与暗示

空间自身就具有方向性特征，如长方形的长边往往显示通行的方向特性；对称的空间形状、布局、图形能够形成轴线性的导向；此外界面上连续、具方向性的图案、色彩、形状等，同样具有引导人的行进方向的作用；连接不同空间高度的楼梯、坡道也具有强烈的空间导向作用。

空间中对景、光线的对比能够引起人的视觉关注，暗示前方另一空间的存在；透明分隔、弯曲的围合往往暗示着分隔面另一侧空间的存在。

第四节 室内空间的规划设计

一 空间规划的过程

任何设计工作都由一定数量的设计人员在限定的时间内完成的。在设计伊始就需要对设计过程进行整体规划，这是顺利完成设计工作的前提；在设计过程中，决定使用哪些元素以及如何将它们组合成一定的样式。整个设计过程呈现出一系列的线性步骤，但每个步骤都是一个综合过程。在每个综合过程中，不断重复分析、合成、对已有信息进行评估，同时考虑解决方法，直到在已有条件和需求目标之间达到一种和谐。

（一）前期准备

空间规划的第一步是整理与设计项目相关的资料信息。了解一些特殊空间如学校、医院、展厅等的设计需求，有无一些特殊问题需要重点处理，如无障碍设计、光线的稳定性、照度水平、温湿度的控制等，查阅所有相关的设计规范、杂志文章、已有的设计范例，掌握具有启发和参考作用的信息。考察相关的实例工程，通过亲身感受进一步增加对室内实际效果的体验和认识。与业主的交流也能带给设计者新的启示。如在做住宅室内设计时，需要了解业主的家庭结构、职业、兴趣以及经济状况，这些信息对于明确居室设计方案、设计标准至关重要。勘查现场这一环节必不可少，在现场能明确所设计空间的基本情况与细节，如立管位置、插座、风道等。清晰地了解现场情况后，在设计阶段就能有的放矢，得心应手。

（二）条件分析

此阶段的主要工作是对设计前期准备的资料和信息进行整理、分析，以此作为正式展开室内设计工作的基础。

1.分析和列表

既有的建筑空间包含着许多重要信息，如主要朝向、景观方向、风向、内外噪声源、内部水平垂直交通情况等，它们都影响着室内设计的思路和具体处理。通过对建筑图纸的分析，室内设计师可以了解建筑的结构形式，限制程度，原有功能布局与交通流线的设置是否合理，水平与垂直交通体系的

办公空间	需要尺寸	邻接关系	公共通道	自然光和景观	私密度要求	管线入口	特殊设备
1接待区	20	2、	M	Y	N	N	N
2前台	20	1、3、7、	H	Y	N	N	N
3洽谈会议	50	2、7、	I	N	H	N	Y
4主管办公	50	5、7、	Y	Y	H	N	N
5讨论区	30	5、7、13、	H	Y	M	N	N
6卫生间	15	7、	Y	N	H	Y	N
7工作区	100	4、5、7、8、10、13	H	Y	M	Y	Y
8食品加热/冷藏	10	7、9、	Y	N	N	Y	Y
9进餐交流区	20	7、8、	I	Y	L	N	N
10休息区	10	7、	I	N	H	N	N
11打印区	10	7、	Y	N	N	Y	Y
12财务室	10	4、	I	N	H	N	Y
13材料区	10	5、7、	H	N	L	N	N
14更衣存衣	10	7、	L	N	H	N	N

图例

H-高 M-中 L-低 Y-需要 N-不需要 I-重要不一定需要

图3-4-1 标准矩阵列表

设置特点，空间的基本特征，设备用房对于使用空间的影响等。这些因素要分清主次，以便在设计中有针对性、有重点地考虑。

在对现状条件、各种因素的分析过程中，设计师可以通过一份简洁的图表——**标准矩阵图**的方式，综合整理方案中的所有标准和要求，仔细分析使用者和实用的活动对该空间的要求。矩阵图包括了空间规划需要的尺寸、邻接空间的要求、公共通道、自然光和景观、私密性要求、管线入口、特殊设备和特殊需要等。这样一份简明的表格以非常实用的顺序组合起来，能够一目了然地理解项目的总体状况，有利于提高设计效率，避免忽略一些关键因素，有助于理解并最终实现室内空间的功能和目的。

2.面积分配

通过对每个空间的活动性质、使用人数、所需家具和设备的分析，可以估算出每个空间需要的面积。住宅设计中卧室、浴室空间的最小尺寸；各类办公空间的建议尺寸都可以通过查询资料手册获得；公共空间中休息厅、餐厅的面积可根据坐椅的数量计算出来。在对各部分空间面积分配时要仔细比较所有的可用面积，如流通区、储藏区的大小等，及时调整各部分的比例关系。

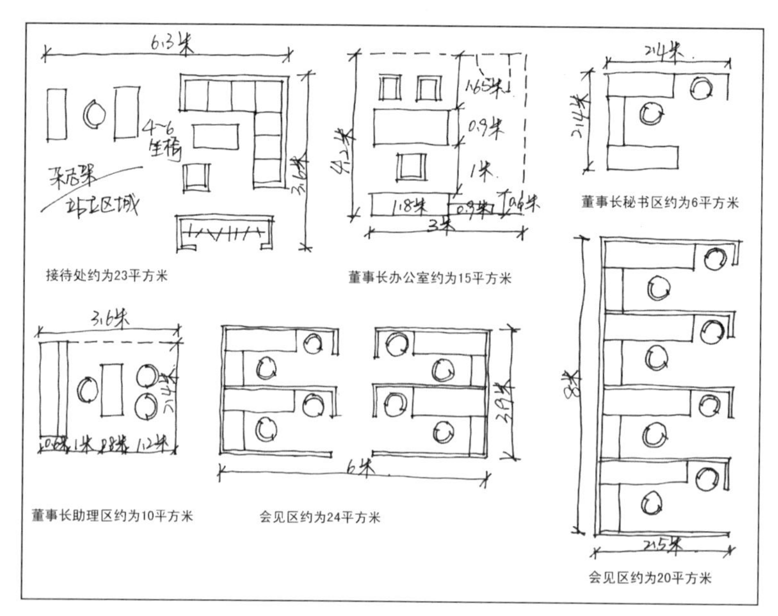

图3-4-2　不同功能空间所需的面积草图

3.邻接关系

“邻接”的概念在室内设计中用来形容各个空间联系的密切程度、从近到远的关系。“邻接”的等级由近及远包括相连、接近、中距、远距、无关系。设计人员通常是根据设计经验、人们的行为习惯、相关资料，也可通过对未来使用人的调查确定邻接关系。确定好每两个空间之间的邻接关系后，设计人员就可制作一张关系图，用不同宽度的直线表达邻接的密切程度，最粗的线条表示最近的需要。图中各部分空间关系的确定对进行下一步的空间构成规划很有帮助。

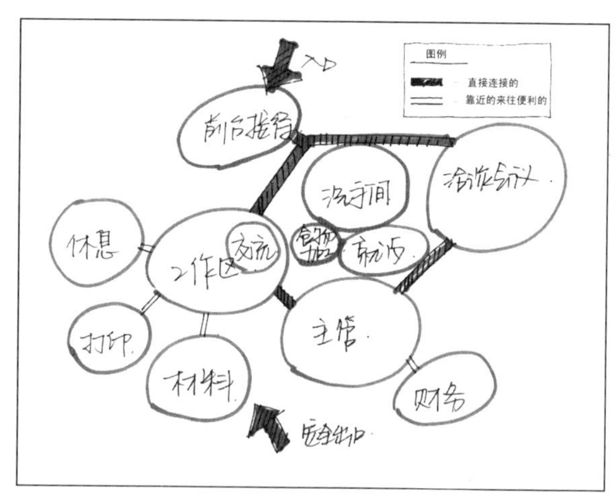

图3-4-3　办公空间设计过程中的气泡图

4.竖向分析

大型室内设计项目有时会包含许多楼层。由于同时存在着水平与垂直交通问题，空间关系较为复杂，因此，首先需要确定每个楼层的主要功能，然后才能着手每个楼层内的设计工作。设计时先在垂直方向上确定固定设备设施在每个楼层的位置和占用的面积，再列出同一楼层内每个功能单元所需设备设施的面积。特殊楼层，如底层、顶

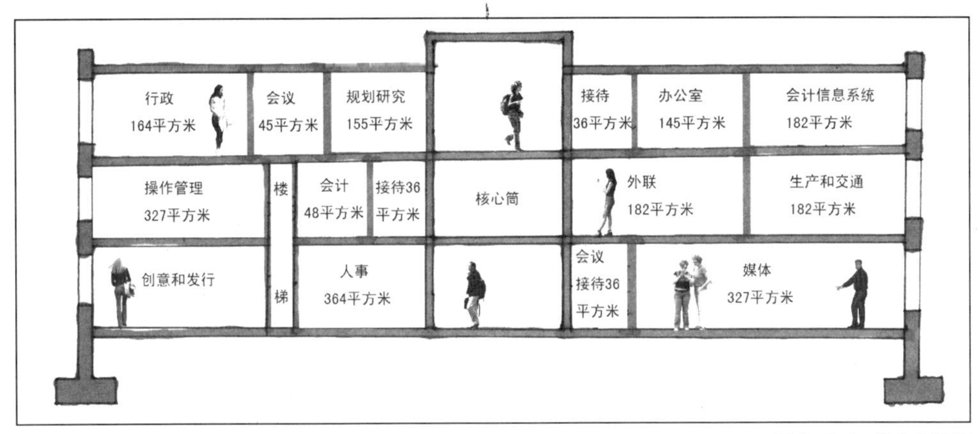

图 3-4-4　竖向分析图

层、可用的屋顶毗邻空间等，应注意其空间特点，充分加以利用。此外，一些空间的特殊功能需要设置在特殊的楼层位置。通过空间相应邻接关系的研究，归纳出同一楼层的需要和邻接楼层的需要；竖向分析图完成后，每层楼的设计工作便可独立完成。

（三）初步的平面布置

初步平面布置是运用设计草图将前面的图表、关系图、气泡图等现实化的过程。

厨房、浴室、卫生间等空间由于管道设施较多，对空间的尺寸要求较高，在整个建筑内的位置与尺寸的可变性是最小的。初步平面布置的第一步可以从这类空间开始。第二步是开始设计尺度较大的主体空间，主体空间对于整个室内空间的主题表达和功能协调至关重要。由于现有结构形式、尺寸的限制，主体空间可能只适合布置在现有建筑中的某几个位置，因此要及早考虑空间的尺寸、形式和出入口的位置。随后需要检查交通流线是否顺畅，尽可能压缩走廊以及其他交通空间的面积，避免交通空间过大。接下来要着手处理基本房间的分

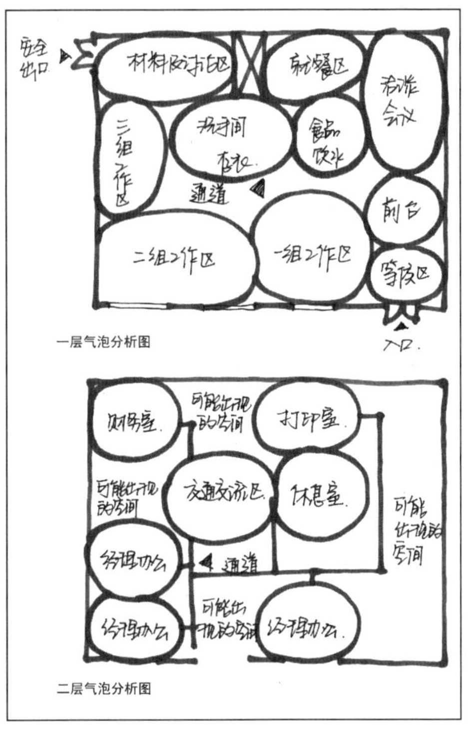

图3-4-5　办公空间设计过程中的平面草图

配问题。在整个平面布局设计过程中要牢记前期分析中的各种要求，合理安排动静区域，有些空间需要优先考虑自然光和自然通风，有些空间需要私密性，注意开门方向，避免与通道发生冲突。家具作为隔断来划分空间是现代室内设计的常用手法之一，在空间设计中作为衡量空间尺度，因此在做空间设计时常常将家具布置同步进行，这样可以最大限度地将分隔空间与存储物品的功能结合起来，既灵活又节省面积。

（四）评估和修改空间

设计过程中，对已初步成型的平面布置图需要进行一次基本的评估，这是一个自我回顾的过程，可以依据规范要求和细节要求来检查。平面布置需遵循建筑的安全疏散规范要求，检查流线是否过长、走廊位置是否合适、楼梯是否过宽、是否考虑到无障碍等问题，以便及时加以修改。细节要求是指设计细化过程中是否存在相互冲突的问题，如门的开启方向、开窗位置与家具的关系、家具之间的距离，设备（器械、固定设备、通信设施）的具体位置和间距等等。

设计时应考虑到人们在空间运动时的感受。一个空间的大小、尺度和比例与人在其中的活动状态密切相关，从静态的私密空间到动态的公共空间的需要各不相同。每个空间的尺度应恰如其分地反映它的使用功能。要充分利用层高适当地设置夹层，通过层高和顶面的变化，使各部分空间都显示出生动的活力。空间设计中应保持空间的完整性和连续性，同时在统一中包含韵律、节奏、变化等。墙的高度与空间的比例和谐与否关系到人在其中的感受。当平面布局草图接近完成时，正是评估该方案的三维潜质的关键时刻，需要认真分析入口区域、交通流线、

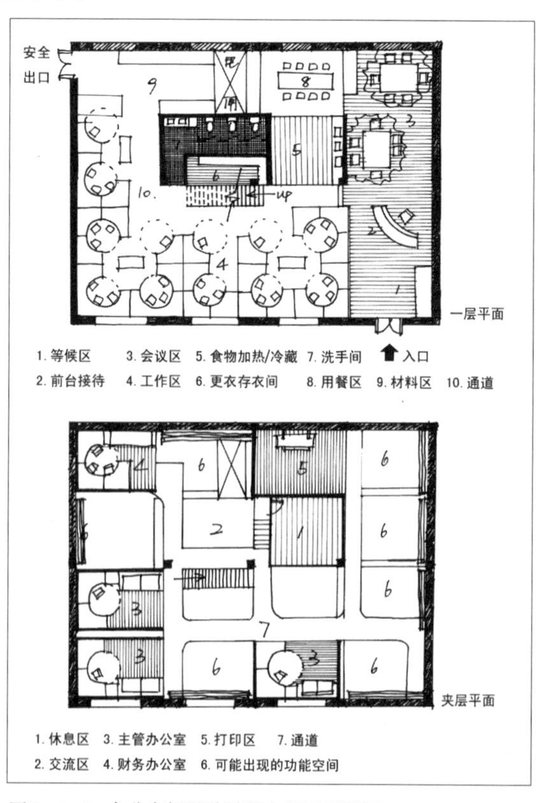

图 3-4-6　办公空间设计过程中的平面草图

主要空间、特殊空间等，使其在空间舒适度上再进一步。

空间布置是否具有可行性和美学价值是一个室内设计方案是否成功的关键。因此在这个阶段我们要尽可能地开拓思路，不断尝试，才有可能做出最好的方案。在这个过程中，设计师会发现自己的方案与理想的解决方案还有相当的距离。应当认识到，任何一个方案在设计过程中，修改都是再所难免的。对设计方案的深入、细化正是在这种对比优选的过程中实现的。当一个可行的初步平面草图完成时，就应做出相应的顶棚设计和照明布置图。

虽然我们将设计的方法总结成一步一步的过程，但设计实际上是一个并不复杂的演绎推理过程，即把许多相关因素结合成为一个有实用价值的整体。解决空间设计问题的核心任务就是把前期建立在分析基础上的预设计阶段转化为具有创造性的设计方案阶段。设计过程中最困难的一个步骤就是最初的思维或创造性的飞跃，即从分析到记录并绘制第一个实际方案的飞跃，也就是常说的创意阶段。设计前期的工作做得深入细致，设计者就会更加接近实际的最终解决方案。设计师必须具备综合思维能力，才能适应协调解决问题过程中不断产生的复杂的、背道而驰的、甚至是相互冲突的各种矛盾。

二 空间设计的处理手法

室内空间设计将确定具体空间尺度、建筑局部结构形式、空间高度以及设备设施的关系，决定室内空间的基本框架。其设计到位与否，将直接关系到室内设计成果的质量。室内设计就是根据所需要的空间体量，按照功能要求划分区域，充分考虑不同区域之间的关系，将其归纳综合整理的过程。

（一）改善建筑原空间形态

室内设计首先要完善建筑设计所创造的内部空间。由于平面形状已经基本确定，空间的高度在具体空间体量的研究中也能大致得出一个尺寸概念，空间的形态基本上可以确立，这是多数室内空间在一次空间设计中所经历的设计秩序。但在某些情况下，室内空间形态的确定并非这样简单，需要根据建筑空间的具体条件和要求对既有空间进行调整，有针对性地完善空间的形态。

1.合理确定空间体量

空间的大小与形状，一方面需要根据功能活动所需占据的空间的要求确定，另一方面，又受到建筑界面的制约。在建筑设计中，结构合理性以及施工便利的要求，往往会造成结构规整、层高统一的空间形式。但就室内空间而言，需充分考虑使用者的便利和舒适，许多情况下，同一层内的房间大小、高度不可能相同。因此，室内空间设计中，经过对空间使用功能研究基础上的室内平面设计阶段之后，设计师需要再深入考虑每个房间在高度上的尺度。在特殊情况下，还要根据空间使用人数的多寡或技术条件来确定房间的高度。如，餐饮空间中，开敞的就餐空间较高，其层高在建筑设计中已合理确定，但同层的其他小房间，如包间、酒吧间、卫生间等，则需把顶棚降到各自合适的高度。

剧场、电影院的观众厅为达到较好的视听效果，要求对空间形态进行改变以满足其特殊的使用功能。这类室内空间的设计以能否达到规定的声学、光学等技术要求为基本标准。逐排升起的地面、台口两侧的斜面墙、顶棚形态各异高低不同的反射板造成空间形状的变化，有些剧场的空间形态很不规则，这都是声学要求所决定的。因此

图 3-4-7　剧院空间设计与声学要求关系密切

室内设计的成功与否在很大程度上取决于对观众厅空间形态的把握，而不是依靠豪华装饰。

满足舒适的使用功能的需要只是确定空间体量的一方面因素，另一方面还需要满足精神功能。如，故宫太和殿气势恢弘的室内空间并不是根据能够容纳的人数所决定的，而是为了烘托皇帝至高无上的威严而夸大的空间体量。在室内设计中有时为了创造一个变化的空间序列，或者为了烘托一个空间的高潮，往往使用欲放先收的空间处理手法将某一过渡空间的体量压缩得相当小，以衬托后部空间的宏大。

总之,合理确定空间体量的尺寸时需要综合使用功能与精神功能这两方面的要求，统合起来加以解决。

2.结构条件与空间

随着现代技术的不断发展，体育馆、展览馆、城市交通综合体等大跨度建筑常采用新材料、新结构创造出充满时代技术特色的室内空间，其中顶棚采用的结构技术对室内形态影响最为明显。在这类空间中利用设计手法充分强调结构空间的特色，把结构形态与室内空间融合成一体，突出室内空间的特征。

图3-4-8　某商场设计通过不同色彩的灯光，强调结构构架的变化

不同的建筑形式会采用不同的结构体系，这在不同的程度上限制了室内空间设计的灵活性。框架结构由柱与梁承重。柱子确定空间中的点，并提供水平划分的尺度。梁位于它的支撑物之间，起到空间上的构造作用和视觉上的联系作用。梁和柱构成了相互联系的骨架。框架结构对室内空间的主要制约因素是规则排列的柱网，所以空间的可塑性较大。可根据个性化的功能要求用非结构的构件来灵活地进行空间分隔。承重墙结构将荷载由楼地面传至承重墙体直至基础。承重墙十字相交能提供水平方向的稳定性，承重墙上的洞口则会削弱其结构的整体性。承重墙结构系统空间跨度相对较小，墙体密集且墙体界面之间洞口小，空间的自由度相对较小，仅存在于单个空间内部的形状、大小、家具布置等。由于墙体结构纵向跨度较小，设计中应注意发挥墙体结构中的横向优势。

在原有建筑界面上做结构性改造，如在承重墙体上新开或加大的洞口添加窗户以获得更好的采光及景观；为配合改变室内的移动路线而改变门的位置或附加门廊等，

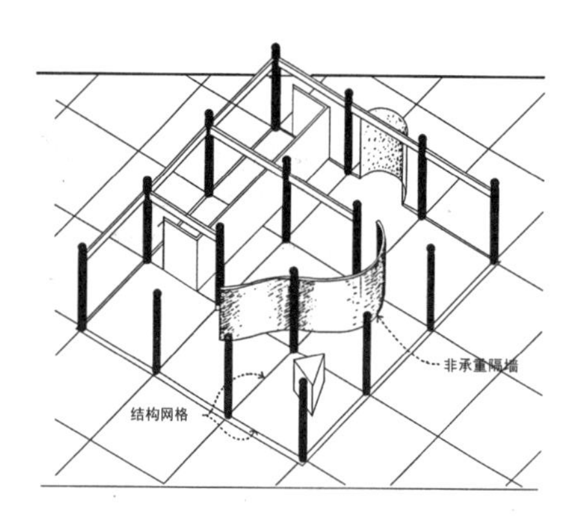

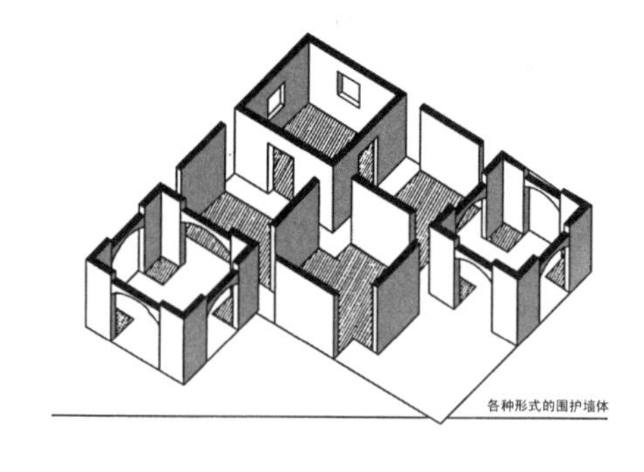

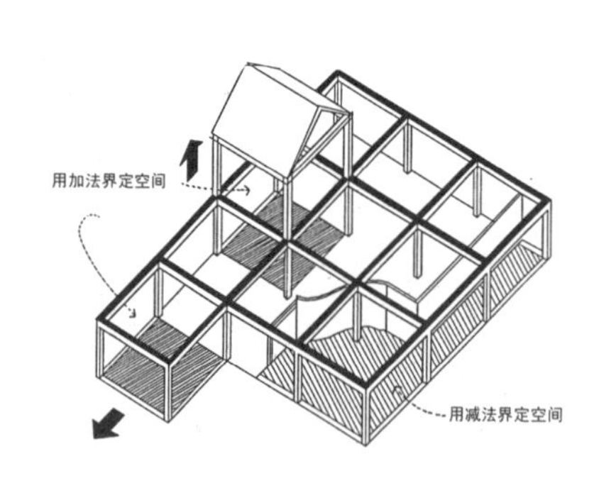

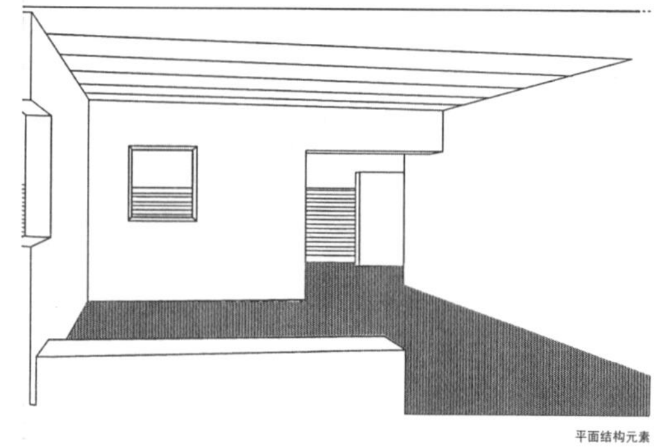

左：图 3-4-9　框架结构系统
右：图 3-4-10　承重墙结构系统

要慎重地考虑结构的承受能力，以免破坏了建筑物结构的整体性。只有在安装好过梁来承担上部的墙体重量后，才能在承重墙上开设新的洞口。通过增加天窗使空间获得更多的阳光，或在两层空间之间建立垂直联系，都需要在地面或顶棚进行结构性的改变。水平结构的改变要求任何新的洞口的边缘都需加固或用梁及柱来支撑。

3.功能置换与空间

一些古旧建筑物如果不符合目前的使用功能，就需要对其原有的建筑空间形态作适当的改造，以满足新的功能需要。改造旧有建筑空间形态包含着利用原有的空间构成元素与创造新的功能内容两个部分。只有两部分内容自然和谐地融为一个整体，才能使新的空间形态焕发出更大的活力和生命力。以北京798艺术村为例，在旧厂房的改造中，保留原有厂房结构特征与空间序列，引入画廊、酒吧空间，通过新功能与旧元素的整合来满足新的使用要求，适应时代的变化与市场的需求，以此创造出富有特色的内部空间形式。新旧空间形态的整合创新给原有的室内格局与气氛注入了新的生命力。

图3-4-11　北京798艺术区展厅

（二）进行二次空间设计

人类的生活内容和生活方式多种多样。由建筑形成的一次空间不能满足特定小环境或特定使用功能的要求，这就要求室内设计师根据具体功能和要求对空间进行再一次的划分，这种经过重新划分的空间称为二次空间。二次空间设计在室内设计中起到充实内涵、丰富空间层次和景色的作用，能够更好地满足人们对物质功能和精神功能的要求。划分二次空间的方法很多，如利用结构构件、隔断、家具、地面和顶棚的高差形态、光线、材质、色彩、绿化水体等，只要运用得当，都可以达到再次创造室内空间、丰富室内环境的效果。在进行二次空间设计时应注意以下问题：

1.适应使用功能

不论是功能单一的大空间，还是含有复合功能的小空间，都可以通过二次空间分隔的方法对空间加以组织，主要目的是进一步完善使用功能，使空间的使用更加合理。在对空间进行二次分隔时，首先需要划定不同空间合理的使用面积、长、宽、高的比例关系、平面形状和空间形态。然后确定采用哪一种分隔体的形式。例如，居室空间的餐厅与客厅之间，采用矮柜作为象征分隔更为灵活，在保证空间完整性的前提下，重新组织了人的活动范围，矮柜本身还有储存或装饰作用。若采用博古架等固定隔断作局部分隔，空间的灵活性则会受到局限。

现实生活中有些空间分隔处理不当而违背了使用功能。比如某些楼盘销售为了寻求卖点，而把一套住宅空间刻意分成三两个台阶的错层，空间似乎有些变化，但是这种空间变化对使用功能十分不利。老人、小孩上下台阶显然是有危险的，更不要说由此给结构、施工带来的麻烦。这种不顾功能的要求，纯玩弄形式的空间分隔的手法是不可取的。

2.对应结构系统

在对空间进行二次分隔时，应充分利用现有的结构形式和外围护结构上的门窗洞口。分隔体尽可能与结构的梁柱发生关系，避免产生柱子显露在二次空间一隅的情况，或者大梁从房间正中穿过情况，或者直接撞在外墙玻璃窗上。这种情况会大大降低空间的使用效率，增加设计难度。划分空间时应使分隔体尽量与结构柱网、与

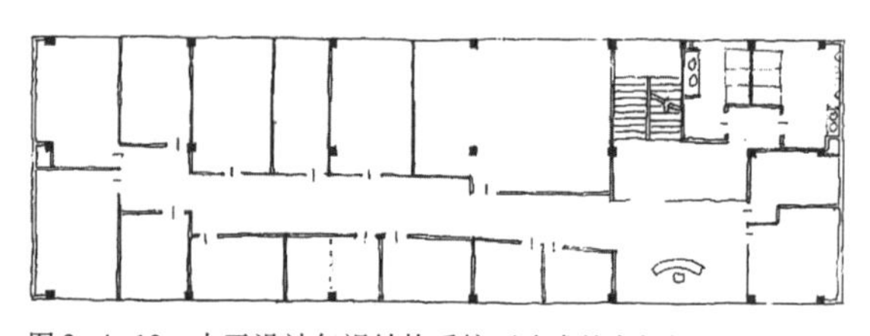

图 3-4-12　由于设计忽视结构系统而造成的空间问题

开间模数发生有机联系，延续原有建筑空间结构的逻辑，从而强化室内视觉效果。

3.调节空间尺度

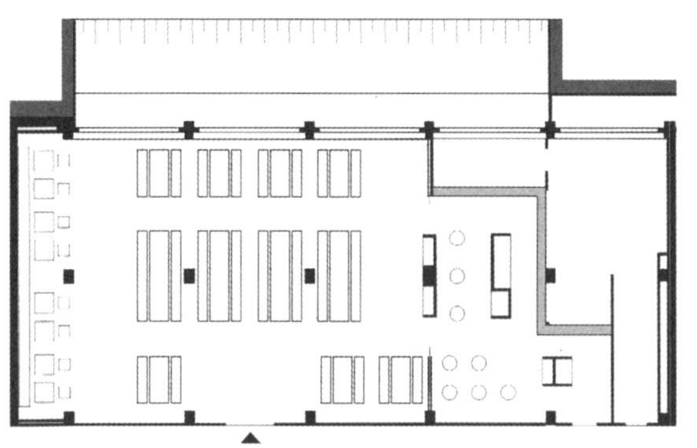

图3-4-13 柏林自由大学经济系餐厅的设计通过天棚处理和灯光，调节房间的比例尺度，缓解原空间高度过低的问题

二次空间设计的一个重要内容就是利用设计手段调节空间的尺度和比例。通常一些大空间需具备一定的空间高度，否则人就会觉得空间过于局促和压抑；小空间则可能要适当降低顶棚高度以获得人们所需的亲密感。除了隔墙、吊顶等实体性元素之外，光线、色彩、质感也会对空间尺度感产生重要的影响。如柏林自由大学经济系的餐厅不得不将就建在阶梯教室昏暗的地下室里。该室内设计的最大挑战在于如何解决房间难处理的比例问题和照明问题。原房间较宽敞，但举架过低，使得地下室本来就微弱的灯光问题更加严重。为了改变这种状态，设计者利用巧妙的照明系统改变了顶面的比例关系，用简洁的家具创造出宽敞明亮的感觉。可见，二次空间分隔的比例与尺度对空间设计十分重要。

4.形式元素的整体性

划分二次空间的方法很多，常常相互配合使用，加强分隔空间的效果。大型会议室的设计通常会强调中心会议桌的重要性，划分中心会议桌与周边旁听席。会议室是一个完整的空间，这种分隔必须通过暗示型的二次空间分隔才能达到划分的目的。这时，会议桌椅区域的特征最为重要，分隔体（吊顶）的高低、大小、形状以及灯具布

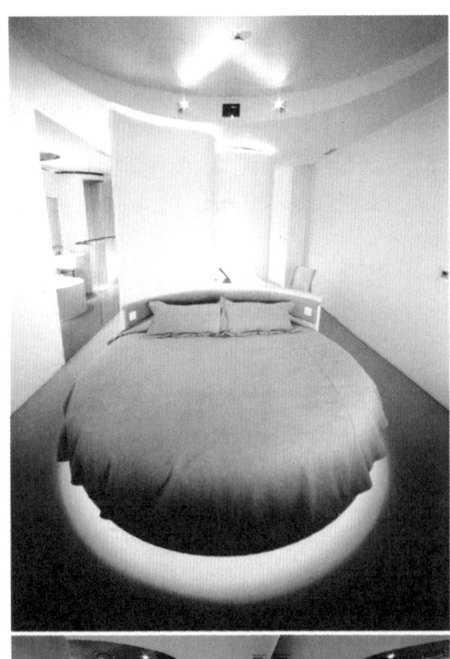

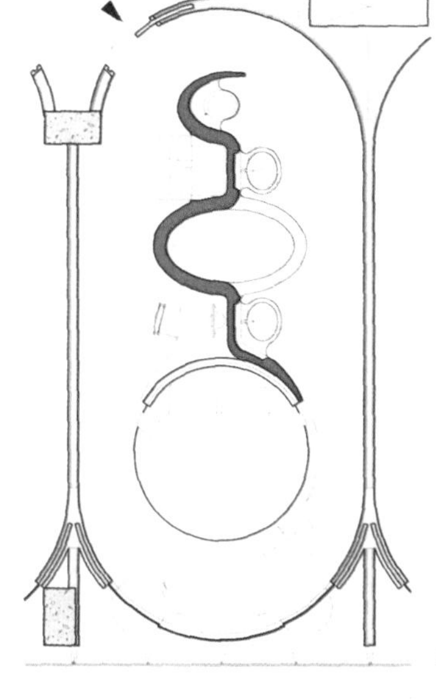

客房平面图

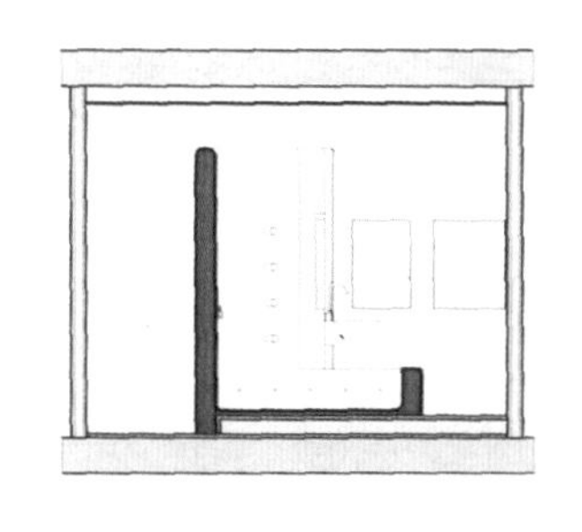

客房剖面图

图 3-4-14　某客房设计从房间到隔断以及家具均采用曲线形造型，形式要素相互呼应，特色鲜明

置最好与会议桌的形状相呼应。否则，空间虽有变化，但仅是装饰而已，不能称之为对二次空间进行分隔的手段，也就削弱了中心会议桌的主导地位。

5. 渲染环境氛围

使用功能不同的空间需要创造不同的环境氛围，采用的分隔方法也不尽相同。通常在纪念性建筑的室内，多采用对称的分隔方式，置分隔体于对称轴上，对称轴的两侧采用实体形式分隔体，分隔出内向、封闭型的二次空间。其他类型建筑的室内，特别是文化娱乐建筑、幼儿建筑等室内，二次空间分隔的方法自由、活泼、生动，常采用通透、轻盈形式的分隔体，被分隔的二次空间的流动性强，有时仅仅采用象征性的分隔。

图 3-4-15　某专卖店设计运用空间形态及材料的对比变化，体现出现代时尚的空间氛围

（三）提高空间利用价值

一个室内设计方案是否具有实用性，是判断设计成功与否的首要标准。使用功能是对设计最基本的要求。室内设计的目标之一就是最大限度地利用空间，在有限的空间内创造最大的使用价值。

1.开发潜在空间

任何一个空间都是由支撑结构与界面围合而成的。界面与界面之间、界面与支撑结构之间的边角以及结构本身所占据的空间，被称为“潜在空间”。

虽然墙、柱等结构构件以实体的形态占据了部分空间，但通过设计可以加以利用，

使之成为装饰室内空间、具有使用功能的构成元素。如在商业空间中常常利用柱子的垂直面立体展示商品，或环绕柱子将商品层层叠放；再如，为了使卧室平面布置更为合理，重新组织户内的交通流线，新开门洞将卧室门移位。结合餐厅的餐桌布置将原门洞设计成嵌入式酒柜，餐厅空间因此节省了许多面积。

在满足使用高度的前提下设置夹层，以此提高空间利用率，是高大空间中常用的设计方法。这种方法还可以在保证空间完整的前提下丰富空间的层次。在住宅中，常常利用坡顶结构的高度设夹层以增加的户内面积。室内空间的设计目标是开发空间，并将室内空间形式与使用功能充分结合。

上左：图3-4-16　利用楼梯下部设置书架，兼具储藏和展示功能
上右：图3-4-17　巧借楼梯下部空间设置浴缸
下：图3-4-18　利用坡顶高度开发夹层，阁楼成为颇具特色的卧室

2. 弹性利用空间

许多大空间中由于使用性质的多样性，往往不适于通过固定隔断的方式划分空间。为保证空间的灵活性，经常使用折叠、升降式或移动式的活动隔断、活动家具等，根据使用要求的变化和使用人数的增减而随时变换空间形态，使之可分可合，可大可小，其分隔更加灵活自由。最常见的是在多功能大厅内，为了提高空间的使用效率，满足宴会、展览、会议、演示等不同活动的要求，常采用活动隔断进行空间分隔。

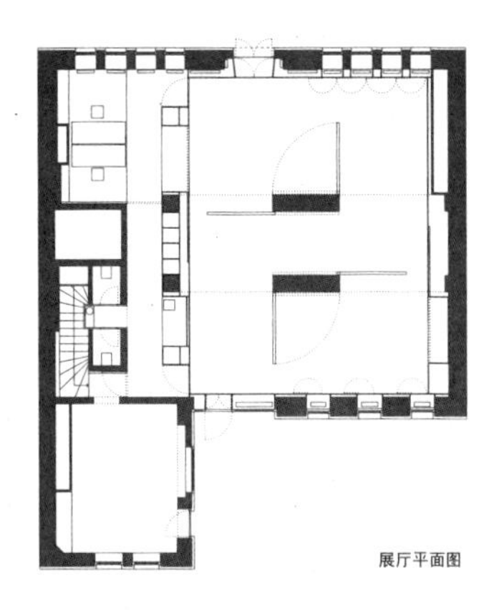

展厅平面图

图3-4-19　某展示间设计利用可移动的墙体改变不同房间的展示顺序，提高空间的灵活性。墙体附带的隔断既可旋转又可滑动，形成了非常多变的空间结构。

3. 创造景观空间

在室内设计中，使用功能与景观的塑造都很重要。有时为创造具有独特审美价值的景观空间，会牺牲部分使用面积。

利用空间中轴线、人流动线及设计要素关系线等，借鉴中国古典园林中的借景、漏景、透景的手法，在空间内营造起、承、转、合的节奏，在动线的终端创造对景景观空间。如将电梯厅终端界面处理成景观空间，可以缓解人们等待电梯过程中的枯燥

感，给人留下愉悦的印象。走廊转折处的边角空间也可适当利用使其成为景观，一方面可以提高审美价值，同时还能增加对人们行进的引导性。再如，结合公共空间中楼梯下部设置水池、山石、植物等形成景观，使其成为开放楼梯的组成部分。设计中注意这些空间的细节处理，既能获得满意的景观效果，又可提高空间整体的美学价值。

上：图3-4-20　克莱斯勒公司室内走廊利用植物与玻璃形成“竹墙”，创造出绿色的办公环境
下：图3-4-21　某商场中庭利用空间高度创造出如飘零的秋叶般的景观效果，使人在行进中感受空间的层次变化

图3-4-22　法拉利专卖店的空间设计将红色的赛车的骨架悬于空中，既形成景观的焦点，又强调了该专卖店鲜明的个性特征，起到“点题”的作用

参考书目

1．〔美〕程大锦编著：《室内设计图解》，北京：中国建筑工业出版社，1992年。

2．李朝阳编著：《室内空间设计》，北京：中国建筑工业出版社，1999年。

3．隋洋编著：《室内设计原理》，长春：吉林美术出版社，2006年。

4．邵龙等主编：《室内空间环境设计原理》，北京：中国建筑工业出版社，2004年。

5．张青萍主编：《室内环境设计》，北京：中国林业出版社，2003年。

第四章 室内设计的类型

第一节 办公空间室内设计

办公空间是供机关、团体和企事业单位处理行政事务和从事业务活动的场所，是社会再生产的基础性建筑。办公空间在每一个时代，都体现为创造性的交流场所。所有的办公设计都是与商业策略一致，并以帮助使用者更进一步发展为目的。因此，办公空间区别于其他商业空间的重要原则就是要研究室内长期工作的人们的日常行为，"利用办公空间的设计来讨论社会动力和个人心理"，从而最大限度地提高工作人员的工作效率。今天，技术革命已经成为一个实际的、令人无法回避的现实。全球化在使世界变得更加平坦的同时，也意味着新的工作管理模式和工作方式的出现。工作流程、新的通讯技术和工作环境对任何机构的运作都变得至关重要。另一方面，由于办公空间所特有的功能性，决定一个办公场所的成功与否，除了美学及空间功能的划分外，与其相关的物质技术手段，即各类装饰材料和设施设备等都应当去适应办公所需要的各项技术指标。

一 社会生产的变革导致办公空间概念的演变

随着社会的发展，办公空间经历了巨大而深刻的变化。20世纪建筑设计、技术、经济、管理模式的进步，使得办公空间成了一个隐藏在物质表象下，具有活力的社会变革和文化现象的缩影。自工业革命以来，办公模式从作坊式家庭办公进化到流水线大批大量生产式的集约型办公，进而发展到体现个性和风格的现代办公理念，每次变革都基于深刻的社会、技术、经济等背景。我们在学习办公空间设计的同时，应该对近代的工业生产发展、技术变革及社会环境的演变有一个清晰的了解，在此基础之上，才能够正确地理解办公空间设计的目的及所要表达的符合企业精神的理念。

(一) 近代办公空间的形成

19世纪末20世纪初，西方经济的重心从农业转向以办公室为载体的工业。政治、经济、教育乃至消费文化的变革，促使新兴的管理阶层出现，大批的人们涌进了办公室。从事行政管理，专业信息咨询服务的人群产生了。在1919年，美国社会评论家厄普顿·辛克莱（Upton Sinclair）正式提出“白领”(white collar)这一词汇，用来记录这一时期劳动人群的转变。而工作人群也由原先的“工人”转变成“白领”。另一方面，女性也逐渐进入工作中。现代化迫使人们转变观念，从而触及经济中心——办公室。办公空间的社会性更加突出，并逐渐成为经济与技术革命的一个展示空间。

上：图4-1-1　早期家庭式公司
下：图4-1-2　国家收银机制造公司，1890，Daton，美国俄亥俄州

图4-1-3 Order entry department at Sears, Roebuck and Company，1913年；芝加哥，伊利诺斯州；美国工业革命时期的办公空间

（二）早期的办公设计理念

早期的整齐统一的办公布局是建立在费雷德里克·泰勒(Frederick Taylor)的“科学管理”理论和亨利·福特(Henry Ford)流水线式工厂化管理的基础之上的。西方管理界誉为“科学管理之父”的泰勒是美国近代科学管理学的创始人。他的管理概念建立在有关效率的“科学管理”的模式之上，即建立在一个员工就等于一个生产单元的概念基础上。生产与管理的层次、顺序、后勤等功能要素变得程序化，成为一种建立在有序基础上的社会组织模式。福特汽车公司创始人亨利·福特创立了大规模标准化的流水线生产方式。他曾说：“为什么我只要一个人时，却总是得到整个人类？”他强调的是社会动态和人的主观意识会成为生产效率的阻碍。这种从19世纪早期大规模流水线式生产发展出的厂房式办公设计，将管理凌驾于个人主观意识之上，形成了20世纪早期的办公设计模式，并在之后的几十年中被广泛应用。其根本目的是谋求最高效率，使较高的工资和较低的劳动成本统一起来，从而不断扩大再生产。这种达到最高的工作效率的重要手段是科学化的、标准化的管理方法，由于过分强调秩序，忽视个人因素在企业中的作用，它也直接导致了空间的非人性化和模式化。

二 办公设计理念的发展

1900—1950年代是一个以建筑技术为标志的时代——钢筋混凝土大量的使用，为结构地发展建筑空间提供了广阔的天地。二战后的现代建筑需要一个全新的现代化的工作环境。商业运作迅速与技术相联系，建筑结构的革新使大规模的开放办公空间成为可能。空调的出现使人们可以日以继夜地呆在办公室里。模数化的墙面、地板、天花板系统，是使办公设计成为适应企业结构和技术系统持续性变化的基础。同时，办公家具的变革也导致了办公空间理念的变革。如，1946年佛罗伦斯（Florence）和德国人汉斯·诺尔（Hans Knoll）建立的以包豪斯风格为主的办公家具制造体系，对现代化的办公空间起到了重要的推动作用。从打字机到电脑，从传真到电子邮件，技术的进步带来速度的进步，办公空间设计也在随之改变。

20世纪80年代，随着电脑的出现，像苹果这样的高科技公司大量涌现，它们借助技术的创新性与观念的前瞻性，改变了传统办公的概念，率先提出强调企业文化与个人创造力相结合的办公概念，通过非正规的工作环境创造有个性的空间。相比之下，泰勒和福特为代表的工业开拓者们所倡导的“工作单元”的管理模式变得日趋僵硬。随着信息技术所带来的高效性，许多原先建立在“有序”基础上的企业组织模式逐渐被风格化、休闲化和个性

上：图4−1−4　Lever House，1952；纽约；美国1950年代的办公空间
下：图4−1−5　苹果电脑公司，1986；美国1980年代办公空间

左：图4-1-6　SEI投资公司，1997，明尼苏达；美国现代办公空间
右：图4-1-7　Steelcase 概念工作站，1997；未来办公概念

化的工作环境所取代。“建立合作与交流空间，使个人的创造力能够被激发”的观念，开始被越来越多的企业所接受。

1990年代以来，伴随着信息革命、经济危机和环境污染等社会因素，办公空间出现了新的发展。首先，以苹果的产品为特征的工业产品设计直接影响了室内设计风格，在办公空间中开始以创造简单的材料来表现视觉效果（Flash without cash）。同时，为了应对市场及技术的迅速变化，灵活性成为办公空间设计的重要原则。在设计理念上，打破传统、模糊工作区域、体现团队工作精神成为企业的目标。更重要的是，随着全球环境的变化，人们日益关注环保等与环境相关的因素。

在互联网时代，随着科技的发展，办公室似乎越来越不重要了。只要是手机、电子邮件、传真、电话视频等技术能够触及的地方，已经成为人们“真实”工作的办公场所。办公室可以是餐厅、酒吧或飞机上。办公空间很有可能将走向我们从未想象过的地方。

二　企业特征及管理结构对办公设计的影响

充分了解企业类型和企业特征，才能设计出能反映该企业风格与特征的办公空间，使设计具有高度的功能性来配合企业的管理机制。办公空间所要创造的不仅仅是某种色彩、形体或材料的组合，而是一种令人激动的文化、思想和表达。一个企业所具有的成就感和创造力以及它所蕴涵的文化渊源，能够反映到员工们夜以继日地工作的场所。

(一) 设计风格的定位

办公空间的意义不仅在于给来访的客户一个代表企业特征的印象，同时也给在此工作的员工们灌输一种企业文化的认同感，使员工真正融入他们为之服务的企业中去。办公空间的风格定位应该是企业机构的经营理念、功能性质和企业文化的反映。办公空间的发展史表明，办公室代表着社会文化现象。因此，不同的企业形象对办公空间的风格起了决定性的影响。如：金融机构希望给客户带来信赖感，因此在设计上往往注重沉稳、庄重、自然。科技类企业代表技术的先进性和精密性，在设计风格上偏重现代、简洁，并对材料的视觉感要求更高。而从事设计类的创造型公司，则更注重视觉上的个性化表达。另一方面，即使是相同类型的企业，由于其服务对象的年龄、文化层次或消费能力的不同，其办公空间所体现的风格特征也会根据客户的特点有所不同。室内空间的设计是以“形体、色彩、材质”等室内装饰元素来表达的。在办公空间中，这些元素在满足功能的同时，都应当与企业特征及企业文化相关联。因而，决定办公空间环境的不是设计师本人的喜好，而是企业的特征。

每一个企业的运作都基于一定的社会和经济基础。社会生产的多元化发展使任何

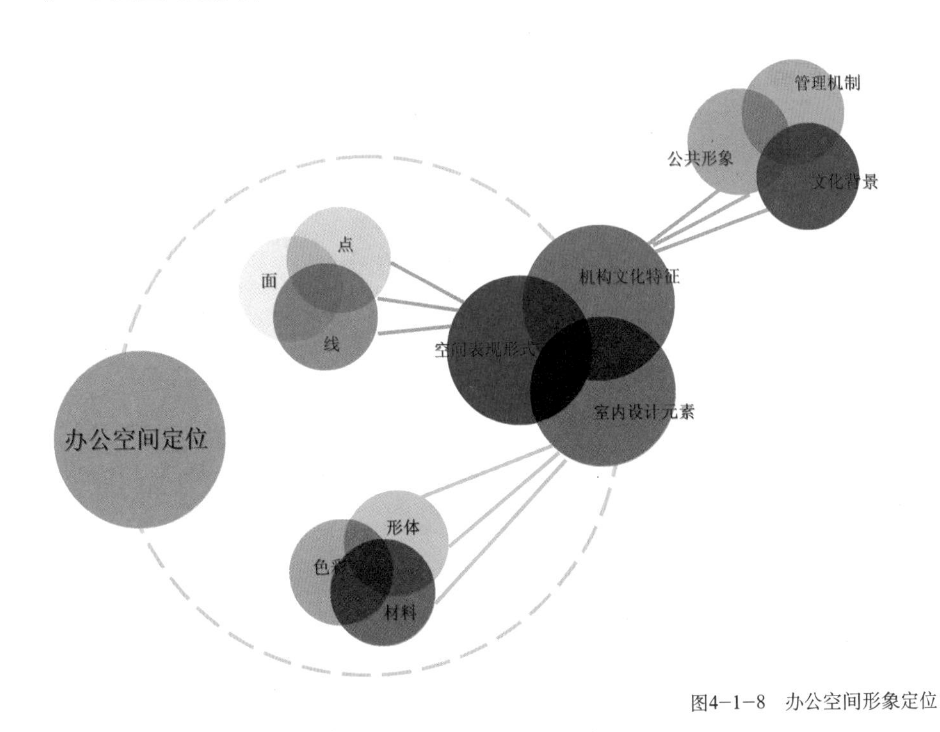

图4-1-8　办公空间形象定位

上：图4-1-9　SC Johnson行政大楼，开放办公区，1939，威斯康辛；美国赖特设计的蘑菇造型柱子
下：图4-1-10　AT&T控制中心，美国新泽西

商业操作模式都不能保持一成不变。设计师应当敏锐而深刻地观察社会和经济的发展，并做出应对观察和对应。只有对企业的特征做深入的调查研究，与业主进行有效的沟通，了解了企业的经营理念与文化意识形态之后，才能了解设计所应做出的对空间的改变。

四　企业特征类型所体现的空间划分

在开始进行平面规划之前，设计师应充分了解工作机构的类型、管理模式。因为不同类型的办公机构的运作方式会直接影响室内空间的划分原则。机构中的上、下级关系，部门之间的工作合作程度，是决定空间分配比例以及空间开放或封闭的重要因素。一个好的空间规划可以使使用者有效地提高工作效率，从而创造最大化的利润。

（一）专业型：指具有办公功能的同时，包含了很强的专业技术功能区域。如：电视台、电台等新闻媒体，其含有演播室、编控室、采编机房等专业区域。

交通指挥部门，包含有指挥中心、专业机房等。此类办公机构由于特殊的技术要求，使内部划分非常复杂，需要设计师与广播、电视、设备等相关专业密切配合，协调专业功能区域与普通办公区域的流线以及装修界面的交接。

（二）封闭型：指传统的政府行政单位，或是从事事务管理为主的服务性机构。如：会计事务所、律师事务所等。此类机构由于上、下级等级关系，部门分工明确，工作属性自主，不需要太多部门和个人之间的交流。因此，在空间划分上，多以小型空间或者封闭的个人办公室为主。

（三）开放型：以团队工作为主，部门之间交叉频繁，员工之间互动性较高。如：设计事务所、媒体等富有创意性的工作机构，或是像技术开发、保险处理等专业咨询机构。此类办公环境多以开放空间为主，强调部门之间的合作和员工个人之间的交流。

（四）灵活型：由于网络技术的高速发展，使工作空间不仅仅局限于传统的办公室。一些新兴行业的专业人员开始将工作地点转移到办公室、家庭或之外的

上：图4-1-11　American Guaranty Corporation 美国伊利诺斯；Gary Lee合伙人事务所设计
下：图4-1-12　Oxygen Media办公室，美国纽约

上：图4-1-13　可移动工作站，概念设计
下：图4-1-14　Oxygen Media办公室，美国纽约

公共空间。例如新兴的资讯公司、媒体行业、销售型行业等。由于工作人员经常外出，或工作性质流动性很强且没有一致的上下班时间。因此，此类办公空间需要考虑兼顾个人独立工作和多人共同工作的灵活性，以及共享办公空间的可能。

在面对综合型的大型企业的时候，由于大型企业的功能结构比较复杂，不同部门的运行方式存在极大的差别，往往会出现不同的管理特征共存于同一个空间内的情况。因此，在设计过程中，设计师应认真对企业结构进行分析，确定符合其管理特点的办公空间。

五 办公环境空间要素

在室内办公空间中存在着一系列的空间形态，了解其所包含的功能因素以及在整体空间环境中对人所产生的影响，有助于我们将人性化的概念体现到日常的工作方式中。一个成功的企业，应该让员工感受到个人的创造力在这里不会再被科学化的管理所扼杀。调动人们工作情绪的最好办法莫过于将其置身于舒适并且充满活力环境之中。个人的思想可以在这样一种环境中得到自由的发挥，而这种环境正体现了现代办公机构的工作方式，一种以人为本的愉悦的工作状态。

（一）空间形态：

1.公共工作环境

开放办公区域作为群体工作的场所，根据现代办公空间的理念，强调打破传统的职能部门之间的隔阂，促进工作中人与人之间的相互认识和良好的互动，建立合作精神。但开放办公并不意味着整齐划一的简单工作单元的排放，如同20世纪早期的厂房式办公空间。而是在设计时，利用现代办公家具的灵活多变的组合功能，根据部门人员配置及配套设施的功能需求进行组合，根据现场环境情况，在空间中分为若干个工作区域。同时，所有的空间布局都应当以增加空间利用率和家具使用率为原则。即使在一些不规则的、富于变化的平面布局中，实际上也是建立在有机的空间内使用标准化的办公家具单元组合而成的。

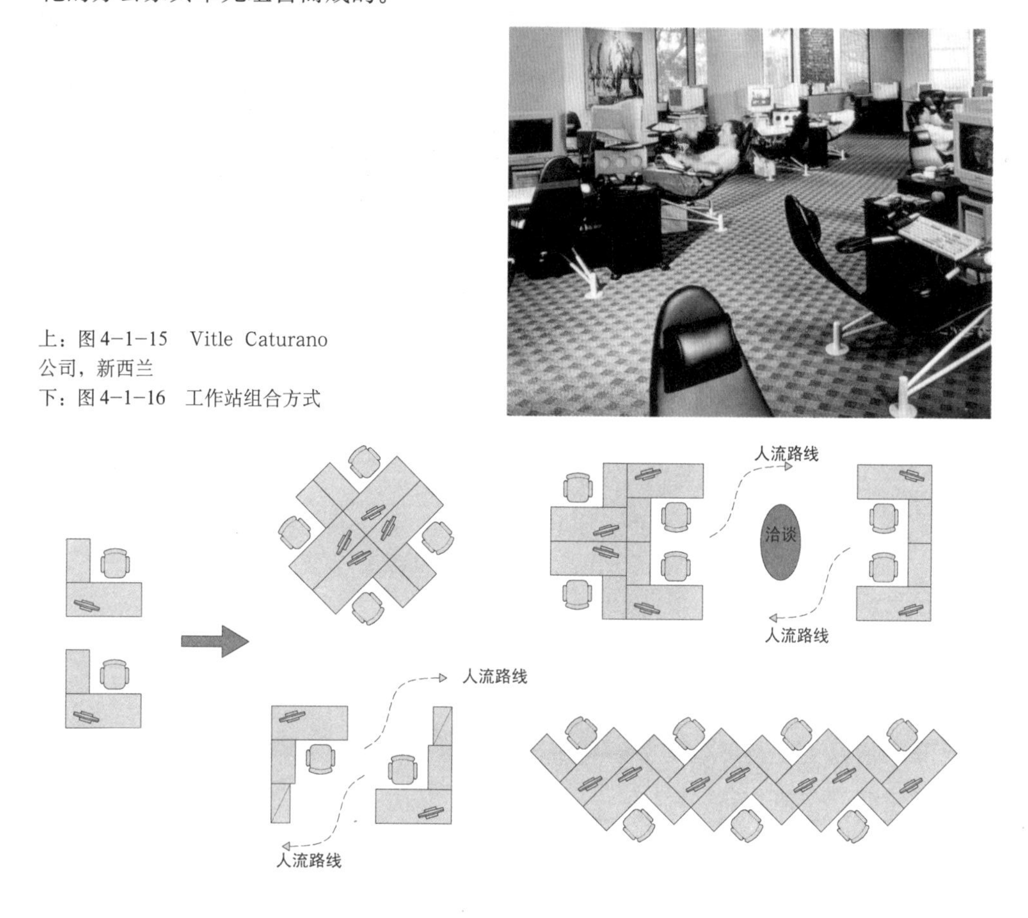

上：图4-1-15　Vitle Caturano公司，新西兰
下：图4-1-16　工作站组合方式

2.交流区

现代社会，随着竞争的日益激烈，人们停留在办公室里的时间越来越长。长期处于工作状态中的人们，更加渴求与他人的沟通和交流，来缓解长时间工作造成的孤独感与精神压力。在办公空间的设计中应体现以人为本的原则，一方面，在开放的办公空间中可以设计小型的半开放的空间，配备小型的圆桌和坐椅及网络电讯设施。另一方面，茶水间、阅览室等传统概念中的附属空间在满足自身功能需求之外，同样也可以承担起这一职责。这些空间作为工作人员之间或与客户之间“非正式”的洽谈场所，有利于人与人之间的信息交流和相互了解。像这样的交流空间的概念来源于城市空间的场景，增强了交流环境的都市氛围，使人们的交谈更加轻松。

上：图4-1-17　Concrete Mediam办公室，美国纽约
下：图4-1-18　都市影视公司，1995，美国纽约

3.交叉空间（界定空间区域）

传统的“密度效率”、“空间效率”强调在有限的空间内，最大化地设置工作单元的数量。而现代的办公空间设计则以创造更舒适、轻松的工作空间，来提高人们的工作热情和机构的良好形象为目标。交叉空间是“城市化”的室内空间，以内街或广场等建筑概念将空间划分出内外区域，这些相对独立的内部空间根据功能需求，可以被设置成展示厅或打印室，或者人们临时聚集的空间等功能不同的区域。由此产生的空间形态不再是整齐密集的空间划分，而是通过灵活多样的空间分隔创造出的独特的工作环境。

4.流动空间

流动空间包括走廊、通道等非工作区域。为了促进人们的交流与协作，设计应尽量消除通道与办公区的界限，利用通道等附属空间与办公和交流相结合。在这些区域内设置舒适的休闲设施，配套的网络通信设备，增加工作的自由度，从而提供即兴的聚集地，使办公环境更加灵活。另一方面，在工作人员或客户从办公空间的一端走到另一端的过程中，界面的艺术陈设等视觉装饰及色彩能带给人一种“体验”，加强对室内环境的视觉感受。

图4-1-19 纽约Red-Sky网络公司，美国纽约

（二）环境要素

1.色彩环境

(1) 色彩的直接效应来自于色彩的物理光对人的生理刺激。不同的人对色彩有不同的反应。办公空间是人们群体工作的场所，提高工作效率，创造舒适的办公环境是办公设计的出发点。因此，在对空间界面的色彩选用上，应注重共性，满足多数人对色彩的舒适性的生理需求。采用中性的、简洁明快的色彩搭配。

(2) 现代设计已经越来越趋向于各学科的融合。工业产品设计、视觉形象平面设计、室内办公空间设计已经成了相互关联的系统工作。在色彩的设计上应配合机构的整体形象及文化特征，体现一致性。在前厅、会议室等内外交流频繁的区域内，设计者应利用色彩对人们的心理影响，与机构形象和文化特征所强调的色彩元素相结合，创造出体现机构形象的色彩环境。

上：图 4–1–20　TV Land 办公室，美国纽约
下：图 4–1–21　Absolute 办公室，美国纽约；Frederic Schwartz 设计

2.环境与标识系统

在大型办公空间里，以“导向”为目的设计是很重要的一个方面，即标识系统（sign）。通常，办公空间里采用的是“混合系统”，即由多个标识种类组合而成的系统。根据对环境中人的“动线”（移动方向）的分析，在设定

平面动线后，选择相应的转折点和功能区域的明显位置来设置标识，例如，在通道口、会议室、卫生间等设置相应的标识。因为需要在设计的环境里选择多个转折点，所以要为转折点赋予多项指示功能。在现代办公环境中，标识系统作为视觉引导，即“动线”的方向性指引；同时，也作为体现办公空间的风格特征的主题元素。标识的设计是办公机构的文化及特征的反映，因此，在空间设计中，应充分利用标识的色彩、造型，将其融入室内环境中，通过设计手段使标识不仅能够实现清晰的指引功能，也可以借其强化机构文化在办公空间中的视觉冲击力。

(三) 办公心理环境

现代室内设计理念不再将人与环境看做孤立的存在，而是强调以人为本，研究办公空间中人的工作状态及行为习惯。办公空间作为人群长期共同工作、交流的场所，人们的心理、行为因素涉及办公空间的形式、尺度、动线流向。个人的心理因素、人与人的心理影响和交流、人与环境的相互影响构成了办公心理环境的体系。根据环境心理学的理论，办公空间的设计应当结合办公行为的特点，根据人的心理因素去研究如何组织空间布局，如何设计空间界面、色彩、照明、办公家具及配套设施等内容。

1.领域性与人际距离对空间的影响

在办公空间中，人们最常见的两种行为状态是工作与交流。不同的行为状态要求有相应的生活和心理范围与环境，由此产生了人体距离的概念。根据工作状态或交流状态所需要的密切程度，可分为密切距离、人体距离、社会距离和公众距离。在空间划分时应考虑不同的行为状态下，适当的人际距离所需要的空间尺度。

2.私密性与尽端趋向

在综合性的办公空间中，开放空间与私密空间是并存的。对于相对独立的封闭办公室和会议室、洽谈区、打印室，茶水间等区域，在分隔上应考虑包括视线、声音等方面的隔绝要求。在开放办公区的工作单元的安排上，注意人们“尽端趋向”的心理要求，尽量把工作位设置在空间中的尽端区域，即空间的边、角部位，避免在入口或人流活动频繁的地点设置工作位。设计者应充分考虑个人所需要的心理环境，给人以舒适、安定的氛围，避免干扰，提高工作效率。

3.空间的归属感

对于工作在同一个开放空间的人们来说，过于空旷和开放的工作环境会使人产生孤独和空疏的感觉。人们通常会借助于空间中的依托物来增强归属感和安全感。因此，在设计时，设计者应合理利用文件柜、柱子、隔断，绿色植物等室内构件来界定空间领域；或者利用地面颜色、照明，材质的变化对不同的空间进行界定和区分。这样可以使人的活动更加轻松自然。

4.空间形态对心理的影响

员工工作时的精神状态对于任何机构而言都是影响工作效率的重要因素。而由界面造型、色彩、灯光环境构成的空间形态，对工作人员的心理会产生很大的影响。例如，以水平、垂直线为主的空间会给人以沉稳、冷静的感受；而在以斜线、多角度的不规则空间内人们则会感受到动态和富于变化。因此，室内空间的形态需要符合人的工作方式和心理特征，同时，根据环境对人的心理暗示作用，利用环境对人的行为进行引导。

六 办公空间的功能划分及功能要求

作为办公空间的设计，无论在空间尺度，或者相关设施方面都有其专业性和特殊性。因此，功能的合理性是办公空间设计的基础。只有了解企业内部机构才能确定各部门所需的面积设置并规划好人流线路。事先了解公司的扩充性亦相当重要，这样可使企业在迅速发展过程中做出应对策略。

办公空间的功能划分基本是按照对外和对内两种职能需求。两者所承载的人员性质及功能配置要都有所不同。对外职能包括前厅、接待处、等候室、客用会议室、客用茶水间（咖啡厅）、展示厅等。对内职能包括工作区、内部洽谈／会议室、打印／复印区（室）、卫生间／茶水间、员工餐厅、资料室等业务服务用房，以及机房等技术服务用房。

机构在处理对外和对内职能划分时，是根据内部管理的方式和机构运行的模式来综合考虑的。一般来说，对外职能部门会被安排在靠近主入口的地方，便于接待外来访客。在动线处理上，根据现场的空间状况，尽量将通往内部办公区域的路线与访客通往接待区域的路线分隔开来。在一些技术性较强的办公机构，由于工作自身的尖端性和保密性，通常会采用门禁系统将外部职能区和内部工作区严格分开。其目的就是做到内部工作人员不受外来访客的干扰。在对内职能区域的处理上，有的机构将所有辅助和服务功能统一安排在某一区域，集中管理；有的机构会将这些功能根据工作人员的人数及使用习惯分散在工作区内，在动线上使所有工作人员都能够便于接近。尽管不同机构对功能的要求有所区别，但最重要的是要协调好办公区域和辅助用房、服务用房的动线关系，做到不影响办公区的工作环境，同时满足办公人员使用便利的要求，并充分实现各区域的功能。

(一) 工作区

工作区是办公空间的主体结构，根据空间类型可分为独立单间式办公室、开放工作区。不同性质的机构根据业务范畴可分为领导、市场、人事、财务、业务和IT等不同部门。在进行平面布局前，设计者应充分了解客户所提出的部门种类、人数要求以及部门之间的协作关系。

独立单间式办公室一般按照工作人员的职位等级分为普通单间办公室和套间式办公室。套间式办公室包含卧室、会议室和卫生间等功能。一般而言，单间普通办公室净面积不宜小于10平方米。开放工作区指个人工作位之间不加分隔或利用不同高度的办公隔断进行分隔的办公空间。其基本原则是利用不同尺度规格的办公家具将这一区

图4-1-22 Deutsch Agency 办公室，美国洛杉矶

域内不同级别的单元空间进行集合化排列。开放办公区内根据职位的级别和功能需求，又可以分为普通员工的标准办公单元、半封闭式主管级工作单元（区）、配套的文件柜以及供工作人员临时交谈的小型洽谈或接待区等。在设定开放办公区的面积时，设计者首先应当了解所要使用的标准办公单元、主管级较大的办公单元、标准文件柜的尺寸及数量等具体设施要求。一般办公状态下，普通级别的文案处理人员的标准人均使用面积为3.5平方米，高级行政主管的标准面积至少6.5平方米，专业设计绘图人员则需要5.0平方米。开放式办公空间中家具、间隔的布置，既需要考虑个人的私密性和舒适度，又要注意合适的通道距离。

（二）公共区：前厅、等候室、会议室、展厅

作为公共区最重要的组成部分，前厅接待是最直接地向外来者展示机构文化形象和特征的场所，它为外来访客提供咨询、休息等候的服务。另一方面是在平面规划上形成连接对外交流、会议和内部办公的枢纽。前厅的基本组成有背景墙、服务台、等候或接待区。背景墙的主要作用在于体现机构名称、机构文化。服务台一般设在入口处最为醒目的地方，以方便与来访者的交流。其功能为咨询、文件收发、联络内部工作区等。在设计时，设计者应根据机构的运行管理模式和现场空间状况，决定是否设服务台。如果不设服务台，则必须有独立的路线及办公区域展示系统，使访客能够自行找到所要去往区域的路线。等候接待区主要设立休息椅等家具配置，同时应具备方

图4-1-23　Bul Accenture办公室，新加坡

便为客人提供茶水、咖啡等服务的设施。有的机构会为对外接待独立设置小型餐饮区。总之。在前厅接待的设计上应注重人性化的空间氛围和功能设置，让来访者在短暂的等候停留过程中充分感受办公空间的文化特征。

会议室可以根据对内和对外的不同需求进行平面位置分布。按照人数则可分为大会议室、中型会议室、小型会议室。常规以会议桌为核心的会议室人均额定面积为0.8平方米，无会议桌或者课堂式座位排列的会议空间中人均所占面积应为1.8平方米。大会议室由于经常有外来客户使用，因此一般属于对外职能。中型、小型会议时则根据机构内部的使用分布在不同的职能部门区域。目前，办公自动化的进步正在影响办公管理系统。一些规模较大的机构开始实行会议系统统一管理的方式，即将大部分的大、中型会议室集中在某一楼层或区域，将会议室进行编号。任何部门在需要开会前必须对会议时间、会议长度以及会议室编号在内部网络上进行预订，会议室内部设备会根据预订时间自动开启和关闭。这样，不仅便于会议室的日常管理，同时也能够控制会议时间，提高工作效率。

随着电脑化办公越来越普及，作为集中交换信息之场所的会议室，其功能配置也显得非常重要。虽然不同的使用者所要求的设施设备情况有所不同，但作为设计师应当了解其中典型的设备情况。一般来说，大会议室兼顾了对外沟通客户和对内召开机构大型会议双重功能。有时又有舞厅、宴会厅等多种功能。因此，在设备的配置上应当是最齐全的。其基本配置有投影屏幕、写字板、储藏柜、遮光。在强弱电设计上，地面及墙面应预留作足够数量的插座、网线；灯光应分路控制或为可调节光。根据客户的要求考虑是否应设麦克风、

图4-1-24　Deutsch Agency办公室，美国洛杉矶

视频会议系统等特殊功能。

展示厅是很多机构对外展示机构形象，对内进行企业文化宣传增强企业凝聚力的场所，具体位置应设立在便于外部参观的动线上。作为独立的展示间，应避免阳光直射而尽量用灯光做照明。另外，也可以充分利用前厅接待、大会议室、公共走廊等公共空间的剩余面积或墙面作展示。

（三）服务用房：档案室、资料室、图书室、复印、打印机房

服务用房主要包括为办公工作提供方便和服务等辅助性功能的空间。

档案室、资料室、图书室应根据业主所提供的资料数量进行面积计算。位置尽量安放在不太重要的空间的剩余角落内。在设计房间尺寸时，应考虑未来存放资料或书籍的储藏家具的尺寸模数，以最合理有效的空间放置设施。在设计资料室时，应了解是否采用轨道密集柜。一方面，根据密集柜的使用区域进行房间尺寸计算；另一方面，如果面积过大，则需要考虑楼板荷载问题，需要与结构建筑师共同确定安放位置。服务用房应采取防火、防潮、防尘等处理措施，并保持通风，采用易清洁的墙、地面材料。

由于噪声和墨粉对人体有伤害，复印、打印机房主要考虑墙体的隔音及通风。不同的机构性质会有不同的设计原则。某些机构会设立专门的复印、打印机房，有些机构则随工作需要将机器安置于开放办公区域或各部门内。

（四）卫生间、开水间

卫生间和开水间在很多项目中是作为建筑配套设施提供给使用者的。但在一些设计项目中，业主会提出增加内部卫生间和开水间，或在高级领导办公室内单独设立卫生间。因此在设计时，不仅要考虑根据使用人员数量确定面积和配套设施，以及动线上的使用便利。同时，还应当了解现有的建筑结构，考虑同原有建筑上下水位的关系，从而确定位置，或及时与给排水设计人员沟通，充分考虑增设过程中将要遇到的问题。

（五）后勤区：厨房、咖啡厅／餐厅、休闲娱乐

后勤配套服务的目的在于给工作人员提供一个短暂休息、交流的场所。因而，在环境和设施上要做到卫生、健康和高效。在隔声方面应避免对其他部门的影响。简言

图4-1-25　Bul Accenture办公室，新加坡

之，设计后勤区时在平面布局需要注意与周围环境的关系，在结构上要做吸音处理。排风系统的运转应保证良好的空气质量。室内墙面、地面以及台面等材料应易于清洁保养。

（六）技术性用房

技术性用房包括电话总机房、计算机房、电传室、大型复印机室、图室和设备机房。设计者当根据业主所选用的专业机型和工艺要求进行平面布局设计，预留足够的空间放置设备，并且与相关技术人员配合，确定具体位置是否便于后期使用时的技术服务。

七　办公设备与环境要求

办公设备与照明、声学等环境的相互协调才能构成完整的办公室整体规划系统。在对办公家具的配置上，应结合“人体工学”理念，并且根据客户对整体办公环境的

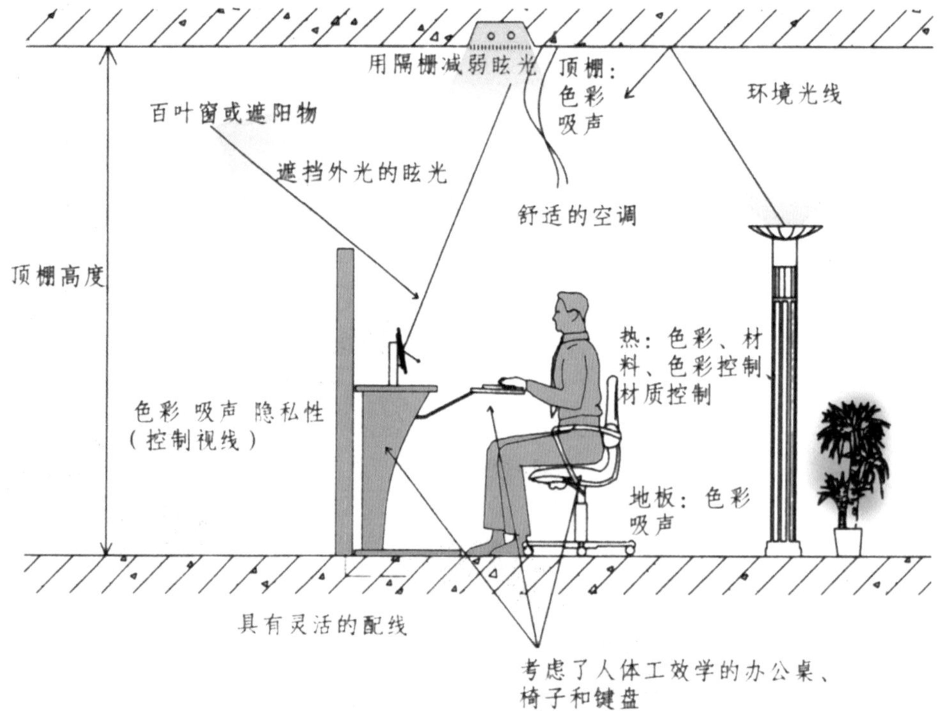

图4-1-26 办公环境示意图

系统规划，考虑功能使用及未来可发展的动态观。空气环境、光环境、声环境的物理环境质量是直接对人的工作效率和健康产生影响的因素。在设计上，必须符合国家相关法规，根据设计理念和功能需求，结合现场状况进行科学合理的设计。

（一）办公家具

1.办公家具应用理念

办公家具在办公空间中主要体现以下两方面：

(1) 功能性：利用现有的空间给工作人员提供便利的工作环境，在提高空间使用率、工作效率的同时，满足人们的工作舒适性。

(2) 形象特征：随着办公空间的个性化，越来越多的机构和设计师根据

图4-1-27 Eddy 工作站，Haworth，1997

图4-1-28　服务台，Clive Wilkinson设计

自身办公的文化形象及空间特点，偏向于特殊定制的家具系统。办公家具已经成了室内设计的一部分，它与空间造型、材质、色彩相结合，体现了办公空间整体形象。

在很多新的办公室空间的概念中，上下级之间没有必要划分出鲜明的空间界限，不再以某人办公室的大小、景观好坏判断一个人的身份地位。很多机构都以办公家具的尺度、材质及配套设施来区分上下级的关系。这样高级主管才能更接近广大的员工。

2.办公家具发展

1906年赖特(Frank Lloyd Wright)设计了拉金(Larkin)行政大楼(附图)。他的家具设计，开始真正具有现代办公家具的特征。家具采用折弯铁皮的金属工艺，固定金属文件柜，储藏文件的抽屉，悬挑式折叠椅，体现了动态功能意识，同时便于清洁。家具整体是一个有机的系统。从此以后，办公家具开始与工业产品的制造相关联。在40年代，“工作站”(Working Station)的概念开始被提出。它包含了书写工作桌面、固定

图4-1-29　带折叠椅的桌子，Larkin行政大楼，美国纽约州，1906；Frank Lloyd Wright设计

存储系统以及打字机、文件柜、工作灯等配套设施。至今，工作单元始终遵循着这个体系。而目前的办公家具设计理念，由于受到网络信息发展的影响，则更侧重于开放性和灵活性。

3.办公家具的配置

办公家具从使用上分为工作家具和辅助家具。工作家具是指为满足工作需要而必须配备的工作台、工作椅、文件柜等。辅助家具指为满足会谈、休息、就餐等功能以及特殊的装饰性陈设家具。办公家具的配置应当根据家具的使用功能、结构和原理，针对不同空间的进行合理配置。

（1）办公家具的人体工程学

根据人体工程学的理论，人们在空间中工作时的活动范围，即动作区域，是决定室内空间及配套设施的尺度的重要依据。人体的结构与尺度是静态的、固定的。而人的动作区域则是动态的，是由行为的目的所决定。在办公设备、家具的尺寸、使用功能的设计上应考虑人们活动动态与静态的相互关系。必须符合人的活动区域范围，提供活动空间。同时，也要考虑使用的便利性和安全性，有效地节省空间，提高工作效率。尺度的设计原则重要的是适应大多数人的使用的标准。例如：门的高度，走廊、通道的净宽，应按照较高人群的尺度需求，并且设有余量。对需要人触摸到的位置高度则应当按低矮人群的平均高度进行设计。办公桌、办公椅等工作单元的设计，应按照目前的办公家具概念，根据具体的环境和使用者，设计可调节尺度的功能。

（2）利用组合功能进行空间分隔

现代办公家具是在工业化生产的模式下，采用标准配件的集合组装。在尺寸、颜

图4-1-30　Westwayne 多媒体广告代理公司，美国亚特兰大

色、造型方面都具有统一性，但设计师可进行多样式组合选择，互相搭配运用。在开放的工作空间中，可以根据空间的布局要求，利用组合功能形成多种分隔区域。在不同状态中的分隔空间内可以利用办公隔断的高度来营造不同的空间环境。例如：在个人工作单元内应尽可能地保证个人空间不受干扰，人们在端坐时，可轻易地环顾四周；伏案时则不受外部视线的干扰而集中精力工作，这个隔断高度大约在1080mm。在一个组合工作单元中的桌与桌相隔的高度可定为890mm；而办公区域临近走道的高隔断则可定为1490mm。

（3）形式与环境的协调

办公家具的形式和整体空间是相互影响的。一方面，可以通过大规模的整体造型、材质和色彩来确定空间的风格和机构的性质。另一方面，也可采用中性、简洁的家具形式和色系搭配，来配合由空间界面的材质及色彩所营造的整体氛围。总之，它应当与空间的材料和色彩环境等风格相协调。家具的选择应当符合机构的文化特征，使办公室环境更整齐、完整。

图4-1-31 Publicis&Hal Riney总部办公室，美国旧金山

（二）灯光配置要求

办公照明设计应当本着节能、环保、高效的原则，以保证人在工作状态中的舒适性。办公照明一般分为自然采光和人工照明两个部分。人工照明又分为：泛光照明，即来自顶棚的大面积照明系统；集中照明，即设在工作台为了方便近距离读、写所需的照明系统；装饰照明，即为了突出室内装饰陈设而附加的照明系统。不同的使用功能和空间区域，对照度的要求也有所不同。

1.自然采光

由于办公时间几乎都是白天，人在自然光线下工作会感觉到舒适与轻松。利用自然采光，可节省30%以上的夏季用电量，符合环保、节能的理念。因此办公照明应采取人工照明与自然采光相结合的设计方案。根据光线的季节性与日常变化，利用自然采光应根据不同地点，选择光源的亮度比例。例如，在大型办公区域可分隔成若干区域，设计分路控制开关，根据光线的变化来控制区域照度；在会议室内则可采用可调节灯光照明。

2.照度分布

办公空间的主体照明来自顶棚，主要采用内嵌式或垂吊式荧光灯。具体的位置与照度分布是由建筑空间结构和平面布局的功能要求所决定的。从节能的角度出发，办公室天花板的全面照明应以满足均匀照明为标准，通常不需要太亮（超过500Lux以上即可）。由于不同的工作特点对照度的要求不同，因此，对于绘图、审核、监测等特殊功能需求就需要配置台灯、射灯等独立的集中照明。工作面的光照度与周围的物体表面亮度应有一个适度的亮度比。一般来讲，比较理想的亮度比为：工作对象与邻近物体表面的亮度比应为3∶1；工作对象与稍远较暗物体表面的亮度比应为10∶1；工作对象与稍远较亮物体表面的亮度比应为1∶5。

会议室照明以会议桌上方的照明为主要照明，使人产生中心和集中的感觉。照度分布要合适，周围加设辅助照明。

装饰照明的主要照射方式为射灯和反光灯槽等形式。它应当以强调所照射的物体或结构的形态、立体感为主。其目的是打破单一背景照明的呆板的感觉，丰富空间层次，使材料的质感更加突出。在使用射灯“洗墙”时，应避免距墙过近，形成光斑。由于装饰照明所用灯具及使用性质与其他照明都不同，因此，应配备分路控制开关，独立掌握使用时间。

3.防止眩光

直射眩光的产生是由于在较暗的物体表面或者观察目标上出现过亮的光源而引起的。例如顶棚的直接照明，通常采用格栅、挡板或交叉片遮挡光源，或调整视点与光源的角度。过亮和过暗的界面对比会造成眩光，因此需要加强眩光光源周围的亮度。随着电脑办公的普及，工作台附近的照明光源也会在电脑屏幕上形成反射眩光。为防止此类眩光，应当调整光源的照射角度，尽量避免光源直接照射在电脑屏幕的界面上。

4.显色性

显色性是指光源的显色指数（Ra），通常情况下，办公空间的显色指数应达到70≤Ra≤85。

（三）材料应用要求

办公空间作为公共空间，其特点是室内界面与配套设施都需要承受人群的频繁接触与使用；因此，在材料的使用上，应当充分考虑材料的耐久性、安全性及便于维修等要求。另一方面，作为群体长时间的工作场所，环境的舒适性是影响人们工作效率和健康的决定性因素；因此，在满足视觉装饰的审美需求的同时，对材料的选用应当考虑对光环境和声环境等室内物理环境的影响。

1.防火，便于安装、清洁和养护

办公空间的饰面材料主要涉及天花板、墙面、地面、柱子等空间界面，以及服务台等配套设施。被广泛使用的办公室的天花板材料有轻钢龙骨石膏板、硅钙板、铝龙骨矿棉板和轻钢龙骨铝扣板等。这些材料的共性是具有防火性，而且具有便于大面积作平板吊顶的特点。硅钙板、铝龙骨矿棉板和轻钢龙骨铝扣板等由于具有可拆卸的特点，便于后期对设备的维护，较多用于办公空间中。办公空间内的人群流动较频繁，因此，墙面及地面用材首先要考虑耐久性，便于清洁和养护。

2.防止光线反射

当光源直接照射在反射度较高的表面材质上，会形成较强烈的反光，容易影响注意力。在离工作台、会议室等需要长时间工作的地点较近的区域内尽量减少玻璃、镜面不锈钢等有较强反射率的材料。使用涂料、织物等吸光材料，便于工作者将视觉集中于工作面上。

3.减少噪音

办公空间的声环境会影响人们工作的情绪，如果长期在声环境不好的办公空间内工作，人会产生疲劳、烦躁等状况。办公空间的声学设计要考虑到两个方面：在办公环境中应当采用各种吸声材料和吸声结构，降低室内噪声；在会议、洽谈等环境内应当加强声音传播途径中有效的声反射，使声音能在建筑空间内均匀分布和扩散，即控制室内音质。

要解决办公空间内的噪音问题，首先要了解空间内的噪音源，即发出各种噪音的因素。在现代办公环境中，大量采用中央空调，有来自天花板上的设备的运行所发出的噪音；电脑化办公导致了主机、复印机、打印机等办公设备的噪音；人们交谈、打电话的声音；以及人在行走及工作中所发出的器械碰撞等多种噪音源混合而形成室内的声音环境。办公空间的噪音标准为50dB。在设计中设计师主要通过隔声与吸声两种方法来降低噪音，减少声音反射，优化音质。

在空间界面的吸声处理上，办公区地面主要采用地毯、塑胶等柔性材料，是控制楼板撞击声的主要方法。天花板为隔绝设备震动引起的建筑构件噪音并吸收来自地面工作噪音，材料以矿棉吸音板的吸音指数为最佳。石膏板、吸音铝板也基本能够达到吸音要求。在工作区内尽量少用玻璃、金属、瓷砖等硬质材料。在会议、洽谈等较多交谈的环境内可以更多地采用织物、穿孔板等柔软或粗糙的材质。

空间之间的构件隔声取决于室内墙体或间壁(隔断)的隔声量,其基本定律是质量定律，即墙或间壁的隔声量与它的面密度的对数成正比。由于现代办公空间广泛采用轻质材料和轻型结构，减弱了对空气隔声的能力，因此有时需要采用双层密实隔墙和多层吸音材料隔墙，以满足隔声的要求。

第二节 专卖店室内设计

商业空间是供人们购物消费的场所，相对于办公、餐饮、居住、交通等人类活动的其他性能的空间，商业空间为人们提供了一个社会交往、休闲消费的活动场所。因而其环境特征较为活跃，讲求极佳的展示效果并具有较强的视觉冲击力，其目的是为了吸引购物者，延长购物者的停留时间。

随着经济与生活环境水准的提升和休闲时间增加，逛街、购物已逐渐被视为生活中不可缺少的内容。它可以是一种人文活动，也可以是商业活动，更可以被视为是一种艺术与教育活动。如今消费者对消费环境也有了更高的要求，去购物不仅仅是为了买东西，同时还想体验一下轻松而幽雅的消费环境，或去或留，在很大程度上取决于环境质量。

一 专卖店空间的基本特性

专卖店是流行文化的基础，大众文化的消费结构、趣味及时尚的需求是其室内设计定位的出发点。但是文化及主题的介入对于商业品位的提升也是至关重要的。因此，这时就需要对空间的主题加以延伸，进行多元化的考虑，除设计语言外，可能还要考虑许多额外因素，如消费群体的适应性、文化现象等，要让专卖店空间变得年轻化，要讲求时尚，讲究积极的生活态度。专卖店环境中的各种元素，虽零散分布在各个空间中，但每一个元素都会彻底影响消费者的消费行为与体验。

随着市场竞争的日益加剧，专卖店空间的设计越来越成为影响商业竞争的一个重要因素。同时随着体验经济时代的到来，专卖店空间的完美设计使商家能在顾客进入其商业空间的一瞬间就可以以其全新的体验而紧紧地抓住顾客的心。

(一) 服务于消费者的场所

随着生活水平的改善，我们的购物观念发生改变的同时，我们所处的购物环境也悄然地发生了变化。拥挤、叫卖的消费环境越来越少见，而被安静、时尚的消费空间所代替。人们在消费的同时，也感受到了商家所提供的“免费享受”，新的购物环境不仅引入了国外最新的空间设计理念，也将最新的设计方法与思路融入了商家的品牌文化当中。

专卖店空间的设计更看中的是如何利用有效空间去表达更多的商业内容。过去，消费者在逛街购物的时候，所接受的都是商家强压给的一种消费信息；如今的消费者，早已不满足于单纯寻找自己需要的物品，而更在乎购物时的心情。时尚前卫的空间环境，动感流畅的音乐风格，素雅舒适的柔和灯光，这一切无不让身处其中的消费者乐不思返。

商家对于商品，早已经告别了简单地罗列和单调地介绍，更多的是致力于专卖店空间的利用和视觉效果的传达。消费是一种感受，越来越多的设计是针对消费者，是服务于消费者的。在一个好的购物环境和商业氛围中，消费者不仅能充分享受购物的乐趣，也许会主动地去接受和了解来自商家的各种销售信息。

（二）商家竞争的场所

专卖店空间是人类活动空间中最复杂与多元化的空间类别之一，专卖店商业竞争力的构成中很大一部分来自于环境的经营，这里所说的环境不仅包含商业环境，更有构成空间竞争力、商业竞争力的创意环境。

商业场所不仅是买卖、经营、购物之所，它也是整个城市生活的重要舞台，承接、发送大量来自四面八方的信息，是汇集商品收纳资金之地，是体现竞争之地。现代的商业环境不再是单一的购物空间，越便宜越好的时代已成为过去，商业设施的魅力在于娱乐性、选择的多样性和空间的舒适性。许多消费者以闲逛为主，没有明确的消费目的，需要新鲜刺激的事物激发其购买欲望。所以商家应提供更丰富的空间、更有趣的路线、更多的内容行为、事件的交叉混合等，这些对于漫无目的的消费者，更有刺激性和诱惑力。

除了宽敞的购物空间，许多商店内也纷纷添加舒适休闲的家具设施，为提升购物的舒适感加分，例如在店堂中央设置大型沙发，试穿区设舒适坐椅并运用柔和的色彩设计。

二 认识品牌专卖店

（一）品牌专卖店的含义

西方把exclusive shop（专卖店）解释为专门经营或授权经营制造商品牌和中间

商品牌的零售业形态。专卖店以企业品牌为主，销售特点体现在量少、质优、利润高、注重品牌声誉等，从业人员必须具备丰富的专业知识，并能提供专业性服务知识。

在我国的《辞海》中对“专卖店”的释义是：专门经营某一品牌商品的零售商店。这种销售形态在20世纪50年代后得到普遍发展。因其主要经营单一的名牌商品，既有利于促销，又受到很多固定消费者的欢迎。但在今天，“专卖店”的含义已经发生了改变，我们需要重新理解它。

（二）品牌专卖店的起源和发展

“专卖”英文monopoly，原意垄断、垄断产品、独占，是指业主独占某种商品的经营、生产、销售权，使该品牌在市场上具有很强的独立性，从而垄断该品牌的销售。这种销售方式通常以专卖店的形式表现出来，例如我们比较熟悉的品牌专卖店：耐克(Nike)体育用品专卖店。

随着大众消费水平的不断提高，大家对商品的认识和选购也发生了很大变化：在商品设计方面，由简单地符合人体工程学的使用，过渡、提升为能体现企业精神、品牌理念，引领时尚先锋，甚至改变人的生活品味和生活方式的产品。在消费模式方面，由单纯性购物向休闲、享受性购物转移；由计划性购物向随机的冲动性购物转移。在购物场所方面，由传统的百货商店向大型休闲广场、购物广场(店中店)转变；由传统的临街店铺向超大型连锁超市转变；由商品范围广(品牌种类繁多)的商店向单一商品(单一品牌)的专卖店、旗舰店、概念店转变。

（三）品牌专卖店的特征

专卖店是指以专业经营或授权经营某一品牌系列商品为主，注重品牌声誉并提供专业性知识服务的零售店铺，一般面积较小，采取柜台销售或开架面售的方式所售商品具有较高的加价率。顾客以中高档消费者和追求时尚的年轻人为主。销售空间的设计皆为挑战传统陈规的杰作，崇尚个性，广泛的风格跨度游离于时尚与艺术之间，充分展现设计师的哲学理念和艺术气息，诠释精品化的优雅姿态，演绎个性化的生活哲学。

近年来，“专卖店”成为一种新兴的营销方式，并且得到了迅速发展。“认牌购物”正成为一种时尚，“专卖店”的一般特点有：

1.拥有统一的品牌形象，以连锁经营为主要经营形式

品牌形象对品牌专卖店显得尤其重要，品牌形象是专卖经营的基础，没有统一的企业品牌形象，就没有专卖连锁经营，也形成不了品牌连锁专卖店。形象对于专卖经营企业是一种资产，一个良好的、统一的企业形象是专卖经营企业生存与发展的必要条件之一。

品牌的价值在许多成功公司的市场价值中占据了很大的比例，它能帮助培养消费者的品牌忠诚度，以促进其重复的购买行为。并且品牌形象的价值提供了限制竞争者进入目标市场的竞争优势，高知名度的品牌体现的质量及由此取得的消费者深刻的品牌认知是竞争对手难以逾越的障碍。

2.品牌形象个性突出、识别性强

为了和其他品牌竞争市场，品牌专卖店都具有独特的形象设计，非常引人注目，力求从周围环境中脱颖而出，标新立异。这是因为专业的单一化必然要求商品具有个性化，个性化首先体现在商品的识别设计上。现今专卖店形象设计自成体系，以便与同类其他品牌抗衡。从环境艺术角度上看，专卖店所要求的个性特征就更强烈了。更注重造型、色彩和材料的设计，旨在产生引人注目、驻足审视，进而入店选购商品的效果。

三 时尚的品牌专卖店

（一）消费文化与时尚

从古到今，从东方到西方都存在着时尚。中国古代就有着“楚王好细腰，宫人多饿死”的故事。维多利亚时代的欧洲，一脸苍白的病容则是美女的标准之一。近代以前，时尚通常是指当时最流行的装扮。而在物质文明高度发达的今天，时尚的内涵和外延都得到了拓宽，在服装、家居、电脑、音乐、生活方式等领域都可以看到时尚的身影。时尚已经成为现代社会中不可或缺的一个部分，它不但丰富着人们的物质文化生活，而且对经济的发展起着促进作用。

《辞海》把时尚解释为一种外表行为模式的流传现象。如在服饰、语言、文艺、宗教等方面的新奇事物往往迅速被人们采用、模仿和推广，时尚或表达人们对美的爱好和欣赏，或借此发泄个人内心被压抑的情绪。它属于人类行为的文化模式的范畴。时尚可看做习俗的变动形态，习俗可看做时尚的固定形态。

（二）品牌专卖店与时尚

品牌是时尚的先行军，这里以奢侈品牌为例，因为它们通常都具有长久的历史、深厚的内涵、优异的产品、高雅的购物环境、良好的售后服务等。而且这些品牌始终是时尚潮流的倡导者。这样分析奢侈品牌专卖店对我们发展及设计中小型品牌专卖店就有了非常大的借鉴学习意义。

奢侈品牌专卖店非常注重展示设计的创新。如普拉达（Prada）纽约旗舰店，波浪形的地板，罗马歌剧院式的展示台阶，播放艺术、革命、走秀录像，衣服间垂直悬挂着的液晶电视，试衣间内可看到顾客背后的魔镜，可辨认货物和顾客身份的智能识别装置等等。设计这些物体，并不仅仅表现技术的成熟，关键是“展示设计要与时尚结合”的思想占据了主导地位，所以专卖店设计必须走在时代前列。

21世纪初，当许多专卖店第一次营业，高端服装市场的竞争就创造了更大和更加富于创新的陈列方式用来展示商品。当许多才华横溢的国际著名建筑师和艺术家与服装设计师共同合作之后，服装零售同艺术、建筑之间的界限模糊了。时尚和设计碰撞并融合成了新的专卖店。

（三）专卖店的分类

1.chain store——连锁店

出售相同或系列商品的零售组织。在店堂布置、售后服务、人员培训诸方面有着一体化的风格。具体形式为由一家总公司控制分布在各个销售网点的多家零售商店。

2.shop in shop——店中店（子店）

英文也可略称为in shop，顾名思义，就是指商店里面的商店，多开在百货店等大规模零售店内。店中店的店堂布置有自己独特的风格以凸显品牌文化特色，不过它们很少被允许自己设计音乐和售货员制服。商店的优惠活动它们有时也不得不参加。大型商店巨大的客流量往往是吸引生产商进驻店中店的主要原因。潜在的商机带给他们几倍于受约束的补偿。

3.boutique——精品店

专门出售各种精美服饰商品的小型商店，1929年由法国设计师勒隆(Lucien Lelong)所创。精品店的销售以较小的群体为目标消费者，常以高级时装、饰品、珠宝、皮包、手套、领带、皮鞋和化妆品为商品。20世纪50年代，精品店开始风行世界各地。

4.flagship shop——旗舰店

旗舰，顾名思义是舰队中的精神堡垒，拥有最壮观的外形与设备，旗舰店往往是该品牌在一个国家最大的店，拥有最完整的商品种类，服务人员必须经过相当的教育训练，贩售并不是旗舰店最大的目的，更重要的是营造出该品牌与众不同的特性，提供最完善的商品服务，并呈现与国际同步流行的概念。它是加快实施品牌形象工程，加大品牌形象店建设步伐，促进连锁经营发展，树立知名品牌形象，扩大市场份额的有效手段。它以概念性的店面装修，个性化的产品陈列，宽敞舒适的购物环境以及周到细致的导购服务融进人们的购物方式。

5.concept shop——概念店

概念一词，在《辞海》中被解释为反映对象的特有属性的思维形式。它的形成标志着人的认识已从感性上升到理性。概念不是永恒不变的，而是随着社会历史和人类认识的发展而变化的。因此，这个颇为古板的词摇身一变，成了时髦用语，和各类名词互相组合，如概念汽车、概念商店、概念生活、概念设计等等。对于品牌来说，概念店无疑是一个新的卖点，大多数品牌对概念店提出了新的要求，它是指品牌在店铺里增加了它未来的风格、发展的方向和消费的诉求，以引导消费者建立对该品牌的产品设计、营销模式、管理手段的理性认识。

四 店面的形态设计

除广告宣传、被人称道等因素外，消费者对一个陌生店的认识都是从外观开始的。大多数人看到一个室外装饰高雅华贵的店铺，都会觉得里面销售的商品也一定是高档优质的；而对那些装饰平平或陈旧过时的店面，则认为其销售的商品也一定是低档或没保障的。那些过于豪华或简陋的装饰，本身就是拒绝消费者的人为屏障。因此专卖商店的店面应该新颖别致，具有独特的风格，并且清新典雅。目前越来越多的经营者开始重视店面的设计。

进行店铺外立面设计的前提条件是掌握时代潮流，利用形、色、声等技巧加以表现，个性越突出，越易引人注目，能达到招徕顾客、扩大销售的目的。因为在设计中独具特色的店面，往往会诱发人们“逛店”的猎奇心，从而直接影响到店铺的经济效益。新颖独特的设计不仅是对消费者进行视觉刺激，更重要的是使消费者没进店门就知道里面可能有什么东西。基于这种原因，可以想象未来的店面设计对建筑外观造型的要求也将越来越高。

具象造型设计作为视觉形象来说，信息单纯、集中，便于识别，往往使人一目了然，并留下深刻的印象，易于为不同年龄、不同文化层次乃至不同语言国籍的消费者所认知和理解。因此，它也是店面设计当中的一种常用手法。具象生动的形象往往极富幽默感和人情味，给街道上的商业气氛带来勃勃生机。在店铺设计中直接应用商品形象，是具象风格造型的一种常用手法。

（一）橱窗的功能

商业的展陈设计重点在于橱窗，即怎样做出有创意的橱窗。橱窗有传递信息、展示产品、营造格调、吸引顾客的功能。它不仅是门面总体装饰的组成部分，而且是专卖店的展厅。橱窗以本店所经营销售的商品为主，巧用布景、道具，以背景画面装饰为衬托，用艺术化的形式对商品进行介绍和宣传。消费者在进入专卖店之前，都会有意无意地浏览橱窗，所以，橱窗的设计与宣传对消费者的购买情绪有重要影响。

橱窗作为店面设计的重要组成部分，具有不可替代性，作为一种艺术的表现，店面橱窗是吸引顾客的重要手段。综合的陈列橱窗将许多不同类型的产品综合陈列在一个橱窗内，以组成一个完整的橱窗广告。这种橱窗陈列由于商品之间差异较大，设计时一定要谨慎，否则就会给人一种凌乱的感觉。一个橱窗最好只做某一专卖店的一类产品广告。

背景是橱窗制作的空间，形状一般要求大而完整；颜色上，尽量用明度高、纯度低的统一色调，也可用深色作背景。背景颜色的基本要求是突出商品，而不要喧宾夺主。

道具包括布置商品的支架等附加物和商品本身。支架摆放得越隐蔽越好。如果是用服装道具模特，其裸露部分如头脸、手臂、腿等部位的颜色和形状，也不一定同真人一样，可以是简单的球体、灰白的色彩，或者干脆不用头脸，这样反而比真人似的模特更能突出服装特色，更能突出服装本身。

橱窗设计的灵感来源其实不需要毫无根据的冥思苦想，它主要来源于三个方面：第一，直接来源于时尚流行趋势主题；第二，来源于品牌的产品设计要素；第三，来源于品牌当季的营销方案。

（二）招牌的功能

一般店面上都会设置一个条形的商店招牌，醒目地显示店名及销售商品。在繁华的商业区里，消费者往往首先浏览的是大大小小、各式各样的商店招牌，寻找自己的购买目标或值得逛游的商业服务场所。因此，具有高度概括力和强烈吸引力的商店招牌会对消费者产生强烈的视觉刺激和心理影响。商店招牌在引导顾客方面起着不可缺少的作用与价值，它应是最引人注目的地方，所以，要采用各种装饰方法使其突出，如用霓虹灯、灯箱等来加强效果。总之，格调高雅、清新，手法奇特、怪诞往往是成功的关键。

如今招牌设计已从平面走向立体，从静态走向动态，活动于商店门前，吸引着过往行人。它的设计构图以及制作材料都很讲究，在建筑外观中占有突出地位。招牌一般附加在店铺的外立面上，如设置在入口的雨篷上或实墙面等重点部位上，成为店面的有机组成部分。另外招牌也可单独设置，与商店建筑保持一定的距离，一般来说，它的位置以突出、明显、易于认读为最佳选择。

以实物作为店铺的招牌，是传统的商业宣传手段，它可明显展示其经营内容，虽然这些实物本身不具备多少装饰性，但它的位置及其与店面的组合构图若处理恰当，仍是创造美感的一种手段。而如今通过具象的招牌造型设计也可达到用实物做标牌的效果。

（三）店门的功能

在店面设计中，顾客进出门的设计是重要一环。店门的作用是诱导人们的视线，并引起兴趣，激发人们想进去看一看的参与意识。怎么进去，从哪儿进去，就需要正确的导入。从商业观点来看，店门应当是开放性的，其设计不要让顾客产生“幽闭”、“阴暗”等不良心理，不会有拒客于门外的感觉。因此，明快、通畅、具有呼应效果的门才是最佳设计。店门造型设计可以多种多样，它往往是店面的焦点之一。

另外，店门的把手也经常拿来单独设计，它也是形成店门特色的一个重要组成部分。它的题材可以汲取标识、文字、动物、人物造型等内容，造型上有方形的、圆形的、长条形的，方向上有竖方向的、横方向的、斜方向的，把手在材料上更是多样，可以是木质、玻璃、铜质、不锈钢、铁艺等等。由于人要直接触摸把手，所以把手的表面处理应光滑、细腻，凹凸感强，适宜近距离观看，这样更有利于形成店门特色。

五 店内的形态设计

商业空间室内设计要考虑多种相关因素，诸如空间的大小，商品种类的多少，柜台货架的样式和功能，灯光的排列和亮度，通道的宽窄，收银台的位置和规模等等。

如今，商家对于商品，早已经告别了简单地罗列和单调地介绍，更多的是致力于商业空间的利用和视觉的传达效果。作为商业室内设计更看中的是如何利用有效空间去表达更多的商业内容。

（一）柜台货架的功能

用柜台货架陈列商品目的是要把商品更好地展示出来，把商品信息最快地传递给顾客。柜台货架是店铺向顾客提供高水准的服务的基本经营设施。

柜台货架的设计应保证商品陈列上架时有适当的面积和空间，同一空间内，柜台货架的造型应基本统一，目的是为了营造一个整齐、有序的环境，提供适合购物的良好气氛。尺寸一致、材料一致、形式特征一致、色彩一致，使货架形成统一感。店内的柜台货架设计除了满足功能性的要求外，在形式上还要能够塑造商店形象。柜台货架是形成店铺特色的首要内容，其造型、色彩与材料的组合，一定要达到区别于其他品牌的效果，同时还要满足商品的摆放及展示高度。有些贵重商品对货架的安全措施还有特殊的要求。一些顾客可直接接触的商品，其货架设计要为顾客提供足够的便利。

传统中药店的抽屉式货架，文物店的博古式货架，书店的平台式货架，水果店的箱式货架，服装店的吊杆式货架，都是根据各自经营品种的特点来设计的。另外柜台货架为了陈列商品，一般不采用刺激性的色彩，以免喧宾夺主。但商品陈列架与商品之间的色彩关系，则必须参考通常的色彩作用，如色彩鲜艳的商品，柜台货架的色彩要灰；浅色的商品，柜台货架颜色宜深；深色商品，货架色彩宜淡。柜台货架与商品色彩的搭配是要起到作为背景色的陪衬作用。

（二）接待台的功能

接待台是顾客进店后接受服务的第一场所，其职能有：迎接顾客并回答顾客的一些简单咨询，计算顾客的费用并收费，接听电话并回答相关咨询。接待台应是专卖店中的主角，它的位置一般多设在入口，这样有利于顾客交钱和问询；也有设置于入口正前方主题墙前，使人一进门就能看到。通常根据商品流量的大小，决定接待台的位置，一般流量大的店接待台靠近入口，流量小的高档店接待台较隐蔽。接待台的造型除满足书写、音响控制等功能的需要外，也要有特点，它应是整个专卖店的视觉中心。进行交易和相关资料的保管也在接待台，有的专卖店还在接待台前摆放几款当周的特价商品。

简言之，接待台的造型设计要实用，与品牌风格相符合。

（三）楼梯的功能

有些专卖店在二层设有购物空间，这时楼梯的设计就变得非常重要了。专卖店的楼梯犹如大门的延伸，具有引导顾客光临、驻足的作用，故应使人有舒适安全的感受。除了有目的的购买，在没有自动扶梯的情况下，一般消费者是不情愿上楼的。所以专卖店中的楼梯设计应不同于一般公共空间，它要根据是否是客梯来确定其尺度和造型。若是客用楼梯，一般应造型独特，与整个店铺风格一致，并且楼梯尽可能使顾客在浏览商品的同时很自然地过渡到上层的空间，达到扩大销售空间的作用，而员工楼梯则要注意隐蔽，避免顾客上错楼梯。楼梯应当有很鲜明的指向性，面对楼梯，谁都会不由自主地拾级而上。专卖店的楼梯设计最好分为两段，以降低攀登的难度。

楼梯可被比喻为引进另外一个空间的通道，楼梯的设计在建筑中往往是已经定型的，但有很多设计需拆除重装。设计楼梯时，坡度是一个要考虑的问题。这要根据实际情况来计算。舒适的楼梯台阶高度以15cm为宜，若超过18cm，登楼梯时就会感到累；台阶宽度以27—30cm为宜。

楼梯主要由受力的梁、踏步、扶手及栏杆组成的，若将这些主要构件有机地连接起来，将设计出各种优美的造型。其中楼梯扶手栏杆将起到围护和装饰的作用，常常会形成专卖店中的一个焦点，扶手栏杆设计是评定一个楼梯设计好坏的重要标准。

在通常情况下，大型的商业空间一般都有自动扶梯或观光电梯来连接上下空间，只有小型的商业空间才使用楼梯。

（四）试衣间的功能

在服装专卖店中，试衣间可以说是决定服装能否销售出去的一个重要环节。作为顾客而言，买不买只有试了才能决定。让顾客感到试衣舒适、提高购买兴趣是试衣间设置的主要目的。试衣间的设计首先需注意的是隐私问题，不要令顾客感到尴尬，每个人在试衣服的时候都要经历不可示人的阶段。所以试衣间的设计应该着重考虑保护顾客的隐私，应设置封闭式独立试衣间，每间试衣间的占地面积一般不低于1平方米，高度以不低于2米为宜。试衣间的数量，应根据服装卖场的面积、顾客流量和服装的档次来决定，高档服装店的试衣间少，中档服装店的试衣间多。高档的服装店，可分设男、女试衣间，面积也可适当增大。试衣间的墙面要有衣帽钩、坐凳和搁物板等设施。试衣间内最好安装镜子，这样当顾客穿上效果不好的衣服时就不必担心被其他人看见。试衣间在造型设计方面可根据男装、女装、童装、中式服装、西式服装、休闲装、职业装等不同的商品特点，设计出不同风格的试衣间。

六 专卖店的设计手法

专卖店建筑室内空间环境需要满足现代购物环境的特点。设计者应以消费者的需求来考虑相关的设计问题，通过对室内设计手法的逐项分析，达到能够满足商业空间特质的表现效果。任何设计理念和思想，都要通过具体的形式语言来实现，这一“物化”的过程实际也是设计构思逐渐趋向成熟合理的必经过程。不论平面功能布局、照明设计、色彩搭配或是装饰材料的选定都应当反映品牌的特征和消费者的审美口味，这样才能更好地体现设计的价值。一种生活方式创造一种空间环境，全新的价值观铸就了如今商业空间的蓬勃发展。

（一）专卖店空间的平面布局

专卖店的空间构成各不相同，面积的大小、形体的状态千差万别，但无论结构多么复杂的店有多么复杂的结构，一般说来都由三个基本空间构成。第一个基本空间是商品空间，如柜台、货架、橱窗等；第二是店员空间，如接待台、库房等；第三是消费者空间，如人流通道、楼梯等。设计的结果也就是这三大块的不同组合。合理的布局可以提高专卖店有效面积的使用率，能为消费者提供舒适的购物环境，使之获得购物之外的精神和心理上的满足。

专卖店的平面布局分为两类：一类是采用均衡的不对称的方法来布置，以便根据功能需要划分空间，不对称的构图多带来活泼的、丰富的视觉效果。另一类是相对对称的布置，经常运用于较庄重的店面环境。由货架构织成的通道，决定着顾客的流向，如采用垂直交叉、斜线交叉、辐射式、自由流通式等布置方法。柜台货架之间的距离除了保证客流的通畅，还应根据店铺的规模形成的人流量、经营品种的体积来测算出合理的距离，一般来说主通道应在1.6—4.5米之间，次通道也不得小于1.2—2米之间。另外设计整个布局和走动路线时应该尽可能地让顾客多停留，不要让顾客对于整个店内商品一览无余。根据专卖店平面条件的不同，在总体布局中应扬长避短，进深较长的店型，应通过设计分成若干小区域，将店员空间安排在尽头，减少狭长的纵深感，获得良好的空间效果。

入口位置的设定、门的大小是平面布局中的重要部分，也是个难题，入口不光要照顾到室内空间的合理使用，同时它的位置也会影响到店面的立面形象，所以入口位置及宽窄设置要在两者之间找出最恰当的方式。

（二）专卖店空间形象的表达

在专卖店室内设计中依据商品的特点确立一个主题，围绕它形成室内装饰的设计手法，创造一种意境，易给消费者以深刻的感受和记忆。造型上独具特征的视觉形象，会给人留下深刻印象。

一些专门经营某种品牌产品的商店，常利用该产品标志作装饰，在门头、墙面装饰、陈列装置、包装袋上反复出现，强化顾客的印象。经营品种较多的店铺也可以某种图案为母题在装修中反复应用，加深顾客的记忆。

（三）专卖店空间的照明设计

专卖店空间的照明非常重要，灯光可突显店内所陈列的商品的形状、色彩、质感，吸引路人注意，引导其进入店内。因此卖场灯光的总亮度要高于周围建筑物，以显示明亮、愉快的购物环境。商业空间的照明由一般照明、重点照明和装饰照明三部分构成，处理好它们之间的比例关系，是营造良好照明环境的基础。通常重点照明是一般照明的3—5倍，以强调商品的形象，且使用亮度高、方向性强的光源加强商品表面的光泽及商品的立体感和质感，利用色光突出特定的部位和商品。光源色温应与商店内部装修材料的色彩、质感相配合，根据商品的特点与设计意图，创造不同的环境气氛。经营不同的商品，对照度值有不同的要求，经营小件的、精密的商品需要较高的照度值，一般大件商品照度值可低些。光源使商品显示出来的方法有两种：一种是把商品的色彩正确显示出来的方法，如经营服装、布料、化妆品等需要正确显示出其色彩，应选用显色性高的光源；另外一种是利用在一定的波长内发出强烈光线的光源，强调特定的色彩和光泽，使商品显得更为好看的方法，如用聚光灯、吊灯等照射红鲤鱼、红苹果和金首饰，鱼和苹果显得更红、更鲜，金首饰则显得更纯。

光线可吸引顾客对商品的注意力，因此卖场的灯光布置应集中光束照射商品，使之醒目，应在商品陈列摆放位置的上方布置灯光，刺激消费者的购买欲望。越是有商品的部位越要明亮，越是高档的商品越要明亮。走进一家照明好的和一家光线暗淡的店铺，顾客会有截然不同的心理感受：前者明快、轻松；后者压抑、低沉。在整体照明方式上，要视商品的具体条件配光。

（四）专卖店空间的色彩设计

销售学认为，购物空间环境的感觉具有冷暖、明暗的变化，色彩层次丰富多样，能创造出生动诱人的环境气氛，提高商品的醒目程度，直接影响人的心理和生理感受。在专卖店的设计中，也可利用色彩的温度感觉和距离感觉等原理，调整空间感觉，创造良好的气氛。

专卖店空间的色彩设计可以刺激顾客的购买欲望。在炎热的夏季，专卖店以蓝、棕、紫等冷色调为主，使顾客有凉爽、舒适的心理感受。采用当季的流行色布置销售女士用品的场所，能够刺激顾客的购买欲望，增加销售额。色彩对儿童也有强烈的刺激作用，儿童对红、粉、橙色反应敏感，销售儿童用品时采用这些色彩，效果更佳。色彩还可以改变顾客的视觉形象，弥补营业场所的缺陷。

色彩的运用要与商品本身的色彩相配合。这就要求店内货架、柜台、陈列用具为商品销售提供色彩上的配合与支持，起到衬托商品、吸引顾客的作用。如销售化妆品、时装、玩具等应采用淡雅、浅色调的陈列用具，以免喧宾夺主，掩盖商品的色彩。销售电器、珠宝首饰、工艺品等可配用色彩浓艳、对比强烈的色调来显示其艺术效果。

色彩对于专卖店的环境布局和形象塑造影响很大，为使营业场所的色调达到优美、和谐的视觉效果。必须对专卖店各个部位如地面、天花板、墙壁、柱面、货架、柜台、楼梯、窗户、门等以及售货员的服装设计出相应的色调。

色彩运用要在统一中求变化。专卖店为确定统一的视觉形象，应定出标准色，用于统一的视觉识别，显示企业特性。标准色是用来象征公司或产品特性的指定颜色，是标志、标准字体及宣传媒体专用的色彩。在企业信息传递的整体色彩计划中，具有明确的视觉识别效应。标准色具有科学化、差别化、系统化的特点。因此，进行任何设计活动和开发必须根据各种特征，发挥色彩的传达功能。以一种或几种色彩为专卖店的专用色，当人们看到这种配色的标志或产品时就会很容易联想到此种品牌产品，例如“真维斯服装店”为蓝色＋白色。通常色彩比形体更能吸引人们的视线，因此在设计中，应充分考虑到顾客阶层、性别、年龄。例如：粉色＋紫色给人以女性空间的暗示，颜色饱和属于年轻人的用色，高纯度的色彩组合一般是儿童的用色。另外，在选用配色的同时，要注意所选色彩搭配是否与产品内容性质相符。色彩也体现档次，但是在运用中，在专卖店的不同楼层、不同位置，也可以有所变化，形成不同的风格，使顾客依靠色调的变化来识别楼层和商品部位，唤起新鲜感，减少视觉与心理上的疲劳。

（五）专卖店空间的装饰材料设计

装饰材料是丰富店铺造型、渲染环境气氛的重要手段，不同的材料其质感和装饰效果很不相同。专卖店内部材料的材质处理是提升空间环境的有效方法，材质本身既是可视可触材料的组合，同时也是设计师设计理念和艺术风格的表现。好的商业环境设计一定要有好的材质加以表现。一般较为常见的是对背景墙面的处理，如采用凹凸感较强的材质表现，这是设计师进行二次创作的结果。在商业环境中，这样的材质处理手段能带给人新鲜刺激的视觉体验，起到特殊的展示效果，这恰恰与商业空间的宗旨相吻合。所以越来越多的材质尝试，在商业空间中竞相登场，成为商业空间的突出特点。

装饰材料的质感组合对环境整体效果的作用不容忽视，要根据空间的功能、艺术气氛来选择组合不同的材料。在越来越强调个性化设计的今天，装饰材料的质感表现将成为室内设计中空间材质运用的新焦点。装饰材料的肌理、色彩应具有视觉冲击力，使购物环境更加温馨、舒适。比较活泼刺激的空间环境，其选材、用料、色彩、造型都要具有一种动感，不论使用哪种材料，表现肌理都应具有醒目、突出的视觉特征，以烘托购物的环境氛围。

随着装饰材料日新月异的变化，目前室内不常用的材质诸如水泥砖、钢丝网等也被运用到专卖店的环境室内设计当中，用钢丝网代替平凡的白墙，形成独特的装饰效果，通过肌理的横直纹理设置、纹理的走向、肌理的微差、凹凸变化来实现组合构成关系。

有些材料纹理朴素自然，颜色经久不变。如：砖、瓷砖、玻璃、天然石材等都具有这种特质；而涂料和油漆等饰面，随着时间的推移，加上大气的污染，会有不同程度的褪色。所以在店面设计选材时应注意所选材料的耐久性，能抵御外界风、雨、雪、日晒等侵袭，有一定的强度和附着性，具有不变形、不褪色、耐腐蚀、易清洗等特点。

合理地选择装饰材料，运用施工工艺，不仅为设计构思的实现提供可行性，而且也将成为整个品牌形象的一个重要组成部分。装饰材料与工艺决定了空间形成的成败。

（六）专卖店空间的商品展示

商品展示是把商品正确有效地介绍给顾客的一种表现方法。根据不同的商品种类来规划视觉推销的展示点，橱窗、展台、墙壁、柱子、天花板都是展示的重点部位。针对不同的商品、不同的表现方式，商品展示取决于被陈列商品的性质、质量和价格（商品越好，方式越要讲究）。专卖店的销售主要是通过“视觉机能”，将商品的信息予以“视觉化”并进一步予以“生活化展示”，将所提供的生活方式的主题，以视觉的效果和商品结合起来加以表现。商品销售能否成功，在很大程度上依赖于对消费者想象空间的创造程度，所以通过商品陈列，在商店内创造出一个生动的生活场景，使商品在这个场景内活动起来，便是一个重要的陈列技巧。

现代商业空间的展示手法多种多样，展示形式也不定向。动态展示是现代展示中备受青睐的展示形式，它有别于陈旧的静态展示，采用活动式、操作式、互动式等，顾客不但可以触摸展品、操作展品，更重要的是可以与展品互动，更加直接地了解产品的功能和特点。由静态陈列到动态展示，消费者的积极参与意识被调动了起来，使商品展示活动更丰富多彩。动态展示使展示生动化，使商业空间具有一种活力，如视觉冲击力、听觉感染力、触觉激活力，通过运用色彩环境、气氛和商品的陈列、促销活动吸引顾客注意力，加强对商品的记忆，生动的展示空间比大众媒体广告更直接、更富有感受力，更容易刺激购买行为和消费行为，更容易增强商业展示行为的丰富性，提高商业展示成果的经济效益，突破现有的展示体制框架结构。巧妙地运用幻灯、全息摄影、激光、录像、电影、多媒体等现代单像技术和虚拟现实技术，使静态展品得到拓展，造成生动活泼、气氛热烈的展示环境，让顾客具有身临其境的效果。

（七）专卖店空间的视觉识别设计

一个成熟的品牌给人的第一感觉应该是具有高度美感的视觉享受。所以像迪奥、夏奈尔、古琦等国际品牌才会让人耳熟能详。无论从品牌的字体、颜色、产品风格，还是从品牌的终端形象推广上，这些品牌都保持了绝对的统一性。视觉识别设计是品牌识别的重要内容，规范的外观表现能极好地传达品牌的内涵。

视觉识别设计是对人为及自然环境中所有图像要素的企划、设计，以凸显商业环境视觉识别之特殊性。首先是专卖店的标志字体、标准色、包装袋、办公用具的设计和应用，应当贯彻到专卖店的各个角落，以使整个视觉识别系统既统一又有变化，既有整体的一致性，又富于个体的特征和趣味。品牌要显示强势的影响力，就应当有一个完整的视觉形象系统，而终端的品牌VI视觉管理则是营造终端销售气氛的基础。

包装袋是专卖店对外形象的另一个传播媒介，它能起很好的广告宣传作用。包装袋不只是装提物品而已，它已经成为企业形象的表现，有些包装袋更提升到艺术的层次。一般包装袋设计要同整个店铺形象一致，并印有店铺的标志、字体、地址、电话，这样消费者或调换商品、或再购物就变得更加快捷。因此，印制包装袋不仅仅是一种投入，而且还会有回报。

七 专卖店空间的设计练习

“专卖店空间设计”是一门在建筑班、室内班都开设过的课程，目的是让同学们了解商业空间的经营特性和设计的基本方法，掌握不同消费群体的消费取向，对不同的商家和经营范围进行针对性的策划，创造具有独立个性的商业空间形象。然而根据专业的不同又有不同的课程要求：建筑班的同学们要选择真实的场地条件，在设计时要考虑到该专卖店建筑与周围建筑、街道的关系，所以不仅仅是做一个专卖店的室内设计，而且加入了建筑设计的成分。室内班的设计条件是给定的平面图，面积较小，但要求同学们对某一品牌本身做深入细致的分析，汲取其品牌可以被利用到设计中的特点进行设计，而且加入了平面视觉设计的成分。不同专业的学生有不同的思维过程，在其间相互的交流与学习不仅对教学有新的启发，同时在学生之间也能起到良好的促进作用。

任选一种自己喜欢的品牌产品，如服装类（范思哲、古驰、伊夫·圣洛朗等）、运动品牌（耐克、阿迪达斯、李宁等）、化妆品类（欧莱雅、兰蔻、妮维雅等）等等。并在指定的空间之内进行小型的专卖店设计练习，要求先对所选品牌市场销售场景进行调研，分析其现存的问题，保留可取之处，通过调研了解品牌销售的现状。

设计要求室内空间布置合理有序，区域性强，立面造型、单体造型新颖别致，建筑与室内空间之间的转换自然。外立面的设计改造要注意与原建筑风格的协调，并且对原建筑只能进行少量的修改，重点要突出专卖店的形象。

呈交作业包括：各层平面室内布置图各1张，专卖店室内立面图2张，室内效果图2张，沿街建筑立面效果图1张，品牌的VI设计运用和修改计划，并附加简要的设计要点说明，包括品牌的调研、功能分配、流线计划、色彩运用、材料的具体落实等方面的设计意图。

第三节 餐饮空间室内设计

餐饮空间是人们日常生活使用率较高消费场所，相对于其他的功能空间，餐饮空间更能为人们营造出风格多样的休闲场所。随着经济水平的提高、消费观念的转变，越来越多的消费者开始步入餐厅。或许在网络时代，线上交流永远取代不了人与人之间真诚的沟通，人们更需要一个像餐饮空间这样能让人面对面交流的社会舞台。

过去，人们认为餐饮店只不过是填饱肚子、润润嗓子、满足生活需求的服务设施而已。而随着生活水平的提高，人们社交聚会活动的日益增多，许多休闲餐厅的就餐环境都开始突出温馨、浪漫的情调，使客人流连忘返。特色餐饮空间已成为满足社会需求的重要场所。各种商务洽谈、应酬、交往、生日宴、婚宴、聚会都安排在餐厅举行。就餐成为增进交往、融洽气氛的必要手段。

当前人们对餐饮环境的要求已不仅是物质上的，其精神功能已上升为主要需求。所以餐饮空间的室内设计不能简单地满足功能上的要求，它更应该表达构成餐饮空间形式的风格特征。总体而言，餐饮空间的设计应在空间分配、文化的表达、材料的选用、色彩的处理、照明的配置、家具的选用方面满足餐饮空间的特殊要求，从而创造出一个既舒适温馨又饱含文化特征的就餐环境。

一 餐饮空间的基本特性

任何一个餐馆的设立均是社会需求的结果，随着人们生活水平的变化和饮食意向的变化，个人收入的明显提高，吃饭的目的也从一个为了填满空腹转变为生活享受。消费者除了享用美味佳肴，享受优质服务，同时他们还希望得到全新的空间感受和视觉体验，希望有一个能充分交流的区别于家的特殊氛围。人们用餐已非仅仅是果腹，而是包含了对环境、情调等一系列需要的满足过程，故而在餐厅中给予食客的，非但是美食，更是美景。

1.定位消费人群的场所

对设计者来讲，餐馆消费群体的定位是第一要素，顾客是哪些人？这是设计者进行设计的首要依据。也就是说掌握顾客群体是十分重要的，尤其是小型的餐饮店，由于无法吸引所有的顾客群体前来消费，所以通过调查与分析，设定顾客群体，有利于确定室内设计的风格、形象及造价。

设计者要深入分析顾客群体的特征，针对其收入水平、职业属性、年龄层次和消费意识等因素来设定消费对象，进而根据其生活形态的特征，去设计他们所需求的空间环境。

聚会、宴请、约会三种不同的需求，对餐馆环境有不同的需要。“聚会”重在这个“聚”字。家人、朋友、加班聚餐等都属于这一类。这种吃不需要太讲究，“吃”是个形式，关键在“聚”背后的引申含义。逢年过节、生日聚会、升迁发奖、友人来访，随便找个理由都可以去趟馆子，这是一种礼节上的习惯。这种吃讲究个热闹，不需要太豪华和奢侈。“宴请”多以招待为主，这种吃不以“吃”的本质为主旨，关键在于这个招待背后的目的。所以，这种吃重在讲究一个排场，价钱昂贵，这种吃都有一个共同点，大多都是在“单间”进行。“约会”，这种吃所重视的已经不是“物”，而是“情”，大多数时候，点的多，吃的少，以一个“吃”的借口“会”在一起。适合这类需求的餐馆有茶餐厅及提供餐饮服务的咖啡店。

有些餐厅以某个特定的消费人群为主要服务对象，以特色的室内陈设及饭菜吸引消费者。总体而言，由于消费品位的不同及人们需求的多样化，各种经营形式都能获得相应的发展空间，餐饮环境的设计也必然会更加多样化。

2.营造特色空间的场所

餐馆的最初设立就是为了解决“吃”的问题，随着社会的不断发展，现代餐饮环境的性能已从传统意义上的享受美食转化成为提供有情调的文化氛围的场所。伴随着精神与物质需求的提高，人们开始追求饮食上的多样化，有的人以享受某种美食为目的，追逐有特殊风味的饮食，有的人希望体验异国他乡的饮食风情，有的人追求情调与气氛，希望享受没有压力、轻松自如的境界。各种各样的消费需求，促使人们走向风格迥异的餐饮消费场所。

从经营角度看，特色是餐饮店的立身之本，一般的餐饮店或多或少都有自己的经营特色。食物的味道不再是评估饭店好坏的唯一标准，餐饮店不仅是一个利用空间和有关设施提供饮食的场所，而且是一个在进餐过程中可以享受有形无形的附加价值的空间。所以当前餐饮店竞争的根本是特色与文化的竞争，其特色往往在食物以外。设计者可以围绕某个能为人喜爱或欣赏的文化主题进行设计，全力烘托体现该主题的特定氛围。由于特色与经营有关，首先要依赖经营者的策划，而设计者要通过设计充分展示场景特色，烘托情调和氛围。

二 餐饮空间的性能分类

根据所提供的食物名称进行分类的叫做“业种”，如吃烤肉的店叫“烧烤店”；以同一食品或烹调方法为主区分业种，就叫做“业态”，如“快餐”。现在比较流行以业种业态区分餐饮业或以两者复合形态区分餐饮业，仅仅以“业态”进行分类方法难以区分具体类别。

1.快餐店

“快餐”一词是20世纪80年代的外来语，快餐是在人们越来越重视时间价值的背景下出现的，是为迎合人们节约时间的需求而出现的一种简约的供餐方式，其显著的特点就体现在“快”上：制作时间短、交易方便、食用过程简便。现代生活节奏很快，许多人平时不愿意在吃饭上花太多的时间，快餐店可满足这部分客人的需要。

中外对快餐都有自己的定义：为消费者提供日常基本生活需求服务的大众化餐饮(public feeding)。其主要特征是：清洁卫生、时髦、可带回家、制售快捷、食用便利、有统一的质量标准、营养均衡、服务简洁、价格低廉。经营方式包括店堂加工销售和集中生产加工配送、现场出售或送餐服务等。

快餐店的室内风格应以明快为主，它所提供的食品都是事先准备好的，以保证能迅速向客人供应所需的食品。西式快餐有麦当劳、肯德基，日式有吉野家。食品提供时间在3分钟以内，食品自选，菜谱种类有限，这是快餐店的特征。快餐店空间布置的好坏会直接影响到服务效率。一般情况下，大部分桌椅要靠墙排列，其余则以岛式配置于房子的中央，这种方式最能有效地利用空间。由于快餐厅一般采用顾客自我服务的方式，在餐厅的动线设计上要注意分出动区和静区，按照“在柜台购买食品→端到座位就餐→将垃圾倒入垃圾筒→将托盘放到回收处”的顺序合理设计动线，避免出现通行不畅、相互碰撞的现象。如果餐厅采取由服务人员收托盘、倒垃圾的方式，应在动线设计上与完全由顾客自我服务的方式有所区别。[①]

快餐厅反映一个“快”字，用餐者不会停留太久，更不会对周围景致用心观看或细细品味，所以室内设计的手段，也以粗线条、快节奏和明快的色彩，做简洁的色块装饰为最佳，使用餐的环境更加时尚。设计者要通过单纯的色彩对比、几何形体的空间塑造和整体环境层次的丰富等，来取得快餐环境所应有的效果。

2.自助式餐馆

自助餐是一种由宾客自行挑选、拿取或自烹自食的一种就餐形式。它的特点是客人可以自我服务，菜肴不用服务员传递和分配，饮料也是自斟自饮。自助餐可以分为两种形式，一种是客人到固定设置的食品台选取食品，而后依所取样数付账；另一种是支付固定金额后可任意选取，直到吃饱为止。这两种方式都可以比一般餐厅大大减少服务人员数量，从而节省餐厅的用工成本。[②]这种就餐形式活泼，宾客的挑选性强，不拘礼节。此外，自助餐的安排能够让客人方便而迅速地吃上饭，可以在短时间内供应很多人用餐。

---

① 邓雪娴、周燕珉、夏晓国：《餐饮建筑设计》，北京：中国建筑工业出版社，1999年，第214、215页。

② 同上书，第211页。

自助餐的餐厅，一般是在餐厅中间或一边设置一个大餐台，周围有若干餐桌。大餐台一般用不锈钢或铜做台脚架，台面有木头或大理石。餐台上面放有各种冷菜、热菜、点心、水果及餐具。餐台的基本餐具需要准备盘子、筷、羹匙、小汤碗、叉、水果刀；每盆菜点旁还应放上公用的调羹。餐台旁要留出较大的空余地方，使顾客有迂回的余地，尽量避免客人排队取食。桌子可拼成几座小岛，分别摆放不同种类的食物。譬如，可以拼出一个主菜岛，或者一个甜食岛，以节省空间，增强效果。有时为了方便顾客取用食品，可以将其中一部分食物分别放到几个地方供应。餐桌的安排要根据餐厅的形状和大小来安排。桌椅不可安得的太密，因客人取用食品需在餐厅走动，过于密集就会影响客人走动。桌椅的排列要美观整齐，使客人感到舒适。

自助餐厅不应局限于只提供多种菜品，也要营造主题氛围，环境、服务、餐具、灯光、出品的每一个环节，每一个小细节都应与主题相匹配。

3.烧烤、火锅店

烧烤和火锅都是近年来逐渐风行全国的餐饮形式。火锅和烧烤的共同特点是在餐桌中间设置炉灶，涮是在灶上放汤锅，烤则是在灶上放铁板或铁网，二者的共同之处是顾客可以围桌自炊自食。火锅及烧烤店在平面布置上与一般餐饮店的区别不是很大，餐厅中的走道相对要宽些，主通道最少在100cm以上，因为火锅和烧烤店主要向顾客提供生菜、生肉，装盘时体积大，因而多使用大盘，加上各种调料小碟及小菜，总的用盘量较大。此外桌子中央有炉具（直径30cm左右），占去一定桌面，因此烧烤、涮锅用的桌子比一般餐桌要大些，桌面应在80—90cm × 120cm左右。

火锅、烧烤店用的餐桌多为4人桌或6人桌，对于中间的炉灶来说这样的用餐半径比较合理。2人桌同4人桌比，所用的设备完全相同，使用效率就相对要低。6人以上的烧烤桌，因半径太大够不着锅灶，也不被采用，人多时只能再加炉灶。因受排烟管道等限制，桌子多数是固定的，不能移来移去进行拼接，所以设计时必须考虑好桌子的分布和大桌、小桌的设置比例。火锅及烧烤用的餐桌桌面材料要耐热、耐燃，特别要易于清扫。[①]另外烧烤、火锅店在设计上需要特别注意的是排烟问题，应设置排烟管道，每张桌子上空都应有吸风罩，保证烧烤时的油烟和焦糊味不散播开来。

烧烤虽不算是舶来物，但它的时尚性却是由异国传入的，来自日本、韩国、欧洲等地的风俗传统给性质粗犷的烧烤披上了一层雅致的外衣，对于崇尚优雅生活的食客

① 邓雪娴、周燕珉、夏晓国：《餐饮建筑设计》，中国建筑工业出版社，1999年，第200、205页。

来说是爱不释口的选择。因为它们带来的不仅是不同的食品风味，更重要的是浓浓的异国风情。

4.西餐馆

西餐泛指根据西方国家饮食习惯烹制出的菜肴。西餐分法式、俄式、美式、英式、意式等，除了烹饪方法有所不同外，还有服务方式的区别。法式菜是西餐中出类拔萃的菜式，法式服务中特别追求高雅的形式，例如服务生、厨师的穿戴、服务动作等。此外特别注重客前表演性的服务，法式菜肴制作中有一部分菜需要在客人面前作最后的烹调，其动作优雅、规范，给人以视觉上的享受，达到用视觉促进味觉的目的。因操作表演需占用一定的空间，所以法式餐厅中餐桌间距较大，便于服务生服务，这也提高了就餐的档次，高级的法式菜有十三道之多，用餐中盘碟更换频繁，用餐速度缓慢。豪华的西餐厅多采用法式设计风格，其特点是装潢华丽，注意餐具、灯光、陈设、音响等的配合，餐厅中氛围宁静，突出贵族情调。西餐最大特点是分食制，按人份准备食品，西餐一般以刀叉为餐具，以面包为主食，形色美观，多以长形桌为主。

西餐厅的设计常借鉴西方传统建筑模式，并且配置钢琴、烛台、漂亮的桌布、豪华餐具等，呈现出安静、舒适、幽雅、宁静的环境气氛。西餐厅色彩柔和，营造出舒适诱人的氛围。西餐的厨房更像一间工厂，有很多标准设备，控制计量、温度和时间等，厨房的布局也是按流程设计的，对出品的样式、颜色有严格的要求。西餐烹饪使用半成品较多，所以初加工等面积可以节省些，比中餐厨房的面积略小，一般占营业场所面积的1/10左右。

5.咖啡馆

咖啡厅一般是在正餐之外，以喝咖啡为主辅以简单的饮食、稍事休息的场所。它讲求轻松的气氛、洁净的环境，适合于少数几人交朋会友、亲切谈话等。各国的咖啡厅形式多种多样，用途也不尽相同。在法国，咖啡厅多设在人流量大的街面上，店面上方支出遮阳棚，店外放置轻巧的桌椅，喝杯咖啡、热红茶眺望过往的行人，或读书看报、或等候朋友。咖啡厅的平面布局比较简明，内部空间以通透为主，一般都设置成一个较大的空间，厅内有很好的交通流线，座位布置较灵活，有的以各种高矮的轻质隔断对空间进行二次划分，对地面和顶棚进行高差变化。

在咖啡厅中用餐，不需用太多的餐具，餐桌较小，例如双人座桌面有60—70cm见方即可，餐桌和餐椅的设计多为精致轻巧型，为营造亲切谈话的气氛，多采用2—

4人的坐席，中心部位可设一两处人数多的坐席。咖啡厅的服务柜台一般放在接近入口的明显之处，有时与外卖窗口结合。由于咖啡厅中多采用顾客直接在柜台选取饮料食品、当场结算的形式，因此付货部柜台应较长，付货部内、外都需留有足够的迂回与工作空间。[①]咖啡厅的立面多设计成大玻璃窗，透明度大，使人从外面可以清楚地看到里面。

顾客往往会选择充满自己所需要气氛的咖啡馆。灯光的总亮度要低于周围，以显示咖啡馆的特征，使咖啡馆形成优雅的休闲环境；当然也不能太暗淡，若咖啡馆显出一种沉闷的感觉，就不利于顾客品尝咖啡。很多时候，坐在咖啡馆里享受着咖啡的温暖和醇香的人，也成了一道绝美的风景。

6.酒吧

酒吧是夜生活的场所，大多数消费者光顾酒吧是为了追求一种自由惬意的时尚消费形式，为忙碌的一天画上精彩的休止符。如今“泡吧”成为年轻人业余时间中一项重要的消遣和社交活动，各色酒吧比比皆是。酒吧已经是城市生活的平常去处，已不再有太多的神秘色彩。当孤独、压抑成为现代人的通病时，寻找快乐成为一种主题。酒吧可以避风尘，四处飘溢着自由的气息、自由的音乐、自由的人、自由的空间。

酒吧是个幽静的去处，一般顾客来到酒吧都不愿意选择离入口太近的座位。设计转折的门厅和较长的过道，可以使顾客踏入店门后在心理上有一个缓冲的地带，淡化座位的优劣之分。酒吧的色彩浓郁而深沉，灯光设计偏重于幽暗，整体照度低，局部照度高，主要突出餐桌照明，使餐桌周围的顾客能看清桌上放置的东西，而从厅内其他部位看过去却有种朦胧感，对餐桌周围的人只是依稀可辨。[②]

酒吧作为一种“舶来品”，自然带着浓浓的异域色彩。随着酒吧这一行业的扩大，多数酒吧开始趋于向更深文化层次扩展，一方面既保留其外来文化的特色，另一方面又融入了本国文化的精粹，两种文化形式交融，具有浓郁的时代气息。不仅身在异乡的“老外”在这些酒吧里找到了家的感觉，而且在各国风情的酒吧里，中国人也体验到了古朴的西方文化。

酒吧作为一种特定的环境空间，它除了满足人们的纯功能性的需要外，更要表达某种主题信息来满足人们的精神文化需求。酒吧往往通过传达深层的主题信息，引出

① 邓雪娴、周燕珉、夏晓国：《餐饮建筑设计》，中国建筑工业出版社，1999年，第169页。

② 同上书，第178页。

特定的文化观念和生活方式，创造出引人入胜的空间环境形象。所谓“酒吧空间的氛围营造”就是在酒吧这个特定的环境中，为表达某种主题或者营造某种特定的氛围所进行的含有某种要素的理性加感性的设计。带有主题的设计有助于提升精神境界，从而更加突出酒吧的气氛。

7.茶馆

茶馆不仅是休闲的场所，也是人与人沟通的地方。茶馆设计应该符合现代消费观念，给客人提供清新、简洁的环境，让更多的人了解茶文化，热爱茶文化。

茶室布置应使之既合理实用，又有不同的审美情趣。一般品茶室，可由大厅和包间构成。茶艺馆在大厅中设置茶艺表演台，包间采用桌上茶艺表演。茶水房应分隔为内外两间，外间为供应间，置放茶叶柜、茶具柜、电子消毒柜、冰箱等。里间安装煮水器、水槽、自来水龙头、净水器、洗涤工作台等。

茶馆的设计应注重人与自然的和谐。在紧张、喧嚣、狭窄的城市生活中，亲近大自然成为人们的一种需要。茶馆要营造这种“意境”就需要虚拟与现实结合、远景与近物结合、室内与室外结合。竹子围成的篱笆小院，石头铺成的台阶，让人感觉彻底远离了钢筋混凝土的冰冷建筑。外面的燥热和喧嚣似乎就在这一刻戛然而止，俨然一个世外桃源，潺潺的流水伴着低悠的古筝曲，缠绵地飘忽于耳边；竹子、石头、假山、流水使人感觉置身于幽静的深山之中；淡淡的茶香、弥漫在空气中的植物和着泥土所散发出来的清香一股脑地扑面而来。镂空门窗、盆栽花木、书画瓷器等，成了茶馆把自然风光延伸到室内的主要装饰。

8.休闲饮品店

饮品店主要经营各种饮料，能配制出多种色彩和味道的饮料，为顾客提供一个休闲的好去处。休闲餐饮在英文中叫做casual dining，在西方这是一种以“休闲、舒适、情趣、品位”为主题的餐饮模式。从全球范围看，人类将进入休闲革命的时代，以提高人们生活质量为目的的服务消费市场将成为国民经济的主导产业。从我国的发展情况来看，随着人民生活水平的提高及劳动时间的缩短，休闲已逐渐成为人民生活必不可少的组成部分，休闲餐饮正是餐饮业适应休闲消费需求的一种体现。市场经济的高效率、快节奏使人们只能在食堂、办公室，匆匆忙忙吃完标准化、毫无个性的快餐，这使得人们工作时的饮食生活日益“工作化”、“简单化”、“程序化”。以上因素都促使人们想在休闲日吃得轻松、吃得开心，也就是在休闲、自由的环境中享受餐饮生活。

三 餐厅空间的功能分配

无论餐厅的规模大小，主打菜品的档次如何，每一家餐厅都是由几个空间组合而成的。通常，餐饮空间按照使用功能可分为主体就餐空间、单体就餐空间、卫生间、厨房工作空间等。由于各种不同的功能及其作用在不同的餐饮空间中所占的比重不同，所以合理、安全、有效地划分各个空间成为室内设计中需要注意的主要内容。这将有助于更好地发挥餐厅空间的使用功能。了解不同空间的功能及其所要达到的性能是合理划分餐厅空间的第一步。

1.主体就餐空间

只要稍加留意，我们就会发现西方人到餐厅就餐时喜欢选择在典雅或华丽的大厅里就餐，上流社会的显贵与贵妇更是可以在高档的厅座里相互观望与炫耀身份，他们觉得在大厅里用餐更有情调（不用去国外，光从众多的西方电影中便可观察到这一点）。而中国人性格比较内敛，喜欢安静与隐密的空间，所以外出订餐总是习惯性地订一个包间。这也是中西方餐饮文化的一个不同点。

在高档的就餐大厅设计中，最好不要设计排桌式的布局，那样一眼就可将整个餐厅尽收眼底，从而使餐厅空间变得乏味。设计师应该通过各种形式的隔断对空间进行组合，这样不仅可以增加装饰面，而且又能很好地划分区域，给客人留有相对私密的空间。

社会学家德克·德·琼治在一项“餐厅和咖啡馆中的座位选择”的研究中发现，有靠背或靠墙的餐椅以及能纵观全局的座位比别的座位更受欢迎。其中靠窗的座位尤其受欢迎，在那里室内外空间尽收眼底。餐厅中安排座位的人员也证实，许多来客，无论是散客还是团体客人，都明确表示不喜欢餐厅中间的桌子，希望尽可能得到靠墙的座位。所以餐厅布局必须在通盘考虑场地的空间与功能质量的基础上进行。每一张坐椅或者每一处小憩之地都应有各自相宜的具体环境，朝向与视野对于座位的选择起着重要的作用。

2.单体就餐空间

单间的好处是可以提供一个较为雅静的进餐环境，也往往成为彼此进行感情铺垫的场所。例如，谈生意常常要先在饭桌上融洽气氛，然后才进一步转入正题，因此，单间这种相对独立的空间就有了必要。在单间里就餐往往是品尝性质的慢慢进餐，而且每道菜送上来时，服务人员会向顾客介绍菜的内容，因此顾客也可以充分了解相关的饮食文化。

在平面布局设计中应注意尽可能使单间的大小多样化，要考虑到2—6人在单间的用餐需求。一些贵宾单间内所设的备餐间入口最好与包间的主入口分开，同时，备餐间的出口也不要正对餐桌。贵宾单间不应设卡拉OK设施，这会破坏高雅的就餐氛围，降低档次，而且也会影响其他单间的客人。

单间一般很讲究装饰效果，一个餐馆中所有单间的风格是一致的，但每个单间的样式经常有所不同，单从名字上就能看出差别，这为设计师提供了多样化的设计可能。

3.餐馆的卫生间

卫生间在餐馆中也可称为洗手间或厕所，餐馆和卫生间是对特殊的“搭档”，精致程度与客流量、销售业绩有着密切的关系。因此，它被看做是关系到餐馆声誉、档次的关键部位之一。为了吸引顾客，在餐厅卫生间的设计上值得花费心思。一般来说，无论是大型餐厅还是小型酒吧都应该设置卫生间，但当餐饮店位于大商场、大饭店或综合写字楼中，餐饮店所在的楼层设有公用卫生间并相距不远时，也可不另设卫生间。

卫生间的设计需要注意门的隐蔽性，不能直接对着餐厅或厨房。其次要有一条通畅的公共走道与之连接，既能引导顾客方便地找到又不暴露。顾客使用的卫生间与工作人员使用的卫生间最好要分开。只要面积允许，卫生间最好男女分设，并且男、女卫生间的门设置时尽可能相距远一点，以免出门对视引起尴尬。卫生间最好设计前室，通过墙或隔断将外面人的视线遮挡起来。卫生间中设置的镜子应注意其折射角度与入口的关系，以免外面的人通过镜子折射看到里面。[①]

客席在100—120席左右的店，可以在男厕配备两个小便器和一个大便器，在女厕配备两个大便器再加上化妆室即可。一般餐饮店中，客席数50席配备一个或两个（女性用）大便器、两个小便器就差不多了。蹲便器多用于一般性的公共场所，在高档的公共空间的配套设施中，由于能保证专人消毒随时打扫多采用坐式的马桶。不过经常在多蹲位的厕所里安排两种不同的大便器，对于年龄大的人，马桶相对更安全。另外，男士用的小便斗也常出现在公共场所的设计中。小便斗分为壁挂式和落地式两种。小

① 邓雪娴、周燕珉、夏晓国：《餐饮建筑设计》，第164页。

便斗有不少是感应式的，多采用红外线感应技术，微电脑智能化模糊控制，走时即冲，无需任何接触，能有效避免细菌及交叉感染。

洗手是餐馆必不可少的设施，现在常用的设计是洗手池上加设台面，以便放置化妆包等物品，台面一般为石材，进深在500—600ram左右。设计时一般选用拨动式或按压式出水的水龙头，最好是感应式的开关，这样可减少使用者接触公用物品的面积，给人相对干净的心理感受。卫生间的照明不必装饰过多，重在实用，一般在水池上方设置镜前灯。

设计师在设计中最容易发挥之处是洗手台和镜子部分。洗手池的造型、五金以及镜子的大小、形式等都可进行多种设计，不同的选材、不同的搭配会呈现出不同的效果与风格。这经常成为设计师展现设计魅力的舞台，形态多样，令人感到新奇有趣。

4.厨房的工作空间

餐饮店的厨房是非常重要的场所，其功能的好坏直接影响到餐饮店所提供的菜肴的品质和速度。实际上有很多经营者与设计师对厨房和烹调器具的作用估计不足，最后造成因厨房配置不好而不能及时提供菜肴或行动不便等麻烦，使员工的工作很不方便，让顾客感到不满。厨房的平面布置(布置服务路线设计)是非常重要的。但迄今为止厨房的设计并没有像客席设计和内部装修设计那样得到重视，把厨房视为辅助设施的倾向很严重，不仅厨房设计和员工的生活环境成了次要的部分，而且劳动环境也停留在非常低的水平上。

厨房设计的意义不仅仅是制定厨房作业顺利运转的计划，而且也要研究工作人员的服务路线，提高厨房的效率，给工作人员创造一个便利的工作环境。这样不论店里多么繁忙，也不会出现混乱的局面。设计厨房时，首先要研究的是如何求得客席和厨房之间的平衡，最好按1∶1的比例。烹调区的布置在策划前必须考虑的是店里推出最多的菜肴是什么，或以哪种烹饪方式、方法为主体或中心菜肴。在总的平面布置上，应防止厨房（或饮食制作间）的油烟、气味、噪声及废弃物等对邻近建筑物的影响。

厨房面积的大小，是由提供的菜肴的品种和数量来决定的。像正餐餐馆这种业态厨房面积就会很大，理由是比起一般的餐饮店，在那儿提供的菜肴品种有60—90种之多，烹调方法有烧、炒、炸、蒸、煮等，这些方法有的需要多台机器，所以厨房面积要占较大的比重。实际上，开店以后若厨房太狭小，相对于客席的烹调器具的能力不足，菜肴的提供没那么顺利，也会让员工产生强烈的不便感。尽快提供菜肴是服务过程中一个极重要的因素，一般说来大多数饮食店的厨房面积占总面积的30%—40%左右；像快餐店这种优先考虑功能的业态要特别注意机器的效率，所以厨房的机器很多，面积也要大一点，约占55%；相比之下厨房面积较小的业种是茶馆或饮品店，约占15%—18%。

四 餐饮空间环境的设计要素

餐饮空间的设计是否上档次、有品位，能否带给人们良好的心理感受，主要取决于室内设计的好坏。与其他内容的室内设计一样，餐饮空间的设计也要从对空间流线的设计、总体的空间布局、整体的文化表达、材料的选择、照明的设计、色彩的处理、家具的选用等方面着手，达到创造一个有特色的就餐环境的效果。根据不同的空间特点和具体的设计要求进行设计，并根据总体构思的需要进行设计。由于构思和创意的不同，上述的环境设计要素的表现也不相同，所以设计时要根据具体情况灵活处理，方能创造出良好独特的空间氛围。

1.餐饮空间的动态流线

餐厅的空间设计首先必须合乎接待顾客和方便顾客用餐这一基本要求，同时还要追求更高的审美和艺术价值。原则上，餐厅的总体平面布局确实也有不少规律可循，应根据这些规律，创造实用的平面布局效果。

餐厅的内部设计首先是由面积决定的。由于现代都市人口密集、寸土寸金，因此需要有效地利用空间。厅内场地太挤或太宽都不好，应以顾客的数量来决定面积的大小。40座及40座以下者为小餐厅，40座以上者为大餐厅。秩序是餐厅平面设计的一个重要因素。复杂的平面布局富于变化的趣味，但却容易松散。设计时还是要运用适度的规律把握秩序，这样才能取得完整而又灵活的平面效果。在设计餐厅空间时，设计师必须考虑各种空间的适度划分及各空间组织的合理性，尤其要注意各类餐桌、餐椅的布置和各种通道的尺寸以及送餐流程的便捷合理。不应过分追求餐座数量的最大化。具体来说，要考虑到员工操作的便利性和安全性以及客人活动空间的舒适性和伸展性。通道的宽度因餐厅的规模而变化，但是一般主通路的宽是90—120cm，副通道是60—90cm左右，到客席的道路宽40—60cm是比较妥当的尺寸，但有的业态也取75cm，或像小酒馆那样存在不移动桌子就不能进入客席的情况。服务通道与客人通道相互分开是十分重要的，特别是包间区域。过多的交叉会降低服务的品质，好的设计会将两通道明显地分开。

一般的客席策划的配置方法是把客席配置在窗前或墙边，来客是以2—3人为一组的情况居多，客席的构成要根据来客情况确定。一般的客席配置形态有竖型、横型、横竖组合型、点型以及其他类型。客席的配置形态要以店铺规模和气氛为根据。

（1）竖型

这是客席的基本形态，其客席构成单纯明快，利用率高。在狭窄、不能确保更宽的客席和路边的饮食店中多见。这样的客席构成和气氛虽然单调了一点，没什么趣味，但是对于员工来说，因为服务路线只有一个方向，所以行动起来比较方便，服务效率也相对较高。

（2）横型

客席配置在靠墙或通道部位，把椅子以长凳的方式配在壁侧的情况较多，多在不是主动服务而是自我服务的快餐店或茶艺馆的客席配置中采用。如果是主动服务的情况，那么就存在服务路线无法进入客席中间而导致服务困难的问题。

（3）卡座

类似西式的咖啡座。每个卡座设一张小型长方桌，两边各设长形高背椅，以椅背作为座与座之间的间隔。每一卡座可坐四人，两两相对。卡座这种客席形态是咖啡店的客席构成中常见的形态，亦是气氛舒适的饮食店中的常见形态。在酒吧或俱乐部这种不是以吃饭为主，而是以消磨时间为主的餐饮店的设计中也较多见。这种形态的优点是可以形成变化丰富的客席。

（4）点型

点型是比较灵活的一种摆放形式，它可随需要增减与移动，此种形式适合在大厅的中间摆放和设置，给人以轻松的心理感受。

2.餐饮空间的文化表达

餐饮店不仅是一个利用空间和提供餐饮的场所，而且是一个在进餐过程中可以享受各种有形无形的附加价值的服务设施。要想让人身心放松，获得精神享受，就必须利用各种各样的历史文化、民族文化、乡土文化元素来营造那种氛围。餐饮文化可以体现多角度、多视点，挖掘不同文化风格的内涵，寻求更多的设计灵感。形成特色的资源很广泛，可以从地域、民族、历史、民俗传统、文化、事件、人物等多种渠道来挖掘，演绎出各种餐饮特色。但不管是哪一类特色，从形式到内容都必须和谐统一，有一个统一的主题和完整的概念。即便是社区餐饮服务也有它的特色，那就是方便、廉价，贴近家常的饮食习惯。如今的人们厌倦单调乏味的就餐环境，喜欢不同趣味、不同风格的餐饮空间。顾客对环境的认同是检验该空间品质优劣的一个尺度。餐饮在很大程度上属于即兴消费，这些即兴的消费行为一般都是在环境的感染下做出的，独特的空间往往能吸引顾客入店消费。

现代的餐馆看起来不像是专门吃饭的地方，更像是现代艺术馆。实际上，就餐者往往也是对它们的装饰设计感兴趣，而不是因为它们的菜谱而来的。有些消费者希望有一个愉快的就餐氛围来提升整个就餐过程的感受，为了迎合消费者的这一需求，更多的餐馆老板着眼于进行餐馆的全面设计与装修。

设计“主题餐厅”，是餐饮建筑设计成功的一条重要途径，设计者要善于观察和分析各种社会需求及人的社会文化心理。由此出发，确定某个能为人喜爱和欣赏的文化主题，围绕这一主题进行设计，从外形到室内、从空间到家具陈设，全力烘托出体现该主题的一种特定的氛围。

3.餐饮空间的材料选择

（1）材料的功能性

餐厅不仅是人们进餐的场所，同时也是重要的社交场所。在餐厅中，人们不但在“吃”，同时还在“说”。餐厅的声环境不仅与以人为主的声源有关，而且与餐厅的体形、装修等建筑声学因素密切相关，科学地对餐厅进行吸声处理，可以大大降低餐厅的嘈杂程度，提高音质，改善用餐的声环境。

餐厅中最重要的吸声表面是吊顶，这不但是因为吊顶的面积大，而且是声音长距离反射的必经之地。如果吊顶是水泥、石膏板、木板等硬质材料，声音将会较多地反射到房间中，形成嘈杂声。若使用优质的吸声吊顶，如穿孔铝板、矿棉吸声板、木丝吸声板等，反射到其他区域的声音则要少得多，远离讲话者的地方，声级将迅速下降。除了吊顶进行吸声处理以外，墙面吸声（如吸声软包、木质穿孔吸声板等）、厚重的吸声帘幕、绸缎带褶边的桌布、软坐椅等都能产生有效的吸声。但与吊顶相比，其他部分吸声的面积偏小，而且受到各种条件的限制，比吊顶吸声的效果差一些。

（2）材料的装饰性

餐馆内部的形象给人的感觉如何，在很大程度上取决于装饰材料的使用，天然材料中的木、竹、藤、麻、棉等材料给人们以亲切感，可以表达素朴无华的自然情调，营造温馨、宜人的就餐环境。平坦光滑的大理石、全反射的镜面不锈钢、纹理清晰的木材以及清水勾缝的砖墙，则带给人另一种联想和感受。

一个成功的餐厅设计不在于单纯追求昂贵的材料，而在于依据构思合理选用材料、组织和搭配材料。昂贵的材料固然能以显示其价值的方法表达富丽豪华的特色，但平凡的材料同样可以创造出幽雅、独特的意境。

餐厅的地面一般要选用耐久、结实、便于清洗的材料，如石材(花岗石)、水磨石、毛石、地砖等。较高级的餐厅常选用石材、木地板或地毯。地面处理除采用同种材料变化之外，也可用两种或多种材料构成，既形成变化，又具有很好的导向性。

隔墙一般是餐馆中重点装饰的部分，利用虚虚实实的变化，营造出不同的空间，隔墙可以是一堵金砖垒出的透墙，也可以是一堵岩洞。实际上更多的设计是在墙面上下功夫，创造出了鲜为人知的餐馆一绝。这种墙面材料的不同处理及变化，给人们带来了新奇的空间感受，而且充分发挥了各种材料的潜在可能性。在材料的设计中还应注意设计造型与材料之间的对应关系，不同的造型应选用最适合的材料进行表现。

4.餐饮空间的照明设计

灯光是餐饮店重要的物质要素。灯光对食客的味觉、心理有着潜移默化的影响，与餐饮企业的经营定位也息息相关。设计者要正确处理明与暗、光与影、实与虚的关系。

灯光必须与经营定位相协调，不同的餐饮企业有着不同的灯饰系统。麦当劳、肯德基等西式快餐以明亮为主；咖啡厅、西餐厅是最讲究情调的地方，灯饰系统以沉着、柔和为美；中餐厅则常常灯火辉煌、气氛热烈。

灯光太亮或太暗的就餐环境都会使客人感到不适。桌面的重点照明可有效地增进食欲，有艺术品的地方可用灯光突出，灯光的明暗结合可使整个环境富有层次。此外，应避免使用彩色光源，那会使餐厅显得俗气，也会使客人感到烦躁。

灯具的选择与光源不同，灯具的装饰价值不在于它们所发射出的光线，而在于它们本身所独有的风格和美感，这是其他光源无法企及的。它们的外观本身就能决定一个餐厅的风格和情调，这就是灯具的优势和魅力之所在。

5.餐饮空间的色彩设计

就餐环境的色彩无疑会影响就餐者的心理：一是食物的色彩会影响人的食欲，二是餐厅环境色彩会影响人就餐时的情绪。不同的色彩对人的心理刺激不一样，以紫色为基调，显得高贵；以黄色为基调，显得柔和；以蓝色为基调，显得不可捉摸；以白色为基调，显得洁净；以红色为基调，显得热烈。不同的人对色彩的反应也不一样，儿童对红、橘黄、蓝绿反应强烈，年轻女性对流行色的反应敏锐。若整个餐馆都使用金属色，会给人一种冷飕飕的感觉，如果又是刺眼的亮光，恐怕就难以使顾客驻足太久。餐馆的色彩运用应该考虑到顾客阶层、年龄、爱好以及注目率等因素。

餐厅的色彩宜以明朗轻快的色调为主，红色、茶色、橙黄色、绿色等强调暖意的色彩较适宜，比起白色、黑色更招人喜欢。橙色以及相同色相的姐妹色有刺激食欲的功效，它们不仅能给人以温馨感，而且能提高进餐者的兴致。室内的整体色调应沉着，营造出安宁的私密性的气氛，但同时色彩要有一个基调。

6.餐饮空间家具的基本要求

餐饮店的桌椅是供顾客享受进餐过程的设备，对桌椅的选择首先要看它们是否便于使用，大小和形状是否妥当。以饮料为主的业态，桌子的尺寸比较小，但是以进食为主的业态，桌子与椅子的尺寸自然要大些。一般来说桌子和椅子是作为一体而存在的，不管哪一方的尺寸不合适都会让人感到不舒服。桌子的功能随着业种和业态而不同，故其高度与大小等尺寸都要变化。像一次在桌子上摆很多菜肴的业态，桌子的尺寸非大不可。餐桌的大小会影响到餐厅的容量，也会影响餐具的摆设，所以决定桌子的大小时，除了符合餐厅面积并能有效利用空间外，还应考虑到客人的舒适度以及服务人员的便利性。

桌椅是消费者直接接触的家具，对消费者的刺激是很直接的，一定要使之搭配适宜。倘若为了设计出独特的风格，而不顾桌椅的舒适度，就会适得其反，得不偿失。因此设计者要考虑消费者的使用习惯，而不是奇特的设计或奢华的装饰。

吧台的造型应是餐饮空间中的一个亮点，在设计中应考虑独特的处理手法。酒吧里的吧台一般都很长，是酒吧中最抢眼的地方，目的是为了让顾客坐在吧台前聊天时，有一种舒适感。设置吧台必须将其看做是完整空间的一部分，而不只是一件家具，好的设计能将吧台融入空间。吧台的位置当然会受给排水系统的影响，尤其是处在离管道间或排水管较远的角落时，排水就成了一大难题。

吧台空间主要由三部分组成：吧台、吧柜、吧凳。吧台是调制饮料和配制果盆操作的工作台，也是人们在休闲坐歇与饮用时伏靠的案台，亦可成为实用的便餐台。吧台大多设双层，上层为抽屉，供藏筷勺之用，下层为格状的贮藏空间，放置不常用的杯盆、器皿等。操作空间的进深至少需要90cm，台面的深度必须视吧台的功能而定，只喝饮料与用餐所需的台面宽度不一样。台面要使用耐磨材质，有水槽的吧台最好还能耐水；如果吧台使用电器，耐火的材质是最佳选择，像人造石、石材等都是理想的材料。吧柜具有存放饮料、水果、烟酒、杯盆、器皿的功能，而且有重要的展示功能。吧柜的结构可采用吊挂、壁挂、单体独立、嵌入墙体等多种手法进行设计。吧凳设计强调坐视角度的灵活性和烘托吧台主体所需的简洁性，它特别注重形廓的洗练和精致感。吧凳形式较多，一般可分为有旋转角度与调节作用的中轴式钢管吧凳和固定式高脚木制吧凳两类。在吧凳设计时要注意三点，首先吧凳面与吧台面应保持25cm左右的落差。吧台面较高时，相应的吧凳坐面亦高一些；其次凳与吧台下端落脚处，应设有支撑脚部的支杆物，如钢管、不锈钢管或台阶等；另外较高的吧凳宜选择带有靠背的形式，坐起来感觉更舒服。

五 餐饮空间的设计练习

“餐饮空间室内设计”课题是一门在高年级开设的课程，虽然从规模上看和专卖店课题大小相当，但课程所设定的要求是有区别的。它有更多的设计限定和现实感，设计条件是真实的，要根据环境需要来确定餐饮的定位。例如，通过对周边环境的调研，了解消费人群的构成，还要求能营造出特有的室内风格样式，并对风格的准确定位找出较为适用的表达方法。希望同学们创造出一个既舒适又饱含文化特征的餐饮环境。整个餐饮空间室内设计课程强调学生的独创性和解决问题的能力，重视培养学生的实践能力。

让学生从图像入手本身是一种教学的探索，我们在进行创作时可汲取的要素是多元的，素材其实非常丰富，我们可以在自己的设计中吸收这些素材，通过创造来形成自己独特的设计理念。

本课程强调对餐馆的特色设计，造型本身要依托形象，转化成空间中的造型元素，可通过课程要求找出与之对应的、有效的几张图片，反映出要表达的视觉形象。以这几张图片为基础，在设计深化时，样式就不会跑偏。这几张图片起的作用就是限定其风格指向。开始的图片选择一定要和最终要表达的空间感受相一致。

任选一个真实的餐饮环境进行设计改造，如：中餐馆、西餐馆、咖啡屋、酒吧间、快餐厅、烧烤屋、火锅店、饮品店、茶室等，所选的餐饮建筑面积大小应适中，并在现实的条件下进行设计。要求围绕一个主题进行设计，挖掘不同的文化特征和体现设计风格的内涵；并按要求对课题进行充分的市场调研，搜集相关设计资料，进行设计构思和方案比较。呈交的作业包括：

1.餐饮店平面布置图（上色平面）。

2.餐饮店室内效果图（渲两个透视角度、渲两个主要立面）。

3.餐饮店包房室内效果图一张（渲一个透视角度）。

4.草图10张（手绘）。

5.文案（调研报告、设计说明 WORD文件）。

6.现状图片（5张JPG）。

7.主题图像（5张JPG）。

第四节 其他特殊空间室内设计

特殊公共室内空间是包含在公共室内空间中的一种室内空间，它主要包括文化、娱乐、体育室内空间（展览空间、学校、图书馆、美术馆、博物馆、文化馆、影剧院、游乐场、体育场馆、KTV歌舞厅、洗浴中心等）、医疗室内空间（医院、疗养院、门诊所、保健及康复机构）和交通室内空间（汽车站、火车站、地铁、航空港、轮船客运站等）。在我们的日常生活中，上述的室内空间会经常被我们使用。但是在设计工作和学习中，特殊公共室内空间往往因为专业性较强、涉及专业复杂等诸多专业和社会原因，普通的设计师和设计学习者很少涉及特殊公共室内空间的设计。作为公共空间室内设计中不可或缺的一个重要空间门类，本节将介绍特殊公共室内空间中很多重要的设计功能要求与空间分割，并对一些技术要求进行简化与整合，希望能对设计特殊公共室内空间的设计者与学生提供参考和帮助。①

① 邱晓葵、吕非、崔冬晖：《室内设计项目下（公共类）》，2006年，第157页。

一 公共交通设施室内空间

随着科技的发展，道路交通载体的可选择范围变得多种多样，它们也有各自的优点与弱点。对于一个城市而言，根据它的规模、人群特点、地理特征、文化背景来选择、组合不同的交通载体系统，会大大改善城市的交通环境与城市整体规划水准。但是，仅仅做好载体本身的研究工作是完全不够的，与公共交通载体相配合的许多硬件与软件标准也是必不可少的内容，其中尤其是连接交通载体的各个车站，可以说是人群在城市移动中的主要过渡空间，它的设计也成了公共空间室内设计的重要项目。

（一）城市与城市交通系统的衔接点——车站（Station）的基本含义

如果把交通线路比喻为人的血管，那么车站则好比人的心脏。如果车站的疏导没有起到心脏的作用，交通线路也将不会发挥任何作用。在一些人的概念里车站只不过是一个带有简易顶棚，另配着几把肮脏塑料椅和果皮箱的水泥地，在城市中属于小丑式的角色。其实，在一个城市功能完好的都市当中，情况却恰恰相反。

城市中的车站是疏导所有公共交通载体的中枢，是联系起人群与交通载体之间的重要枢纽，同时它也是城市经济发展的重要力量。说到车站的经济效益，人们好像不太习惯接受这一可能性，想到的只是地铁站里昏暗灯光下的假冒名牌服装店和盗

上：图4-4-1　中国香港迪斯尼站站台，©中国香港迪斯尼站
下：图4-4-2　日本京都站入口大厅，©日本京都站

版音像商店，很难把车站与城市经济效益相联系。但是看看巴黎、底特律、东京、汉城，城市一年的财政收入有多少来自于公共交通站，及这些城市中24小时店在车站里的分布，我们就应该好好思考这一问题了。车站对于人群、对于城市的重大作用是不言而喻的，也是我们必须面对与了解的。

（二）车站空间的基本形式

1.车站的类型

车站共有4种基本类型，分别为地平站、桥上站、高架下站、地下站。由这个4个基本型可以发展出8个车站空间，这8个空间几乎代表了现在车站的所有形式。地平站可以衍生出3种类型；桥上站则可衍生出2种类型；高架下站有2种类型；而地下站则只有1种类型。图中实线为自由通路，指非乘客也可利用的通路，虚线则为乘客专用通路。车站的室内空间基本由以上4种基础形式组成，但是在这基础之上，车站的室内空间还有多种不同的空间分类、基础设施要求与人流导向要求。

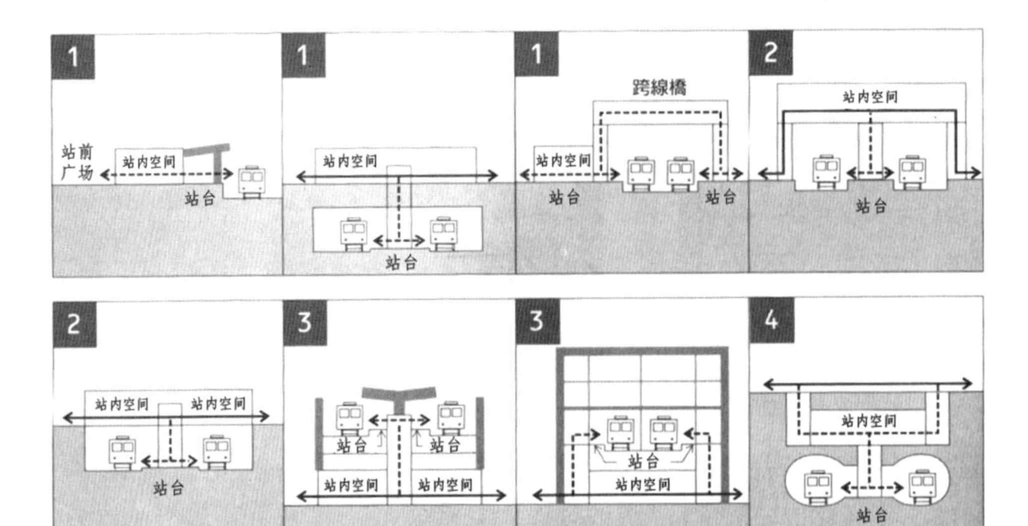

图4-4-3　车站室内空间的基本形式示意图

2.车站的空间分类

从乘客的移动线路来分析，是了解车站空间要素最简易的方法。首先乘客的目的是进入站台，乘坐相应的车辆到达想去的目的地。这时候为了达成以上的目标，他必

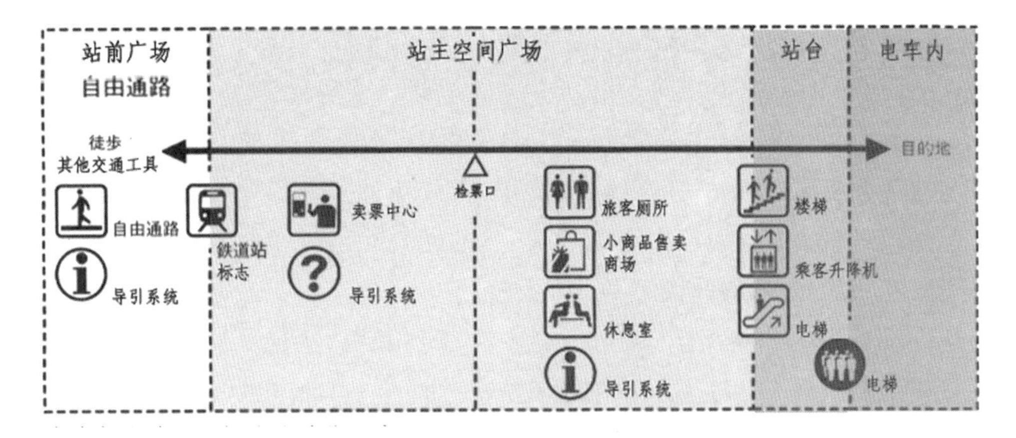

须经过三个空间（图4–4–4）。我们将以乘客要经过的三个车站室内空间为讨论主线，将车站的主要空间功能与它们之间的互相影响逐一介绍。

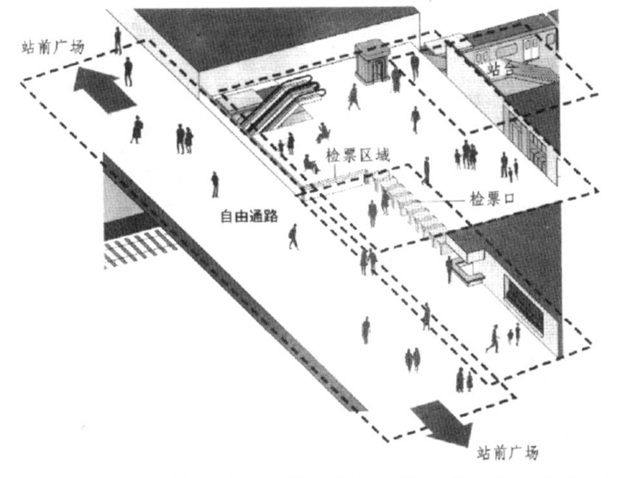

一个拥有全部应有功能的普遍意义上的车站，除了具备公共交通载体、车站的空间构成这两个基本条件以外，车站的基础设施也是必不可少的。在这一个小节里，我们将介绍车站的设施分类。它们主要分为公共设施和盈利设施两大类。

(1) 站前广场（自由通路）

① 站前广场（自由通路）是车站与城市的普通道路相连接的部分。作为车站的最外部，它是普通人群的流动场所，同时起到导引中心的作

上：图4–4–4　从乘客移动线分析的站功能示意图
中：图4–4–5　站前广场空间示意图
下：图4–4–6　站前广场入口，©香港地铁湾仔站

用，为希望进入站内的乘客提供最基本的导引服务，如车站的名称与导引内容牌等。作为车站空间最外部的室内空间，站前广场（自由通路）空间最主要的作用是联通与指示。在城市中，游客或身体残障者想找到自己需要搭乘的交通设施，必须有明确的指引与向导设备。这时候站前广场（自由通路）入口明确的导引设施就起到了重要的作用。为了强调车站的导引，在入口和内部空间的过渡空间上要采用比较柔和的色彩与灯光照明，以突出采用鲜明色彩的导引系统。

进入车站内部空间之后，站前广场从室内空间上以突出主通道为主。要求在中心区域设置问询中心和引导区，有专门人员对客流进行引导与指引。同时，为了尽快分流人群，每一个不同线路的颜色导引设置都应该在站前广场区域做出清晰的设置（图

上：图4-4-7　日本东京都上野站的道路指引与询问中心，©日本东京都上野站

下：图4-4-8　道路指引牌（公共设施）：以多国文字表示主要方向内的各个交通站的方向，直观、明了、易懂，它一般靠近车站的入口，©中国香港九龙站

4-4-8)，尽量使乘客在车站的第一个主空间内就可以完成初步的方向选定工作，以缓解后边引导的难度，同时也可以使后边空间的盈利性服务部分得以增加。

就颜色而言，作为外部空间与车站内部空间的过渡空间，站前广场空间主要以浅色系为主，不宜使用色彩强烈的大面积颜色作为空间的地面与墙面的装饰主色调。因为在此空间中，最需要突出的是导引与问询中心。如果色彩过于强烈或反差太大，将会造成客流方向选定混乱的情况，而引起疏导困难。就照明而言，空间顶部与四周墙面的辅助灯光不宜采用过多的集中光源，而应以柔和、均匀的散点灯光为主，因为炫目集中的光源过多只能造成更多的导引错误，并增加人群的不安定情绪。

② 自由通路的相关设施

道路指引牌（公共设施）是城市与车站相联结的部分，自由度较高。人群流通量高，在接近车站的地方会放置道路导引牌，指出车站的大概方向。在自由通路设置的道路指引牌，除了指示附近各站的信息以外，还要指示附近所有重要设施的名称与方位。

（2）站主空间广场

① 站主空间广场分为站主空间外广场和站主空间内广场两部分。站主空间外广场作为站的中心部分，起到的最重要的作用就是供乘客购买车票，以及提供乘客到达目的地最佳道路的检索服务。同时，乘客在这里将通过检票口进入 站主空间内广场。而通过检票口进入的内广场部分是为乘客提供换车、休息、等人、购物、

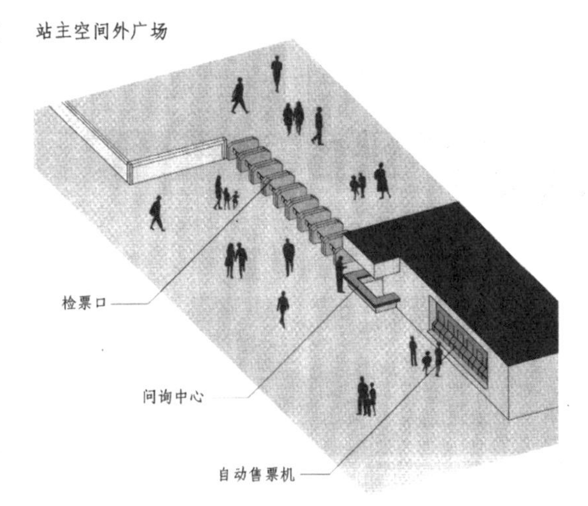

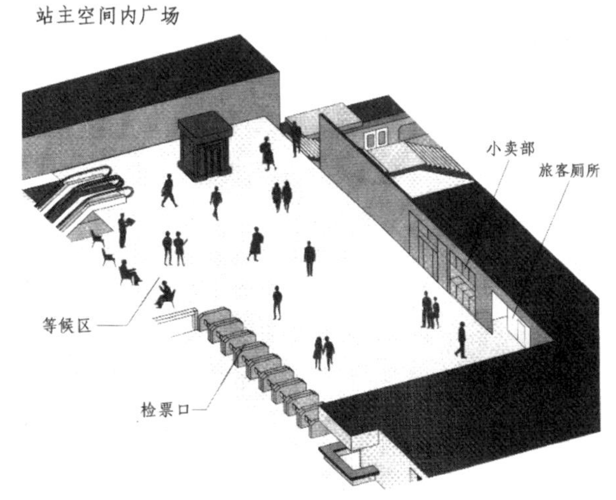

上：图4-4-9　站主空间外广场示意图
下：图4-4-10　站主空间内广场示意图

提示等相对其他空间来说功能较多的空间。这段空间中往往会设置不同规模的杂货店、报刊亭以及公共厕所，同时附有随时更新的时间表和换站指引。

从上述两张空间示意图中我们可以清楚地看到站主空间广场的主要功能分布。以检票口为中线，将站主空间广场划分为站主空间外广场和站主空间内广场两大空间。站主空间外广场与站前广场（自由通路）相连接。这个部分中最重要的基础设施是站名表示牌、车票贩卖所、道路指引中心。因为这一空间最主要的功能是向人群提供正确的购票指引与目的地介绍。相应地，这一室内空间构成因为功能的单一而变得简单明确。整个室内空间以突出售票点为中心。在颜色上，地面与墙面与站前广场（自由通路）空间相同或近似；而在照明上，整个空间的照明则以光带导引式照明为主，将人流引导至售票点为主要目的。

整个空间的中心亮点要集中于售票处，相对而言，这里的照明强度可以增强，并且要配以一定的集中光源，将售票与线路说明板块照亮。在交通设施室内空间中如此

上：图4-4-11 站内各站名称标示图，©中国香港金钟站

下：图4-4-12 站内售票处与站点表示牌，©日本东京新小岩站

强调这一区域的原因在于：这是疏导人流、不引起滞留的最好方法。

经过检票口，人流就进入了站主空间内广场。这是整个公共交通设施室内空间中最为丰富与自由的部分。因为人流已经做出了到达目的地的购票选择与检票工作。在检票完成之后，需要做到的就是休息、等候、购物与调整。所以在这一空间内的主要设施包括小商品售货店、等候室 、公共厕所 、换车指引牌。在色彩上，主色调将依然延续前边空间的风格，但是因为商业设施的大量加入，在站主空间内广场内，一些商业性的广告和符合一些连锁店宣传基调的鲜艳颜色的注入都是允许的。在照明上，光源的形势与照度没有硬性规定，但是不应破坏大的基础形式。比如在站主空间内广场里，即使允许商业宣传，也不应有强烈和频闪的照明，因为在如上下班高峰等高流量时段，这些超越内部空间主照明的刺激性灯光将直接影响人流的疏导，人群会因为

上：图4-4-13　站内道路指引中心及旅游服务中心，©日本东京上野站
下：图4-4-14　站内小商品售货店，©日本东京上野站

强烈的灯光刺激而选择驻足、避让和围观等情况，极易出现混乱。

从整体上来看，站主空间外广场和站主空间内广场虽然同属一个空间，但是它们以检票口为分界线，分为一动一静两个区域。站主空间外广场强调人流选择方向的重要性，突出导引系统，少有他物。而站主空间内广场则以休息、等候、购物为主功能，强调休闲自由的特点。

② 站主空间广场的相关设施

售票是站主空间外广场重要功能之一，售票处（公共设施）是站设施中非常重要的一环。

在站主空间外广场设立导引处，以便尽快疏导人流；对于那些没有把握是否能够找到正确车次的乘客，提供信息服务。这也是避免高峰期混乱的一个重要设置。而检票处则是一个界限，跨过这个装置也就表明乘客已经进入交通载体到来的等候状态了。

在站主空间内广场里，乘客因为基本已经完成了决定目的地、购票、检票的任务，所以在这段空间里要做的只是等待与购物。相应的商店、便利店也会应运而生。

在等待与休息过程中，乘客需要最终确认自己所乘坐的路线是否正确。在这一空

图 4-4-15 检票口（公共设施），©日本东京上野站

图4-4-16 日本京都站内等待室（公共设施），©日本京都站

间内表示的指引牌往往是指引单一路线的方向、站名以及所需时间。

（3）站台

① 站台是车站空间的最后一部分，它指引乘客坐上交通载体，离开本站而驶达目的地。就乘客的心理而言，有相当一部分人希望尽快到达站台，而不会在其他空间过多停留，所以站台空间中，客流的平衡与升降机、电梯的设计位置都显得尤为重要。

在这一空间内，商业设施已经相应减少了。我们可以从空间示意图上清楚地看到，站台的室内空间构成要素为升降梯、楼梯、电梯。同时，站台空间作为最后确认客流目的地的空间，单一本线路的导引牌与其他线路的车站位置指示牌被放在主要的位置。

从颜色上看，整体色调要求统一完整，当站次的站名要求在一些明显位置要特别强调。同时，在站台入口位置，相应的颜色方向指引应该特别清楚、明确，并应有特

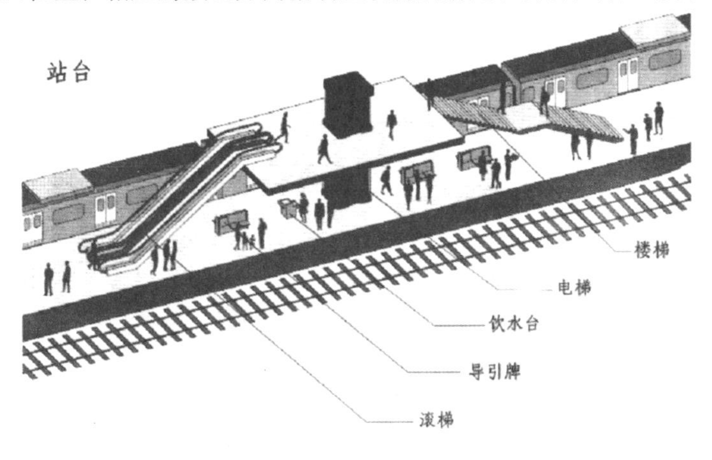

图4-4-17 站台空间示意图

别清楚的站台所属线路名称的大指引牌。其目的依然是让人流再次确认，所去位置是否正确。

作为相关的辅助服务，站台内应设置一定的饮水机、小型的报刊亭等设施。

从灯光上看，照明使用一定的光带指引照明，将当站与下一站与上一站的关系指引清楚，以防止出现乘错线路的情况。

为了导引客流顺利地进入车内，一个规范和区分上下车等候位置的标识也是很重要的。它配合广播的提示，以缓解电车进站之后，人流在上下车时出现的混乱。

② 站台的相关设施

作为交通系统中重要组成元素的室内空间设计，是一项综合性很强的设计工作。每个车站因其线路内容、人流数量等诸多因素决定了设施都不尽相同。但是作为基础设施，上述的设施与设备在站内室内设计的时候是必须具备的。根据站的功能和大小

上：图4-4-18　自动饮料发卖机，©日本京都站

下：图4-4-19　香港铜锣湾站站台，©中国香港铜锣湾站

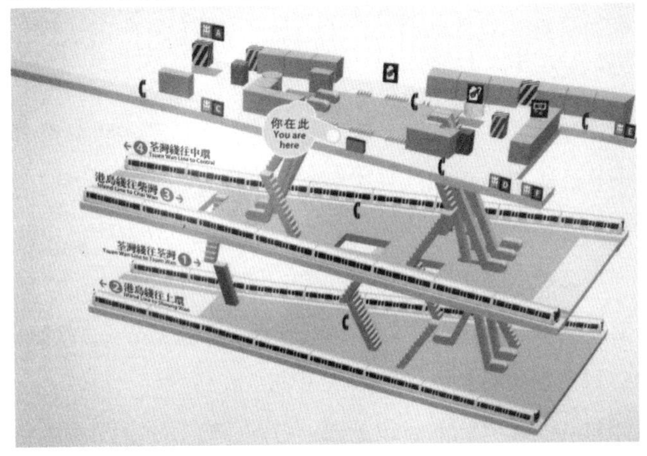

上：图 4-4-20　楼梯（公共设施），©日本东京新宿站
下：图 4-4-21　站台位置图（公共设施），©中国香港金钟站

的不同，站内设施也会随之变得更加复杂与庞大或简单与单纯。本书着重阐述了公共交通设施室内空间的主要构成要素及其相互联系，根据车站规模的不同，在设计的时候会有相应的取舍与调整。

交通系统功能的室内空间设计，往往带有更多的社会性和人文性的考虑。同时，基本的设施硬件又不容随意削减。所以，我们要有社会责任感与严肃性，立足于基础的设计科学，才能设计出更加合理与完善的城市交通系统公共室内空间。

二 医疗空间的室内设计

医疗机构是人类社会发展与进步的标志，其主要职责是为病患者提供疾病的预防和治疗的专业性服务。随着生活水平的不断提高，人们不仅关心高新的医疗设备和高超的治疗水平，对于医疗机构的空间环境设计也提出了更高的使用以及审美要求。医疗机构的空间不仅要满足诊治的功能需求，还要保证医患人员的生理与心理健康与稳定；同时，复杂昂贵的医疗设备的安置以及某些病患对于空间环境的特殊需求，也对空间的结构与装饰提出了非常规要求。因此，一个舒适的医疗机构的室内环境设计不仅是设计师自身专业水准的体现，更是设计师与医疗机构的管理人员、医护人员、医疗设备的技术人员共同沟通、协调的结果。[①]

（一）机构性能的分类

医疗机构从业务范围上可分为综合性和专科性两种性能机构，前者多为提供较为全面的医疗服务和咨询的单位，而后者的业务范围主要集中于某一专项疾病的治疗与预防，如常见的儿科、妇科、牙科等等。

由于历史沿革、地理位置、文化背景等方面的不同，世界上很多古老的民族都有其独特的疾病治疗方法。在中国，西医与传统中医是大多数人可接受的两种主要的医疗手段。由于中、西医的治疗理念有所差异，诊治的方式也有很大的区别，因此，两者对于空间的功能分配以及环境要求也各有不同。如中医诊病以医生对于病人的“望闻问切”为主，其环境多体现出人文关怀；而西医则是以现代科技手段进行病理的分析，所以化验、放射等分析治疗科室是大型综合医院的必备部门。

无论是综合性或专科性医疗机构，其空间面积均无固定限制。但不同医疗机构的不同性质功能决定了其医护人员及患者的数量，也由此决定了其空间的规模——规模较大的医疗保健机构可由一栋或几栋专项建筑组成，如大型的政府性综合医院或肿瘤、肠道等人员组成较为复杂的专项业务医院；而小型的医疗保健诊所往往占据一栋建筑的一部分，甚至只有几个单元的面积，如提供综合性服务的社区医疗机构或各种单项保健的家庭诊所等等。

（二）功能空间的配置

与其他公共空间一样，医疗保健机构的室内空间按照职能可划分为主体医疗业务空间、公共活动空间、配套服务空间以及附属设备空间等。一般而言，在医疗机构中，特别是大多以科学器械装备为主的空间如放射、超声、检验、病理、手术等科室，通

① 邱晓葵、吕非、崔冬晖：《室内设计项目下（公共类）》，2006年，第166页。

常会因设备要求或污染、噪声等各种外界物理因素的限制，不可做过多的界面装饰。因而，除了其空间的整体规划要符合安全、使用等方面的科学规范之外，室内设计师需要并且能够对医疗机构内部进行审美创造的区域主要集中于人员流动较为集中的开放的公共空间，如接待大厅、咨询、候诊等机构形象区域以及各科室、病房等诊疗区域。

无论是大型的综合医院还是小型的专科诊所，医疗保健机构的公共开放空间中人员往来最为频繁的当属前台接待和咨询空间，它同时也担负收款、配药等功能。在小型诊所中，候诊区域也设立于此。此外，走廊、卫生间、儿童活动室等也属开放使用的公共空间。

医疗保健按照人们就医的过程顺序大体可设置为疾病的诊、治、疗三方面的性能单元。通常，这三种性能单位是大多数医疗保健机构的三个主要的业务部门，为人们提供全面而配套的医疗服务。不同的医疗保健机构由于其主体业务的倾向性不同，诊、治、疗的空间既可合并为一体，如综合性医院或专科性牙科诊所；三种性能也可作为独立的服务机构存在，如以诊病为主的传统中医诊所，治、疗的程序均可安排患者在

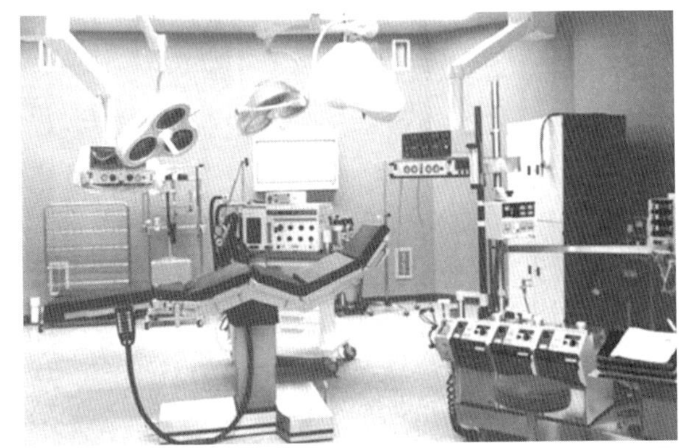

上：图4-4-22　以设备为主的功能区域只需简单的装饰
下：图4-4-23　美国麦星综合硬化诊所的接待空间

诊所之外遵医嘱自行解决，但有些中医诊所也会设立针灸、推拿等治病的功能空间。对于患有某些慢性或目前的医疗水平无法根治的疾病的患者，则在医院进行确诊和短期治疗之后，需要一个能为其提供长期维持、疗养的专业性保健空间，如维持肾脏功能的透析中心、传染疾病患者的隔离疗养院、肢体康复的物理运动中心等等，均可作为专门的疗养机构独立于诊治医院的范围之外。

通常，医疗保健机构的诊治空间的主体为各科医生的单元性诊疗室，为了保护患者的隐私，大多数的门诊诊疗室是独立而封闭的，便于医生与患者坦率沟通，以了解病情且深入诊疗。一般来讲，诊桌、诊椅是诊室的基本家具；综合西医还需设置就诊床，为了尊重患者的隐私，诊床一般附设拉帘或屏风；小型洗手盆也是诊室的必备设施，便于医生检查每一例患者之后的清洁工作，避免病菌的交叉感染；其他如研究影像结果的灯箱等诊察所需的简单设备可按需配置。

有些专科诊室如牙科或输液、透析以及中医的部分针灸诊室等不会过多暴露患者身

上：图 4-4-24　美国密苏里物理治疗专科诊所
下：图 4-4-25　英国麦翠家庭诊所的封闭式诊病单间

体的治疗科室，其诊治单元多为开放或半开放状态，既利于空间的节省，又便于医护人员的监理，同时也有利于病人的交流互动。

病房是诊疗空间的另一种形式，是为重病或术后患者便于深入治疗而设立的住院休息空间，因此，病床、储藏柜、坐椅是每位患者最基本的使用家具。根据病情和病人的需求，病房可分为多人和单人病房。在多人病房中，每个床位均应设有围帘可将其空间保持独立，以方便医护人员诊检，维护患者的尊严。

除此之外，普通工作环境所涉及的配套服务空间，如员工休息室、餐饮空间、护士服务台以及附属设备空间等，在不同规模和业务范畴的医疗保健机构均会按需设立，其空间的配置与要求按正常规范设计即可，在此不再赘述。

(三) 设计要素的把握

理论上讲，医疗保健机构的主体服务对象为全体大众，幼儿、老人、残疾人等均可为其空间的使用者，因而其空间环境的设计既要考虑各种病患者的身体状

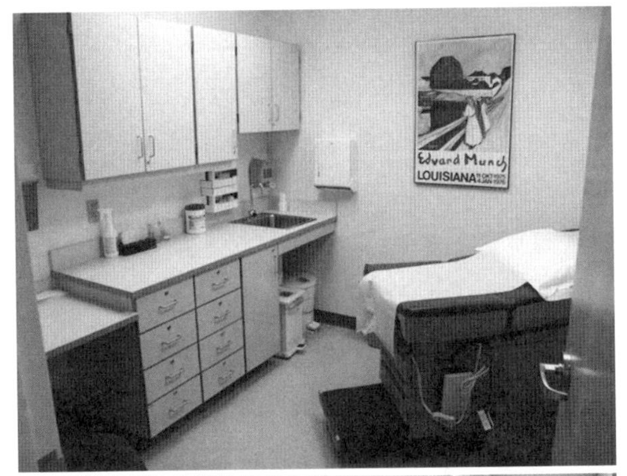

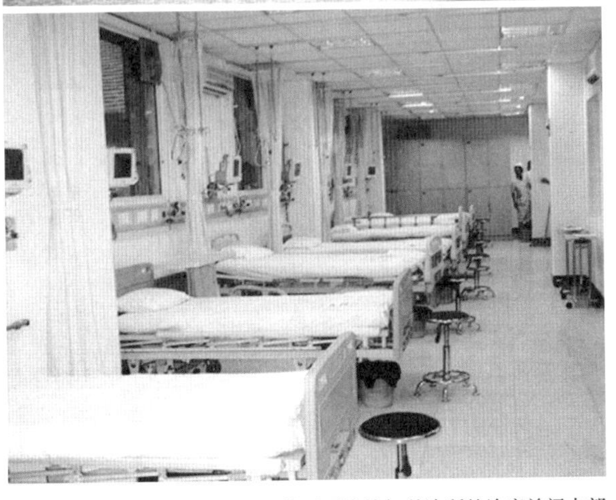

上：图4-4-26　英国夏洛特妇科诊所的诊病单间内部
中：图4-4-27　台北微笑牙医诊所的开放式诊区
下：图4-4-28　西安交大附属医院的多人病房

况，还要考虑到不同年龄和智力水平的人群的需求。医疗保健空间的室内设计不仅要营造一个舒适、健康的气氛，更要符合医护人员、患者及其家属共同使用的实用原则。

安全、方便是医疗空间室内设计首先要顾及的因素，各个功能空间的分布与尺度、家具及设备的配置、界面及设施的材料选择均要考虑到特殊条件下医护人员、患者及其家属的共同需求。

顺畅的动态流线是人们行为安全的首要保证，由于多数到访者是医院诊所的非日常使用人员，且部分为处于非正常健康状况的病患者，因而医疗空间的主体流线需直捷、方便，同时利用清晰明了的视觉传达系统以辅助非常访者快速到达所要寻找的诊治科室。同时，就诊病人不同的身体状况以及治救时不同的紧急程度要求医疗空间的主体通道既要方便医患人员不同速度的正常活动，又要保证如轮椅等普通医疗辅助设施以及输液架、急救床等各种医疗器械的频繁移动，因而，医疗空间的室内通道均应以残疾人通道设计为基准，双向通道不应小于1.8米宽①，且出入口最好采用自动门、推拉门或者平开门，而不应采用旋转门和力度大的弹簧门，单扇门宽不可小于0.8米②，门的下方应设金属踢撞板，以延长其使用寿命。

在医疗保健环境中，公共空间的地面需保持平整、无障碍，同水准地面之间的高度差不可超过13毫米，而且尽量运用1∶12的标准坡道解决同楼层的不同地面高度区域之间的连接，减少阶梯的使用，否则，则需要采用升降梯以方便轮椅使用者的自理行动①。

一般而言，医疗保健环境的室内空间尺度会大于具有同样功能的普通公共空间，例如病房、卫生间等均要留出一定的空间以便轮椅的使用或专业器械的安置。同时，台

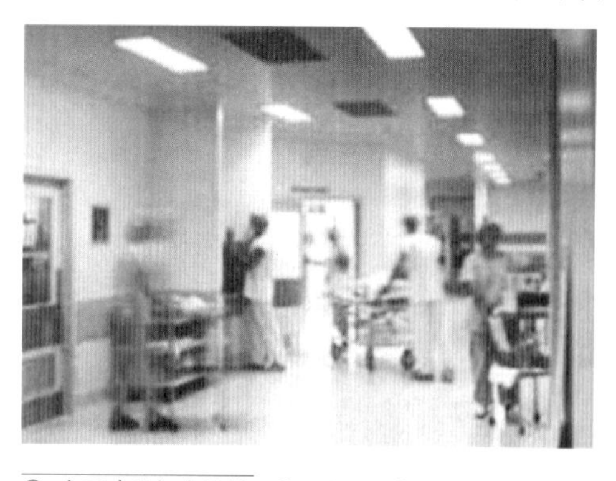

图4-4-29　医疗机构的特殊工作状态要求宽敞顺畅的室内流线

① 中国建筑标准设计研究所主编：《方便残疾人使用的城市道路和建筑物设计规范——JGJ50》，北京：中国建筑标准设计研究所，2001年。

② 英国标准学会著：《英国标准8300——建筑的残疾人需求设计》，伦敦：英国标准学会，2001年。

面、储物架、抓杆、坐便器等常用器具的安置位置亦要方便行动不便的患者独立而自由地使用。通常，医院诊所均设有残疾人专用卫生间，只有一个便位的公共卫生间也应以残疾人标准来配备和安置器具及附件。

医疗环境的特殊性决定其固定界面不宜做过多的造型设计，而且其材料需坚固耐用——除了某些高级病房可铺设地毯，其他的公共开放区域或是专业检验空间，地面均适于铺设瓷砖等防滑、防水、耐腐蚀、易清洁的材料；墙壁也多用瓷砖或油性涂料，金属、玻璃等坚硬、易碎材质不宜作为大面积的垂直界面出现于公共区域，以免造成人员的意外伤害；在人流频繁的公共走廊两侧墙壁以及凸角需附设塑胶等软质缓冲垫，以防止人员及设备快速运动时的冲撞，同时也保护墙壁表面不受损坏；相对而言，医疗空间的顶棚材质则无过多限制，石膏、金属、木材均可搭配成为吸音材料使用于顶部空间。

医疗保健空间应保持通透、明亮，以便随时接待病患者，特别是全天候开放的大型综合性医疗环境，其空间照度一般应维持在200勒克斯左右。

尽管医疗保健空间的室内设计会受到安全、实用等多方面制约，室内设计师在其空间的装饰风格、色彩以及环境氛围的营造方面还是有很大的创意发挥空间，特别是在接待大厅、病房或是常规疗养的保健机构。

一般而言，以诊治为主的医疗空间大多造型简洁，颜色以淡雅、明快为基调，以舒缓病患的不适，安抚患者的情绪；而以疗养为主保健空间有时则会利用鲜艳的色彩、丰富的造型来活跃过于严肃、安静的气氛，以调和患者的情绪。儿童是患者中较为特殊的群体，设计师在设计儿童医院、儿科诊所以及综合医院的儿科病房时，除了要顾

图4-4-30　英国道格拉斯医院的辅助升降设备

图4-4-31　杜邦公司出品的扶杆状缓冲撞垫

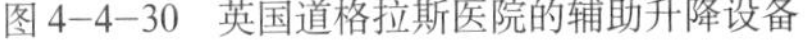

① 英国标准学会著：《英国标准8300——建筑的残疾人需求设计》，伦敦：英国标准学会，2001年。

图4-4-32　英国德碧城市儿童医院的候诊大厅

及儿童作为普通病人的行为需求，还要把握儿童家具、设施的尺度，以方便孩童患者的使用；同时，与大多数为孩童服务的公共空间一样，医疗环境中的儿童游乐区域以及儿科诊室、病房均可用活跃生动的造型、明亮的颜色搭配来进行空间的装饰，以配合儿童活泼好动的天性。

总之，医疗保健机构的室内设计应是以人文本的实用性艺术创作过程，其环境的布局与装饰均要以医患人员舒适的心理、生理感觉为基础，从而创造一个集科学性、经济性、艺术性为一体的空间环境，维持或促进医疗保健工作的效果。

三　展示空间的室内设计

展示空间包括会展中心、展览馆、画廊等。展示空间的临时性和短期行为给设计者提供较大的自由度，能够不断尝试一些富有创意的方案。展示空间设计的专业化程度很高，特别重视展线的流畅性、照明方式的多样性和展板布置的灵活性。

（一）展示空间的功能分区

任何类型的展示空间都可以分为以下三个主要的功能分区：

1.信息展示空间：是产品展示、信息发布的地方。空间的大小，由展品数量、规格决定。展示空间的设计要以吸引参观者为目的。流线设计和展品的布置应使参观者越往里看越感兴趣。

2.公共活动空间：是供参观者活动的区域，需要足够的面积方便人群的流动，并且在此空间停留交谈时不会影响其他人出入，必要时应附设临时的休息空间。

3.辅助功能空间：如储藏间、工作间和接待间。其中接待间多为方便参展商与客户相互交流洽谈而设计。这类空间常被安排在信息空间的结尾处，位于多数参观者不容易觉察到的地方，具隐秘性或半隐私性。

（二）展示空间的类型

展示的基本空间类型有外向式和内向式两种：

1.外向式展示空间：亦称“岛屿式展示空间”，展台呈小岛状，自成一体，能够从各个方向吸引参观者的注意力，而且从各个方向都可以进入。这种展示空间的结构可

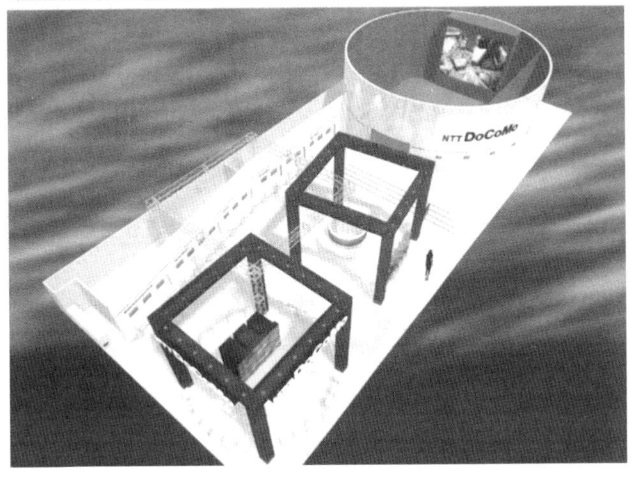

图4-4-33　展示空间中的功能分区

以是单层的，也可以是多层的，气势宏大，形式多样，个性突出，对参观者的吸引力较强。

2.内向式展示空间：亦称“隔间式展示空间”。一般小型展示空间多采用这种方式。展示面积小，空间形式容易把握，但对参观者的吸引力较弱。

无论采用哪一种空间形式，作为一个完整的展示空间必须是醒目而与众不同的。

（三）展示空间设计处理手法

在设计展示空间时，设计师首先要考虑空间的流线组织，其次是二维的平面设计，包括展板、标志等，最后是能够在短时间内迅速建成的室内环境设施。

上：图4-4-34　岛屿式展示空间

下：图4-4-35　隔间式展示空间

1.流线组织与平面处理

平面计划是展示设计的基础，有关展示环境的创意思维都将通过平面设计综合实现。设计师首先要根据展品内容的内在发展程序安排动线的走向；其次要根据建筑物所固有的空间关系安排线路并尽量与之保持和谐；最后是要与其他各项一并处理，不要单独设计。线路的设计要求一是顺序性，二是简短便捷性，三是灵活性。平面设计必须达到突出展品、整体统一、主次分明、动线清晰简洁、立意新颖。

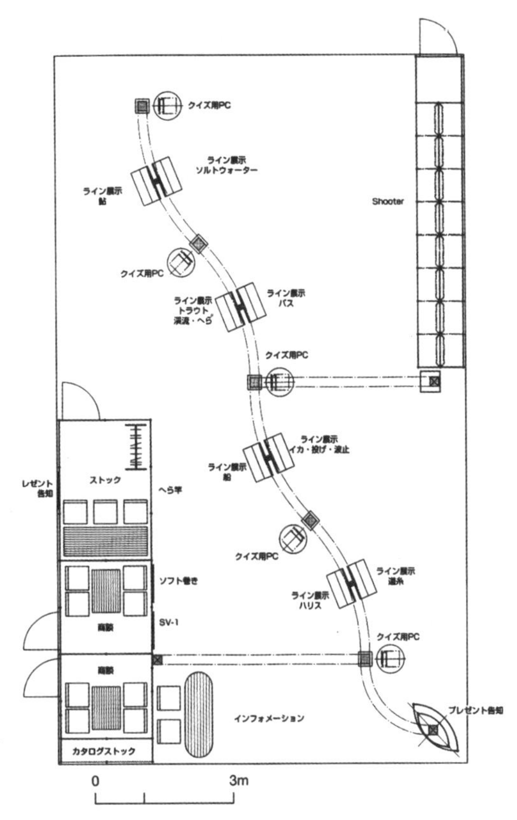

水平空间处理要明确合理地分配展示空间的各功能区，各区之间内外通透和谐，形式丰富有趣。设计师可借助对展示道具的安排，在平凡朴素之中显现出千姿百态的变化。当展览内容分布安排在不同的展示空间里时，为了给参观者一个总体印象，使参观者看完展览后能将各处的展览内容联系起来，设计师就要使用视觉导向的方法，通过地面图案、隔断形式、色调、视觉符号等手法，将各自独立的空间联在一起，既能统一展示内容，又具备导向功能。

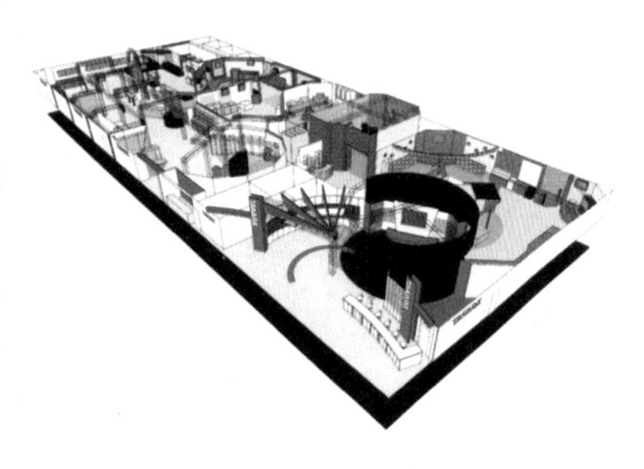

上：图 4-4-36　展示空间中的流线组织与功能分区
下：图 4-4-37　展示空间中各区之间的视觉导向

2.空间处理

为了吸引参观者的注意力设计师可以采用纵向空间对比的手法，通过降低辅助空间，突出主体的高大；亦可采用沿垂直方向向上叠加层的手法扩大空间，

突出主体效果，这种手法若使用得当能左右全局的空间安排。设计者还可依靠结构构架来表现展示空间形式。常用的界面形态有壳体、帐篷、充气结构、网架等。这类结构构架节点和标准杆件，交接出三角锥体或四角锥体，进而能创造出更大的空间。这种结构形式突出了时代特色，并能够重复使用，组装、拆卸十分便利。另一类展示空间的构思是，通过曲线的运用表现人们对自然界有机形态的追求。设计中既可使用真实的树木、山石、鲜花、模拟瀑布等作为展示空间的装饰道具，也可运用自由曲线、曲面以及现代软质材料，表达空间中蕴涵的无限变化。

3.照明和色彩处理

展示空间都是采用人工照明来烘托展览气氛。因此，照明在展示中起着重要作用，光线的强弱直接影响着展示的整体效果。在展示空间的照明处理上，

上：图4-4-38　充气结构在展示空间中运用
中：图4-4-39　拆装便利的网架结构常用于展示空间
下：图4-4-40　植物对展示空间气氛的调节作用

设计者应把握两方面：首先应提供舒适的视觉环境，基础照明与展品的重点照明在照度上要有一定差距，使展品有足够的亮度，提高观赏的清晰度；其次，照明方式和灯具应具有鲜明的时代特色。展示空间的照明一般分为基础照明、局部重点照明和装饰照明。基础照明的光线分布均匀，使整个空间显得统一、和谐。局部重点照明的目的在于突出展品，吸引参观者的注意力，并加深印象。装饰照明是为了烘托展示空间的气氛，丰富空间的层次感。

展示空间色彩的分布计划应具有统一性，以一个主色调为前提，各功能区的用色有所区别。局部色彩的运用，能起到辅助点缀的作用。在展示空间设计中人们多使用纯度较高的色彩，根据色彩的配置原理，和谐运用。目前，黑、白、灰等无色彩系列也愈来愈多地运用到展示空间的设计中。在无色彩环境里，一切有形有色的物体都会显得更为生动。

上：图 4-4-41　对展品的重点照明
下：图 4-4-42　展示空间中的色彩设计

四 文化教育设施空间

文化教育设施空间包括幼儿园、中小学校、文化馆、图书馆、宗教建筑等。在公共室内空间中，教育设施空间受到的关注往往少于其他空间，这其中不乏经济效益方面的考虑。实际上，提高教育设施空间的设计质量能够有效地提高空间的使用功能，并能改善人的精神状态。

（一）幼儿园

幼儿园的功能分区包括主入口、班级生活和活动区域、办公与后勤保障区域。

主入口是幼儿父母接送孩子的地方，也是幼儿园每天早晨对幼儿进行晨检的地方，门厅应宽敞明亮，并备有家长们休息的设施。医务室、隔离室应紧邻主入口设置，内部附设卫生设备，便于及时隔离、照顾生病的幼儿。

幼儿在园内的绝大多数时间是在各自的班级生活和活动区域内度过的，所进行的活动包括户内外的游戏、进餐、休息、便溺、洗浴等。这部分空间要求有良好的朝向、充分的日照、明快且柔和的色彩，地面宜采用较易清洁、防滑且温暖的材料。游戏空间需宽敞而明亮，以自然日光照明；休息空间则需安静，通过窗帘等设施控制白天照入室内的光线，保证幼儿的休息。每班附设的卫生间的洁具数量、规格和安装位置应符合幼儿的使用要求，地面应充分考虑防滑、耐擦洗等要求。

图4-4-43 幼儿活动空间

在幼儿的活动空间里，设计者应注意走廊转角处、楼梯踏步和台阶边缘的处理，门窗玻璃的防护，窗台板高度和家具转角的改善，避免对幼儿造成伤害。

办公与后勤保障区是幼儿园管理、饮食供应部分，入口宜分开设置，保证工作期间不会干扰幼儿的日常生活。

（二）学校

学校的室内设计主要包括教室、报告厅、食堂、宿舍、办公室和校内的图书馆。其中教室、宿舍、办公室以宽敞明亮、学习工作生活的舒适方便为室内设计的主要衡量标准，整体设计应朴素、简洁、大方。由于宿舍和教室的人员密度和使用频率很高，因此还要求所有教室的地面和墙面除满足专业要求外，应耐磨、耐擦洗、易清洁。

教室的设计首先要考虑学生的年龄段，小学和中学的教室应有不同的侧重点。其次，由于教室是人员密集场所，还要考虑到安全疏散方面的问题。普通教室应考虑桌椅排放与前方讲台的视距、视角；自然光的来向与学生桌椅的关系；教室内的空气质量与自然通风；避免外部噪声的影响同时提高教室内的音质；随着电化教学的普及，普通教室内还应预留出增加不同的电子设备的空间。

各类专业教室的室内设计应根据具体的使用功能进行设计，满足不同专业教学的使用要求。比如美术、书法教室需要稳定、均匀的光线，在建筑布局中多布置在北侧，采用北面的侧光，或布置在顶层利用北向的天光；舞蹈教室、音乐教室和视听教室由

上：图4-4-44　普通教室宽敞、明亮、洁净
下：图4-4-45　朴素整洁的学生食堂

于产生的噪声较大，为避免对周围教学用房的干扰，一般单独布置或布置在建筑的某个局部，在地面、顶棚和墙壁做吸声、隔噪处理，走廊的连接处设隔声门；化学、生物实验室的桌椅布置应考虑试验桌或操作台的尺寸、药品的存放空间及水池的位置，由于实验中会产生气味，教室内应设置排风竖井或直接通向室外的排风扇；计算机教室的地面要做防静电处理，电源、网络接口应与电脑桌的布置相匹配，且用电负荷能够满足课堂教学时全部计算机同时使用的要求。

报告厅和校内图书馆是学校形象的代表，也是学校建筑室内设计的重点。学校图书馆每天的使用时间与频率，与教学时段密切相关，有着阵发式的特点，需要充分考虑主入口空间和各分区入口空间的宽度，在阅览区入口处预留出足够的空间用来存放学生的私人物品。白天阅览室内应以自然光线为主，远离采光口的地方使用人工辅助照明；晚间的照明应大范围采用中等照度的顶部照明结合阅览桌上暗藏式的局部照明。顶部照明能够创造出均匀舒适的光线，而桌面局部照明产生的光领域，能使人精力集中。

上左：图4-4-46　计算机教室
上右：图4-4-47　满足学生的一般阅览需求的学校图书馆
下左：图4-4-48　阶梯教室是集中授课的必备场所
下右：图4-4-49　报告厅可以集中表现一所学校的形象

（三）图书馆

各类专业图书馆、综合图书馆是贮藏保护图书的地方，其规模大小不等，功能要求不一，空间通常较为复杂。传统图书馆的室内空间划分为藏、借、阅三大主体空间，而现代图书馆更多地从读者借阅便利的角度出发，空间布局灵活多样。现代图书馆内除了传统的纸质书籍的藏、借、阅三大主要功能外，还有电子微缩阅览、媒体影视视听、馆内数据库查询、馆际之间资料共享、互联网信息交流等功能，还可以向读者提供远程的在线阅读、视听、讲座和展览等服务。

（四）文化馆

文化馆是文化活动的中心，分为不同的级别和规模，主要包括少年宫、青年宫、老人活动中心、文化交流中心等，参与活动的人群的年龄段宽泛，活动内容多种多样，多为自发性参与。以少年、青年人为主的文化馆主要侧重拓展课堂、工作以外的知识面，培养各种兴趣爱好，提高艺术修养，促使人们参与各类竞赛和交流；以中老年人为主的活动中心主要侧重娱乐，强身健体，同时增加同龄人之间、与社会之间的交流，是中老年人精神生活的必要补充。

综合性文化活动中心应注意活动区域的划分，根据不同的年龄段、活动内容分隔动静空间。在年轻人的活动区域中空间造型宜富于动感、活力，色彩宜明快；中老年人的活动区域中空间造型以闲适、静态为主，色彩宜淡雅。

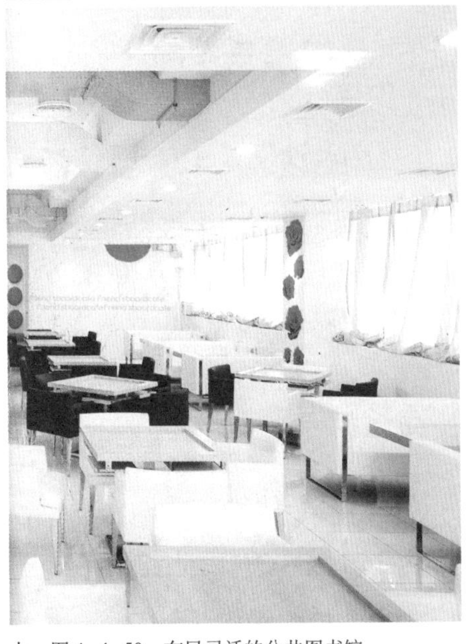

上：图 4-4-50　布局灵活的公共图书馆
中：图 4-4-51　以青年人活动为主的信息交流中心
下：图 4-4-52　以中老人活动为主的棋牌室

（五）博物馆

博物馆的内部空间主要由门厅、陈列空间、馆藏空间、工作空间(包括研究与修复)和办公空间组成。其中门厅与陈列空间部分面向公众开放，其余部分为内部工作使用。

陈列空间的展线设计一般为顺时针方向，要求展示面具有连续性，不会使人漏看展品，同时要使观众在观看展品时的动线不交叉、不逆流。

陈列空间的照明尽可能采用日光，但为避免紫外线对展品的伤害，防止产生阴影和眩光，应避免阳光的直射。通过高侧窗、北向天窗和全反射人工辅助照明等共同构成柔和的陈列照明。

不同的展区可以通过展品背景墙面的色彩变化划分各自的区域，同时保持空间的连续性。地面采用有弹性、耐摩擦、防滑的材料，减少观众长时间观看产生的疲劳感。

随着多媒体展示形式的普及应用，现代博物馆的陈列展示方式也随之发生了变化，不仅有传统的图像、实物、模型的展出，还有电视、电影、媒体映像、媒体互动，甚至还有远程同步合成影像的展示形式，这就要求设计者在进行室内设计时充分考虑空间的可变性和可塑性，使之能够适应多种展出形式的要求。在陈列、展示中引导并鼓励人们的参与互动，改变博物馆的传统静态陈列模式。

五 休闲娱乐空间

休闲娱乐空间是为了满足人们开展各种休闲娱乐活动的需要而设计建造的特定空

图4-4-53 结合媒体映像设备的展示陈列空间

间场所，属公共空间类型。休闲娱乐空间的一个重要特点就是它的独特性，即尊重所处的环境和文化，合理设置休闲空间，以满足休闲者的活动需要。休闲娱乐空间的室内设计是要通过对休闲空间流线的合理规划，休闲设施的合理配置，创造出一个充满生机与活力的室内休闲环境。

（一）休闲娱乐活动的特征

休闲活动的本质的特征是自主性、自由性、消遣性和参与性。人们因社会地位、阅历和价值观念的不同，休闲动机各异，或为满足个人生理和心理的某种需求，或为求知或审美，或为社交，或为促进家庭的和谐与幸福。各类休闲、娱乐空间是现代城市中供游乐、休憩而开发的空间场所，它拥有独特的环境和丰富的情态特征，给人们带来多样的情趣和意境。

闲适是休闲空间的明显特征。人们希望通过各类休闲娱乐活动缓解并消除生理和心理疲劳。因此，这类空间的设计应能够使人们置身于轻松、舒适、自在的环境中，形成一种恬静、怡然的精神状态。

各类娱乐活动是休闲空间里最引人入胜的因素，也是该空间得以存在的理由。充实、健康、有益的活动使休闲空间变得主动积极，并富于教化意义，成为有活力的人的空间。从传统节庆中吸取精华，演化为具有地方特色的文化节目，将之注入休闲空间是可取的做法。一旦休闲空间被赋予了重要的节庆场所的地位，就能够引导休闲行为朝文化、教育的方向上发展，发挥出休闲活动最高层次的意义。

图 4-4-54　自由、消遣、缓解压力是各类休闲空间的共同特点

（二）不同休闲娱乐空间的特点

休闲娱乐活动的形式多种多样，包括旅游休闲、运动休闲、交往休闲、娱乐休闲、游憩休闲等。室内休闲娱乐空间类

型包括：以运动为主的健身房、游泳馆及各种规模的综合性体育馆；以交往为主的咖啡厅、茶艺馆、酒吧；以娱乐为主的KTV歌舞厅、洗浴中心；以及各类主题沙龙、俱乐部、女子SPA馆等。

1.健身俱乐部

健身俱乐部室内空间的布局较为简单，一般为大开间，可分为器械训练和形体训练两大部分。形体训练空间相对封闭，需要一个完整的墙面设置把杆和照身镜。健身空间内墙面应平整，避免突出物可能造成的伤害，墙面阳角的转角处2米以下的高度范围内宜处理为小圆角；地面采用有一定弹性的材料，如双层实木地板、橡塑地面等。由于器械会产生噪声、形体训练时会有音乐伴奏，内部空间设计时墙面和顶棚需考虑吸音减噪设施。

健身俱乐部附设的更衣区域应有足够的空间，便于更换运动装，洗浴设施在满足淋浴功能的条件下，应根据具体情况设置桑拿浴、蒸汽浴等设施。在内部空间划分时还须考虑体能测试室、办公室、教练休息室的空间。

2.KTV歌舞厅

歌舞厅内分为舞台、舞池、休息区的三大主要区域，歌舞区是室内空间的重点，室内音响、人工照明和色彩决定着室内的气氛，是设计的关键。在舞台部分应采用高照

图4-4-55　器械训练需要宽敞明亮的大空间

度的照明方式突出表演者；在舞池部分应采用多种形式的彩色照明，如反射镜球灯、旋转灯、频闪灯等，形成变化多端的光的海洋，营造喧闹、热烈、富于激情的气氛，舞池内部的界面可采用表面光亮或透明的材料，与灯光配合，增加迷幻、动态的效果；舞池周边的休息区空间高度宜低，采用反射或局部照明的方式，照度宜低，墙面采用暗色，通常使用有一定吸引功能的材料，减少声反射。

上：图4-4-56　气氛热烈的歌舞厅
下：图4-4-57　个性酒吧

3.酒吧

通常，每个酒吧都有自己的主题，可以是非常具有个性、前卫、夸张的风格。酒吧的室内设计手法多种多样，空间造型使用的主题元素，墙面、地面、顶棚上使用的材料也应与众不同，加上灯光、音响的配合，表达出娱乐的氛围和个性化特征。

在酒吧的内部空间中，吧台区是设计的重点，大型的酒吧还会附设小型的演奏台或表演台，在晚间的黄金时段请歌手前来表演助兴，烘托主题气氛，借以吸引更多的客人。临近吧台的座位区一般成组布置，灵活多变；靠近外墙的座位多以火车座的形式出现。

4.洗浴中心

洗浴中心是各个年龄段的人们都能享受的休闲场所。除门厅、接待大厅外，内部主要功能分为洗浴、休息两大块。洗浴部分偏重洗浴过程流线的合理性，强调实用功能，重点在于对各类洗浴设备的安排。

清洁卫生是洗浴空间的首要原则。洗浴空间的整体色调应色彩洁净、明快。由于洗浴空间基本处于高温高湿状态，除芬兰桑拿浴室使用纯木质结构、蒸汽桑拿浴为整体浴室外，其余部分的墙地面一般使用内墙釉面墙地砖、马赛克、石材等耐水性高、耐腐蚀、易清洁的饰面材料，顶棚采用耐潮湿的金属微孔板或PVC扣板。地面排水系统尤为重要，可以使用地漏或排水明沟的形式。若采用地漏形式，地面图案较为完整，但要保证足够的数量；采用明沟的形式一般覆盖硬质塑料或不锈钢沟盖板，确保地面的平整统一。由于洗浴空间的私密性，一般采用机械的方式通风，但要确保内部空间的换气次数和足够的新风量。

休息空间的氛围应是温馨、自然的。为保证客人休息时环境的安静，减少行走时可能产生的声响，地面通常铺满地毯，墙面多采用天然材料，如木材、植物壁纸、纺织品等，同时使用各种隔断、屏风、帷幔、室内绿植等对内部空间再次分隔，增强局部休息空间的私密性。音量很低的背景音乐、低照度的间接或局部照明也被用来加强

图4-4-58　色调柔和温馨的女子SPA

休息空间的幽静、恬适感。

5.咖啡厅与茶艺馆

咖啡厅与茶艺馆通常是人们与客户洽谈、与朋友小聚或是工作之余短暂放松一下心情的场所。这类空间的氛围应尽可能的亲切、轻松、安静。一般空间高度较低，通常划分为成组的小空间，家具的布置形式应有一定的变化，为客户提供多种选择。

图 4-4-59　富有浪漫情调的咖啡

咖啡厅的整体色调通常较为明快，设计手法和使用的设计语汇较为现代；茶艺馆则常常通过家具、隔断、陈设品、书画等，更多地表现出中国传统文化的特色。

6.网吧和网络游戏厅

以网络服务为主的空间多以太空概念表现空间造型，色调以冷灰为主，使用金属、玻璃等新材料、新工艺、新构造，表达高科技概念。

网吧主要是提供互联网及与互联网有关的服务的信息中心，除上网大厅外还附设咖啡厅、酒吧、会谈区以及包括电话、传真服务的商务区。主体空间的布局形式多样，有行列式、组团式、散点式等多种形式。

图4-4-60　网吧

图4-4-61　大型网络游戏厅

网络游戏厅专门提供网络游戏服务，包括主体游戏大厅，附属的游戏软件展示厅、DVD观赏区、便利店、咖啡吧和内部办公、中控室等。与虚拟游戏中团体对抗赛相呼应，游戏区的布局多以组团式出现，增强游戏者的团队合作意识。入口及通道处布置大型液晶显示屏即时显示游戏的进展情况。

参考书目

1. 张绮曼、郑曙旸编：《室内设计资料集》，北京：中国建筑工业出版社，1991 年。
2. 薛健编：《室内外设计资料集》，北京：中国建筑工业出版社，2002 年。
3. 来增祥编：《室内设计原理》（上），北京：中国建筑工业出版社，2004 年。
4. 陆震纬编：《室内设计原理》（下），北京：中国建筑工业出版社，2006 年。
5. 〔日〕小原二朗、加藤力、安藤正雄编：《室内空间设计手册》，张黎明等译，北京：中国建筑工业出版社，2000 年。
6. 邓楠、罗力编：《办公空间设计与工程》，重庆：重庆大学出版社，2002 年。
7. 亓育岱等编：《办公建筑设计图说》，济南：山东科学技术出版社，2006 年。
8. 〔美〕南希 ·F.· 凯恩：《品牌的故事》，杨翼译，北京：机械工业出版社，2003 年。
9. 邱晓葵：《店铺内外》（中央美术学院设计学院实验教材），长沙：湖南美术出版社出版，2001 年。
10. 邱晓葵、吕非、崔冬晖：《室内项目设计（公共类）》（高等院校环境艺术设计专业指导教材），北京：中国建筑工业出版社，2006 年。
11. 邓雪娴、周燕珉、夏晓国：《餐饮建筑设计》，北京：中国建筑工业出版社，1999年。

12.〔日〕竹谷稔宏：《餐饮业店铺设计与装修》，孙逸增、俞浪琼译，沈阳：辽宁科学技术出版社，2001年。
13.鹿岛出版会编著：《站再生》，日本鹿岛出版会，2002年。
14.都市交通研究会编著：《新的都市交通系统》，日本山海堂，1997年。
15.刘连新、蒋宁山编著：《无障碍设计概论》，北京：中国建材工业出版社，2004年。
16.〔美〕阿达文·R.蒂利、亨利·德赖弗斯事务所：《人体工程学图解——设计中的人体因素》，北京：中国建筑工业出版社，1993年。
17.百通集团：《现代建筑集成·教育建筑》，沈阳：辽宁科学技术出版社，2000年。
18.〔韩〕CA Press编：《理想空间设计书——商店·展示空间》，郑琦珊、柯达峰译，福州:福建科学技术出版社，2005年。
19.〔韩〕CA Press编：《理想空间设计书系——娱乐空间》，黄婷、魏林译，福州:福建科学技术出版社，2005年。
20.〔日〕Rikuyosha公司：《日本空间设计大奖系列——会展空间》，福州：福建科学技术出版社，2004年。
21.〔韩〕建筑世界株式会社编：《室内空间设计系列——教育·福利空间》，孔磊译，大连：大连理工大学出版社，2002年。
22.〔西班牙〕克里斯汀娜·蒙特兹编著：《咖啡厅设计名师经典》，张海峰译，百通集团，昆明：云南科技出版社，2002年。
23.〔日〕株式会社建筑画报社编：《日本绿色校园建筑》，韩兰灵、唐玉红、李丽译，大连：大连理工大学出版社，2005年。
24.〔西〕阿里安·莫斯塔第著：《教育设施》，苏安双、王雷译，大连：大连理工大学出版社，2004年。

第五章　室内装饰材料

饰面材料的选用是室内设计中直接关系到实用效果和经济效益的重要环节，巧于用材是室内设计中的一大学问。从实用的角度讲，设计应考虑的是室内的造型与人的活动相吻合，并使用适当的材料，决定其加工方法；同时还应考虑到材料和劳动的消耗成本及管理成本，力求用最少的费用获得最大的经济效益。装饰材料需要满足使用功能和人们身心感受这两方面的要求，具体包括坚硬、平整的花岗石地面，平滑、精巧的镜面饰面，轻柔、细软的室内纺织品，以及自然、亲切的本质面材等。

第一节　装饰材料概述

装饰材料类似于服饰，只不过服饰是给人穿的，而装饰材料是给建筑物穿的。服饰在满足了人保暖、遮羞需求的基础上，还有美观修饰、体现穿衣者品位身价的作用。装饰材料也是一样的，它首先要有一些基础的功能，在实现这些基础的功能后，其装饰性就显得格外重要了。相同的造型、照明、色彩，不同的材料表现，会形成不一样的空间品质。

一个环境一般是由多种材料组成，材料的不同组配能改变环境的性格特征。材料是媒介，是表情，它们的共同组合塑造了空间的气质。在材料的选择上不一定要贵，但一定要有整体考虑，无论木材、石材、金属材质都要搭配得当。合理地搭配材料能够提升环境气氛，反之就会给人不协调的感觉。材料无所谓好坏之分，主要是依据情况需求而定，单一的材料元素无法进行评判，只有在材料的配置中才能界定材料的好坏。

装饰材料和服饰一样有着自己的流行趋势，目前装饰材料更新换代很快，品种也越来越丰富。随着科技的发展，新型装饰材料层出不穷，它们除了为室内形象的突破和创新提供了更为坚实的物质基础外，也为充分利用自然环境、节约能源、保护生态环境提供了可能。

一 室内装饰材料的质感与肌理

所谓质感，即材料表面组织构造所产生的视觉感受，常用来形容实体表面的相对粗糙和平滑程度，也可用来表达实体表面的特殊品质。不同的质感，能够表达实体的不同表情。

材料的质感是丰富室内造型、渲染环境气氛的重要手段，相同的环境由于材料质感的差异，其装饰效果会很不相同。每种材料的质感都存在两种基本类型，即触觉和视觉。触觉质感是真实的，在触摸时可以感觉出来；视觉质感是眼睛看到的，所有的触觉质感也能给人们视觉质感；一般不需要触摸就可感觉出它外表的触感品质，这种表面质地的品质，是人们基于对过去相似材料的回忆联想而得出的反应，有时完全相同的造型，采用不同的材料就会产生完全不同的效果，甚至尺度大小、视距远近和光照，都会影响对材料质感的认识。

材料都有一种质感，而材料的肌理越细，其表面呈现的效果就越平滑光洁；甚至很粗的质地，从远处看去，也会呈现某种相对平整的效果，只有在近看时才可能暴露出质地的粗糙程度。在选用材料时，空间中有些位置没必要非得用高档豪华材料，相反一些普通而又适宜的材料反而会显得恰如其分，相得益彰。

人们利用材料的质感在很大程度上是为了满足精神方面的需求，如大量使用不锈钢，磨光花岗岩等反光性能强的材料，无非是要衬托环境的豪华、夺目，使人们的情绪更加活跃和激动；而大量使用竹、藤、砖石等材料，则是希望环境典雅、宁静，造成一个耐人寻味的氛围。大量使用新材料，有展示经济实力、显示科技进步的意义；有意使用传统地方材料，则是为了追求与历史和自然的联系。

肌理是由材料和触感的关系而产生的，它包括我们常说的手感、触感、纹理及质地等用语，然而肌理的效果往往通过视觉观其纹理而觉察到它们不同质感。这种通过视觉所能见到的被称为是视觉肌理。

人们可以利用一些方法使材料的肌理发生变化，例如，以某种材料为主，局部换一种材料，或者在原材料表面进行特殊处理，使其表面发生变化(如抛光、烧毛等)。有时不同材料肌理的效果可以加强导向性和功能的明确性，不同材料肌理的运用可以影响空间的效果，而且运用肌理变化还可组成图案作为装饰。改变材料表面的肌理效果，这往往是利用低档材料去追求材料豪华、效果贵重的一种方法。材料的肌理可以加强空间环境效果，并使它的基本形象更有意义，有时不同的表面处理，能够显示出环境截然不同的表情。改变材料表面的肌理效果是处理材料的一种基本手法。

二 装饰材料的分类

本章所涉及的是可赋予表面的主要装饰材料的介绍和拓展性材料的介绍，由于篇幅所限，一些非表面性材料不再赘述。一般常用的材料分类是以状态、材质、功能等使用范围来命名。

室内装饰材料状态可分为实材、板材、片材、型材、线材等。实材也就是原材，主要是指原木及原木制成的规方，以立方米为单位。 板材主要是把由各种木材或石膏加工成块的产品，统一规格为1220mm × 2440mm，板材以块为单位。片材主要是把石材及陶瓷、木材、竹材加工成块的产品，在预算中以平方米为单位。型材主要是钢、铝合金和塑料制品，在装修预算中型材以根为单位。线材主要是指木材、石膏或金属加工而成的产品，在装修预算中，线材以米为单位。按材质分类有塑料、金属、陶瓷，玻璃、木材、涂料、纺织品、石材等种类。按功能分类有吸声、隔热、防水、防潮、防火、防霉、耐酸碱、耐污染等种类。

第二节 基本的装饰材料

一 常用装饰材料

虽然本章着意于培养对室内装饰材料的创新性应用，不过这种创新必须以对最基本的装饰材料的精确把握为基础，因为它们是形成一个空间的最基本元素，是室内大多数的材料的基本组成部分。这些装饰材料每一类都有无数的材质变化、多种的色彩、不同的硬度，给人不同的视觉感受；同时对这类常用材料的不同一般的使用也是区别于一般设计的一种方式。所以作为一名合格的室内设计师，需要对这类材料有充分的了解和认识。

(一) 天然石材

图 5-2-1

石材一般质地坚硬耐久，感觉粗犷厚实，具有耐腐、绝燃、不蛀、耐压、耐酸碱、不变形等特性。但也有施工较难、造价高、易裂、易碎、不保温、不吸音等缺点。在室内设计中比较有艺术表现力的石材有：花岗岩、大理石、洞石、砂岩、板岩等。

1.花岗岩

花岗岩属岩浆岩。其特点为构造密、硬度高、耐磨损、耐压、耐火及耐大气中的化学侵蚀。其花纹为均粒状及发光云母微粒，其中矿物颗粒越细越好。花岗岩不易风化变质，颜色沉稳，外观色泽可保持百年以上。缺点是存在微量的放射性，所以常用于公共场所的地面铺装。

对同一种花岗岩采取不同的方式加工会形成截然不同的视觉效果，由机刨法加工可形成机刨板，由斧头加工可形成剁斧板，由火焰法加工可形成烧毛板等，给人粗犷、朴实、自然、浑厚、庄重的感觉。但多数花岗岩还是被加工成镜面板材，经粗磨、细磨、抛光而成，表面平整、光洁、豪华，易于打理。

2.大理石

大理石是指变质或沉积的碳酸盐的岩石。其特点是有漂亮自然的条状纹理，色彩繁多，组织细密坚实，可磨光，抗压性高，吸水率小，较易清洁。大理石的缺陷是不耐风化，在环境中会很快和空气中的水分、二氧化碳起反应，使其表面失去光泽，所以常用于室内墙面。大理石纹理夸张，不同的大理石板装饰效果相差很大，需大面积使用时要多方挑选确定。人们往往利用其自然的纹理达到丰富空间的作用。对大理石的加工一般采用磨光的形式，突出其自然形成的纹路。

3.洞石

洞石是一种地层沉积岩。其特点是有较明显的小孔和线形纹理，颜色柔和，略发暖黄色，材质较硬，不易风化，有吸湿、防滑的特点。洞石的外观效果是花岗岩、大理石所不能取代的，它有一种很朴素的艺术美感，高贵但不华丽，较适合用于有文化艺术背景的室内墙面铺设。

4.砂岩

砂岩也是一种沉积岩，是由石粒经过水冲蚀沉淀于河床上，经千百年的堆积变得坚固而成。砂岩是一种亚光石材，不会产生因光反射而引起的光污染，又是一种天然的防滑材料。不风化，不变色，颗粒均匀，质地细腻，耐用性好。同时还是零放射性石材，对人体无伤害。砂岩本身素雅，呈暖白色，近观小颗粒状，无明显色差，远观材质效果不明显，装饰效果不突出，材质相比一般石材较软，不耐磨，适合用于墙面装饰。从装饰效果来讲，砂岩能创造出一种暖色调的风格，显得素雅、温馨，又不失华贵大气。在耐用性上，砂岩则可以比拟大理石、花岗石，它不会风化，不会变色。许多在一二百年前用砂岩建成的建筑，至今风采依旧，风韵犹存。

5.板岩

板岩是一种易于劈解成薄片的、多层次的石材。其表面粗犷、硬度适中、吸水性较好、易加工，并且它不含对人体有害的放射性元素，是一种价格低廉的装饰石材。天然板岩的颜色有黑、墨绿、锈等颜色。色泽古朴，给人一种朴实、自然的亲近感。它适合反映乡土气息的室内环境用材。

（二）木材

装饰材料中的木材被认为是最具有人性特征的材料，人们都喜爱并愿意接近它生动的纹理和天然的光泽。木材有坚硬的强度和韧性，不仅易于施工，而且便于维护。木材也有缺点，最为显著的是容易造成胀、缩、弯曲和开裂现象，同时有节疤、变色、腐朽和虫蛀等弊病。

图5–2–2

常见的实木板是采用完整的木材制成的木板材。这些板材坚固耐用、纹路自然，是装修中的优中之选。但由于此类板材造价高，施工工艺要求高，并且容易变形，所以在装修中反而用得并不多。实木的板材一般多用于收口。

木材种类繁多，虽有色彩

深浅的变化，但是选择时主要应考虑它的硬度、纹理及价格，色彩效果可通过色精擦色来改善。常用的木材种类繁多，以下简单介绍几种比较有特点的装修及家具用材。

1.柚木

柚木从生长到成材最少要经过50年，生长期缓慢，其密度及硬度较高，不易磨损，具有耐腐蚀的特性。它含有极重的油质，这种油质使之保持不变形，且不致腐蚀铁类。其密度及硬度较高，且带有一种特别的香味，能驱虫、鼠、蚁、防蛆。锯、刨等加工一般较容易，胶粘、油漆和上蜡性能良好。膨胀收缩为所有木材中最少的因收缩率小，固不易漏水。柚木可吸收室内的有害物质，清洁空气。另外，柚木还有空气湿度调节器的美称：当室内空气湿度过大，柚木可以吸收空气中过多的水分；当室内过于干燥时，它又可以释放水分，使室内湿度大体维持在一个较正常的水平。

2.水曲柳

水曲柳材质略硬，生长轮花纹明显，木纹清晰，有光泽，无特殊气味，耐腐、耐水性能好，但不抗蚁蛀。木材干燥较慢，工艺弯曲性能良好，材质富于韧性。锯刨等加工容易，刨面光滑，着色性能好，具有良好的装饰效果。水曲柳价格比较便宜，刷清油后颜色比较黄，但是只要经过特殊处理，即能够有美观的色彩，还能有清晰的纹理，漂白加工可褪去黄色，使曲柳颜色变浅；若木纹上染有黑或白色，可以创造高雅不俗的装饰效果。

3.榉木

榉木属榆科，亦有称椐木、椇木，产于我国长江以南地区，江浙一带产量最盛，日本、朝鲜等地亦有产出。榉木为落叶乔木，高达数丈，树皮灰厚坚硬，木质坚硬，纹理直，花纹美丽异常有光泽感，其纹如天然的山峦重叠，呈抛物线状，俗称宝塔纹。榉木着漆后色泽温暖柔和，比较适合家居用材，能营造出很好的家居氛围。

4.黑胡桃木

黑胡桃木材质的色彩偏重，为浅棕至棕黑色，偶有带紫色的出裂纹及黑色条纹。黑胡桃木是一种中等密度的坚韧硬木材，易用手工工具和机械加工，其木质干燥缓慢，木质细腻，不易变形，极易雕刻，色泽柔和，木纹流畅，耐冲撞摩擦，打磨蜡烫后光泽宜人，容易上色，可与浅色木材并用，尺寸稳定性较强，能适应气候的变化而不变形。黑胡桃木的装饰效果很特殊，适合小面积采用或和其他浅色木材混用，若大面积采用，容易给人形成压抑感。黑胡桃木着漆后效果更好，光泽度更强，能消除一定的沉闷感。

5. 樱桃木

樱桃木是一种非常受人青睐的木材， 它有红棕色的木纹，木纹纹理自然流畅，极富金丝绒般的质感，将其作为门的装饰面板，从不同角度观看，有山峦起伏、层层叠叠的意境。樱桃木色彩更偏重于红色，显示出华贵的气息。

6. 花梨木

花梨木纹理清晰美观，观感极好，有麦穗纹、蟹爪纹，纹理或隐或现，生动多变。在生长过程中的结疤致使其产生一种特殊的纹路，它的结疤跟普通树的不同，没规则，所以人们叫它“鬼脸”。

黄花梨木以其明显的优势进入文人的视线。它温润的黄色，不刺目、不突出，但绝不会使人忽略，符合儒家中庸之道的思想；它的木纹如行云流水般舒畅自如，暗合了文人追求自然的心境。可以说，文人自身的情怀，以及对黄花梨木的理解一点一滴地渗透在家具中，从每一处细节中体现出来，形成了黄花梨木家具的文人化倾向。现在黄花梨木是国家重点保护的名贵树种，在装修中很难用到。

7. 樟木

樟木心材红褐色，边材灰褐色，肌理细而错综有纹，切面滑而有光泽。干燥后耐久性强，胶接性能良好，可以进行染色处理，油漆后色泽美丽，宜于雕刻。木气芬烈，可以驱蚊虫。樟木多用于制作家具箱、匣、柜等存储家具。它质地略软，耐朽性强，对铁有腐蚀作用。樟木易变形，故不适合用于室内装修用材。

（三）瓷砖

所谓瓷砖，是以耐火的金属氧化物及半金属氧化物，经由研磨、混合、压制、施釉、烧结之过程，而形成一种耐酸碱的瓷质或石质装饰材料，总称为瓷砖。下面介绍四种有特色的瓷砖。

1. 釉面砖

釉面砖是一种单面上釉的陶质薄砖。是由瓷土经高温烧制，再施釉二次而成，产品表面光亮晶莹，釉面精致富于防水特性，并易于维护，但它抗冲击性脆弱，且耐磨性不如抛光砖。色彩和图案变化丰富，装饰效果明显。釉面砖色彩可以很浓重和鲜艳，能反映出浓烈的异域色彩。在室内装饰中除了按照常规的贴法外，还可以通过打散构成的形式，增强釉面砖的装饰效果，表现一定的特殊性及艺术性。

2.抛光砖

该种类型的砖用黏土和石材的粉末经压机压制，然后烧制而成。它的正面和反面色泽一致，不上釉料，烧好后，表面再经过抛光处理，这样正面就很光滑、漂亮，背面是砖的本来面目。抛光砖属于通体砖的一种。相对于通体砖的平面粗糙而言，抛光砖显得十分光洁。抛光砖性质坚硬耐磨，适合在除洗手间、厨房和室内环境以外的多数室内空间中使用。

3.玻化砖

玻化砖是一种强化的抛光砖，它采用高温烧制而成。质地更硬更耐磨，主要用于地面的装饰。其表面光滑、色泽浅淡，洁净感强，耐磨性高它的价格也较高。但是玻化砖存在色泽单一、易脏、不防滑和容易渗入有颜色液体等缺点。玻化砖一般都比较大，主要用于客厅，门庭等地方。

4.钛金砖

钛金砖是指将“钛”这种能使金属产品更加光亮且耐腐蚀极强的金属元素引入瓷砖的设计，其耐磨方面的优势是釉料中加入了高档的进口耐磨粒，该材料不仅使产品表面产生了闪光的金属效果，还极大提高了釉面的耐磨度。钛金砖色彩高雅时尚，有象牙色、金属灰、深海蓝、咖啡褐等脱俗的时尚本色，加上闪光粒的光泽，造就了其刚柔兼济的视觉意蕴；再加上金属线条的衬托，更吻合当代人追求简约、时尚的装饰潮流，它是一种具有一定的艺术感觉的瓷砖材料。

（四）玻璃

玻璃是一种透明性极好的人工材料，它是多种物质的混合物经1550℃左右高温熔化成液体，然后冷却而成的固体。玻璃的透明性好，透光性强，而且具有良好的防水、防酸和防碱的性能，适度的耐火、耐刮的性质；但同时玻璃又是一种易碎的材料。

玻璃具有极佳的隔离效果，同时又能营造出一种视觉的穿透感，于无形中将空间变大，例如一些采光不佳的空间，利用玻璃墙面能达到良好的采光效果。下面介绍四种常用的视觉效果较好的玻璃。

1.磨砂玻璃

磨砂玻璃是采用机械喷砂、手工研磨等方法将普通玻璃板的表面处理成均匀的毛面。它可以遮挡人的视线，由于其表面粗糙，使光线产生漫射，可使室内光线柔和。喷砂处理和酸蚀是对表面进行均匀的、无光泽半透明的处理。缺点是表面的一些微凹痕容易滞留一些脏的和油性物质，这使得其很难清洁。

2.钢化玻璃

钢化玻璃是由平板玻璃经过“淬火”处理后制成。比未经处理的强度要大3—5倍，具有较好的抗冲击、抗弯曲、耐急冷、急热的性能，当玻璃破碎裂成圆钝的小碎片时不致伤人。一般用大尺寸的整块玻璃装饰时，都必须进行钢化处理。钢化玻璃的钻孔、磨边都应预制，因为施工时再行切割钻孔将十分困难。

3.叠烧玻璃

叠烧玻璃是一种手工烧制的玻璃，它既是装修材料又有工艺品的美感，其纹路自然、纯朴，能显出玻璃凹凸有致的浮雕感，有着奇妙的艺术效果。

4.彩色玻璃

彩色玻璃经过着色处理过的玻璃，其中最常见的色彩为茶色、墨绿、浅蓝等，也有其他颜色。

（五）镜子

镜子可以反射景物，起到扩大室内空间的效果。用镜子将对面墙上的景物反射过来，或者利用镜子造成多次的景物重叠所构成的画面，既能扩大空间，又能给人提供新鲜的视觉印象；若两面镜子面对面相互成像，则视觉效果更加奇特。

图5-2-3

镜子还可用于天花板，这完全是对镜面传统功能性的颠覆，它有效地增加了空间的透视感与空间的高度，使人有种在现实与幻觉中穿行的感觉。

（六）人造石

人造石是由天然碎石粉末、高级水溶性树脂、碎石黏合剂而合成，可以加热处理做弯曲处理，可以拼接和设计出不同的花色，可以很容易地修边、保养和翻新。人造合成石材样式繁多，外观漂亮，加工工艺简单，可以裁成直线和曲线，粘贴面用340#砂纸磨平,用酒精清洁后用相应胶水粘贴加固。缺点是硬度差，易产生划痕，而且化学材料成分居多，不环保、价格较贵等。

（七）马赛克

马赛克是最小巧的装饰材料，每块马赛克的尺寸多为2cm × 2cm,，它们的组合千变万化正因为如此，由小尺寸的马赛克拼成的精美图案有着另一番美感。比如在一个平面上，可以有多种的表现方法：抽象的图案、同色系深浅跳跃或过渡，为其他装饰材料做纹样点缀等等。同时，在房间曲面转角处或圆柱上，玻璃马赛克更能发挥它小身材的特长，能够把弧面包盖得平滑完整。

马赛克经过现代工艺的打造，在质地上有了明显的改善，有玻璃、天然石、瓷质、釉面、纯金、金属等；色泽更加绚丽多彩，品质也更加晶莹坚固。

1.陶瓷马赛克

陶瓷马赛克是一种工艺相对传统的一种马赛克，档次不高，感觉很朴素。陶瓷马赛克的釉料厚、亮度高、间隙均匀，具有防水、防潮、耐磨和容易清洁等特点，对于潮湿或经常需要保持卫生的空间最为适用。目前的主流是陶瓷马赛克。

2.玻璃马赛克

玻璃马赛克是由天然矿物质和玻璃制成，质量轻，是杰出的环保材料，耐酸、耐碱、耐化学腐蚀。不易藏污垢，耐碱度优良且颗粒颜色均一，零吸水率使其成为最适合卫生间等墙面装饰的理想材料，玻璃马赛克一般色彩鲜艳抢眼、绚丽典雅，所以历久弥新。玻璃的色彩斑斓给马赛克带来蓬勃生机，尤其是使用混色系列之后，可以变幻出更丰富的色彩,华丽却不媚俗。其丰富的色彩不仅在视觉上给人以冲击和美感,更赋予了空间全新的立体感。

3.鲍贝马赛克

鲍贝马赛克是由天然的鲍鱼壳制作而成，选用天然珠宝磁片（珍珠贝、鲍鱼贝、图画石、斑点石、铁石、虎眼石、蓝金砂、紫萤等稀有天然材料），经加工后制成，色彩变化丰富。沉稳的紫色与金银的闪光效果相呼应，从不同的角度看又呈现不同的色彩变化，由于价格昂贵、色彩变化丰富，所以多用于空间局部，增加空间变化感。

（八）不锈钢

不锈钢为不易生锈的钢，其耐腐蚀性强，强度大而富于弹性，表面光洁度高，普遍应用于在现代的室内设计中。不锈钢给人以冰冷的现代感，与其他同类材料的组合能够反映出与时俱进的高科技环境状态。不锈钢常用有拉丝不锈钢和镜面不锈钢两种，可根据不同的反射要求进行选择。

（九）地毯

地毯的主要原材料分为天然及化纤材料。天然材料主要为羊毛、椰丝纤维、黄麻等，因为耐磨性差，通常较少运用于公共空间。化纤材料主要为尼龙、丙纶、腈纶、涤纶等，其中尤以尼龙为佳，尼龙是人工合成纤维中最坚韧耐磨的，且具有易清洗、防静电、防尘、防污及防火安全等卓越品质，是公共空间中的首选材质。目前对纤维进行的种种“耐脏”处理，已使得地毯对污迹的耐抗能力大大增强。

不同种类的地毯有不同的铺设效果，适合于不同功能的房间。应当依据空间挑选不同材质、颜色及规格的地毯。地毯由于保暖性好，看上去比较松软，能降低噪音，踩上去又舒服，所以它在众多地面材料中保持了一种独特的地位。

1.羊毛地毯富有弹性又有保温性，使人无论踩、踏、坐、卧都感到轻松自在。

2.化纤地毯又叫合成纤维地毯。以化学纤维为原料，用簇绒法加工成纤维面层，以麻布为基底的合成地毯，具有防腐、防潮、耐磨等优点，具有较高的使用价值，价格便宜，效果良好，还具有吸尘、吸音和保温的作用。

（十）织物

一般织物的选用主要目的是为空间中的软包墙、窗帘、沙发布提供加工原料，织物除色彩、花型丰富外材质也较多。

1.棉织物：具有保暖、耐碱、耐摩擦等性质，有较好的皮肤触感，弱点是不耐酸，易皱。

2.麻织物：具有耐压、耐腐和不易发霉等特点。

3.丝织物：具有很好的光泽度，手感柔软，是较高档的面料。

4.毛织物：以羊毛为主要原料，具有优良的伸缩性和保温性，具有柔软的手感和较好的耐酸性，但其也有不耐碱、易受虫蛀和易变黄的弱点。

5.衬布：具有造型挺拔，永久定型，颜色多样、自然朴素的特征。

这些材料通过人的视觉，触觉等生理和心理的感受而存在并体现其价值。如：触觉的柔软感使人感到亲近和舒适；造型线的曲直能给人以优美或刚直感；形的大小疏密可造成不同的视觉空间感；色彩的冷暖明暗和色调作用于人的视觉器官，在产生色感的同时也必然引起人的某种情感心理活动。不同的材质肌理产生不同的生理适应感；不同的花色取材，可以使人产生不同的联想，置身于多样的空间环境。充分利用纺织品的这些“与人对话”的条件或因素，能营造出某种符合人们要求的室内环境氛围，即那种只诉诸人的感受或感觉体验的氛围。

设计师应当运用纺织品独特的外观和柔软的特质，有效地拉近人与室内环境的距离，以丰富多彩的室内纺织品生动地营造出室内空间优美的环境，并由此掩饰和弥补其他装饰材料上的缺陷和不足，给坚硬冷漠的室内空间增添柔和、温馨与融洽的元素。

二 建筑材料的应用

通常，建筑材料并不会作为室内装饰面材来使用，因为建筑材料材质粗犷，与反映精致生活的室内设计风格相悖。不过，对于有创意的室内设计师而言，没有什么材料不能作为室内装饰材料，即便是一些还不能称其为材料的东西，更不用说建筑材料了。所以我们需要对主要的建筑材料进行初步的了解，并主要从其能运用到装饰材料的角度来谈。

其实环境设计成功的关键，是追求个性化和多样化，而相同材料的不同用法，就成了区别于一般设计的极好办法。我们应跳出传统的取材框架，用艺术家的眼光来看待材料，把材料用活。设计师的敏感性突出表现在对客观事物的洞察能力上，意大利美学家克罗齐说：“画家之所以为画家，是由于他见到旁人只能隐约感觉或依稀瞥望而不能见到的东西。”

(一) 混凝土

混凝土是一种以水泥、细砂和碎石为材料而制成的人造石材。一般皆以一份水泥兑两份细砂和四份碎石为搅拌标准，浇铸时以水泥稠浆注入模板经硬化而成。近年来，已有厂家加工1米见方的混凝土装饰板，用于室内装饰用材。以混凝土为原料，通过模具可加工成不同形态和肌理的装饰面材，而不只是传统的四个圆孔洞，它有多种演绎的方法。

（二）黏土砖

黏土砖是由普通的黏土制成一定形状，风干后，经过炉窑高温焙烧而成。它本是一种普通的建筑材料，但在设计师心目中它是一种表现力很强的富于自然品格的材料。普通黏土砖为长方体，其标准尺寸为240mm×115mm×53mm，有的呈红色，有的呈青色。人们可以将其作为一种装饰材料和特殊的建筑立面在小范围内使用；或对砖本身进行切割加工，利用其材质优势，改变其原有形态，通过组织粘贴，达到美化空间的效果；或利用原有形态大小，在现代室内环境中不断更新其砌筑方法，开发其新的肌理，使其发挥更大的潜力。

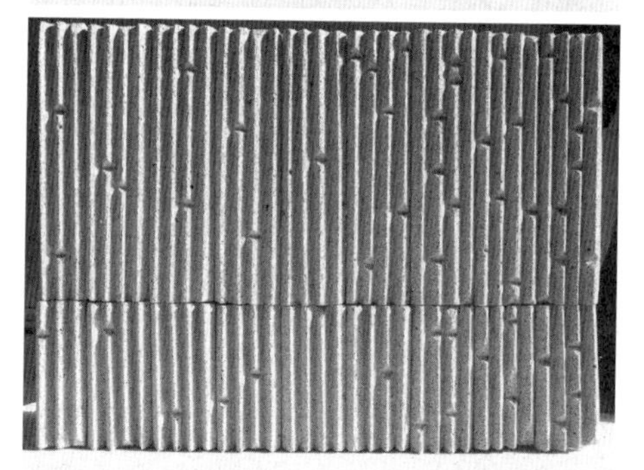

图5-2-4

（三）加气混凝土

加气混凝土是将70%左右的粉煤灰与定量的水泥、生石灰胶结料、铝粉、石膏等按配比混合均匀，加入定量的水，经搅拌成浆后注入模具成型，经固化后切割成坯体，再经高温蒸压养护固化而成制品。这是一种轻质的建筑材料，具有保温、隔热、可锯、切、钉、钻等特点，剖开加气混凝土制品从切面上看，加气混凝土制品是由许许多多大小不等的气孔和气孔壁组成的结合体。它具有较强的可塑性，硬度较高，能抵抗一定程度的硬物冲击，防水防火性能较好，价格低廉，经过对其外形简单塑造，就可以成为一种新颖的室内墙面装饰材料。

(四) 玻璃空心砖

玻璃空心砖是一种室内外均可使用的墙体装饰材料，是一种由两块玻璃经高温高压铸成的四周密闭的空心砖块。玻璃砖以砌筑局部墙面为主，最大特色是提供自然采光而兼能维护私密性。它本身既可承重，又有较强的装饰作用，具有隔音、隔热、抗压、耐磨、防火、保温、透光不透视线等众多优点。玻璃砖晶莹剔透，不含有毒原料，可自由组合图案、色泽丰富，便于清洗。玻璃砖施工便利，玻璃砖为低穿透的隔音体，可有效地阻绝噪音的干扰。玻璃内近似真空状态，可使玻璃砖成为比双层玻璃更佳的绝热效果，更是节约能源的最佳材料。利用玻璃空心砖在室内作为隔墙装饰，能够很好地组织室内空间的采光效果，这也是外墙材料在室内设计的一种表现。

(五) 钢材（槽钢、方钢）

钢材按外形可分为型材、板材、管材、金属制品四大类。普通钢有圆钢、方钢、扁钢、六角钢、工字钢、槽钢、等边和不等边角钢及螺纹钢等。角钢俗称角铁、是两边互相垂直成直角形的长条钢材。槽钢是截面为凹槽形的长条钢材。螺纹钢是指钢筋混凝土配筋用的直条或盘条状钢材。钢材经常作为构造运用，然而有不少成功的实例证明，钢材作为装饰性材料的可能。比如，槽钢、方钢用于门套；钢丝网用于顶棚，螺纹钢用于护栏等。它的优势是增强使用界面的强度并历久弥新，同时，钢材在室内空间中的应用能营造出冷酷的环境特征。

图5-2-5

(六) PC 阳光板

阳光板的柔性和可塑性使之成为安装拱顶和其他曲面的理想材料，其弯曲的半径可能达到板材厚度的175倍。PC阳光板具有良好的化学抗腐性，在室温下能耐各种有机酸、无机酸、弱酸、植物油、中性盐溶液、脂肪族烃及酒精的侵蚀。阳光板最突出的特点是，能避免对人造成伤害，安全系数极高。PC阳光板质量轻，是相同体积玻璃的1/12，安全不破碎，易于搬运、安装。在室内空间中可利用阳光板作为隔墙的材料，由于很少使用，所以效果很独特，给人以新鲜感。

（七）水泥自流坪

以水泥为基本的地面自流坪材料，可以手工也可以泵送施工，具有良好的平整度，施工效率快，表面耐磨不起砂。水泥自流平是由水泥、细骨料及添加剂经一定工艺加工而成的，是在现场加水搅拌后即可使用的高强、速凝材料。水泥自流坪的使用面极其广泛，且施工操作简单迅速，用料节省，薄而耐磨，美观大方。水泥自流坪可直接用于室内地面，而不把它当做找平层的材料理解，形成较独特的本色面貌。

三 非常规材料的应用

作为一名设计师不能局限于流行的或一些现成的材料，要勇于发现，变废为宝，开拓材料使用的新空间，尝试采用非常规装饰材料。每种材料都有它本身的性格，没有严格的好坏之分，不同场合对材料的要求不同，关键要看在什么地方使用。尤其是要关注现在的一些边缘材料，包括我们身边的一些非常规材料，发掘其中所暗含的发展前途，只有这样，常规材料才能得以发展。以自我创意作为出发点，才能设计出与众不同的室内风格。任何一种材料都是具有两面性的，现在的边缘很有可能就是未来的主流。有些似乎绝对不可能用于装饰的材料，却意想不到地成了装饰材料，一些毫不沾边的东西的意外组合，可能会出现奇特而与众不同的效果。

（一）树枝

树枝是天然木本植物的枝杈部分。它们的表面颜色多为黑褐色，个别呈灰白色，触感大都较为粗糙生涩，视觉效果朴素、粗犷。树形、树种的千差万别造就了它们多变的形态，朴实中透出自然的气息，同时又可以给人某些文化上的联想。而且，它们大都取材方便，不需要过多的加工，是一种既环保又经济的可再生材料。

经过处理的树枝在带给室内空间生机的同时，又能在空间环境中形成迷离的光影，让人感觉琢磨不定，又乐在其中。用有序排列的树枝断面的形式作为空间的隔断，可以获得古朴典雅的视觉效果；天花板上随机点缀些树枝能打破室内僵化的气氛，营造出一种都市乡村风格的室内空间效果。基于这一材料施工上的便利及材料本身的特性，我们一定还能探索出更多有趣的应用方式。

（二）花

花大都芬芳四溢，绚丽多彩，是生命的象征，给人各种美好的想象。作为室内的装饰材料的花可以分为天然花和人造花。天然花曼妙多姿，充满生机，但是不易长久保存；人造花耐久性较好，但稍显僵硬刻板。在进行室内设计时应注意各自的优缺点，综合考虑，选择最适合的材料。

用整朵的花大面积地随机组合，形成肌理，再利用光的照射形成不同的迷幻效果，这一方式可用于天花板和某些墙面的处理上。在一些家具的透明饰面的处理中，则可以将花瓣撒入其中，并注入透明的液体，形成绚丽的家具表面，满足使用者对美的追求。也可以将花与其他材料如玻璃做成复合材料，具体方法可以在玻璃成形前在其中加入花朵或花瓣，待其成形后便得到嵌有花的美丽的装饰材料。

（三）竹

竹，茎中空，表面分节，多为绿色，可以长得高如大树。我国古代常用它隐喻崇高气节以及超凡的人生境界，这使得竹子具有鲜明的东方民族特征，室内使用竹材能给空间带来民族文化的气息。竹的质地坚韧，表皮手感光滑，视觉感受高雅大气，成组竹林还会给人清爽、惬意的感觉。

作为装饰材料，竹材具有环保、耐久、吸水率低、廉价、美观的优点。在室内装饰中，可以应用两种竹材料，一种为天然竹材，一种为人造合成竹材。其中天然竹材又可以分为绿色的尚有生气的竹子以及脱水的干竹材料。

天然竹材可以大面积地形成序列用做室内的隔墙、天花板，也可以小心地点缀在屋子的角落，营造出具有诗意的高雅空间。竹材地板秉持着竹子刚柔并济的性格，格调清新高雅。

（四）鹅卵石

鹅卵石是天然岩石经过自然界风化、摩擦之后形成的一类椭圆形的石头。它们外形圆润可爱，色泽多样，舒适的手感使得它们亲近人体时，往往会令使用者身心愉悦。由于形成鹅卵石的岩石有所不同，它们的颜色、质地也不尽相同。它们大多为白色和浅黄色，有的因为含有某些矿石成分而显出特殊的红色、黑色、蓝色等等；由花岗岩形成的鹅卵石触感光滑，由页岩、砂岩形成的则摸起来稍感粗糙。

（五）羽毛

羽毛是鸟类特有的一种表皮的角质化衍生物。由于鸟类种类繁多，羽毛具有不同的形状和多样的色泽。它的质地柔软、轻盈，手感舒适，并且有一定的防水性，是一种适合亲近人体的材料；同时，它取材方便，可以再生，也很经济，又是一种良好的环保装饰材料。使用羽毛作为装饰往往会带来高雅的视觉感受。

在实际工作中某些鸟类的尾羽和飞羽被运用于墙面的装饰，例如把孔雀等鸟类的尾羽贴墙，让室内空间变得雍容华贵、大气磅礴；白色羽毛装点的空间则会给人活泼、纯洁的心灵感受；而如果把一些鸟类的飞羽做成具有东方风格的屏风，把绒羽作为沙发的表面材料，或许会给使用者带来更多新奇的感受。羽毛做装饰材料也有一些缺点：不耐脏、不易清洗、耐火性差，这些是我们在实际工作中需要注意的。

（六）虫子

大多数昆虫、某些甲壳类节肢动物例如蝎子和一些软体动物都可以被称为虫子，包括成虫及其幼虫。它们的形态、颜色各异，给人的心灵体验也不尽相同。有的活泼可爱，有的面目可憎，在室内应用中要根据不同空间的要求来选用。

作为装饰材料，它们具有几乎可以无限再生，取材方便、经济的优点，也是一种环保的装饰材料。可将一些昆虫进行处理后，得到像琥珀或者化石一般的复合装饰材料。方法如下：将虫子随机排列放入一些未凝固的含胶的树脂材料中，树脂冷却成形后便可以使用。这类材料的使用将会给使用者带来原始的、蛮荒的体验。也可以将虫子风干后放入真空玻璃或玻璃砖中，以制造一些奇特的空间效果。

（七）齿轮

齿轮是能互相啮合的有齿的机械零件。齿轮表面有突起的轮齿和齿槽，齿顶、齿根形成两个同心圆，大多为钢制。利用废旧的齿轮可以变废为宝，达到较好的装饰效果。齿轮构件用于装饰可以营造出时尚、动感的空间环境，而用废旧的齿轮互相做成的墙面或者半通透的隔断等，则会带给人逝去岁月的回想，粗犷中又透出淡淡的悲凉。

（八）玻璃杯

日常使用的玻璃杯是一种盛放液体的透明器皿。它本身的材料多为无色透明的玻璃，也有加入其他成分而形成的彩色半透明玻璃杯。它的品种丰富，造型多样。以成组的方式码放组合起来，可作为空间的通透隔断；或将其成序列悬挂，作为天花板上灯的造型；某些钢化玻璃制成的玻璃杯，甚至还可以作为室内的地面材料。配合适当的照明，这些玻璃杯营造出既明亮通透又稍显迷幻的室内效果，特别适合于酒吧、餐厅等娱乐餐饮场所的室内装饰。使用玻璃杯常常在得到分割空间的同时，还获得了晶莹剔透的艺术效果。于是，玻璃杯也变为一种室内装饰材料。其缺点是玻璃制品遇碰撞易碎裂，在大面积使用时，玻璃杯间的节点处理也不甚便利，施工时需要谨慎对待。

（九）绳子

绳子是由多股较细的长条材料拧成的具有较高强度的材料。按照制作材料的不同，绳子可以分为棉绳、麻绳、纸绳、塑料绳等。不同材料的绳子其特性也不相同——有的富有弹性，有的坚固结实，有的柔软，有的生硬。绳子的不同状态会给人带来完全不同的感受：拉紧的绳子能表现空间的张力，松弛的、下垂的绳子则体现了温柔、平和的空间语意。

绳子在室内装饰上的应用，有些方案中将绳子有序地拉紧排列，作为空间的分割元素；在某些空间中，把绳子缠绕在框架上作为装饰的手法；也有把绳子扎成捆，找几点固定悬挂起来，让其因自身的重力做出自然下垂的效果，作为墙面的修饰；另外还有将绳子做成特定造型后粘贴到墙面等处的做法。绳子的施工不需要复杂的工艺，方法也有很多，将来一定会产生更多有趣的装饰手法。

第三节 装饰材料的绿色设计意识

绿色设计也称为生态设计，其基本思想是：在设计阶段就将环境因素和预防污染的措施纳入设计之中，将环境性能作为设计目标和出发点，力求使设计对环境的影响为最小。绿色设计强调尽量减少无谓的材料消耗，重视再生材料的使用。室内设计师虽然接触到多种装饰材料，但设计作品绝不是各种材料的堆砌，设计师应合理而巧妙地利用不同的材料，来体现自己的设计。环保问题也是需要引起设计师高度重视的一个问题。积极主动地使用一些无毒、无污染的装饰材料，减少木材的使用都会对保护环境起到实际的促进作用。

一 节约物质资源

在材料设计中，应注意减少不必要的材料和资金的浪费，这就需要我们调动自身的"智慧"去弥补这个空缺，对有限的物质资源进行最合宜的设计。为了节约资源一个较稳妥且经济的方法是，在大量使用的基材上包覆一层珍贵材料的薄层，这种改变饰面效果的做法是仅改变表皮材料，而让人感到的是整体材料的改变，不会因为一时的视觉享受，而造成浪费。设计师应始终保持负责任的态度。人类的总体资源是有限的，因此在材料的应用中应尽可能地充分利用每一种材料，最好能够做到废物利用，节约现有的资源。

例如，微薄木贴皮板材的应用，就是要达到此种功效。微薄木贴皮板材是在普通胶合板上覆贴一层名贵树种木皮而成，厚度为3cm。常见的木皮有樱桃木、枫木、榉木、水曲柳、橡木、柚木、花梨木、黑胡桃木、影木等多个品种。另外还可以采用仿饰油漆法，它能仿大理石花纹，目的在于模拟真实的材质和物品，这种处理手法最适合在不耗费昂贵材料的情况下模拟富丽华贵的表面。

在选择装饰材料时，设计师重点要使选购的装饰材料准确地表现设计的意图与效果。在同等效果的情况下考虑工程所需材料的造价，作为设计师要尽可能地降低所选择装饰材料的价格，以节省总体工程成本。

二 材料的污染问题

室内设计装修的目的在于提高生活品质，但伴随装修而来的环境污染也悄然而至，室内污染物在各种致癌源中独占鳌头，其中室内装饰材料是室内污染物产生的主要来源之一，因此为消除室内污染对人体带来的危害，设计师在考虑设计材料选用时要注意选择有环保质量认定的材料，拒绝假冒的廉价材料。适宜选用的材料应是视觉、触觉宜人的材料，可回收再利用的材料，可耐久使用的材料，性价比较高的材料，天然、健康、绿色的材料。室内空气的污染源主要有以下四种。

（一）甲醛

目前装修带来的污染主要是甲醛，甲醛（HCHO）是一种无色易溶的刺激性气体，具有强烈的致癌和促癌作用，国际癌症研究所已建议将其作为可疑的致癌物对待。甲醛对人体健康的影响主要表现在嗅觉异常、刺激、过敏、肺功能异常、肝功能异常和免疫功能异常等。

室内空气中的甲醛来源

甲醛的集中地就是装修中常用的大芯板。甲醛是商家为了让黏合剂增加牢固性、降低造价而添加的有毒成分。大芯板、中密度板、胶合板等人造板材内大量使用了黏合剂，因为甲醛具有较强的黏合性，还具有加强板材的硬度及防虫、防腐的功能，所以被用来合成多种黏合剂，目前生产人造板使用的胶粘剂是以甲醛为主要成分的脲醛树脂。板材中残留的和未参与反应的甲醛会逐渐向周围环境释放，是形成室内空气中甲醛的主体。此外用脲醛泡沫树脂作为隔热材料的预制板、贴墙布、贴墙纸、化纤地毯、泡沫塑料、油漆和涂料等也含有有毒成分。

（二）苯

苯是一种无色具有特殊芳香气味的液体，目前室内装饰中多用甲苯、二甲苯代替纯苯作各种胶、油漆、涂料和防水材料的溶剂或稀释剂。人们通常所说的“苯”实际上是一个系列物质，包括“苯”、“甲苯”、“二甲苯”。医学界公认苯属致癌物质，苯可以引起白血病和再生障碍性贫血。人在短时间内吸入高浓度的甲苯或二甲苯，会出现中枢神经麻醉的症状。苯化合物已经被世界卫生组织确定为强烈致癌物质。

室内空气中苯的来源

苯主要来自于建筑装饰中大量使用的化工原材料，如涂料、填料、油漆、天那水、稀料、各种胶黏剂、防水材料以及一些低档和假冒的涂料。

(三) 氡

氡是天然产生的放射性气体，无色、无味，不易察觉。现代居室的多种建材和装饰材料都会产生氡，导致室内氡浓度逐步上升。氡对人体健康的危害主要表现为肿瘤的产生和诱发肺癌。

室内空气中氡的来源

众所周知，天然石材具有放射性危害，它对健康的危害主要有两个方面，即体内辐射与体外辐射。体内辐射主要来自于放射性辐射在空气中的衰变，而形成的一种放射性物质氡及其子体。氡是自然界唯一的天然放射性气体，氡在作用于人体的同时会很快衰变成人体能吸收的核素，进入人的呼吸系统造成辐射损伤，诱发肺癌。

体外辐射主要是指天然石材中的辐射体直接照射人体后产生一种生物效果，会对人体内的造血器官、神经系统、生死系统和消化系统造成损伤。

从本世纪60年代末，首次发现室内氡的危害至今，科学研究发现，氡对人体的辐射伤害占人体一生中所受到的全部辐射伤害的55%以上，其诱发肺癌的潜伏期大多都在15年以上。

(四) 氨

氨是一种无色而具有强烈刺激性臭味的气体，是一种碱性物质，它对接触的皮肤组织有腐蚀和刺激作用。它可以吸收皮肤组织中的水分，使组织蛋白变性，并使组织脂肪皂化，破坏细胞膜结构。长期接触氨，部分人可能会出现皮肤色素沉积或手指溃疡等症状；氨被呼入肺部后容易通过肺泡进入血液，与血红蛋白相结合，破坏运氧功能。

室内空气中氨的来源

氨主要来自建筑施工中使用的混凝土外加剂，特别是在冬季施工过程中，在混凝土墙体中加入尿素和氨水为主要原料的混凝土防冻剂，这些含有大量氨类物质的外加剂，在墙体中随着温湿度等环境因素的变化而还原成氨气从墙体中缓慢释放出来，造成室内空气中氨的浓度大量增加。另外，室内空气中的氨也可来自室内装饰材料中的添加剂和增白剂。①

---

① http://www.bmlink.com/中国建材网

第四节　室内材料教学

一　教学难点

随着室内装饰装修行业的蓬勃发展，人们对室内装饰的效果和质量的要求越来越高。作为室内设计相关要素的材料是提升室内设计质量的重要因素之一，而我国现有的装饰材料和装饰手段远远满足不了高质量室内设计的需要，所以需要设计师重新审视材料并对材料进行简单的加工或更换应用材料的方式，打破传统的材料运用模式，拓展材料的应用范围。

装饰材料与构造一直以来是学生了解室内设计专业知识的难点，然而装饰材料对室内设计专业而言又是相当重要的，它是落实方案设计的最后一个环节。以往的专业设计师要通过毕业后多年的工地经验才能够了解、直至掌握装饰材料的常用做法和构造关系，画出能够用于工程的没有问题的施工图。而现在我们将一些装修过程中典型的装饰材料做法用最直观的方式展示出来，使学生能很直观地了解材料制作工艺与步骤，从而加深对专业知识的理解。

二　要点分析

本课程教学分为材料的认识、材料市场调查、材料肌理加工、新材料试验加工四部分内容。

材料的认识：介绍装饰材料的基本功能、装饰材料对空间的表现、装饰材料与室内风格定位的联系、装饰材料的分类、常用装饰材料的个性、建筑

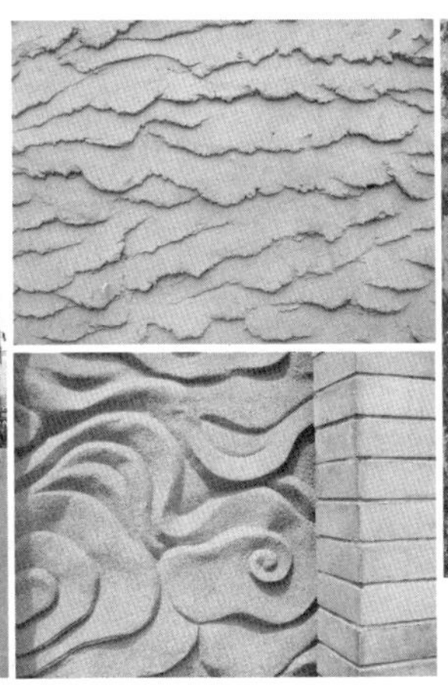

图5－4－1

材料的应用、特殊材料的应用等等。

材料市场调查：除了利用实验室现有的样品进行样品教学外，组织学生到工地现场或各装饰材料市场收集样品和调研，了解市场行情。在这个过程中学生既能深入地学习最新的装饰材料知识，又得到了接触社会和了解社会的锻炼。

材料肌理加工：对廉价的建筑材料进行加工处理，表面处理可凿毛、磨光、分割重组等加工成各种肌理效果，丰富材料的表现力。根据所选材料也可综合运用焊接、电镀、雕刻、铆接、螺栓等技术，使每一种技术都能发挥独特的作用。

新材料试验加工：材料试验针对一些室内墙面的材料进行处理加工，要求能便于清洁、维护、环保、便于安装等，主要通过平面构成、立体构成的方式，进行材料重新组合和材料肌理的处理。

三 教学基本要求

"装饰材料材质设计"课程是在充分了解现有材料的基础上，创作新的材料材质肌理效果。同时在了解材料特性和室内设计材料表现应用的基础上，创造并制作出能应用于工程中的室内装饰材料样板。通过学习和培养基本的材料操作技能，巩固和加深对所学理论知识的理解。教学能使学生了解某些材料的加工属性和表现力，鼓励学生尝试某种材料所能反映出的视觉美感，试验出一些能实际运用于室内装修施工的装饰材料。通过学生到市场挑选材料，亲自动手加工材料，达到对材料和制作工艺的熟悉和了解。装饰材料实践教学在材料专用实验室中进行，学生可以锻炼动手能力，学到解决实际工作问题的技能，还能培养吃苦耐劳的精神。

图5-4-2

作业

1. 通过从小到大对材料的认识和理解，选择一种对你有影响的材料展开美好的回忆或联想，并把它用散文的形式记录下来，要求字数为1000字左右。
2. 运用所学的材料肌理特征及表现手法，用加气混凝土砖制作一块能明显反映肌理效果的材料样板，要求尺寸为A3大小（横向）。
3. 通过对材料材质的理解，选择3种以上的材料材质，制作一块由多种材质组合后形成的材料样板（可以是相近的材质），注意各材质之间的协调及手感，要求尺寸为A3大小（横向）。
4. 通过对材料及施工的理解，创作一块可实际应用于工程中的材料样板，要求可实施性强，便于清洁、安装、维护、环保等，有艺术美感，厚度不超过3cm，并附制作过程和制作成本，要求制作尺寸为A3大小（横向）。

参考书目

1. 〔美〕奥斯卡·R.奥赫达：《饰面材料》，北京：中国建筑工业出版社，2005年。
2. 田原、杨冬丹：《装饰材料设计与应用》，北京：中国建筑工业出版社，2006年。
2. 向才旺主编：《建筑装饰材料》，北京：中国建筑工业出版社，2004年。
4. 王静：《日本现代空间与材料表现》，南京：东南大学出版社，2005年。
5. 刘铎主编：《室内装饰材料》上海：上海科学技术出版社，2005年。

第六章 室内设计的做法与结构

第一节 做法与结构同室内设计的关系

在我国先秦的著作《考工记》中有这样的论述："知者创物，巧者述之，守之也，谓之工"，这里所探讨的实际上就是"创造"与"制造"的关系，也就是"艺术"与"技术"的关系。建筑空间是由艺术与技术的结合所构建的。室内装饰是为保护建筑的主体结构，完善建筑空间的使用功能，采用装饰装修材料或饰物，对空间内部表面和使用空间环境所进行的处理和美化过程。研究室内做法与结构就是从技术的角度出发，去探求空间形态的形成过程，并将美学形式注入室内空间的手段。一方面，通过艺术创作对空间构件的形体塑造及外部材料的使用建立合理的结构体系，以科学的施工工艺对建筑空间内部界面和空间构件进行装饰和保护，使之更符合审美与功能需求。另一方面，通过对设计细部做法和对室内结构的处理来创造良好声、光、热等物理环境，实现环境与设施设备的紧密配合与协调，将"美"融入空间的各个角落中。

一 技术是设计发展的基础

贡布里希认为"正是由于技术对艺术的渗透，从而导致了艺术的变化"。从建筑及室内设计的发展史的角度来看，设计从来都不是孤独地行走于虚拟世界的旅者。室内设计与绘画等艺术的最重要的区别就在于它得到的反馈绝大多数是来自于它的服务对象，即最终的使用者。设计艺术的每一次创新都是在社会和经济的基础上通过技术的变革而产生的行为，只有深刻理解了在科技的影响下的人们的生活方式与社会形态，才能了解设计所应做出的对生活的改变。1919年在德国创建的包豪斯学派，摒弃陈旧习俗，倡导重视功能，推进现代工艺技术和新型材料的运用，在建筑和室内设计方面，提出与工业社会相适应的新观念。格罗皮乌斯在创建包豪斯时就提出了"坚固、实用、愉悦"的原则。其中"坚固、实用"这两项就需要设计师对室内设计做法与结构有非常清晰的认知，综合考虑功能、材料特点、施工工艺、建造设备，甚至造价标准。设计师只有准确地把握了技术与设计之间的关系，才能将设计图纸还原到实际空间和最重要的使用功能中，并且经得起时间的考验。

二 技术应当为设计服务

室内建造技术的运用从本质上来说，是在设计理念的主导下而产生的与空间形态相关的系统工作。研究室内做法与结构的目的并不单是为了满足坚固与使用性的功能，而是一种把科技与视觉艺术相结合并运用到空间环境中，使空间环境更加人性化的行为。室内设计的做法与结构越来越和空间形态的组织、实用功能、照明、声学、能源等因素息息相关。一切技术都应当回归到建筑空间形态的基础上，并依据美学、人体工程学和社会学的原则，使技术真正地融入建筑空间中。

第二节 室内设计做法与结构的意义

室内设计是对建筑的延续和发展。戴念慈先生认为：“建筑设计的出发点和着眼点是内涵的建筑空间，把空间效果作为建筑艺术追求的目标，而界面、门窗是构成空间必要的从属部分。从属部分是构成空间的物质基础，并对内涵空间使用的观感起决定性作用。”尽管由于目前我国的国情，设计费用只占项目投资总额的3%—5%，但从实际的项目完成的统计来看，超过75%的项目在建设中，对于美观效果、项目实施进度、施工质量及投资的控制，很大程度上都取决于施工图纸的绘制深度与质量。一个设计师对室内设计结构与做法的理解和认识都将反映在施工图纸上，图纸对施工工艺、流程起到指导作用。从设计图纸到实际完成的空间需要经历一个漫长而复杂的过程。其中会遇到各种各样的技术问题，可以说设计实现的过程就是一个解决诸多问题的过程。这个过程也就是通过对做法与结构的研究，从而更好并更准确地理解和发展空间形态的视觉观感的过程。

一 技术与设计——体现室内空间设计理念

室内设计的重要工作是室内界面的装饰与保护，也就是对建筑空间的地面、墙面、隔断、天花板等的使用功能和构造的分析。而界面的完成面（Finishing）是指装修完成之后，对室内各个界面、门窗、隔断等的最终装饰面。完成面和建筑基础结构的连接构造，完成面和通风、水、电等管线设施的协调配合等方面的设计是决定最终的空间形体塑造和空间尺度的重要因素。并且，它会直接影响到后期的家具与配套设施的安装及日常使用功能等。

室内空间的结构体系、柱网的开间间距、楼面的板厚梁高层等建筑基础结构所形成的空间尺度不能成为室内设计的尺度依据。装饰材料的内部施工做法，风管的断面尺寸以及水电管线的走向和铺设方式等，都是在进行室内空间设计时必须综合考虑的。例如集中空调的风管通常在板底下设置，内墙装修通常采用石材干挂或是乳胶漆涂料，目前流行的地板采暖等，这些实际问题都会对室内空间的具体尺度产生影响，在考虑空间造型时就必须考虑这些因素。有些设备，如风管的断面尺寸、风口的位置与形式、各种管线的布局等，在与相关专业的协调下可作调整，最终能成为空间设计的条件依据。如果室内空间铺设石材或瓷砖，则应当预先计算石材干挂或铺砖所占用的空间尺寸，然后根据剩余的空间尺寸进行排砖设计，以及后期配套设施的尺寸。所以，室内设计的实施过程就是着重于这些隐蔽空间的施工工艺和构造做法及相关配套设施安装等方面的工作。为了创造一个理想的室内空间环境，我们必须了解室内空间内所隐藏的结构体系与设备等因素。

二 技术与使用——满足和改善使用功能

“设计以人为本”体现了一个设计师所应有的责任感与职业道德。室内设计的目的是通过创造室内空间环境为人服务，确保使用者工作、生活的安全和身心健康。这其中包含了由室内界面构成的物理性环境，配套设施的尺度、结构的坚固耐久和使用便利的功能性因素，同时还包含了通风、照明、空气质量、绿色景观等环境的舒适性要素。室内设计的过程应当是以使用功能为主体，研究室内空间各部位的协调性，使之符合人对空间的使用要求，并对其作出以人为中心的具有科学性的协调工作。设计者需要特别重视人体工程、环境心理学、审美心理学等方面的研究，科学、深入地了解人们的生理特点、行为心理和视觉感受等。“以人为本”这一理念的实施，在设计中往往是通过对细部结构的设计来实现。

(一) 使用功能对做法与结构的要求

由于不同室内空间使用功能的性质和特点不同，其室内设计对细部结构设计、施工工艺等方面的要求，也有不同的侧重点。针对不同的使用性质和使用对象，相应的应该考虑不同的结构设计要求。例如：演播室、机房等室内环境，要考虑到隔音、吸声等方面的要求，在对天花板、墙面、地面装修时就应当采取相应的声学处理。大型商场、机场等人群使用密集的公共空间，装饰界面由于人的频繁使用，对耐久性、坚固性和安全性及日常维修的要求较高，因此，在选材和细部构造上应当以简洁、耐久、便于维修和清洁等要求为前提。此外，还应针对一些残疾人的通行和活动作无障碍设计。随着人们生活方式的改变，灵活、可变的室内分隔方式越来越被人们所接受，这就要求设计师将移动隔墙、门等室内构件的细部结构与室内通风、空调、防火等设备结合起来考虑，予以科学合理的安排。以上是从使用功能的角度上来考虑室内结构的做法。另外，也可以从人体工程学的角度，针对成人、儿童、老年人等不同人群的心理和生理特点来考虑。总之，设计师应当本着以人为本的原则，充分考虑形式与功能的协调性，在对于细部尺寸与造型的设计上要适宜特定的人群所需要的安全性。

(二) 动态可持续的发展观

科技的变革使建筑空间设计得以更自由的发展，人们生活质量随之提高，人们的生活方式和对舒适性的要求也逐步发生了改变。人们已不再单纯地满足于生存环境的装饰、审美情趣，而是对环保、质朴舒适的空间环境更加重视，设计快乐、舒适的生活环境成为现代设计的趋势。设计不再是单纯为了展示视觉艺术的设计，而是一种把视觉艺术结合新科技运用到空间环境中去，使空间环境更加人性化的行为。“可持续发展”一词最早是由20世纪80年代中期欧洲的一些发达国家提出来的，其主题是各类人为活动应重视有利于今后在生态、环境、能源、土地利用等方面的可持续发展。相应地在考虑室内设计做法与结构时，不能单纯地从表面视觉效果出发，强调装饰性；而是要综合节能、环保的理念，采用绿色装饰材料，有效地利用现有的空间资源，合理利用自然通风、自然采光、绿化景观等先天自然环境因素，减少人工设备对环境的污染。新型材料、高效节能的照明系统和空调水暖等室内设备的改良，为室内设计与施工流程、施工工艺都提供了更大的发挥空间。

由于室内装饰受材料的损耗、使用功能、流行时尚等因素的制约，它具有相对较短的更新周期，而大部分的装饰材料为不可再生。因此，装修材料的使用，客观上造成了对能源的浪费和消耗，产生了大量的建筑装饰垃圾。因此，在对建筑空间进行二次设计时，应结合室内的时效性，认真研究构造与装饰乃至施工方法、选用材料等，优先考虑使用可再生的装饰材料，同时减少装饰材料的消耗量。动态和可持续的发展观，要求室内设计者既考虑随着市场经济、竞争机制的引进，空间功能的发展有更新可变的一面，又考虑到发展在能源、环境、土地、生态等方面的可持续性。

三 技术与管理——科学化的施工过程，成为提高施工质量的辅助手段

根据现代设计管理概念，设计的内容和质量标准不断发生变化，设计不仅与施工工艺的关系更加密切，也越来越与施工管理相辅相成。设计的质量管理是指设计理念在施工过程中能达到预期的目标，并在完成后达到设计所要求的质量。设计师为实现施工效率的最大发挥，应当对设计图纸的绘制进行科学合理的组织，包括图纸的准确性以及对功能、做法与结构的正确理解。设计师应当有目的、有计划地与专业技术人员相互协作。在施工进行前，设计师与施工管理人员需要对设计的材料、各部位结构、界面衔接、节点做法等共同进行施工工序、施工工艺等方面的组织工作。这样，当施工图纸进入到施工流程中，才能更有效地辅助对施工过程中的质量控制，提高施工管理的效率。最重要的是，对质量的管理需要依靠合理、科学的设计程序，包括设计阶段与施工阶段的良好配合。辅助施工管理者控制施工流程。

随着工业设计、家具设计等行业与建筑及室内设计的相互融合协作，“成品安装”的概念开始伴随着加工业高新技术，在建筑细部设计中不断拓展与延伸。因此，设计师可以通过对设计做法与结构的研究，提炼出可以在工厂进行外加工的构件，并在设计、施工技术与工艺方面充分考虑预留、现场安装等环节。这样可以有效地减少现场作业的工作量，提高施工质量，保证设计成果在制作上完整地体现设计理念。然而，要

实现这一目标，设计师不仅需要对室内设计做法与结构有明确的认知，还要对本土的加工业和材料生产及工艺过程有深入的了解，更需要熟悉施工流程，与施工单位建立良好的沟通机制；使设计建立在相应的施工工艺水平、施工条件的基础之上，符合工业化施工流程。

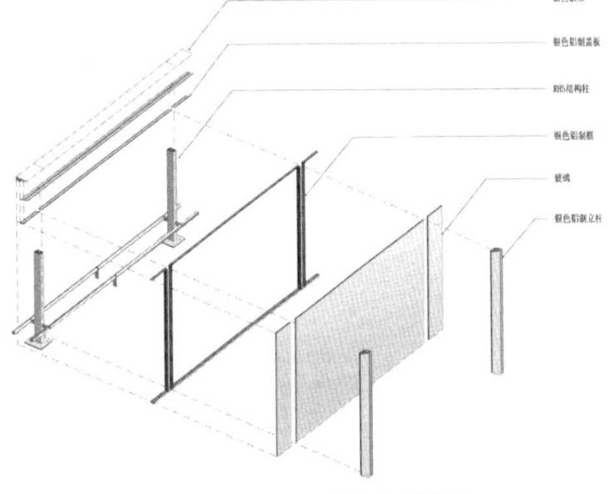

图6-2-1　首都机场3号航站楼，(T3A) 设计：Norman Foster，电脑绘图：Ustech联合空间技术
此玻璃隔断的节点做法采用在国内取得成熟经验已标准化的铝窗挂装方案：1.构件连接工艺合理，便利面板安装与更换；2.实践安装工艺保证安装系统的可操作性；3.全部胶条式安装设计，便于板材的更换维修和使用；4.铝型材表面氟碳三涂，钢结构骨架表面热镀锌处理。隔断中铝型材的生产实行工厂化生产，优点为：1.产品的标准化程度和精确度高；2.构件截面面积加大，保证系统更安全；

四　技术与经济——有效控制造价

任何一个项目在实施前都有相应的投资目标。随着我国装修行业法规的逐步健全，及装修施工管理的日益科学化，在施工前及施工过程中对工程造价的控制越来越严格。预算概念成为设计的重要前提。室内装修工程项目实施的过程，实际上就是对投资目标的实现过程。而设计师对室内结构与做法的设计反映在施工图中，是工程实施的依据，对投资的控制起着决定性的作用。在设计初期，设计师应当与造价工程师相互沟通，以经济要素为前提；在研究结构与做法时，要充分考虑投资因素。设计师需要多了解工程概算的编制过程，对实际工程知识以及在施工过程中的各种问题予以综合考虑。

“限额设计”是室内设计必要的依据因素。所谓限额设计，是指按照项目建议书及可行性研究报告所批准的投资估算进行方案设计。按照方案设计进行设计概算，并根据设计概算所限定的投资造价进行施工图设计，最终以施工图为依据进行工程预算的编制。目前行业广泛采用的“工作量清单报价”等模式就要求设计师对设计做法与结构有充分的理解和掌握。设计师应该针对资金要求，在项目投资预算的限制下，仔细研究设计的结构与做法，设计不同的装饰材料安装工艺以及界面设计处理手法，并在图纸上对其进行清晰的表述。在满足设计理念的所要求的视觉效果的同时，合理有效地控制投资额。这样可以帮助投资人和施工单位对造价进行有效掌控，同时，也体现出设计师在社会经济活动中越来越重要的作用。

第三节 影响室内设计做法与结构的因素

一 建筑结构的安全性对室内做法与结构的制约

室内空间是建筑的延续，因此，大部分的室内空间结构依附于建筑结构上。每一种装修材料都需要有与其相配套的结构支撑体系。建筑承重结构的强度和建筑结构材料的特点是决定室内做法与结构能否成立的重要因素。如楼板的承重要求、墙面材质的强度或者建筑规范中对建筑的防火等级要求等。

（一）建筑结构的荷载要求

有的结构体系由于自身的重量或物理特性等对所依附的建筑结构的要求很高，如石材干挂、大型GRC挂板或者较重的钢结构造型等。如果无视建筑结构或墙体自身的荷载要求，盲目施工，随时会导致重大事故。

（二）防止对建筑结构的破坏

通常，如下三种情况会严重破坏建筑结构：1．在吊顶过程中，在空心楼板或现浇板上钻孔打洞固定吊杆，这既破坏了楼板的结构性能，又加大了楼板的荷载，给建筑物留下了严重的结构隐患。2．在铺设陶瓷地砖时，为了方便其与楼板面粘结牢固，把原地面凿成毛面，在凿的过程中对原楼板造成了不同程度的结构破坏；铺设过程中使用砂浆较多，增加了楼板的荷载。

3．在铺设木地板过程中，不按正常的操作规程施工，为固定木龙骨等在原地面上随意打孔，破坏楼板。

（三）不能改变影响建筑结构

在不了解建筑结构形式的情况下，在墙上随意开门打洞，拆掉部分或整堵墙体以增加空间；在原有梁或楼板上加设墙体，把一个房间分成几个。这些做法，严重地破坏了建筑物的结构安全。

（四）建筑规范对做法与结构的制约

在对建筑空间进行二次设计时，所有的做法与结构的设计都应当符合建筑规范的要求。不同功能的建筑有着不同的安全疏散、防火、卫生等设计规范。例如由于某些建筑的防火等级要求，一些结构做法根本无法在建筑物内部使用，如过多的木结构作业等。

二 材料对做法与结构的影响

材料是实现空间的美学形式和坚固耐久性的基础。不同的材料由于其不同的化学成分和加工工艺所产生的表层视觉效果和物理强度都有所不同。而不同材料的组合所需要的技术要求与施工工艺也有所不同。研究室内做法与结构的前提是必须对室内工程所需的结构材料与装饰材料的特点有充分的了解，并与之相配合。

（一）根据做法与结构对材料的分类

合理的内部结构应当以满足防火、防潮、防腐、耐磨、坚固和使用方便为目的。因此，针对结构特点，使用于不同的结构部位的不同的材料，其特性及功能要求也有所不同。

1．表面装饰材料：大理石、花岗岩，各种装饰板材、油漆、涂料等

作为表面装饰材料，装饰效果必不可少，由于表面装饰材料常年暴露于结构之外，有些部位经常与人或器具直接接触，所以应考虑表面装饰材料的耐久性。除了选用与功能要求相适宜的材料及常规的施工做法外，应针对特殊材料的特点进行特殊处理。

如大理石的强度作为地面无法承受较大的磨损，因此在施工完成后，应附加一层专用的保护剂。

2.骨架结构：钢架龙骨、轻钢龙骨、木龙骨、各类基层板材等

骨架结构作为支撑体系，对强度的要求至关重要。对于常规的墙面、吊顶及铺地做法与材料要求等，行业内有明确的规范依据。对于特殊的独立结构体系，如楼梯、服务台、大尺度特殊造型等，设计师应与相关结构专业的技术人员沟通，对结构进行计算，采用适合的骨架材料及结构做法。在各类骨架和基层板材的选择上，除了对强度的要求，还应考虑完成后的表面平整度及未来是否变形的问题，这就要求设计师根据具体的设计功能要求、未来使用情况、室内物理环境等因素综合考虑做法与结构。

3.辅料：防火、防水、防腐、保温、吸声等材料，各种黏合剂、螺钉等。

对防火、防水、防腐、保温、吸声等材料的使用，根据不同的设计类型、使用功能和使用环境，国家有明确的规范要求。目前，我国对结构内部各种黏合剂等辅料的环保要求越来越高。不达标的辅料，会长期向室内释放微量复合有毒气体，使室内空气中的还原性有机物含量上升，危害人们的健康。这些有机物的成分十分复杂，有些是材料生产、装饰施工过程中的中间产物，有些是原料本身或添加剂中的混合物。典型的有毒气体为苯、酯、甲醛等。

（二）不同材料的做法形式

不同材料的连接在室内施工工艺中也称为“混合结构”。这是由于不同材料的特性而衍生出相应的连接做法。常见的材料连接做法有以下六种：

1．石材板与钢骨架之间采用干挂法，或钢丝网水泥砂浆粘贴。

2．石材与木结构之间采用强力云石胶粘贴或铆钉连接。

3．金属骨架与木结构采用螺栓连接。

4．砌块、砖、混凝土结构与木结构之间采用预埋木楔方式；如果是砌块、砖等较软的结构与钢骨架连接，则需要预埋钢骨架。

5．玻璃结构通常采用金属连接件或玻璃胶固定。

6．线条材料常采用粘、卡、钉连接固定。

（三）空间的物理环境对材料与技术的影响

室内设计是一项系统工程。室内环境包括室内空间环境、视觉环境、声光热等物理环境等多方面，在室内设计时固然需要重视视觉环境的设计，对室内声光热等物理环境和空气质量环境等因素也应极为重视，在研究材料做法与结构时，设计师应充分考虑与之相关的环境因素。不同材料的组合往往会受到室内物理环境的影响而产生意想不到的问题。

造成室内环境变化的因素有很多，如：施工过程中的室内温度及干湿度与完工后使用期间的温度及干湿度有很大不同，甚至在一年之中室内的冷暖变化和干湿变化也有很大不同。另一方面，不同装饰材料及内部结构材料的物理性受外部环境的影响所产生的膨胀率或吸水率也有所不同。因此，在设计完成后的使用过程中，会出现变形、开裂等情况。典型的例子有：气温在0℃以下并有冰冻，如果不加特殊防护，在此气温下施工，很多环节的施工质量会受到影响。在寒冷的自然温度下施工的木结构、石膏板饰面，在完成后，由于室内空调的使用所造成的温度及干湿的变化会出现开裂、变形的情况。为避免类似情况的发生，就需要在设计做法及结构工艺上进行预防。再例如，位于室内靠近热出风或日照较强的地方的物体，在材料的选用和内部结构做法的设计上应考虑是否适应温度的要求。

（四）新材料对做法与结构的更新

现代工业技术的发展，促进了建筑业的发展，建筑装饰材料生产技术的革新，使轻质、高强度、美观、多品种、更经济的建材产品成为可能。新型材料的加工工艺和施工方法对改变我们以往所熟悉的做法与结构，起着越来越重要的作用。现代技术对传统材料的复制乃至超越，使设计师不断致力于对材料与空间形态的协调与探索。材料学的“科技运动”使混合型材料成为当今设计的新现象。在建材变化革新的过程中，设计师应当非常清楚地认识到，只有坚持建筑空间的最本质的视觉导向，运用全新的材料系统，才能在这个时代中表达出设计的情感和对空间形式的探索。

图6-3-1中所示的空间中，大部分的曲面造型都是通过人造石（Solid Surface）的热弯技术来完成的。人造石是以天然矿物（三水合氧化铝）为主要成分（55%）加上以专业高分子交联工艺融合树脂中特有的MMA形成的聚甲基丙烯酸甲酯（40%），再糅合颜料（5%）而成。因此，天然材料难以加工的缺点被科学化方法克服了，致使人造石

图 6-3-1　中国气象局华风影视大楼，设计：杨宇，摄影：孙翔宇

成为既有天然美感又有高度可塑性的、建筑乃至室内设计的全新素材。其结构像天然石材一样坚韧、结实而且没有毛细孔，用木工机械就可以灵活设计和加工制作成型。弧度的连续曲面造型是利用人造石特有的同色合剂，与多段曲面连接而成一个整体。专用的接缝黏合剂在安装现场结合，并经过现场打磨使接口平滑平顺。人造石的白色与墙面及天花板的白色融为一体。通过这种加工技术而实现的连续曲面造型，保持了开放和流畅的视觉效果。它所形成的被强化了的空间特征给人带来了对动态的感知与体验。

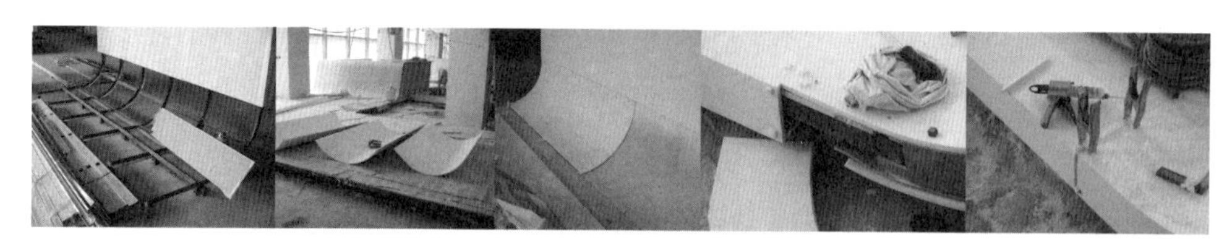

图 6-3-2　人造石的现场加工过程

三　设备对结构的影响

一个具有使用功能的空间可以被比作是一架不停运转的机械装置。它除了外在的

视觉形式之外，内部是由保温、隔热、通风、照明、给排水系统等物理环境所组成。这架机械装置是依靠由此产生的风、水、电等各项设备的正常运转而支撑起来的。而作为对建筑空间的界面进行装饰或保护的装修工程，与这些设备零件形成了一个相互配合、相互影响的制约关系。一方面，设备系统构件是室内功能正常运转的前提和保障，另一方面，设备系统的体积、结构、检修、维护等技术要求也制约着室内空间形象。了解室内设备系统工程的组成及使用，是保证室内空间设计的合理性和可行性的前提。

（一）与设备的协调和配合

通风空调、采暖系统、电气系统、照明系统、给排水系统、消防系统是构成室内空间的物理环境的基本组成部分。不同的设备系统具有不同的运行模式和结构体系，对室内空间界面的形式造成不同的影响。在室内设计中，设计师应当通过对现有设备种类和布局的现状的研究分析，处理好装饰完成面对设备的隐藏或暴露形式，及设备端口的细部结构。

1.通风空调、采暖系统

通风空调、采暖系统是所有室内设备中占据体积最大的部分。它的截面大小及末端风口的布局和规格形式，直接影响室内空间的标高和天花板设计形式。采暖形式分为暖气片采暖、地采暖和集中空调（热风）采暖。暖气片在传统做法中多采用暖气罩的形式进行装饰和保护，在设计时应考虑造型与散热的关系以及结构受热变形等问题。地采暖则要考虑地面垫高对空间层高的影响和后期维护、检修等因素。通风分为新风、空调机组、送风、排风、正压送风、排烟及人防通风。常用的送风方式有侧送风、散流器送风、条缝送风、喷射式送风以及回风口。选用不同的送风方式应根据室内面积及使用功能的要求。

在吊顶设计时，天花板内部的各种设备的管线排放是决定室内层高的关键。天花板造型与灯位布置和风口的关系是影响最终视觉效果的重要因素。设计师要在了解基本的设备知识的前提下，与相关专业的技术人员建立良好的沟通机制，科学、合理地进行管线排放与设备末端的分布。这样才能最大限度地提升空间，为后续的设计提供有利条件。

2.电气、照明系统

电气系统是室内设备系统的核心。根据电能的输入输送分配和使用消耗可分为变电系统、动力系统、照明系统、智能功能系统。根据用电设备和系统传输的电压高低和电流大小，有强、弱电之分。强电系统用于室内照明和室内设备。随着科技、网络的发展，弱电系统的种类和范围越来越复杂。它包含了网络布线、多媒体视频、保安监控、共用天线、广播、音响、卫星接受、信息查询、电话、门禁、客房控制、楼宇自控等。不同功能类型的空间所要求的弱电系统也有所不同，在对界面进行设计时，应充分考虑造型和照明灯具的分布与强、弱电末端口的结合。

3.给排水系统

给排水系统分为给水系统、热水、消防给水和排水系统。消防给水主要指消防栓和自动喷淋灭火系统。在室内布局时设计师应考虑上下水管在各楼层的对应关系；同时，也应处理好各种管道的隐藏和检修部位的细部结构设计。

4.消防系统

消防系统分为自动报警系统，管道自动喷水灭火系统，气体灭火系统以及消防栓、消防箱、防火门、防火卷帘。自动报警系统包括区域报警系统、集中报警系统和控制中心报警系统。探测器包括感烟探测器（烟感器）、感温探测器、火焰探测器、可燃气体探测器。自动喷水灭火系统包括湿式喷水灭火系统、干式喷水灭火系统、预作用喷水灭火系统、雨淋喷水灭火系统、水幕系统。气体灭火系统是通过喷射灭火气体达到灭火效果。

对于室内消防喷淋、烟感器及消防栓等设施的分布国家有非常严格的规定，在室内设计中是绝对不能被改变的，因此就需要设计师根据现场状况和消防设计图纸结合设计形式，尤其是在消防栓，防火卷帘等位置，处理好细部做法与结构，在不影响消防要求的前提下达到美观的效果。

（二）对设备的完善和维护

室内建筑空间的界面装饰和保护层相当于在内部的物理环境所构成的设备层之外的“外壳”，在视觉起到了美观的效果，但在客观上，这对设备的正常运转和定期维护检修造成了影响。因此，设计师在考虑室内设计做法与结构时，不能只限于满足审美要求，同时也应将细部做法与设备使用功能和检修、维护相结合。使设备在功能充分发挥的前提下，保证人们方便快捷地对设备进行更换、维修、清洁、保养。例如：在设计中常见的问题是各种为设备检修、维护所预留的检修口、暗门等容易影响视觉效果，但它们又是保证设备使用功能的重要的细部设计，因此需要通过对做法与结构的处理来解决美观性和实用性。

上：图6-3-3　最典型的为设备管道的维修所设计的石材干挂暗门的细部做法。首先采用“天地轴”来取消侧合页，通过对石材侧面磨边的处理把门与石材墙面的缝隙控制在2mm左右，从而在视觉上使肉眼无法识别门缝，达到美观和功能的统一。

下：图6-3-4　机场消防栓节点设计和安装工艺采用标准化的小单元挂装方案，隐框式安装的构件连接工艺有利于面板的安装与更换，方便设备使用，保证了安装系统的可操作性。检修门采用60铝合金平开门，铝型材表面氟碳喷涂处理，铝型材工厂化生产，保证了精确度。

第四节 室内结构的分类及标准做法

一 室内做法与结构的分类

室内工程的做法与结构随着设计内容的不同可以衍生出成千上万种。每一种又可根据材料、环境和施工单位的施工习惯等因素有所区别。但是，按照宏观的建筑空间界面和空间构件的划分体系，可以分为主体施工和配套设施两大部分。虽然这两部分都包含了大量的结构做法，但是只要理解它们各自的基本结构体系，就可以相对容易地针对不同的设计做出相应的细部做法。

（一）主体结构

室内主体结构的设计与施工，一部分是指，对现有建筑结构的界面包括天花板、地面、墙面进行保护或装饰处理。其结构与做法的基础是研究建筑基础结构与装饰面的关系。另一部分，包括各种材料的室内隔墙、夹层等二次分割空间的结构元素。其特点在于除了自身已经形成的独立的支撑体系外，还需要依附于现有建筑结构才能达到稳定。

牢固与平整是主体结构完成后必须达到的基本目标。其设计重点在于了解建筑基层的材料特点，根据结构的承重情况和表面粗糙／平整状况确定处理基层的做法，以及是否需要预埋承重构件等。例如：在轻质隔墙或砌块墙上做石材干挂或较重的悬挑结构时，应预先设置钢结构；在铺装地面石材前，对地面基层的处理要干净，高低不平处要先凿平或修补，基层应保持清洁，不能有砂浆，尤其是白灰、砂浆灰、油渍等，并且要用水湿润地面。在混凝土或砌块墙面上做木结构板面时，除了必要的多层板做基材外，还应内设铝合金或木方做龙骨找平。

（二）配套设施

室内施工中的配套设施，主要是指实现室内功能所需要的固定配置。它包括：固定的服务台、接待台、酒水柜，以及由多种材料和做法构成的独立结构体系，如楼梯、装饰造型或具有功能性的其他室内构件。固定配置在室内设计中，由于其做法与结构所具有的特殊性，往往最终是室内设计的视觉焦点。按照基本工序可分为基础骨架、基层板材、线路安装、饰面和修边收口。按照现代施工工艺和施工管理的发展趋势，配套设施可以分为现场施工和外加工成品安装。

1.现场施工

现场施工是指用水泥浇铸、砖、钢（木）龙骨框架等施工手段现场制作基础结构，以达到稳定性。如果造型比较复杂，而且饰面材料需要油漆、打磨等处理，则所有工序都要在现场完成。

2.外加工成品安装

如果饰面构件的造型比较规整，并且呈模块化，则通常在工厂里加工成型，在现场进行安装。成品安装与现场结构施工的配比及施工程序都应根据具体构件的形式及结构特点来设计。外加工成品的优点在于通过工厂车间制造的产品的质量远远高于现场施工的质量。根据目前加工业的发展水平和行业对施工质量标准的提高，在研究室内做法与结构时应尽可能地考虑现场施工与外加工成品相结合的方式。

二 室内标准做法与结构

（一）室内界面的标准做法

室内装修工程主要是对建筑内部空间的六大界面，按照设计要求进行二次处理，也就是对通常所说的天花板、墙面、地面的处理，以及分割空间的实体、半实体等内部界面的处理。

1.基面

通常是指室内空间的底界面或底面，建筑上称为“楼地面”或“地面”。

人们通常用石材、地砖、木地板和卷材等装饰地面。

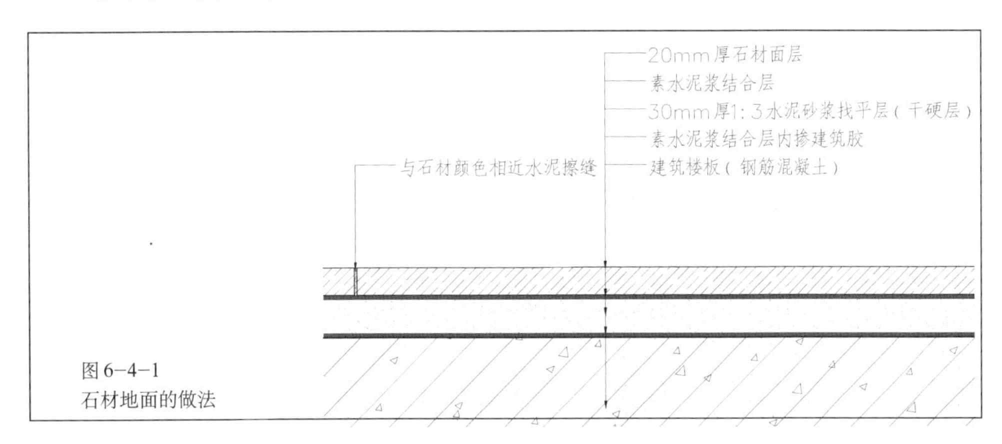

图6-4-1
石材地面的做法

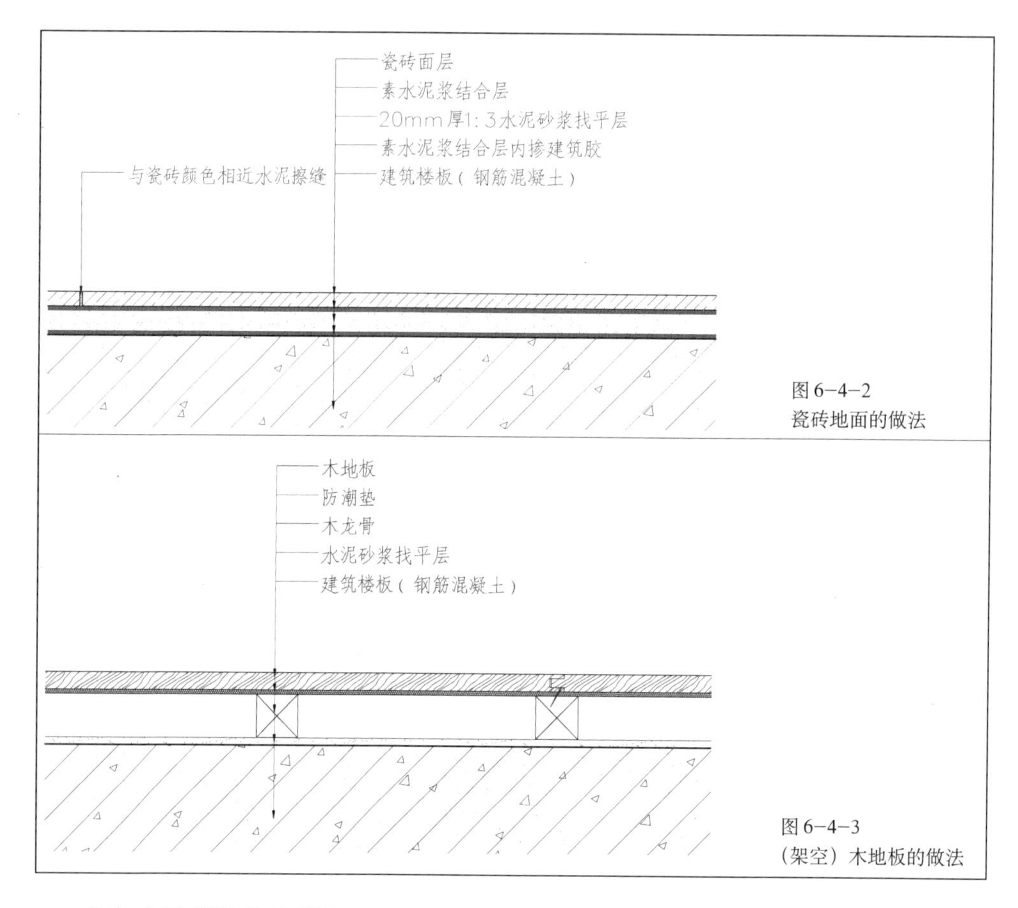

图6-4-2
瓷砖地面的做法

图6-4-3
（架空）木地板的做法

（1）木地板装饰的做法

① 粘贴式木地板

在混凝土结构层上用15mm厚、1∶3的水泥砂浆找平，现在大多采用不着高分子粘结剂，将木地板直接粘贴在地面上。

② 实铺式木地板

实铺式木地板基层采用梯形截面木搁栅（俗称木楞），木搁栅的间距一般为400mm，中间可填一些轻质材料，以减低人行走时的空鼓声，并改善保温隔热效果。为增强整体性，木搁栅之上要铺钉毛地板，最后在毛地板能上能下打接或粘接木地板。在木地板与墙的交接处，要用踢脚板压盖。为散发潮气，可在踢脚板上开孔通风。

③架空式木地板

架空式木地板是在地面先砌地垄墙，然后安装木搁栅、毛地板、面层地板。因家庭居室高度较低，这种架空式木地板很少在家庭装饰中使用。

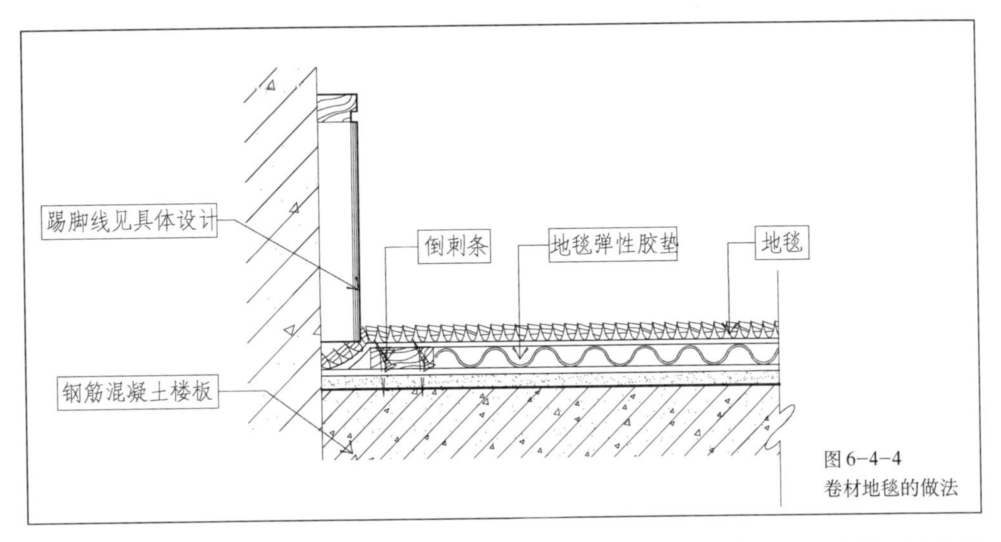

图6-4-4
卷材地毯的做法

(2) 卷材有地毯、塑胶地板等。地毯有块毯和卷材地毯两种形式，采用不同的铺设方式和铺设位置。

① 活动式铺设：是指将地毯明摆浮搁在基层上，不需将地毯与基层固定。

② 固定式铺设：固定式铺设有两种固定方法，一种是卡条式固定，使用倒刺板拉住地毯；一种是粘接法固定，使用胶粘剂把地毯粘贴在地板上。

图6-4-5　兰吧，设计：USTech联合空间技术

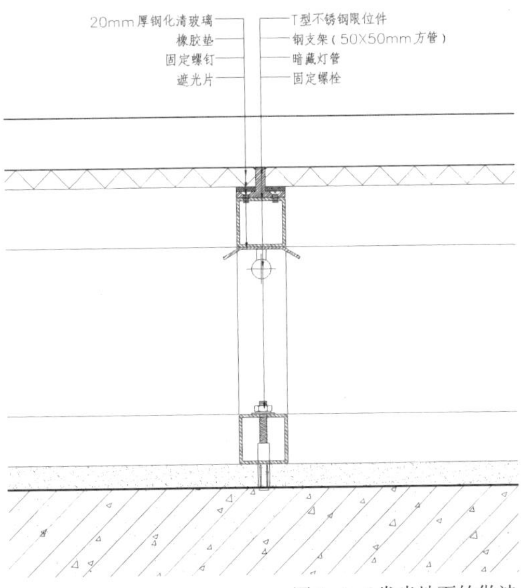

图6-4-6 发光地面的做法

2.垂直面

又称“侧面”或“侧界面”，是指室内空间的墙面（包括隔断）。装饰墙面的方法有：石材墙面、木制墙面、软包墙面和独立支撑的墙面。

（1）石材墙面

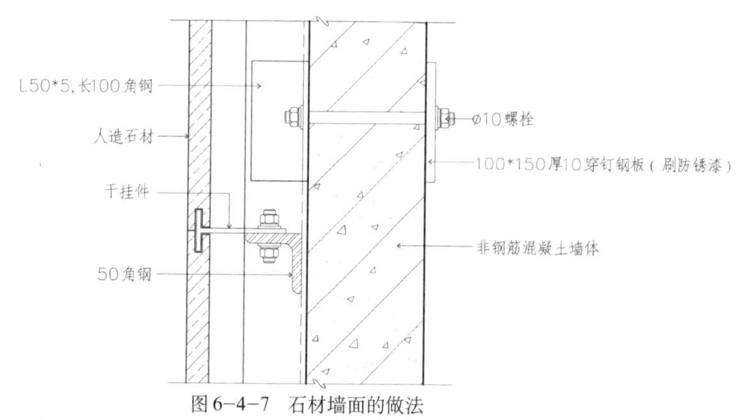

图6-4-7　石材墙面的做法

（2）木制墙面

① 木制墙面构造

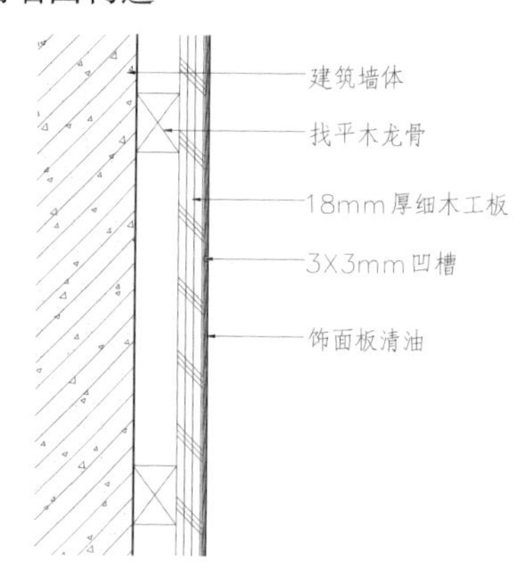

图6-4-8　木制墙面的做法

② 主要的木结构板材工艺

A.密度板工艺

主要用于家具制造。密度板的工艺，主要依靠构件组合，一般在工厂车间加工，由机器压制而成。它的饰面主要采用贴，而不是钉的工艺。当密度板与防火板之类的胶接性材料组合时，往往能做出相当不错的效果。密度板工艺最主要的缺点是膨胀性大，遇水之后，几乎是无可救药。另一个缺点是抗弯性能差，不能用于受力大的项目。

B.大芯板（细木工板）结构

大芯板是目前较受欢迎的现场施工用材。大芯板的芯材具有一定的强度，当尺寸相对较小时，使用大芯板的效果要比其他的人工板材的效果更佳。大芯板的施工工艺与现代木工的施工工艺基本上是一致的，其施工方便、速度快、成本相对较低。工艺主要采用钉，同时，也适用于简单的粘压工艺。其竖向(以芯材走向区分)抗弯压强度差，但横向抗弯压强度较高。

C.细芯板（也称胶合板、夹板）

细芯板强度大，抗弯性能好。在很多装修项目中，它都能胜任相关的角色，在一些需要承重的结构部位，使用细芯板将更有强度。其中细芯板中的9厘板更是很多工程项目的必需品。细芯板和大芯板一样，主要采用钉接的工艺，也适合简单的粘压。细芯板最主要的缺点是其自身稳定性要比其他的板材差，变形的可能性大。所以，细芯板不宜用于单面性的部位，例如柜门等。

D.实木板

实木做法属于传统做法。实木板材具有抗弯性好、强度高、耐用、装饰效果好等优点。做法采用传统工艺，极少使用钉、胶等做法。对木工工人的技能要求较高。

（3）软包墙面

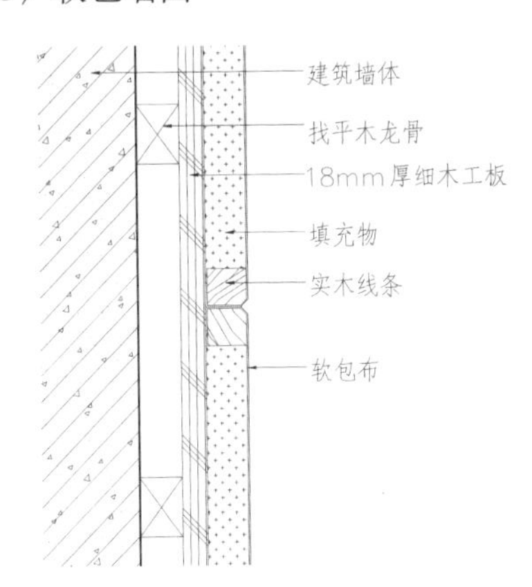

图6-4-9 软包墙面的做法

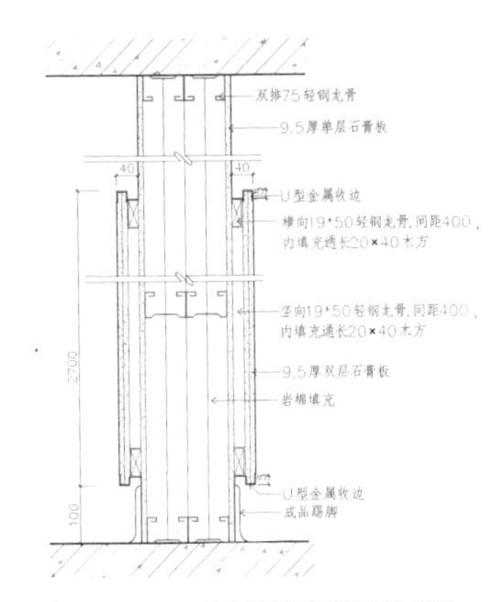

图6-4-10 石膏板轻质隔墙的做法

（4）独立支撑墙面

① 石膏板轻质隔墙

② 无框玻璃隔断

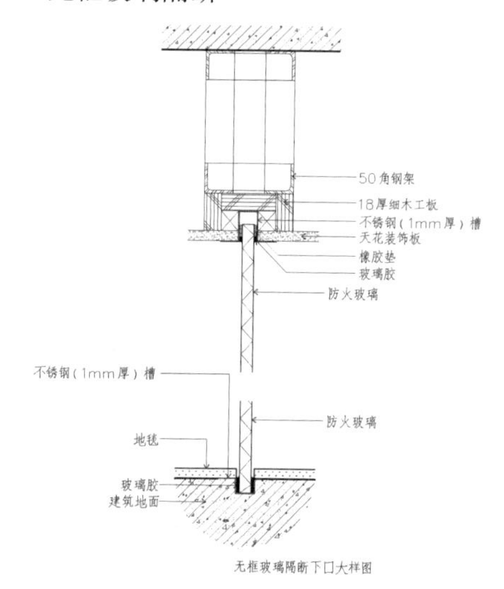

图6-4-11　无框玻璃隔墙的做法

3.顶面

即室内空间的顶界面，在建筑上称为“天花板”、“顶棚”或“天棚”等。

(1) 石膏板天花板

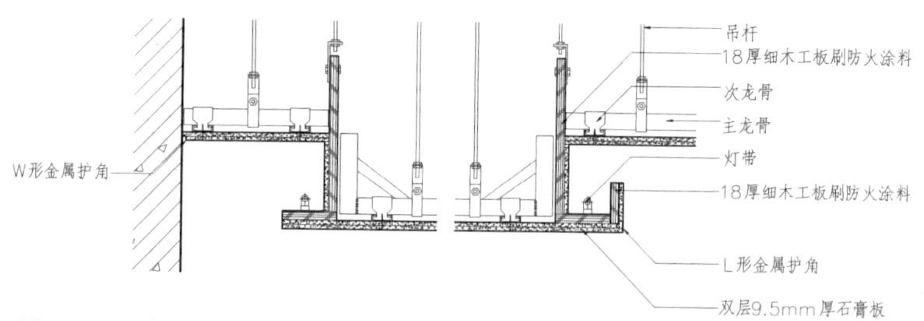

图6-4-12　轻钢龙骨石膏板天花板的做法

(2) 轻质可拆卸的天花板，如矿棉板、铝板、金属隔栅。

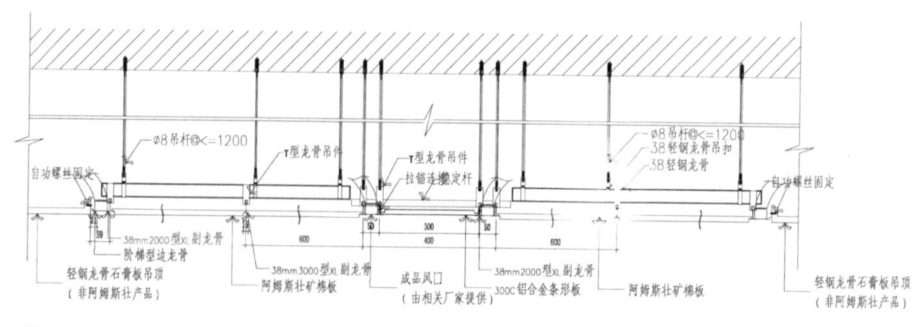

图6-4-13　矿面吸音板天花板的做法

(3) 发光顶棚

图6-4-14　中国气象局华风影视大楼，设计：杨宇

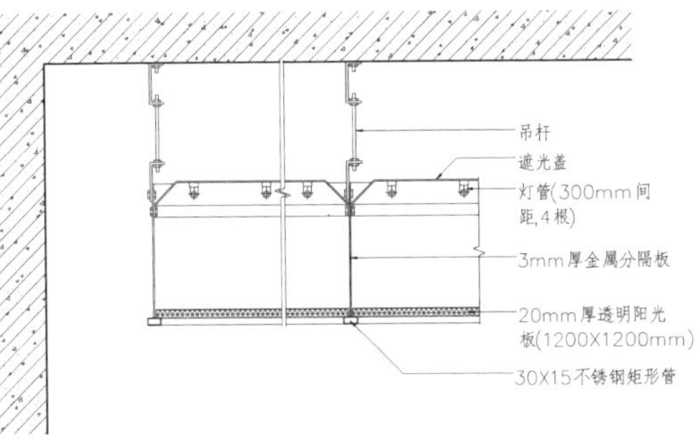

图6-6-14　发光顶棚天花板的做法

(二) 室内构件

1.门

随着目前加工业的迅速发展，室内门的制作基本在工厂车间里的流水线上完成。但是，门的做法与结构在室内设计中非常具有代表性。它包含了木结构、金属、玻璃等混合构造；门的制作与安装涉及现场施工与外加工成品安装等室内多种施工工艺的做法和工序。木门制造工艺的好坏直接影响着门的使用功能与耐久性，需要考虑变形、开裂等现象，以及门的隔音效果、密封性等各项性能。由于门的隔音性能是通过减少空气流动来实现的，门的密度越高、重量越沉，隔音效果也越好。而这一切都取决于门的材料及加工过程中的细节处理。因此，了解门的基本做法与结构，对理解相关的室内做法与结构有重大的指导意义。

(1) 门的种类及结构做法

门是由门扇、门框、门套、五金件组成的。根据门的结构形式可分为：平板门、凹凸门、玻璃门、钉线门、百叶门。根据门的使用，即开启形式可分为：推拉门、折叠门、旋转门、暗门等。根据门的功能性可分为：普通木门、防火门、隔音门、防火隔音门、防盗门等。

一般木制门板分为实木复合门和实木门。其基本结构为：内芯(杉木方或东北松木方＋蜂窝纸) ＋进口夹板＋6mm原木单板＋实木。实木复合门的门芯一种是以松木、杉木所制成的“齿接木”板材作门芯，其作用在于打断木材的筋络，防止木材变形；一种是杉木方或松木方＋蜂窝纸或进口填充材料如抽空刨花板（中空板）等制成。外贴密度板和实木木皮，经高温热压后制成，并用实木线条封边。因其门芯较容易控制含水率，因而成品门的重量都较轻，也不易变形、开裂。另外，实木复合门还具有保温、耐冲击、阻燃等特性，而且隔音效果同实木门基本相同。实木门是以天然原木做门芯，经过干燥处理，然后经下料、刨光、开榫、打眼、高速铣形等工序科学加工而成。实木门所选用的多是名贵木材，如樱桃木、胡桃木、柚木等，经加工后的成品门具有不变形、耐腐蚀、无裂纹及隔热保温等特点。同时，实木门因具有良好的吸音性，而有效地发挥了隔音的作用。

（2）门框及五金

门套是对墙体洞口的保护与装饰。其完成面尺寸是生产门的最终依据。门套可分为传统的木制门框、门套以及钢制或铝合金门框。铝合金门框是在工厂中加工成型、现场安装的。木制门框的基本结构为：底板（集成复合板+6mm原木单板）+企口板（进口夹板+6mm原木单板）。门套线的基本结构为：多层进口夹板+1.5mm原木单板+实木线条。

除了木门本身的制作工艺外，五金件的质量也影响着门的使用寿命。合页是连接木门与门框的一类五金件，好的合页具有防腐性能和良好的传动性，能够确保合叶受力均匀，不因门的自身重量而造成损坏。在选用合叶五金件时，不仅要从美观出发，而且应当根据门自身的尺寸、重量及后期使用功能等要求进行选择。

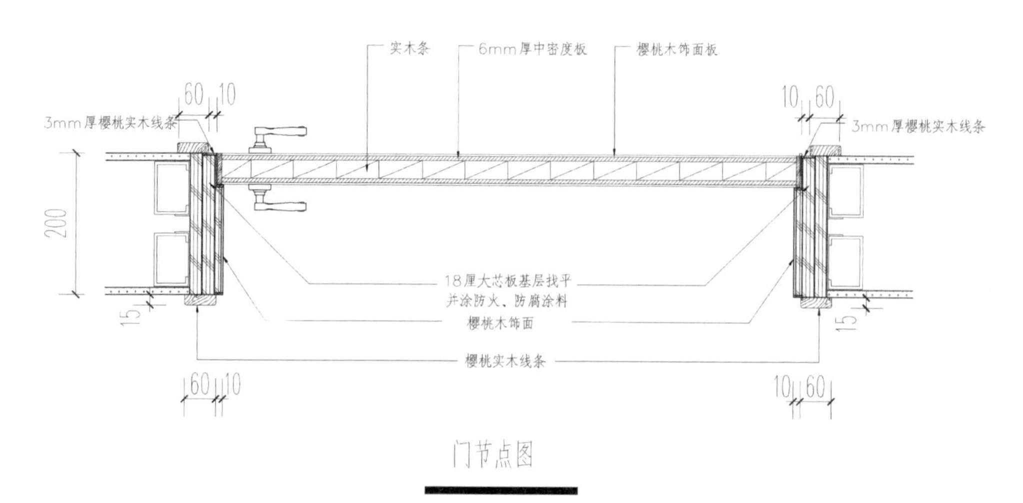

图6-4-15　标准木门及门套的做法

2.楼梯

楼梯是室内空间的重要组成构件。楼梯的形式千变万化，了解它的基本结构形式和组成构件将能使我们的设计理念科学、合理地在制造中得以体现。目前，楼梯的结构体系可以根据主体材料的使用分为钢筋混凝土结构、钢结构和木结构三大类。钢筋混凝土结构的承载能力强，耐火性能好，楼板可以通过加固构件形成悬挑等结构形式。由于钢筋加固件及覆盖保护层面，楼板踏步的厚度不能小于10—12cm。钢结构是由压型钢板制成的承梁构成。钢结构楼梯由于构件少，重量轻，易于外加工装配，主要适用于装修加建楼梯以及室外紧急疏散的防火楼梯。由于钢结构自身属性受温度的影响较大，因此必须有覆层保护和防火涂料。支撑结构有由承梁和支撑踏步的托架组成。木结构是由木质的托梁组成，重量轻，但防火性能差，因此必须外涂防火涂料。

楼梯与主体建筑结构的衔接有四种形式：两端支撑，即踏步的两侧与结构立面支撑或固定；单侧支撑，即踏步的一侧悬空，另一侧与结构立面支撑或固定；底部支撑，即楼梯踏步两侧悬空，底部有支撑梁；悬挑楼梯，即踏步不被任何结构支撑，而是楼梯由绳索结构固定在上层楼板上。

楼梯踏板和楼梯栏杆的材料与结构形式及栏杆和踏板的连接方式这三方面决定了楼梯的最终形态。踏板作为主要的结构体系，包含了主体结构材料、表面材料、防滑处理三个部分。栏杆分为护栏和扶手两个组成要素。竖向的护栏主要考虑安全性。《民用建筑设计通则》6.6对楼梯的细部尺寸有明确规定，设计时应严格按照国家建筑规范实施。

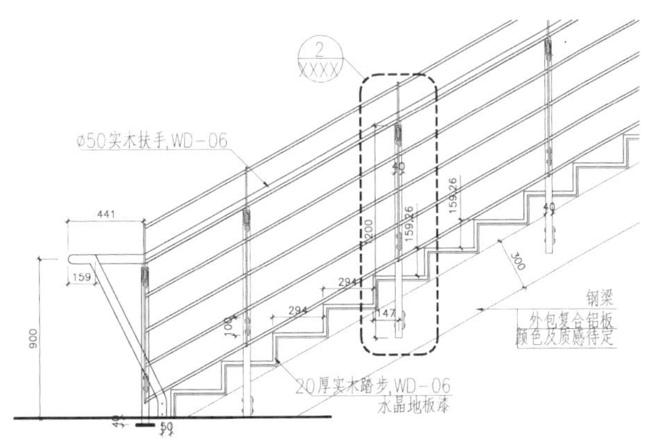

图6-4-16　钢制楼梯的做法

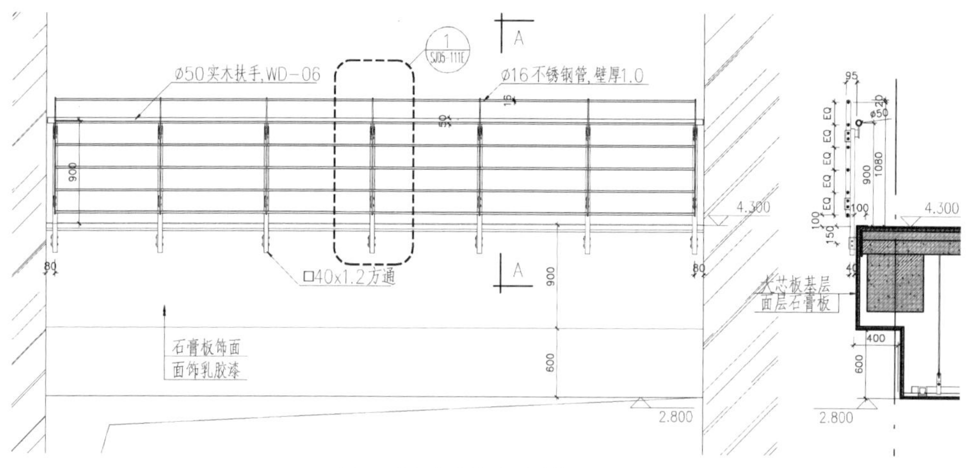

图 6-4-17　钢制楼梯的做法

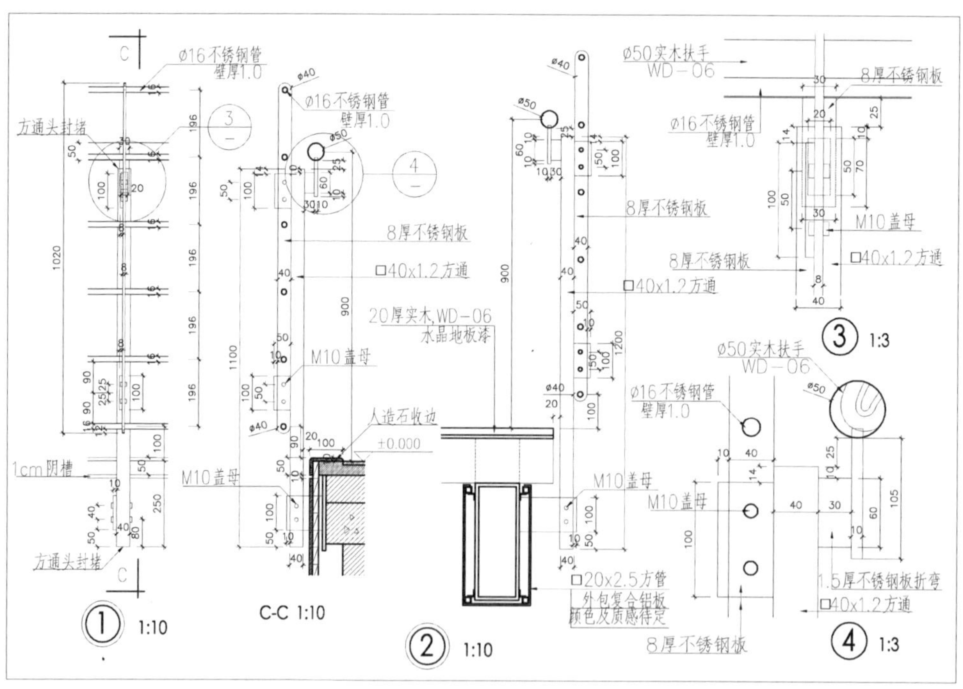

图 6-4-18　中国气象局华风影视大楼，设计：杨宇

3.固定设施，如服务台、壁炉等

图 6-4-19　固定服务台的做法

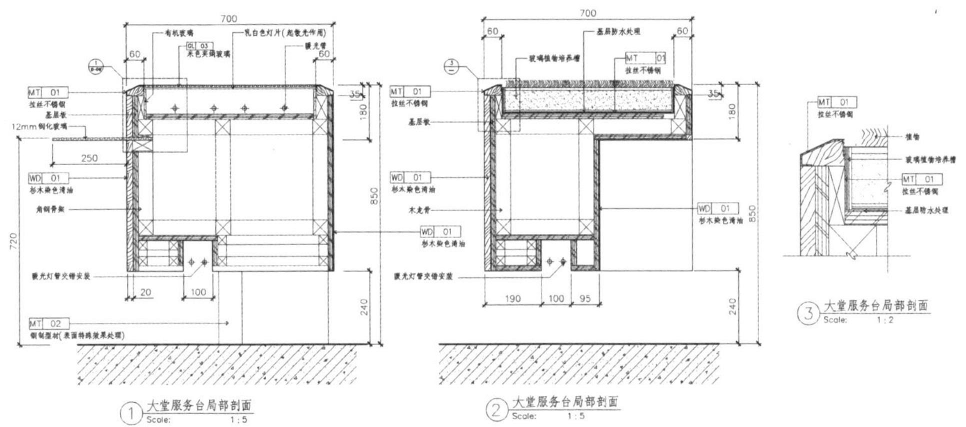

图 6-4-20　昌平太伟高尔夫酒店，设计：张行

4.形成独立支撑体系的特殊造型

图 6-4-21　中国气象局华风影视大楼，设计：杨宇

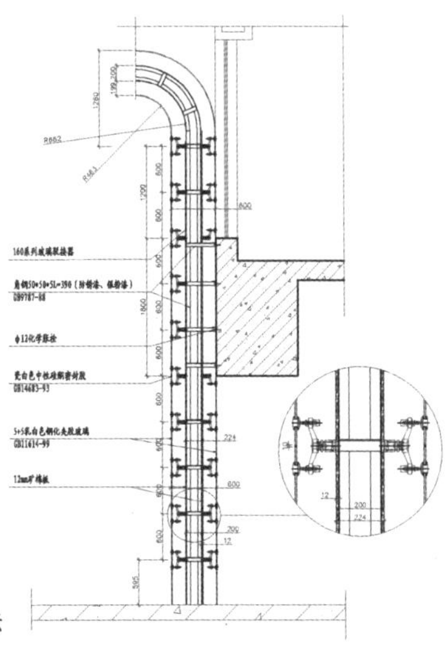

图6-4-22　特殊发光造型的做法

（三）金属工艺

五金件经常在玻璃与其他材料和结构中使用。一些特殊的五金构件突破了玻璃与其他材料交接的传统做法，使玻璃的应用变得更加多样化。

1.结构五金构件

结构五金通常以焊接，用铆钉、螺栓连接，或用压子母槽连接。

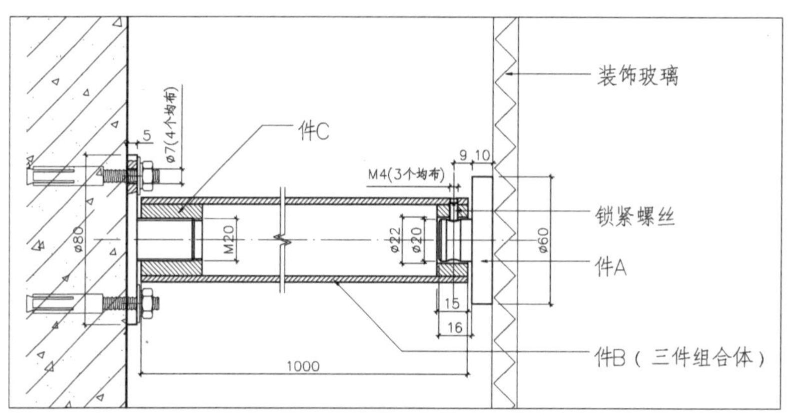

图6-4-23　结构五金件的做法

2.装饰五金构件

装饰五金件常用强力胶粘贴于其他基层材料上，经高压或冲压，在工厂一体成型，金属板直接放置于构架之间。

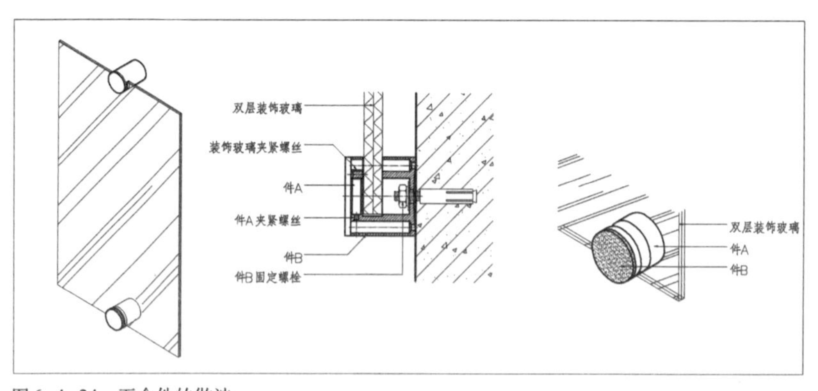

图6-4-24　五金件的做法

第五节 标准化与特殊性

随着现代科技的发展，电影、电视、电脑等无形的数码多媒体技术的飞速的发展所产生的绚烂多彩的世界正在改变我们对空间的认知，使空间变得越来越个性化。另一方面，在这些风格迥异的空间形态背后，构成空间的技术与构造却在很大程度上保持着一种普遍性与规范性，甚至在很多材料和做法上日趋成为工业化生产机制下的规格化和标准化要求。这就要求我们思考如何将这些标准产品灵活应用，创造出独特的空间形态。同时，由于设计的特殊性，每个设计都会衍生出一些独特的做法与结构形式。这些新型的材料、加工工艺和施工方法，对改变我们以往所熟悉的空间形态起着至关重要的作用。

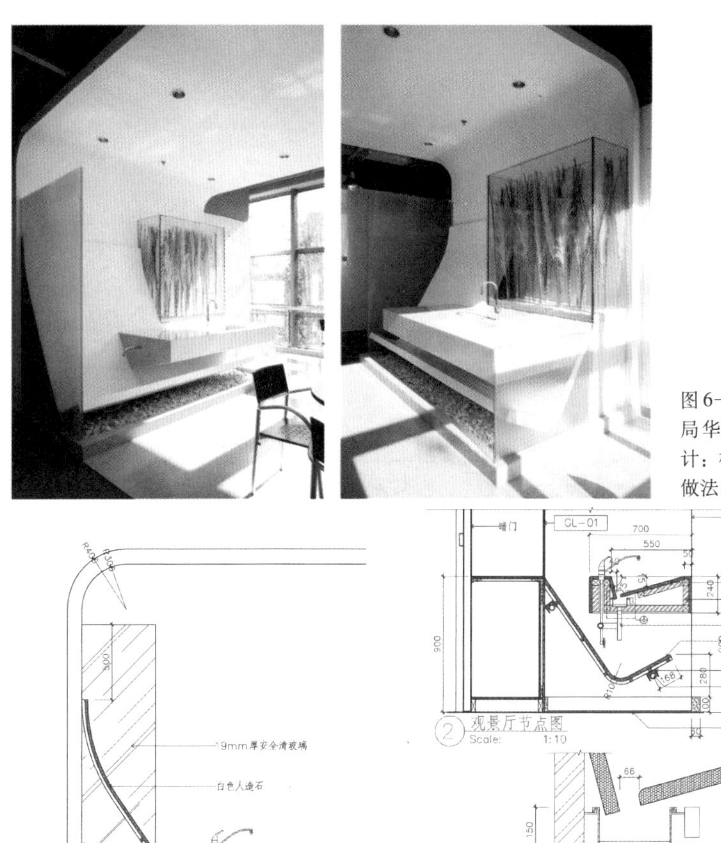

图6-5-1,2 中国气象局华风影视大楼，设计：杨宇，特殊造型的做法。

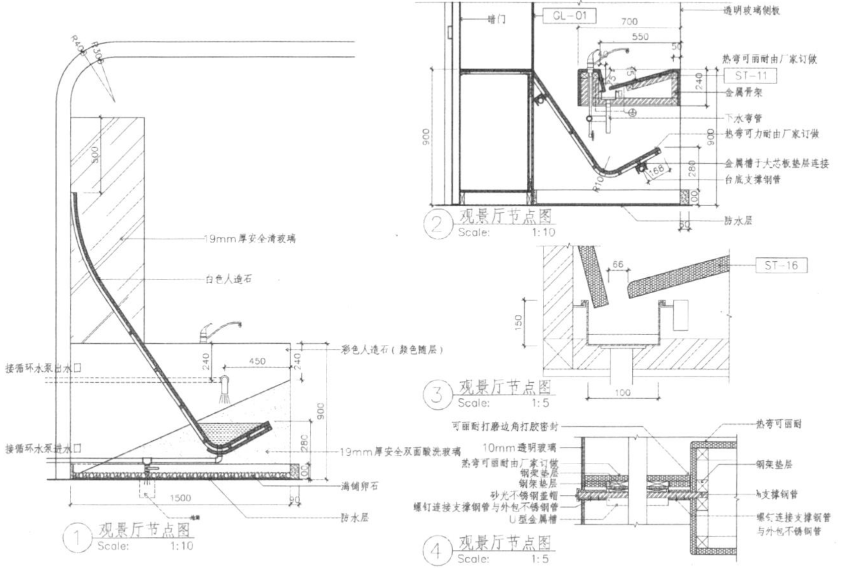

图 6-5-3,4　特殊造型的做法

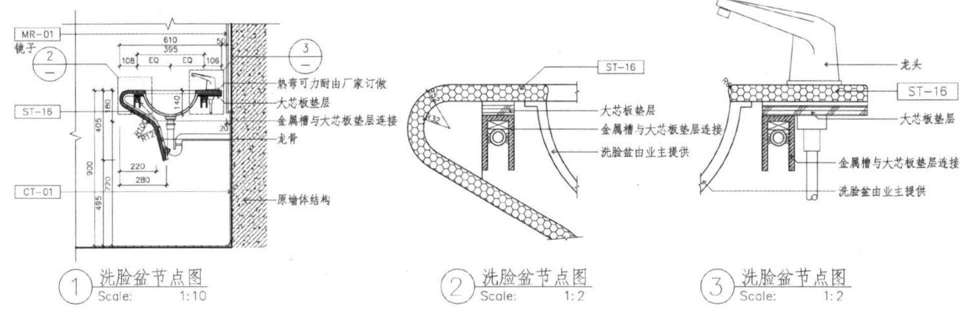

图 6-5-5　特殊造型的做法

图6-5-6　将会客室架高而形成一种舞台感。为了达到悬浮的效果，在结构上采用钢架顶部楼板固定和底部钢架支撑相结合的方式。所有的受力来自顶部，底部只起到固定的作用。

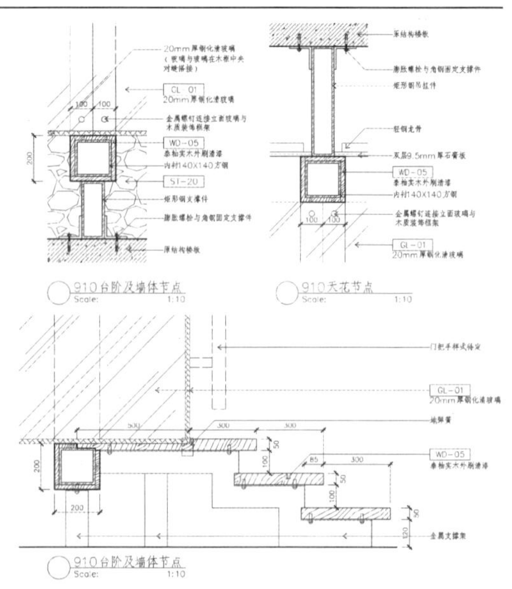

尽管工业革命已经彻底改变了我们的生活方式，但许多传统的装饰元素始终影响着我们的生活。在这个新技术层出不穷的时代，许多延续了古老文明的传统装饰手法，开始以一种新的形式被人们所利用。

图6-5-7　特殊造型的做法，IBM E-Business，设计：ADD INC./杨宇

图6-5-7 IBM E-Business室内中确定的设计理念是通过柔性材料中的软膜天花板（Fabric）实现对传统装饰中的“幔帐”和“华盖”形式的再创造。软膜天花板采用特殊的聚氯乙烯材料制成，由于实现了防火等级的要求，因而越来越多地作为公共空间的装饰材料被应用。它所塑造的形体不同于木材、金属等固化材质，突破了传统固体天花板的形状固定和小块拼装的缺陷，可大块（达到$40m^2$/件）使用，形成多种平面和立体的形状，使空间设计具有完美的整体效果和无限的创造力。在一个以信息技术为主导的办公空间中，柔性材料这种由科技手段造就的“自然性”，使周围的金属、机器所组成的“硬质”工作环境得到缓解。它自身轻质柔软的特性使人的视觉自然地产生舒适性。在施工过程中，材料通过多次切割成形，并用高频焊接完成，它按照我们在实地测量出的天花板的形状及尺寸在工厂里生产制作，软膜扣在金属龙骨之上。

第七章 室内色彩设计

近年来随着室内设计学科的迅速发展和相关门类的完善，室内色彩学也有了长足的进步。色彩是一种很直观的表达手法，在室内空间当中，色彩的搭配与设计是营造整个空间风格与氛围的重要手段之一。另外，在公共空间中，色彩设计也直接起到导引和疏散人群的作用。鉴于色彩学是一门庞大而复杂的专业学科，我们在本章中，只是概述性地对于色彩学的基本理论加以介绍。

第一节 色彩学概述

一 色彩的产生

我们是通过光感受到很多种颜色和色调的。不同光源影响下固定颜色会产生不同的变化。在这一小节中，我们将要阐述的正是在光的影响下色彩产生的原理。

恰如形状和质感一样，色彩是所有形态的内在视觉属性。人们在所处的环境背景中，被色彩包围着，然而，我们赋予实体的色彩，源自照亮并揭示空间和形态的光，有了光，色彩才会存在。

图 7-1-1

人们能感受到这多彩的客观世界，很大程度上是依靠视觉，而这必须要有两个前提：一是有光照，二是有一双能感光和感色的眼睛。其中，光照是根本，黑暗中就连物像也一并消失了，所以“光”是色彩显现的前提。光源有很多种，太阳、月亮以及各种人工光源，其效果也会不同。除了亮度不同，其最主要的区别是具有不同的“光色”，色彩学上以“色温”为衡量的指标——色温高，光色偏于蓝紫；色温低，光色偏于橙黄。不同色温的光照射在同一对象上，呈现的色彩是不同的，通常被通俗地理解为色光的“染色”效果。

日光经三棱镜折射，会映射出红、橙、黄、绿、青、蓝、紫等一系列“光谱色”，色彩学上把其中色差最明显的六种称之为“标准色”，即红、橙、黄、绿、蓝、紫。所以，所谓白光，其实是色光的混合；但同样多的色彩相混合，结果却是相反的黑浊色。因此，色光和色彩虽具有同样的颜色感，却是完全不同的事物。色光越加越亮，而色彩越加越暗。

物理学将色彩看成是一种光的属性。在可见光的光谱内，色彩是由波长决定的；从波长最长的红光开始，我们经过光谱中的橙光、黄光、绿光、蓝光和紫光到达波长最短的可见光。当这些有色光以大致相等的数量出现在光源中时，它们就结合成了白光——看上去是无色的光。

图 7–1–2

白光照在不透明物体上，会发生选择吸收现象。物体的表面吸收某种波长的光，反射其他波长的光，我们的眼睛将反射光的色彩看成是该物体的色彩。

哪些波长或范围的光波被吸收，哪些光被反射从而成为物体的色彩，是由物体表面的色素决定的。红色的表面呈红色是因为它吸收大部分落在它上面的蓝光和绿光，反射了光谱中的红光；同样蓝色的表面吸收红色光。以此类推，黑色表面吸收整个光谱中的光；白色表面反射整个光谱中的光（图 7–1–3）。

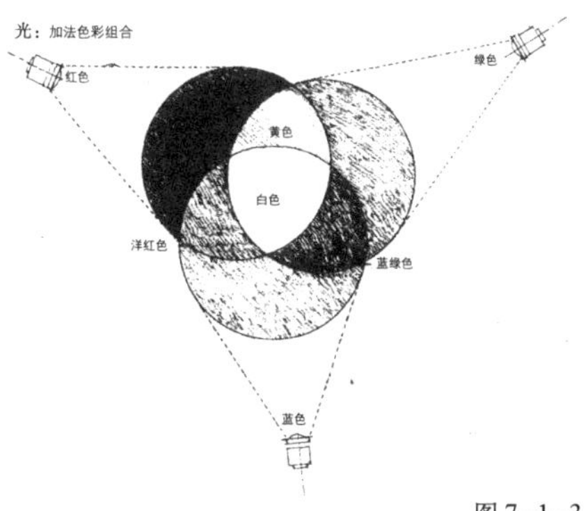

图 7–1–3

虽然在室内设计中主要涉及的是色彩的运用，但是色光的基本概念必须也要有所掌握。[①]

二 色彩的表现

物体对光不同反射的结果造成了不同的色彩表现。不同的物体，对光谱中各色光的反射率和吸收率不同，于是表现出的色彩也就各不相同。同时，事物表面的材质，对光的吸收和反射也有很大的影响，也直接影响到显色：玻璃、金属、丝缎等光洁面，反射很强烈；粉刷、涂料、布、革等细腻表面，反射、吸收较均衡；而混凝土、毛石、呢、麻等粗糙表面，就吸收较多。我们常说的“质感”就是这样和色彩共同起作用的。

颜色的这一特性是室内色彩设计的一个重要的参考依据，我们对于很多颜色的感觉往往也和质感一起表现出来。

三 色彩分类

（一）三原色

红、黄、蓝三色可以调配出其他各种色彩，而其他色彩无法反过来调和出它们。因此，红、黄、蓝色被称为三原色，

（二）间色、复色、补色

1.间色：又称“二次色”，由两种原色混合而成，如红＋黄＝橙、黄＋蓝＝绿、蓝＋红＝紫，橙、绿、紫即是间色。但应注意，间色不同于原色的唯一性，它是一系列同类相近色彩的总称。

2.复色：又称“三次色”，是由间色混合而成，如：

橙＋绿＝（红＋黄）＋（黄＋蓝）＝（红＋黄＋蓝）＋黄＝黑浊色＋黄＝灰黄

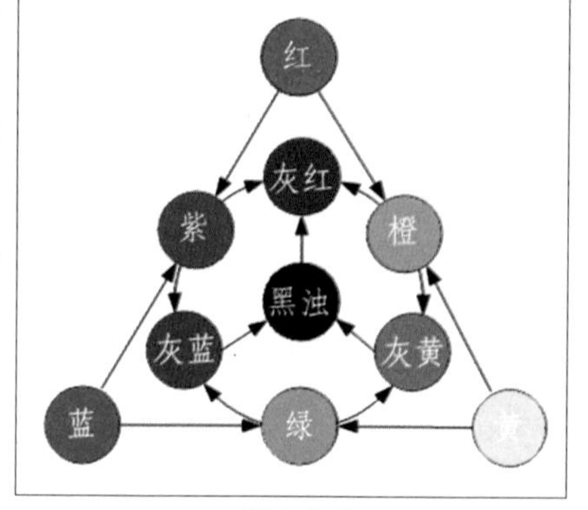

图 7-1-4

① 〔美〕程大锦：《室内设计图解》，2003年，第107页。

绿＋紫＝（黄＋蓝）＋（蓝＋红）＝（红＋黄＋蓝）＋蓝＝黑浊色＋蓝＝灰蓝

上述两种难以确切命名的灰黄、灰蓝便是复色。复色即是包含着所有三原色成分的混合色，只是依其中红、黄、蓝色的成分的多寡。在黑浊色中带有某种色偏，其色彩比原色或间色要灰暗得多，颜料中的赭石、土红、熟褐一类均是，许多天然建筑材料如土、木、石、水泥等的本色，大抵都是深浅不一的复色，色彩均较沉稳。

3.补色：又称“余色”，色环中处于180度两端的一对色彩，一般视做互为补色。

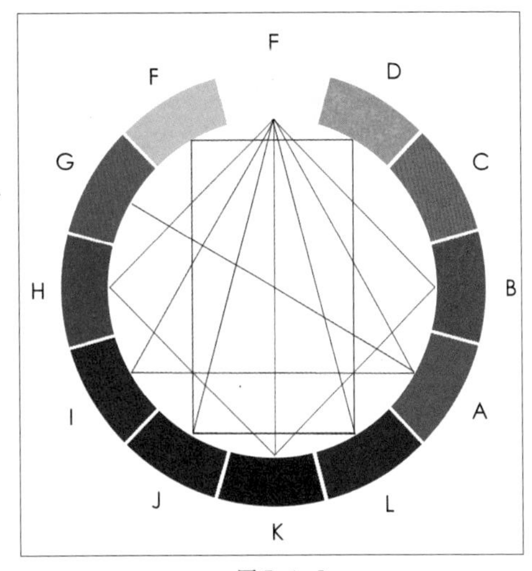

图 7-1-5

（三）冷暖色

色彩在客观心理上有冷暖感，这是一般人都有的感受，由此而引出色彩的另一种重要的特性，即冷暖色。事实上，即黑、白、灰也只是理论上的绝对中性，一旦应用起来，它们也有色偏，这种细微的差异，在应用中却不可小看贫下中农高。

在室内设计中，细微的冷暖色差异与色偏倾向都会导致不同的空间氛围。

四 色彩三要素——色相、明度、纯度

物体表面的材料拥有**天然色彩**。这种天然色彩**可以用含有色素的油漆或染料来改变**。有色光在性质上是加法的（addictive），然而色素是减法的（subtractive）。每种颜料都吸收一定的比例的白光。当将颜料混合到一起时，它们所吸收的光结合起来使光谱中不同的光消失，由保留下来的光来决定混合颜料的色相（hue）、明度(value)和纯度(intensity)。

色彩有三种量度：

色相（hue），我们辨认、描述色彩的颜色属性，例如红色或黄色。

明度（value），与黑白有关的色彩的明度或深度。

纯度（intensity），与相同度的灰白色相比，色彩的纯度（purity）或饱和度(saturation)。

色彩的所有这些属性之间是有必然联系的。每种色相都有正常的明度。例如，纯净的黄色比纯净的蓝色的明度低。当将白、黑或一种互补色加入到一种色彩中去减轻或加深它的明度时，它的纯度也将会减弱。如果没有同时改变其他两种属性，很难调整色彩的任一属性。①

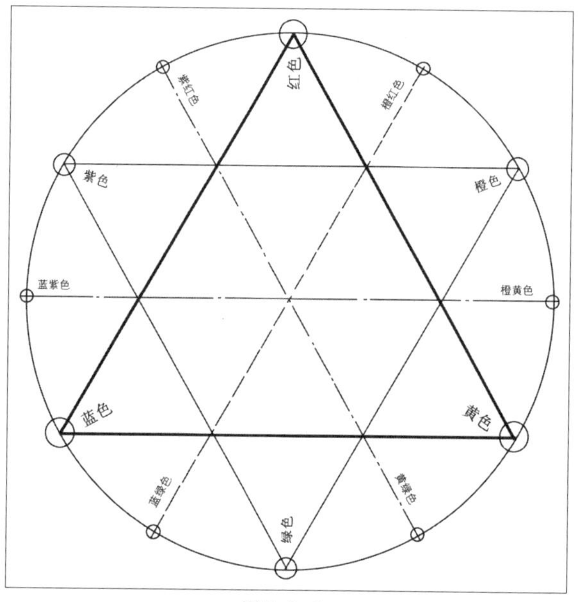

图 7-1-6

许多色彩系统试图将色彩以及它们的属性按照一定的可视顺序排列。最简单的一种是将色彩按照主要色相、次要色相和第三级色相排列，例如Brewster色环(color wheel) 或者Prang色环(图 7-1-6)。

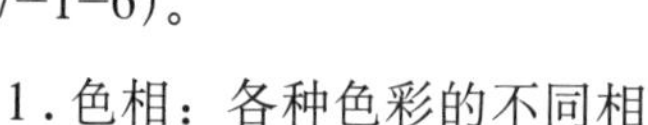

1. 色相：各种色彩的不同相貌，通常是与光谱色中一定波长的色光反射有关，习惯上以红、橙、黄、绿、蓝、紫标准6色或根据不同的研究体系以更多的10色、12色、24色甚至100色的连续色环来表示。

但色环上的色都是没有杂色的艳色，在生活中，尤其在室内设计应用上，更多地会出现一些不像色环上那样单纯的色彩，于是色相的种类就变得非常繁杂。人们对一些难以直接命名的色相，则常在标准色前加以深浅、明暗、粉灰甚至偏x的x色，带x的x色等等来约略地称呼，以求区别，这是广义的色相。

在实际应用中需要利用颜料进行设计，因此和颜料名称挂钩的色相认识，可能更有意义。下面以红黄蓝三类色彩中，不同称颜料的色偏作一概略介绍：

① 〔美〕程大锦著：《室内设计图解》，2003年，第108页。

红类：朱红——红偏黄

大红——偏橙

曙红——偏紫

黄类：奶黄——黄偏白

柠黄——偏绿

中黄——偏橙

蓝类：钴蓝——蓝偏白

湖蓝——偏绿

群青——偏紫

2.明度：指色彩的明暗度，一般有两重含义。一是指不同色相会有不同明度；二是指同一颜色在受光后由于前后的不同，或者是加黑加白调色后的明暗深浅变化，如红色的暗红、深红、浅红、粉红等。

色相	白	黄	橙	绿	橙红	蓝绿	红	蓝	紫红	蓝紫	紫	黑
明度	100	78.9	69.85	30.33	27.73	11	4.93	4.93	0.80	0.36	0.13	0

表7－1－1　一些色彩与黑白色相较的明度值

表7–1–1是一些色彩与黑白色相较的明度值，了解这一系列数值，对认识色相间明度差异的幅度很有帮助。室内色彩设计要想达到醒目的设计目的，**决不在于色相的缤纷，而在于明度反差的加大。**

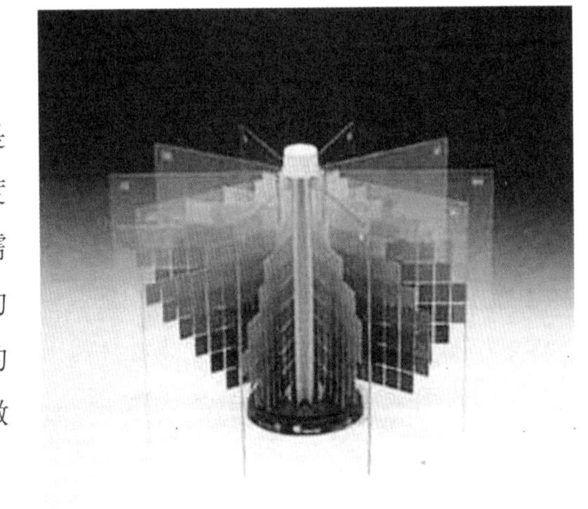

3.纯度：又叫彩度、艳度，也就是色彩纯净和鲜艳的程度。与色相、明度一样，无褒贬之分，只看应用场合的需要。室内设计的色彩应用中，大面积的墙面等处，多半会以低彩度、高明度的姿态出现，以避免高彩度色彩过于刺激夺目。

图7–1–7　孟赛尔（Munsell）系统

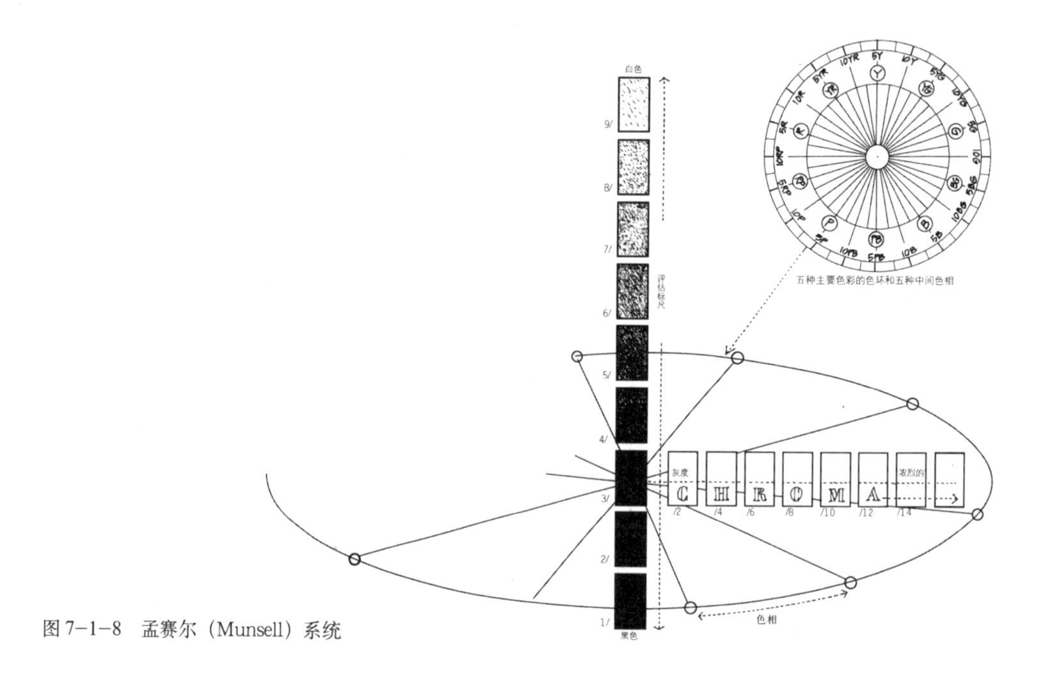

图 7–1–8　孟赛尔（Munsell）系统

孟赛尔（Munsell）系统是一种更具综合性的、用来精确定义和描述色彩的系统，该系统是由阿尔布特 · 孟赛尔(Albert H.Munsell)发展起来的。根据色彩的色相、明度和纯度等属性，这一系统用三种有秩序的均匀的视觉阶梯值将色彩排列起来（图 7–1–8）。

孟赛尔系统是以五种主要色相和五种中级色相为基础的。这10种主要色相分别放在 10 个色相阶梯（hue steps）中，并水平地排列在圆中。

垂直延伸色相的中心便得到一个中间色的明度尺度表，从黑到白，这一尺度表被分成 10 个视觉阶梯（visual steps）。垂直的明度尺度表也反映了纯度的等级。等级的数量将根据每种色彩的色相和明度可达到的饱和度而变化。

有了这一系统，具体的色彩可用以下的符号识别了：色相明度／纯度简称为 HV／C。例如，5R5／14 将代表具有中级明度和最大纯度的纯净的红色。

无论是在科学上、商业上还是在工业中，在没有实际样品的情况下，能够准确表达某一具体色彩的色相、明度和纯度的能力是很重要的，但是色彩的名字和符号仍不足以用来描述色彩的真实视感。在光下所看到的实际样品的色彩，对于色彩搭配的设计过程来说是十分必要的。

第二节 色彩在室内空间中对人的心理与生理影响

色彩的感觉和效果是比较复杂的问题。首先我们注意到，**客观的室内环境很少由单一色彩构成**，通常是色彩的组合关系在起作用；其次，**色彩感觉涉及的主观联想因人而异**，因人而异的色彩敏感性和偏爱是普遍存在的；第三，**色彩总是依附于具体的对象和空间**，而对象的性状和空间的不同形式等肯定会对色彩感觉发生影响。

进行室内空间的色彩设计，应注重色彩的客观效果，力求使大众对设计者个人的感受好恶产生共鸣。设计者要理性地把握色彩感觉，营造良好的色彩效果，但应避免去追求像数学或化学那样精准的、公式化的“配方”，因为这样违背艺术规律的努力，必定是徒劳的。

一 色彩的象征性意义

对色彩的视觉感受本是人的一种生理反应，但人类生活经验的不断积累和对色彩的相关体验，又使得人们对一定的色彩产生一定的心理联想，进而或客观或主观地赋予色彩以某种象征意义。至于主观的象征意义，因为是人为的，没有普遍性可言。

色彩的象征性与人的心理活动相关。而人与人之间的阅历、文化教养等都不一样，心理活动也相应地会有差异；就是同一人，在不同的心境下，对客观事物也会做出不同的反应，对色彩的感受也一样。所以，所谓色彩的象征性并没有严格的对应性，但大致的性质范畴却是约定俗成的。

各种色彩当明度、彩度稍有改变时，其象征性联想会非常不同，如黄色，加白提高明度，给人以稚嫩感；可一旦彩度降低，变为枯黄，马上会和苍老、腐败、病态等相联系；紫色加白色提高明度，变为粉紫，就不再忧郁，而有一种明快轻盈的象征，也因没有了神秘感而是变得亲切了；各种非黑白混成的“灰色”，由于蕴涵着三色成分，绝不同于真正的“灰”的冷漠，而是在应用中很有亲和力的色彩。[①]

这里我们借日本色彩学会进行的社会调查来考察色彩对于我们生活的象征性意义。

①张为诚、沐小虎编著：《建筑色彩设计》，2000年，第8页。

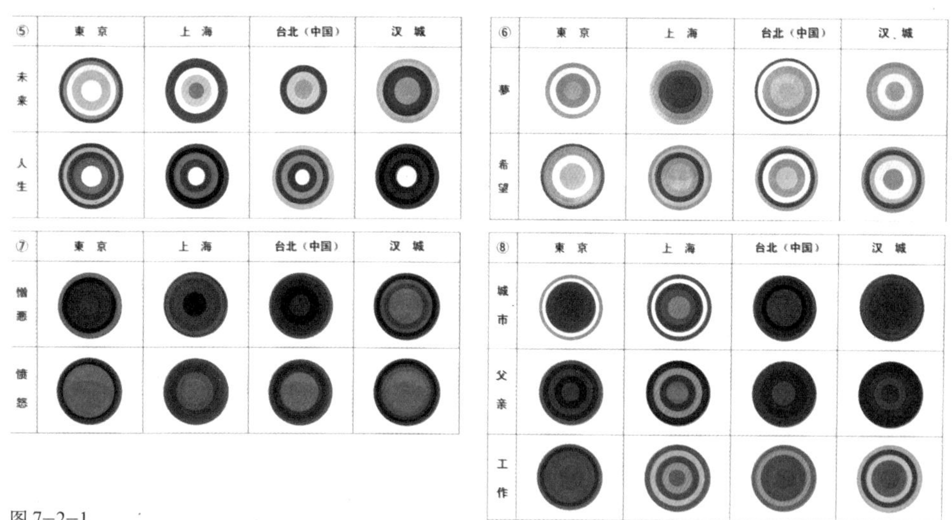

图 7–2–1

在对东京、汉城、上海和中国台北四个城市中的青年人进行色彩象征意义的调查发现，对于每一个词的色彩描述，大家的基本色感是几乎相同的。

但是同时因为所受教育及社会大环境等综合因素的影响，个别词的理解会出现不同，比如对父亲这个词的理解。上海的年轻人对于父亲的理解中除了有稳定而威严的

黑	白	赤	橙	黄	绿	蓝	紫	茶	灰色
死亡的 64	和平 68	热情 75	戏耍 36	妒嫉 28	自然 62	信任 49	欺骗 34	男人 26	委屈 51
黑暗的 58	裸体 59	情绪 71	可笑 27	厌恶 25	自然的 30	合作 38	毒 26	男性 23	惊吓 47
杀人 44	婴儿 51	气质 69	祭祀 25	快乐 25	毒 25	调和 36	不幸 25	厌恶 23	过去 47
担忧 36	灵魂 51	活动 65	快乐 25	权利欲 22	年轻人 18	献身 36	盗窃 24	父亲 21	老人 42
悲惨 30	单纯的 48	反抗 52	早上 23	笑 22	愿望 16	贡献(赠) 36	泪 22	工作 21	理论 42
欺诈 28	儿童 48	力量 50	胜利 25	玩笑 21	善 16	责任 31	悲伤 21	依存 20	担心 40
谎言 25	心 40	性欲 48	欣喜 23	苦痛 21	利益 15	自我个人的 30	生病 21	职业 19	工作 38
盗窃 21	尊敬 30	紧张 46	独创 21	快乐 21	慈善 15	女子 30	担心 20	兄弟 19	逆境(不幸) 36
损害 21	母亲 30	爱情 43	成功 19	野心 20	帮助他人的心 15	儿子 30	黄昏 20	盗窃 19	悲伤 32
有毒的 21	宗教 29	主动的 40	调和 15	祭祀 20		帮助他人的心 29	拘束 20	逆境(不幸) 19	孤独 30
	孤独 27	胜利 38	利益 15	自发性 20		母亲 29	妒嫉 19	机械功能 19	
		羞耻 36				满足 29	逆境(不幸) 19		
死亡的 51	护士 60	热情 79	女儿 44	玩笑 49	自然 64	科学 41	妒嫉 38	父亲 42	失败 56
黑暗的 47	心 41	胜利 57	家庭 41	儿童 43	自然的 47	泪 40	怨恨 33	老人 40	机械 47
杀人 36	善 29	欲望 46	女朋友 41	玩笑 39	调和 36	儿子 37	怜悯 30	劳动 39	不幸 46
有毒的 27	自由 28	活动 45	欣喜 41	单纯 33	合作 33	兄弟 37	毒 29	工作 29	生病 45
男人 26	和平 26	祝祭 43	满足 36	玩笑 31	从顺 29	男性 36	性欲 28	职业 28	委屈 40
怨恨 25	未来 26	力量 43	可笑 34	成功 29	教育 28	悲惨 35	宗教 25	社会的 24	惊吓 40
憎恶 21	一个人 25	反抗 39	爱情 33	快乐 28	有用 27	理论 35	黄昏 25	礼仪 24	苦难 39
苦难 21	灵魂 25	爱情 33	快乐 33	利益 25	亲切 25	理想 34	情绪 23	不利 22	老人 39
男性的 21	裸体 25	妒忌 28	母亲 33	婴儿 23	和平 25	确信 30	灵魂、担心、憎恶 22	苦难 21	担心 36
灵魂 20	良心 24		幸福、女性 30	未来、合作 20	儿子 25	年轻人 29		盗窃 21	苦恼 35

图 7–2–2

深灰和黑色外还带有一定阳光温暖的暖色，而受父权社会影响较深的汉城和东京则基本上都是威严而严肃的黑色。从简单的颜色描述中我们就能深深地感受到颜色的象征意义对于人的重要性。

图7–2–2为《色的联想》调查表，选取了108名美国中学生和126名日本中学生为调查对象，进行色彩意义联想的调查。图表最上端为颜色内容，上段为美国学生的颜色意义联想，下段为日本学生的颜色意义联想。带有下划线的内容为两国学生有共同联想的内容。[①]

二 一般心理感觉

1.面积感——明度高的色彩有扩张感；明度低，特别在冷色时有收缩感，紫色为最。

2.位置感——暖而明的色朝前跑；冷而暗的色向后退。

3.质地感——复色、明度暗、彩度高时有粗糙、质朴感；如驼红、熟褐、蓝灰等；色相较艳、明度亮、彩度略低时，有细腻丰润感，如牙黄、粉红、果绿等。

4.分量感——高明度的冷色，感觉轻，如浅蓝、粉紫（雪花、飞絮、雾霭等的联想）；低明度的暖色，感觉重，如赭石、墨绿（岩石、机器、老建筑等的联想）。

三 因人而异的色彩联想倾向

儿童——简单、鲜明、活跃

青年——明朗、清新、偏于表露

老年——沉稳、柔和、偏于含蓄

女性——鲜艳、华丽、雅致

城市——淡雅、清晰

农村——浓艳、强烈

南方——明丽、素雅

北方——深沉、朴实

① 邱晓葵、吕非、崔冬晖：《室内设计项目下（公共类）》，2006年，第173页。

第三节 室内空间中色彩的运用

生活中离不开色彩，色彩的用途十分广泛，衣、食、住、行都与色彩有关。室内设计中色彩的作用也是极为重要的。寻根究底，色彩的各种作用都源于它的三个基本的功能。

一 物理功能

色彩的物理功能主要指色彩的光属性。白色之所以看起来的白色的，是因为它反射了所有色光。色彩既然是物体在光照下呈现于人眼的一种感觉，那么，它和物体的材质有关。

在公室内设计中，我们要特别注意各种室内装饰材料的反射率与颜色特性。

表 7–3–1　建筑材料的反射率（%）[1]

白砂	20 – 40	白大理石	50 – 60	水泥粉刷	25	红砖(新的)	25 – 35
水面	2	石膏面	92	水泥地面	23	石材	20 – 50
人造石	30 – 50	石灰粉刷	50 – 70	红砖(旧的)	10 – 15	水磨石	60
石棉瓦	46	铝（光面）	75 – 84	金	60 – 70	黑玻璃	5
混凝土路面	12 – 20	银（光面）	95	铜	50 – 60	乳白玻璃	60 – 70
草地	8	玻璃	80 – 85	锡箔	20 – 30		
绿化	5 – 8	白铁片(新的)	30 – 40	白帷幔	35		
木板（杉）	30 – 50	铅	70 – 75	透明玻璃	10 – 12		

表 7–3–2　油漆色彩的反射率（%）[2]

银灰	35 – 43	大红	15 – 22	深蓝	6 – 9	深棕	6 – 9
深灰	12 – 20	棕红	10 – 15	淡黄	70 – 80	黑	3 – 5
湖绿	7 – 11	天蓝	28 – 35	中黄	56 – 65		
粉红	45 – 55	中蓝	20 – 28	淡棕	35 – 43		

①转引自张为诚，沐小虎编著：《建筑色彩设计》，上海：同济大学出版社，第 15 页。
②同上。

表面粗糙的物体反光少，吸收光能多，即使反光也是漫射光。表面光滑的物体反光强，越光滑越能引起相邻物体色相的变化，有时反光产生的冷暖效果甚至超过物体固有色的冷暖效果。光线照在物体上，只能有三种情况：透射、反射和吸收。对一个室内空间来讲，要达到恒温的效果，显然要选用反射率高的材料作为外表面饰材。从表7-3-1我们可以知道，常用的建筑材料对光线的反射率。这不仅有助于设计外墙面，也用于室内空间的设计，调节室内光线的明暗，质地等等。表7-3-2则表明，即使同为油漆饰面，色彩反射率差别也很大。

二 生理功能

色彩能引起人和动植物生理上的反应，可以说这反映了色彩的生理功能。色彩对有生命的动植物均有影响。生理心理学认为，我们的感官能够把物理刺激的能量，如压力、光声和色彩、化学物质转化为神经冲动传至脑中从而产生一系列感觉和知觉等生理现象。

科学研究表明，白色太阳光分离成的色彩光谱 “红、橙、黄、绿、青、蓝、紫”，其排列顺序与色彩对人从兴奋到消沉的刺激程度是完全一致的。处于光谱中段的色彩在其他条件相同情况下，引起视觉疲劳程度为最小，处于光谱中间的绿色因此被称为“生理平衡色”。以此类推，属最佳色彩的是淡绿色、淡黄色、翠绿色、天蓝色、浅蓝色和白色等。进一步研究发现，我们的大脑和眼睛需要中间灰色，如果缺乏这种灰色就会变得不稳定，无法获得平衡和休息。这也是视觉残像现象的根源所在。人眼注视某一色块，当目光移开后见不到该色的补色，会自动产生其补色，以寻求色彩平衡。第二次世界大战后，美国色彩专家率先应用“色彩调节”技术于医院手术室，将白墙改刷绿色油漆，不但稳定医生情绪，还可消除眼睛疲劳，尤其是久视血红而产生的补色需求，可直接从环境中得到满足，从而大大提高了工作效率。色彩在生理层次上的研究，为色彩应用提供了较为科学的根据，避免了主观臆测的种种缺陷。在1797年，英国科学家朗福德（Benjamin Thompson Rumford,1753—1814年）提出色彩和谐的观点，认为色光混合后呈白色的话，这些色光就是和谐的。相应地颜料色混合后成灰黑色的话也认为是和谐的。由此可见，我们**在色彩搭配时，不论颜色的多寡，用类似色还是对比色，都须注意总量的平衡，以寻求和谐和舒适的色彩环境。**不过，这种“量”并不是简单的数量，如面积大小，明度或彩度等的差别，而是指对人眼的“刺激量”。

三 心理功能

都市中的交通指示灯选用的色光是红、绿、黄，究其原因既有色彩的生理作用也有心理作用。事实表明，色彩引起人的兴奋速度以红色最快，绿、蓝次之，而黄色较明亮，白天尤为醒目、穿透力强。因此，交通灯采用这三种色。在具体用途上，心理作用可能起了主导作用。红色让人联想到危险，如火、血之类，故红灯亮时禁止车辆通行；绿色能人以安全、快适之感，让人想到的是有蓬勃生命力的草地、植物等。而黄色有轻快、镇定作用，光感强，常用来表达光明、注意等信息。色彩的联想可以是具象的、直接的，也可以是抽象的、间接的。尽管人们对色彩的心理联想存在着种种差异，但不排除有相当的共同之处，尤其是比较直接的，如对色彩的冷暖、轻重、远近等感觉方面几乎没有什么不同。正因为如此，色彩调节技术才具有普遍意义。众所周知，鲜艳色彩搭配适当，能有效促进儿童思维能力的发展；花园式工厂不仅美化了环境，也有利于生产效率的提高。资料表明，若色彩调配得当，工人不易疲劳，劳动生产率可提高10%—20%。总之，对公共空间中色彩的不断地探究可能会使用途更为广泛。[1]

①张为诚、沐小虎编著:《建筑色彩设计》,2000年，第15—18页。

第四节 色彩在室内设计中的作用实例

色彩既然是一种视觉元素，在室内设计中其主要作用还是在造型方面。即使是在造型方面，色彩作用因为建筑室内外环境、功能等差异而显示出不同的特征。室外环境中光源主要是自然光即太阳光，夜间才是人工照明。在建筑物上，色彩处理侧重表现材料的固有色，强调的是块面效果，也就是为远距离观赏着想。而室内空间就不同了，色彩设计更注重灯光作用以及对材料的影响，选用材料强调质感或纹理，便于近距离观察。前者以突出形体、增强识别为色彩设计的主要目标；而后者则更注重营造氛围，突出功能，以实现房间的功能为目标。室内更适合于近距离观赏，因此细部是不可忽视的。实际上，色彩在建筑中的作用并不仅限于造型方面，还有热工方面的作用。比如，被动式太阳房集热板外表面涂黑，以提高吸热效率；而遮阳板则相反，选用抛光白色铝板则有利于反射日光。

根据信息在视觉上传达的原理，色彩作为一种视觉符号，它所能传达的信息不外乎有四大功能：

1.物理功能：主要是指建筑热工方面的作用。

2.识别功能：主要指建筑群体环境中色彩可用作为标识、区分的手段，划分空间层次，显示不同功能区域，表明其用途，对使用者有导引作用。

3.美感功能：主要体现在单体造型上，色彩有调整比例、掩饰缺陷的作用，能够突出室内形体的特点，烘托功能，也能够加强材料、灯光等的表现力，这在室内环境中尤为突出。比如，法国国家图书馆中一个公共阅览室的色彩处理，强调木材本色，油漆和灯光都加强了本色的表现，同时又营造出一个静谧、舒适的读书环境。

4.情感功能：主要指由色彩联想引发的文化象征作用。人们对于色彩的爱好、选择不是随意的，而是受制于民族、地域、宗教、民俗甚至个人的文化修养、审美习惯、职业等因素，有一种约定俗成的现象或规律值得我们注意和研究。①

色彩的联想把观念、情感等内容引入后，久而久之成为色彩的象征，以致上升至文化层次，从而就有民族、个人之间的种种差异。

---

①张为诚、沐小虎编著：《建筑色彩设计》，第19页。

我们引入五个利用比较单纯颜色进行公共空间室内设计的事例，希望读者在理论和实例中领悟与理解到关于颜色设计与颜色调和的更多知识。

白色：给人以纯洁、清净、虚无、高雅的联想。在公共空间室内设计中大面积白色的运用可以使空间从视觉和心理上产生宽盈、清净的效果。在本设计中，白色被大面积地使用，并运用于地面、墙面和灯光中。通过白色的颜色特性，商品被突出了，而同时商店时尚、个性的特点也被白色特征所凸显了。

图 7-4-1　*Colors* [①]

图 7-4-2　*Colors*

红色：给人以热烈、喜庆、跳跃等印象。在公共空间室内设计中，红色在理论上是不宜于大面积使用的，因为这样往往会产生燥热和喧闹感，但是在这则设计中，设计师使用了相应灰调的红色，并在大面积使用的过程中，刻意引入了其他材质（如金属、铝材等），使空间在热烈中带有沉稳与前卫之感，而且红色不会过于浮躁，反而使空间带有一定的稳定性。

① 本节所有图片均引自《室内项目设计下（公共类）》（邱晓葵、吕非、崔冬晖编著，中国建筑工业出版社，2006年），第 236 — 238 页。

图 7-4-3　*Colors*

图 7-4-4　*Colors*

图 7-4-5　*Colors*

蓝色：给人以深远、沉静、崇高、理想等印象。正因为蓝的稳定性与较好的兼容性，在公共空间室内设计中被较多地使用。在这则设计中，蓝色与几种偏灰色的绿与黄色以及金属材质搭配，显得沉稳、干净。

图 7-4-6　*Colors*

图 7-4-7　*Colors*

黄色：给人以明亮、醒目的感觉，在空间中使用黄色往往会配以相对比较稳重的深色材质，起到空间上平衡和相互融合的作用。在这个作品中，设计者除了在主要通道中和带有导向性的区域使用了大面积的黄色以外，在突出展品和中心区域则都以深木色和褐色作强调，起到平衡颜色的作用，使整个设计作品醒目、明亮，而又不失稳重和文化感。

图 7-4-8　*Colors*
图 7-4-9　*Colors*
图 7-4-10　*Colors*

绿色：给人以青春、和平、希望等感觉。在这个设计中，设计者在选定主色——米色的同时，也使用了一定面积的绿色作为空间中的主要颜色。绿色在这里给人以放松、舒适的感觉，与米色互不冲突，并且相互协调，使这个室内空间的氛围格外地舒适与温馨，空间更加宽敞而平静。[①]

① 邱晓葵、吕非、崔冬晖：《室内设计项目下（公共类）》，2006 年。

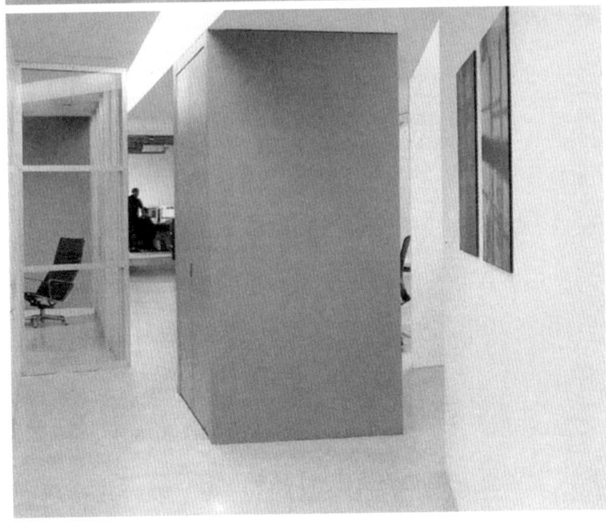

上：图 7–4–11　*Colors*
下：图 7–4–12　*Colors*

参考书目

1. 〔美〕程大锦编著：《室内设计图解》，大连：大连理工大学出版社，2003 年。
2. 张为诚、沐小虎编著：《建筑色彩设计》，上海：同济大学出版社，2000 年。
3. 朱伟编著：《环境色彩设计》，杭州：中国美术学院出版社，1995 年。
4. James McCown：*Colors* PAGEONE，2004 年。
5. 日本东京商工会议所编著：《色彩调和》，日本东京商工会议所，2000 年。
6. 朱天明主编：《设计色彩标准手册》，上海：东方出版中心，2003 年。

第八章　室内陈设艺术设计

随着国内外艺术文化交流的日益频繁，人们对公共及私人空间之艺术氛围的要求也日益提高。只要存在室内环境，就会有室内陈设的内容，只是多与少、好与差的不同，在某种特殊情况下，甚至会形成室内陈设艺术为主的室内环境。然而只有当室内设计发展到一定阶段的时候，室内陈设问题才会显现出来，于是一些欧洲学者将陈设称为“后室内设计时代”的标志。因为在以往的经验看来，室内设计注重的是建筑内部空间的六个面、门窗、固定空间的设计与改善；但在“后室内设计时代”，人们更加注重活动空间的设计以及家具、配饰品的陈设。陈设中包含的内容都是以往很多室内设计师非常熟悉的工作，但是又更加细致、专业、规范。

与中国艺术品投资和收藏市场近年来的繁荣发展相比，艺术品的陈设设计水平显得滞后，但通过陈设设计来提高室内空间品质与艺术表现力的这种消费市场已经成熟，因此部分专业人士开始致力于室内陈设的设计工作。

室内陈设艺术设计是室内环境设计的重要组成部分，是一门新兴的学科，逐渐被人们认识，目前处于稳步发展的阶段。室内陈设艺术设计与室内环境设计有许多共同点，都要解决室内空间形象问题，相悖之处是在侧重面和研究的深度有所不同。室内陈设艺术设计是在室内环境设计的创意下，作进一步深入细致的具体设计工作，以便体现文化层次，获得完美的艺术效果；相反，如果品位极差的陈设，不仅达不到室内设计的理想效果，往往还会降低水准，显得低档、俗气。

室内陈设品作为室内环境的重要组成部分，在室内环境中占据着重要地位，也起着举足轻重的作用。认识到陈设品的作用并在空间设计中将其发挥出来，必将创造出丰富多彩的人性空间。就精神和文化的角度来说，有时陈设艺术设计更能暴露出设计者的文化背景和品位。

第一节 室内陈设的定义和宗旨

一 室内陈设艺术设计的含义

“陈设”二字作为动词有排列、布置、安排、展示的含义；作为名词又有摆放之意。现代意义的“陈设”与传统的“摆设”有相通之处，但前者领域更为广阔，可以说一切环境空间中都有陈设艺术问题。

室内陈设艺术设计是指，在室内设计的后期或在室内项目设计完成后，室内陈设艺术设计师或相关人员，根据室内总体环境设计、功能需求、使用对象要求、审美要求、工艺要求、预算要求、市场现状条件，精心挑选、组织、分别对各室内空间规划、搭配，或进行简单的陈设物加工，创造出高舒适度、高艺术品位的整体室内环境。

二 室内陈设艺术设计的宗旨

室内众多陈设物自身的美感非常重要，它是衡量室内陈设设计品位高低的关键，一定要经过精心设计与认真挑选，但是要以不影响整体美感为前提，所以陈设艺术设计的宗旨是陈设物的美与环境整体美兼而有之。陈设是可移动的，可随意更换的，其作用在于装饰、点缀。

室内陈设艺术设计创造必须充分发挥“艺术性”和“个性”两个方面：“艺术性”的追求是美化室内视觉环境的有效方法，建立在装饰规律的形式原理和形式法则的基础上。无论是室内陈设品的造型与色彩还是陈设品的材质，必须在美学原理的指导下，求得愉悦的感观效果。“个性”的塑造完全建立在人的性格、特性、性情和学识教养深度各异的因素之上，通过室内陈设品的形式，反映出不同的情趣和格调，满足和表现每个个人和群体的特殊精神品质和内涵。“艺术性”与“个性”经常共同塑造室内空间，所以室内陈设艺术设计必须经常通过美感和个性，使有限的空间发挥最大的艺术效应，创造非凡而富于情感的室内环境。

三 室内陈设艺术设计的作用

室内陈设艺术在现代室内设计中的主要作用体现在如下七方面：

（一）加强空间内涵

室内设计是通过空间中相对固定的墙、柱、顶、地、门窗等室内空间元素造型来定义空间的内涵，虽然在一些空间中这种形态的内涵已相当明确，不过通过陈设艺术设计活动还是可以在室内设计的基础上更加强化和突出空间的内涵。尤其在当前流行轻装修重装饰的趋势下，室内设计变得越来越没有内容、没有个性。这时，室内陈设设计就变得更人性且更有市场了。用不同的陈设设计赋予室内空间新的内涵，也就是说相同的室内空间设计，经过不同的陈设设计可以出现百变的室内环境效果。

（二）创造空间的一种手段

室内陈设从表面看是一种挑选、搭配、组合的简单劳动，其实并不然，室内陈设设计本身是一件创造性的工作，不同的陈设设计师所挑选和搭配的效果截然不同，品质的高下明显可见，这有些像厨师，相同的原料经不同的厨师会烹调出不同口味和质量的饭菜。其中的原因在于每个人天生的素质和从小到大的学习经历，以及不同的文化品位、生活态度、工作态度和实践经历。好的陈设设计者恰恰能在这些搭配组合的工作中推陈出新，改善空间的质量。

（三）强化室内环境风格

多数的室内环境的设计创作已经有了一个大的环境风格目标，整体的设计在一些硬质的空间中表现可能不一定充分，若在后期室内陈设环节加强原设计风格的效果，就能够提高室内环境的风格和视觉认知度。

（四）柔化室内空间

室内环境设计多是在生硬、古板的直墙、平地、平顶、粗柱等基础上进行设计创作的，它们冰冷、粗笨、傻大，设计中虽可以通过处理掩饰缺陷，不过还是很难达到空间的丰富性与人性化的要求。这时，陈设品就能起到一个柔化空间的作用。因为，每个室内陈设物的造型都不完全是方方正正的、冰冷的，它们的形态多是不规则的，材质是多样和细腻的，还可能有许多柔软的织物充斥其中。由于很多陈设物是经过仔细挑选出来的，所以大都非常可爱。另外，一些绿色植物姿态万千，打破了一些僵硬墙面的平行和垂直线。因此，从这几方面来讲，室内陈设设计能够起到柔化空间的作用。

（五）调节环境色彩

室内空间有时受材料的局限及其本身作为背景的考虑，多是以白色为主的色彩设计，或是以2—3种色彩为主色调的处理，容易使人感到色彩单调。但是室内陈设品可以多种多样，尤其像织物印染工艺，其色彩繁多、价格便宜，可以起到补充色彩、弥补室内空间色彩的不足与缺失的作用。色彩尤其可以起到画龙点睛的作用。

（六）反映民族特性

不同的国家不同的民族都有自己不同的室内陈设物，这点与建筑和室内设计不同。在室内设计已趋向国际化、都市化的现状下，室内陈设物的民族特征还少有改变，最多只是简化，这大概和不同国家民族的生活习惯不易改变有关。所以室内陈设设计要充分便捷地反映民族特征。

（七）反映个人爱好

爱好是业主空间中很人性化的一种反映，尤其是对于居住空间环境而言，家是一个能够体现个人趣味的重要场所，喜欢收藏的人，其家多是展示收藏的场所。对陈设品的选择与布置不仅能体现一个人的职业特征、性格爱好及修养、品味，还是人们表现自我的手段之一。

第二节 室内陈设艺术设计范围

室内陈设艺术设计的范围已经相当广泛。我们可以简单地划分为以实用为主的陈设和以观赏为主的陈设。

以实用为主的陈设有：家具、灯具、器皿、图书、化妆品、玩具等。这类陈设有其自身的功能，如家具有坐、卧、储藏之功能，灯具又有照明的功能，器皿可以供日常生活使用。此类陈设物，以生活实用为目的，属于实用性陈设。如果陈设得当、造型新颖、色彩亮丽，能使人们精神愉悦，也能起到一定的观赏作用。另一种是以观赏性为主的陈设，如艺术品、工艺品、纪念品、嗜好品、观赏植物、玩偶动物等陈设物。此类陈设以其自身的品质取得应有的观赏效果，本身并没有实用价值，纯粹是供欣赏的摆设物。这种类型的陈设物，大都具有浓厚的艺术趣味和强烈的装饰效果，或者富于深刻的精神意义和特殊的纪念价值。

不过有些陈设物还兼有实用和观赏的作用，而且陈设艺术设计多是在这种交叉的设计中体现其价值的。下面我们将对陈设品进行大的分类介绍。

一 室内家具陈设

家具是室内的主要陈设物。由于其功能的必要性，所以数量和种类众多，空间占有度大，自然成为室内环境陈设中的重点。一般室内空间由家具定下主调，然后再辅之以其他的陈设品。

家具是陈设的主体。家具具有两个方面的特征，其一是实用性，其二是装饰性。

家具设计不能脱离室内设计的整体要求，不同的室内环境要求不同的家具造型。不同的家具会对人的活动及生理、心理上产生举足轻重的影响。室内陈设需了解古今中外各类家具的特征，从文化的角度，多方位地把家具及其有相关的文化艺术有机地结合在一起。不同的历史时期有不同的家具特征，古代强调家具的装饰性，现代讲求实用和舒适性。作为陈设品的选择，当然应注重装饰性与实用性的高度统一。不过我们也应注意到在有些室内环境中一件或几件不太实用但较有观赏性的家具，能给人带来视觉和感官上的满足感，成为与宾客谈话的焦点。

我们以下的介绍决不是讲家具的历史，而是从室内陈设的角度对家具进行简单的揭示，至于每种家具的成因与历史沿革就需要从相关的资料中去了解了，我们在此只是提供一种挑选家具的视角。

（一）从构造与材质上对家具的分类

1.框架家具

传统木家具多数属于框架式结构，即家具的承重部分是一个框架，在框架中间镶板或在框架外面附面板。构成框架的杆件大都用榫卯连接，坚固性较好。面板上还可镶嵌其他装饰材料或雕刻成所需的图案。框架家具的最大优点是坚固耐久，不足之处是难以适应大工业的生产方式。

2.板式家具

板式家具是由板材粘接或连接到一起的，其板材多为细木工板和其他人造板材。板式家具的主要特点是结构简单、组合灵活、外观简洁、造型新颖、富有时代感，且便于机械化和自动化生产。

3.充气家具

充气家具的主体是一个不漏气的胶囊，与传统家具相比，不仅省掉了弹簧、海绵、麻布等，还大大简化了工艺过程，减轻了重量，并给人以透明、新颖的印象。充气家具目前还只限于床、椅、沙发等。

4.浇注家具

这里所说的浇注家具是指借助特制的模子浇铸而成的家具，如硬质塑料家具多以聚乙烯和玻璃纤维等增强型塑料为材料，它具有轻盈、光洁、色彩丰富、成型自由、加工方便的特点。也有用钢筋混凝土浇铸而成的家具。

5.藤编家具

藤的柔韧性好、易于弯折，触感温暖，具有浓厚的大自然气息，使用年头越久越光润，也越顺手，其色彩多以本色为主，且适宜与淡色家具组配摆放，但它不够坚固耐久，使用和保养时要非常细心。

（二）西洋古典家具的特征

西洋古典的室内空间给人一种程式化的美感体验，总是和“洋气”、“豪华”、“高贵”等特点画等号。的解，我们不得不承认西洋几百年的设计发展形成了一些符合西方人自身特征的样式，并得到国人的效仿与推崇。不过我们经常看到的是偷工减料版本的大杂烩，原因在于家具错配现象比较普遍。西洋古典家具的风格多样，有不同的特征，其代表风格：古罗马时期的家具、文艺复兴时期的家具、法国巴洛克时期、洛可可时期的家具及新古典主义时期的家具。

美式家具的风格植根于欧洲文化，它摒弃了巴洛克和洛可可风格所追求的新奇与浮华，建立在一种对古典的新的认识基础上，强调简洁、明晰的线条和优雅、得体有度的装饰。美式家具最迷人之处在于造型、纹路、雕饰和色调细腻高贵，耐人寻味处透露亘古而久远的芬芳。美式家具的油漆以单色为主，强调更强的实用性。同时，美式家具非常重视装饰，除了风铃草、麦束和瓮形装饰，在美国还有一些象征爱国主义的图案，如鹰形图案等，常用镶嵌装饰手法，并饰以油漆或者浅浮雕。美式家具一般采用胡桃木和枫木，为了突出木质本身的特点，它的贴面采用复杂的薄片处理，使纹理本身成为一种装饰。美式家具固然好，但需要足够的空间来展示。

（三）中国传统家具特征

在设计实践中，经常会涉及中式的室内设计创作，因此，我们需要深入了解中国传统家具的历史时期及特征。我国家具有着悠久的历史，是我国民族文化遗产中一个重要的组成部分，其中明代家具以造型简练、结构严谨、装饰适度、纹理优美而著称，成为中国古典家具的代表。清代家具继承和发扬了明代家具的传统，形成了自己独特的风格，它在我国家具发展史上同样占有重要的地位。中国传统家具是以榫卯结构为主，装饰手法主要体现在图案雕刻上，木雕纹样一般较为复杂，反映出当时社会的审美趣味。同时选用坚硬细密、色泽幽雅的珍贵木材也是明清家具的主要特征之一。

图 8-2-1

就地域而言，我们大体上可以讲：南方家具秀丽典雅，北方家具粗犷大气；北方家具完善了明代木结构的造型和线形装饰，南方家具发扬了清代精细雕作的优美艺术。

（四）现代家具特征

现代家具具备当今国际式的通用家具特征，它满足了人们对现代快节奏和淘汰更新的需要，其实用性自不必说，在这里主要对一些可供观赏与陈设的现代家具加以强调。虽然现代家具线条和形态简洁、材料另类、色彩鲜艳，不过也不乏顶级的设计，达到了家具设计的高峰，它们反映出了这个时代引以为豪的设计品质，这些家具在空间中的摆放同样能够提升空间的质量，成为人们视觉的焦点。

（五）装置家具特征

这类的家具多是出自艺术家之手或是出于试验阶段，目的不是家具的实用性能，而是观赏或借助家具来表达对艺术和设计的一些认识。它们也许没有多少实用性，但是，它们在环境中能很快成为谈论的中心。它的作用不是使用，而是一种表达，类似于装置艺术，如绘画或雕塑作品一样，这种家具很适合作为空间中非使用性的家具陈设物。

（六）重点陈设的家具

从家具陈设和应用的角度，我们可以了解到室内空间中的展陈重点，也明白家具不光是陈设物自身，同时也是各种陈设物的载体。有效的陈设家具包括如下四方面：

1.茶几

茶几是沙发或椅子的辅助家具，也是人们视线经常会掠过的目标，但其好坏影响整个客厅。同时它也是大大小小的陈设物的载体，如花瓶、烟缸、果盘、纸巾盒套等。

2.装饰条案箱柜

它们没有太多的实用功能，绝对是一种装饰性很强的家具，在中国传统中，这种条案放置花瓶、供品和各种摆设。在现代也有许多设计在作为对景的墙面前置条案，上面陈设花瓶或艺术品。条案、箱柜一般靠墙而置，但也有置于沙发后起限定作用的。

3.椅凳坐具

坐具是所有艺术家、建筑师做设计的首选。由于它功能限定少，就像人们在户外也可席地而坐或随便找个石头就座一样，要求也不太高。同时，椅子原始形态有面、有线、有体，变化较为丰富，从体量来讲比床或衣柜所占体积小，材料损耗少，易于搬动位移，所以大多数设计师对椅子设计情有独钟。在空间中摆一把好看而不实用的椅子，也不会形成流线上的阻碍，基于这些原因，椅子装置在室内空间中较为多见。

4.屏风

室内空间中屏风的观赏性强于实用性，它也是不好界定的家具之一，很难说它是归属于艺术品还是别的什么。如果从实用的角度，屏风兼有遮挡和陪衬的作用，所以应当属家具类。我国古代就有屏风这种形态的家具了，在日本也有，在现代它也是室内设计师们常用的一种手法，尤其用它作为装饰很普遍。屏风的选用和设计主要有形态、材料和题材的不同，能形成多样的视觉效果，我国传统上有用大漆做成的屏风，在空间中可很好地反映出中式家具的传统风格，若再配以传统图案则装饰性极强。

二 室内织物陈设

在现代室内设计中，织物使用的多少，已成为衡量室内装饰水平的主要标志之一。目前织物已渗透到室内设计的各个方面，由于织物在室内的覆盖面积大，所以能对室内的气氛、格调和意境起很大的作用。织物具有柔软的特性，触感舒适，所以又能相当有效地增加舒适感。

（一）织物的种类与特性

室内织物主要包括窗帘、地毯、靠垫、家具的蒙面织物、陈设覆盖织物等，品种繁多。

1.室内空间织物的覆盖面积比较大，对室内陈设效果起到非同小可的作用，它能构成室内环境的主要色调。

2.织物有柔软的特性，触感舒适温暖。一个没有织物的空间，将会是一个冰冷的空间。所以在室内陈设中，多采用织物做装饰，会使人们感到亲切舒适。

3.织物的材料来源丰富，有天然纤维毛、麻、丝、棉，还有多种合成纤维。它的处理工艺比较复杂，有织、染、印、补、绣，厚薄程度的区别也很大，质地、图案、色彩变化极其丰富，是其他材料不可替代的。

4.织物价格便宜，更换方便，吸声性强，容易做成多种形状。

（二）织物在室内的调整作用

1.利用织物图案给人的错觉对空间造型进行调整，比如较低矮的空间可以采用带有竖向线条图案的窗帘，这样看起来会使房间显得高些；反之，可选用横向线条的图案。如果室内显得空旷，则可选用色彩强烈和立体感较强的图案。

2.如果室内家具布置及造型呆板，可选用图案和色彩活泼的织物，这有助于打破呆板的局面。

3.对于室内不够明确的空间，可以利用地毯限定空间。

4.织物可起调和作用，并能增加质感的对比。

5.织物反光柔和，吸声能力强，可用来调整室内的声光效果。

（三）室内环境中主要的织物陈设物

1.地毯

作为陈设物所指的地毯不是满铺的地毯，而是指在室内局部铺设的、具有限定空间功能的地毯。从铺设位置看有：门前毯、沙发中心毯、卧室脚毯、卫生间的防滑毯等。从材质上可分为：毛毯、丝毯、化纤毯、草编毯、布条毯等。地毯的装饰效果很突出，题材丰富多样。传统的地毯可以配合不同需求的室内空间，使空间显得沉稳，现代地毯色彩鲜艳，对营造和提升现代空间起到重要的作用。

2.窗帘

窗帘在室内的装饰作用值得称道，多数室内空间都需要窗帘的装饰与配合。但我们也常常看到选择较差的材质和图案的窗帘给室内空间形象造成不小的损害，所以了解窗帘的不同样式和风格就变得相当重要了。

窗帘的形式多种多样，有平拉式、掀帘式、楣帘式、上下开启式等；也有许多款式，如垂幔、波浪、平拉、挽结、半悬和上下开启式等。平拉式平稳匀称，掀帘式柔和优美，楣帘式华贵脱俗。

通常，小房间的窗帘应以式样简洁为好，以免使空间因为窗帘的繁杂而显得更加窄小。而对于大居室，则宜采用比较大方、气派、精致的式样。窗帘的宽度尺寸，一般以两侧比窗户各宽出10cm左右为宜，底部应视窗帘式样而定，短式窗帘也应长于窗台底线20cm左右为宜；落地窗帘，一般应距地面2—3cm。

窗帘的质感和厚薄，大体可分为纱、绸、呢三种。其中用得最多的是纱帘和布帘。优质的纱帘薄如蝉翼，可增加室内的轻柔、飘逸的气氛，透过它观看室外景色朦胧含蓄、意味无穷。由于纱帘的透光性好，所以悬挂这类窗帘对室内照度影响不大，但光线却柔和得多，使室内气氛亲切温馨，增添不少情趣。布帘属于半透明性，故能遮阳和调节光线，又因其能遮挡视线，可以满足私密性的要求。

3.靠垫

靠垫、枕垫是现代化居室内必不可少的装饰品。靠垫是坐具、卧具(沙发、椅、凳、床等)上的附设品，可以用来调节人体的坐卧姿势，使人体与家具的接触更为贴切、舒适。角度欠佳的沙发靠背，不够柔软的坐垫，高低不适当的扶手等，都可借靠垫加以调节；靠墙或靠橱柜的坐凳，可以直接用靠垫当做靠背和扶手；随便搁置在床上的靠垫既可当枕头，又可借以随意在床上歪靠小憩；若在清洁的地毯上叠放几个靠垫还可组合成一个小型沙发，它的用处极为广泛。

如果室内色彩比较单调，安放几个色彩鲜艳的靠垫，立刻会使室内气氛活跃起来。靠垫有随意制作和可搬动的灵活性，所以它是对室内造型、色彩、质感进行调节的得力工具。它可以像砝码一样使室内的艺术效果达到更好的均衡，一系列靠垫的放置可造成室内的某种节奏感，其色彩的选择可牵制室内色彩的对比或调和，其造型、图案可加强室内静感或动感。

靠垫与沙发面料往往是对比关系。花哨的沙发面料要配素雅的靠垫，素雅的沙发面料要用花哨的靠垫。如果面料和靠垫均为素色，往往采取质地的对比，含灰色的面料就需采用鲜艳色的靠垫。但也有一些设计用相同纹理和相同图案的面料来做沙发面料与靠垫。

靠垫在室内有很好的装饰作用，它的造型丰富多彩，常见的是方形，此外还有三角形、多角形、圆柱形、椭圆形，仿动物形、植物形的靠垫。靠垫的形状能加强室内“形”的表现力，如圆形靠垫则在端庄中有活泼，动物形靠垫增加室内活泼轻松气氛。

靠垫边缘的方式处理也是多种多样的，如锁口、皱褶、镶饰丝条、缝缀滚边、抽纱花边、荷叶边、附加不同的穗子等。靠垫是家具的主要装饰配件，也是家具上的重点点缀，它与蒙面织物间的关系最为密切，而对它的材质、色彩、图案的选择要慎之又慎。

4.台布

台布置放于餐桌、陈设台、茶几上，是装饰性很强的织物，它能提升台面原有的品质，丰富室内空间。在铺设方法上，除了常规的单层桌布外，还可以用双层铺法，将颜色较浅或者花纹简单的一块铺在下面，上层则铺图案复杂、色彩鲜艳的桌布。在流行简约风格的今天，人们更青睐于用同一色系但不同深浅的桌布来搭配。如果桌布的颜色选用的是蓝色系列，最好摆放传统的青花瓷餐具，显得雅致清爽。若桌布的颜色比较淡雅，选用颜色鲜艳的餐具，与之对比，会显得醒目大方。这些织物主要靠色彩和纹理来衬托上面的小摆件。

三 室内绿植陈设

室内环境中的“绿叶陈设”既有高大的树木，又有台面上的小瓶插花，它们在室内空间中都能起到绿化环境、装饰美化环境的作用。

室内环境较为呆板的空间，或设计中余有较大的空地，或形成死角的地方，都可采用“绿叶陈设”进行协调，它可使呆板的环境、沉闷的气氛变得充满生气，具有“起死回生”的陈设效果。集合盆栽及好看的花卉，可以构成室内的视觉中心和重点景观。“绿叶陈设”在大型空间环境中，可以限定和分隔空间，形成领域感，能丰富空间层次，增添生机和魅力；在展示环境、办公、会议空间环境，多用绿叶陈设进行添补和点缀，能活跃环境氛围；在家居活动环境中，有多处可利用“绿叶陈设”的地方，如地面、台面、墙面、空中悬吊等处，可以结合鹅卵石、竹篮等配件组合成引人注目的田园景致。值得一提的是，绿植陈设里最常用的是各种各样的插花，它们可以结合不同的容器，形成不同的风格，在传统与现代的空间中都能发挥应有的作用。

（一）插花

插花有着悠久的历史，早在我国汉唐时期就已在宫廷、民间广为流传，在公元7世纪至10世纪的唐朝墓穴壁画中就可窥见小口大肚的瓷瓶里插满了花苞、花蕾及青绿枝叶。墓穴壁画是当时生活的反映，这证实在唐代的宫廷贵族生活中已有插花装饰的出现。宋元时期，插花艺术进入繁盛期，风格以清雅、素洁为主，以耐寒的腊梅为常

图 8-2-2

见，这可以从宋朝绘画中窥测一二。到14世纪明朝的壁画中，可以见到更具体、细腻的荷花、牡丹等插花。

我国插花艺术在明清时期已是鼎盛期，人们把实践总结成理论，在《瓶花三说》、《浮生六记》中均有记述。综观历史，中国插花艺术渊源已久。

西方的插花艺术到15世纪文艺复兴时期，随人文主义的兴起而发展起来，绘画大师们常以花卉静物作为油画主题和背景，如提香(Tiziano)于1538年画的《乌尔频的维纳斯》，画面前方为斜躺着的全裸美神，背景窗台上放着盆花和插花，以渲染柔美温馨的气氛。欧洲在17、18世纪摄影艺术未发明之前，宫廷画师们常常在画王公贵族、皇后淑女肖像画时也配以花束，像卡拉伐(Carayaggio)画的《庆贺》，画中淑女头顶鲜花，与中国画师周昉画的《簪花仕女图》如出一辙。近代以欧洲为代表的西方插花艺术风格由古典式蜕变到自由式，流派纷呈，目不暇接，至今不衰。近年来日本插花艺术也有后来居上之势。

1.插花的构图与插序

传统插花最基本的构图形式有两种:对称式和均齐式。对称式往往以中轴线为准，向左右插入等形、等量、等色的花叶形成的构图形式，如扇形、三角形类似孔雀开屏的形态。均齐式也以中轴线为准，向左右前后插入等型、等量、等色的花叶形成的构图形式，似塔形、半圆形。

依中轴线中心点配置不等形而等量的花、枝、叶的构图形式。此种形式构图活泼，形态多样，常采取花、枝、叶的大小、高低、疏密等手段进行变化，一般“跟着感觉走”，将等量花材进行插入。从花店里买回来的鲜花，从野外采来的野花、野草，全都是插花的好素材，这里首先要进行巧妙的搭配。步骤有如下三种：

（1）修剪

首先要去掉花卉的残枝败叶，根据不同式样，进行长短剪裁，根据构图的需要进行弯曲处理(为了延长水养时间，适合在水中剪取)。

（2）固定

为了让花卉姿态按着你的设想进行，一般在花器的瓶口处，按照瓶口直径长度，斜切两段较粗的枝干，十字交叉于瓶口处进行固定。专业插花还要采用花插、花泥、铝丝等工具进行固定。

（3）插序

一般人们会选择先插花后插叶，但这样容易在插叶的时候将花的高度降低。正确的插序应该是：选材，选插衬景叶，插摆花，最后完成。

2.插花艺术的风格

插花艺术的风格，可分西方式插花、东方式插花、现代式插花三类：

（1）西方式插花

也可称块面式插花或密集式插花，以欧美诸国为常见。它注重花卉插入造型的形式美、色彩美，常依据外形反映内涵含义，追求三维空间、块面密集的总体艺术效应，简洁大方，布局均匀，色彩浓重，花卉用量大、品种杂，表现热情奔放、雍容华丽、落落大方的风格。

（2）东方式插花

也称线条式插花，以中国和日本为代表。选用花卉单纯，充分利用花卉的自然美和所表现的意境美、内涵美，并随四季的变更而变换观赏者的感受，如春天赏玉兰花，玉洁冰清；夏天赏荷花，清高飘逸；秋天赏菊花，高雅超脱；冬天赏腊梅，坚贞挺拔。东方式插花中，除日本插花有各种流派外，一般不拘泥于一定的框架，格式丰富多彩，尤其是近几年，由于人们生活习惯的改变，艺术欣赏水平的提高，以及受世界各种风格流派的影响，东方式插花从内容到形式，都有了质的变化，显得更加丰富夺目，灿烂辉煌。

（3）现代式插花

现代式插花有许多流派，受当代国际上出现的写实派、风格派、未来派等的影响，是随着20世纪现代派绘画流派而派生出来的插花艺术流派，在西欧诸国日趋流行而有所发展。现代插花也有许多标新立异的做法，花材种类丰富，不局限于花草树木，有时瓜果蔬菜、项链、鞋带、金属线、钢等材料，都成了插花的素材；插花容器更不局限于陶器和玻璃瓶，用木板打洞插花、玻璃片相夹插花、报纸条编织插花、金属框架插花、枯木墩插花等。

3.花瓶

花瓶的质量直接影响整个插花的艺术效果，有些插花是瓶美，有些是花美，瓶处于从属地位。花瓶有许多材质，如陶质、玻璃，造型也分西洋和中式两类。当然现代空间使用最多的还是各种玻璃瓶，玻璃瓶的开口大小不一，直接影响插花的数量和效果，同时根据不同的花卉品种应选择不同高矮胖瘦的花瓶容器。在装饰中，花瓶的装饰效果是显而易见的，不同风格的花瓶与不同种类的花卉搭配能体现出万种风情，在不同的房间摆放大小不一的花瓶也会出现很多意想不到的效果。

（二）盆景艺术

在室内陈设设计中，为配合中国传统风格的室内空间，有时也会运用传统的植物绿化陈设方式——盆景，所以对盆景艺术的了解就很有必要了。

盆景是我国传统园艺珍品，富于诗情画意。盆景以不同的植物、山石为材料，经过艺术修剪、捆扎，表现大自然的景色，在盆里塑造出有生命力的观赏艺术。盆栽艺术以“小中见大”、“缩龙成寸”的技法给人以一峰乃大山千壑，一勺乃江水万里的艺术魅力，是大自然景色的缩影，它源于自然又高于自然，有人称盆景为“无声的诗，立体的画”。

盆景根据其材质的不同，可分为“树桩盆景”和“山水盆景”两类。

1.树桩盆景是指观赏性植物的根、干、叶、花、果的神姿、色彩和意境的艺术盆景。一般选择枝矮叶小、姿态优美、抗旱性强、寿命较长、易于蟠扎的植物，如榆树、松树、枫树等树种，经过修剪整枝、吊扎、嫁接等艺术加工，精心培育，控制它的生长发育，使其形成独特的艺术造型，有的苍劲古朴、枝叶扶疏，有的亭亭玉立、高耸挺拔。树桩盆景的类型众多，可分为：直干式、斜干式、横枝式、疏枝式、垂枝式、悬崖式、提根式、蟠曲式、丛林式、寄生式、云片式。

2.山水盆景又称水石盆景，是将山石经过雕琢、腐蚀、拼镶等艺术处理后，放在浅盘里，加上微型陶制的亭榭、舟桥、人物，并配植小树枝干、苔藓构成微缩自然山水景观，真所谓“丛山数百里，尽在盆碟中”。山石可分两种：一种质地坚硬不吸水、不长苔的“硬石”，如太湖石、钟乳石、斧劈石、水化石、英石等；另一种是质地疏松易吸水分，能长苔藓的“软石”，如芦管石、砂积石、鸡骨石、浮石等。山水盆景类型不少，可分为：孤峰式、重叠式、疏密式。我国地广物博，各地山石的质地、纹理、色彩、外形各不相同，艺术表现手法南北相悖，艺术风格百花齐放，如石玩盆景、旱式盆景、挂式盆景、超微型盆景等。

四 室内饰品陈设

饰品也可称做摆设品。饰品在室内环境中的主要作用是加强室内空间的视觉效果。它的最大功效是增进生活环境的性格品质和艺术品位。也就是说，饰品的价值比其表面更为积极，它不仅具有观赏玩抚的作用，并能够产生怡情遣兴和陶冶心情的效果，并含有潜移默化、创造表现、自我塑造和变化气质等功能。

陈设物范围很广，种类繁多，大体可以分为两大类：一类是以纯观赏为主的摆设品；另一类是以实用性为主，但在室内环境中也能起到一定的陈设作用的摆设品。

（一）纯观赏性陈设物

纯观赏性陈设物是指陈设物本身没有实用价值，纯属供赏玩用的物品。这类物品大多数都有特别的纪念意义，强烈的陈设效应及浓厚的艺术价值，能给予人们最佳的欣赏效果，以表达主人的嗜好、趣味等。

1.纪念品

先人遗物、亲朋赠物、奖状、旅游购物、采集标本等，都具有欣赏和保存价值，人们常说触景生情、睹物思人，看到这些纪念品也会将思绪牵入久远的回忆，常看常忆能永葆美妙的心态。

2.嗜好品

嗜好品往往表现主人的特别爱好及偏爱，如有的人喜欢狗，往往陈列许多狗的照片及狗形象的雕塑，嗜好品也能起到美化环境、营造氛围的作用，如外出采集的植物做成标本，镶入镜框，挂在墙上也能起到美化居室，表现出主人的嗜好。每个人的爱

好都不尽相同，因此嗜好品种类繁多、题材广泛，如有人喜欢矿物标本、乐器、猎具，甚至烟斗、扇子等等。

（二）实用性陈设物

实用性陈设物指本身除供观赏外，还具有实际功能的物品。有时因为它的色彩艳丽、造型有趣而同时起到装饰美化的作用，如日用器皿、书籍、乐器、运动器材、玩具、花瓶、食品、瓶罐、烟灰缸、蜡台等等都属这一类。

陈设物虽然可以显出使用者的修养习性及生活格调，但由于陈设物的内容非常广泛，如果不

上：图 8-2-5
中：图 8-2-3
下：图 8-2-4

能妥善选择题材，或者摆放不恰当，和室内环境风格不协调，则非但起不到应有的装饰陈设效果，反而会破坏室内环境的格调，降低使用者的气质。室内陈设并不是一成不变的，必须经常根据需要随时更换，才能使室内永远保持清新动人的气氛，达到陶己怡人微妙效果。

（三）饰品陈设原则

在室内环境中，陈设饰品往往扮演着“画龙点睛”的重要作用。表面看来陈设物似乎只是为加强室内空间的品质提供一些视觉焦点，但实际上好的饰品陈设物不但可以让使用者怡情遣兴、陶冶心情，更对使用者的气质有着潜移默化的影响，起到塑造个性的积极效果。饰品陈设是室内环境中最活跃的元素，能随时随性增减，是最具“生命力”的内容。但一般人往往忽略了它的真正功效，只拿它当做展示物而已，不能充分表达使用者真正的生活格调、情趣及修养内涵。格调统一及与整体环境协调是饰品陈设的基本原则，一些不适合共同摆放的陈设品应当收纳起来，避免给其他陈设物带来干扰，形成杂乱无章的视觉效果。

饰品的陈设方式不外乎两种：一种是采取和室内格调统一协调的方式；另一种是采取和室内格调进行对比的方式。前者是比较稳妥的办法，饰品在与周围环境的融合中产生适当的加强效果；若饰品色彩强烈、造型新奇，就能在统一中进行小面积的对比，产生比较理想的陈设效果。后者采取对比的方式，强调本身的趣味，但必须尽量少而精，风格上不可过于冲突，以不破坏室内总的风格和形式为前提。

如果室内风格或形式非常独特鲜明，饰品只有尽量采取统一的方式，若室内风格或形式没有什么特殊，饰品就可以有较大的弹性变化，可随兴加以陈设，也能成为室内环境的重点装饰。

（四）饰品的尺度和数量

室内陈设物不必求数量多、有价值或尺度大，只要能起到提升环境质量和情趣的效果就足以。小型的陈设物，不占用太大的空间，橱柜、窗台、桌面到处都可以放置，关键是数量合适，排列得体。陈设物的品质更为重要，所以在陈设中要特别讲究形式美的规律，需要陈设实践中取得经验和教训，不断提高自身的艺术品位。

现在市场繁荣，物质相对丰富，饰品的种类繁多，如何在特定环境空间内选择适合的饰品，也是大有学问的。不是购买越贵的越好，要综合考虑饰品的造型、色彩、材质等因素，精心挑选；更重要的是所选择的摆设品，要与室内其他众多因素和谐一致。

五 室内艺术品陈设

陈设设计师必须懂得绘画艺术，有艺术灵感和想象力；对各类旁系艺术如雕塑、陶瓷、古董、绘画、布艺等均具有很好的修养及鉴赏力；同时对它们的历史、流派、价格、工艺应有一定的认识，并具备各类工艺制造的常识；以此对风格进行定位、对价格做出评估，从而进行合宜的搭配。

（一）艺术品陈设的内容

艺术品陈设包括绘画、书法、摄影、雕刻、塑像、艺术陶瓷、玉器、古玩、木雕等有艺术价值的陈设物，可以是古董真迹，也可以是现代的引人入胜的作品。陈设时要特别注意作品的内涵是否符合室内的格调，更要注意配合空间的尺度大小、造型、色彩、质地等。

近乎抽象的绘画、雕塑作品很适合摆放在各种室内环境中。明快的大基调的抽象油画，配以抽象的雕塑，能够产生一个时尚的居室效果；如果同样的古董佛像同与其协调的中国书画组合在一起，产生的效果又会截然不同。

（二）画框的形态

画框作为室内陈设在西方世界有着悠久的历史，西方人大都在客厅、卧室、餐厅、楼梯，甚至浴室、厨房中悬挂各种类型的画框，有时大大小小摆满一墙。画框的选框，与主人的审美情趣有密切的关系，客观上的决定因素也多种多样，归结起来，大致有以下方面需要注意：画框的选择首先应当考虑的是环境与作品本身的色彩，画框的颜色应与之协调，对比不应过于强烈；其次作品的性质同样决定画框的形式。

选择了陈设物，还要对其进行有效的陈设布置才能凸显其作用。这时陈设的位置、状态是否合适就变得相当关键。陈设品的陈列和展示，是一种颇费心思的工作，并且由于室内环境条件不同，个人爱好各异，难以建立固定一致的模式，设计者只有根据现场条件，发挥各自的聪明才智，大胆创新，才能获取独特的表现力。

陈设艺术的范畴非常广泛，内容极其丰富，形式也非富多彩。从陈设载体的角度来讲，最常采用的陈设载体可分为壁面、厨架、台面陈设三大类。

一 壁面陈设物

适宜壁面的装饰陈设以绘画、装饰画、工艺品、浮雕、编织品等为主要对象，如挂盘、铜饰、木雕、绣片、风筝、扇子、服饰、书法、摄影等作品。实际上，凡是可以悬挂在墙壁上的纪念品、嗜好品和优美的器物等均可作为壁面陈设物。

在多数情况下，绘画作品、摄影作品甚至电脑制作品都是室内重要的装饰悬挂，这些作品必须先选择完整墙面，或较空的墙面和最适宜观赏的高度，作为陈设的位置。同时作品的题材要和室内风格取得一致。还必须注意本身的面积和数量是否与墙面的空间、邻近的家具以及其他装饰品比例协调。墙面宽大适宜放较大的画，或增加篇幅来加强气势；墙面窄小则适宜挂小画。墙面挂画不要太拥挤，需要留出适当的空隙，否则再精彩的作品也会因为布置面的捉襟见肘而减色。如果要取得庄重的感觉，可以采取对称平衡的手法，将一幅或一组绘画悬挂在壁炉、沙发或床头上方的中央位置。陈列的方向也很重要，同样一组绘画，作水平方向排列感觉平静、安定；作垂直排列，则显得动感而强劲。一般画的边缘不要紧贴家具边线，至少要留出20—30cm。绘画的色彩和画框的颜色最好和家具中的部分色彩取得一致，有互映和谐的美感。如果室内一面墙必须同时陈列数量较多的装饰物，如多幅小画成群排列，要注意画与画之间距离保持疏密、远近适宜，排列整齐有序，画框齐上或齐下边缘。面积差别较大，体裁风格复杂的画面，由于本身的变化较多，也只有从整体的秩序着手才能生效。对于面积的分配和色彩的分布必须从整体出发，调节得当，才能取得完整和谐的陈设效果。这里要特别提出的是，同类物品悬挂在墙上，整齐排列或根据墙面大小随意安排，都会有好的陈设效果，形成了次序美、个性美、集中美，有时若同类饰物中也有区别，则会使墙面的装饰效果更加丰富多彩。

在欧洲许多国家，在墙壁上布满了鹿角、鹿头；北京某五星级饭店的墙面挂满了家庭老照片；在新加坡的机场休息厅墙面挂了许多中国京剧脸谱；捷克乡间墙面喜用陶盘挂满墙壁；日本餐厅钴蓝色墙壁上布满了大大小小的彩色装饰木质鱼形、十分有趣。此外各种乐器、工具、鸟笼、树枝等都可陈设于墙面。

二 台面陈设物

台面包括的范围相当广泛，除了餐桌之外还包括茶几、床头柜、写字台、画案、角柜台面、钢琴台面、化妆台面、矮柜台面、窗台等。一般台面的陈设物、摆设品多用雕刻、玩偶、插花等艺术品为主要对象进行陈设，根据不同台面的要求，也可摆放灯具烛台、电话、茶具、咖啡具和烟灰缸等应用型器物。

台面陈设和墙面陈设大体相同，数量不宜过多，品种不宜过杂为主要陈设原则。特别需要强调的是，台面陈设必须兼顾与生活活动的配合，并注意留出更多供人支配的空间。如居住空间的起居室可用于待客、看电视，人们一般习惯在沙发上就座、谈话、喝茶、吃水果、欣赏台面陈设物，所以茶具、果盘、烟缸等物都应放在较近的茶几上供随手取用。

传统的对桌面陈设的理解多半是指餐桌的布置。在欧美各国，餐桌的陈设是非常考究而严格的。它不仅以精美的餐具来营造高贵的感受，而且更以巧妙地摆设品来加强用餐时的愉快气氛，例如选用漂亮的餐桌布、精美的蜡烛台来凸显高雅的氛围。

三 橱架展示陈设

橱架展示陈设是一种兼有贮藏作用的陈设方式，它有单独陈列和组合陈列两种方式。它能贮藏数量较多的书籍、古董、工艺品、纪念物、器皿、玩具等摆设品。

一般多采用壁架、隔墙式橱架、书架、书橱、陈列橱等多种形式。橱架展示，因

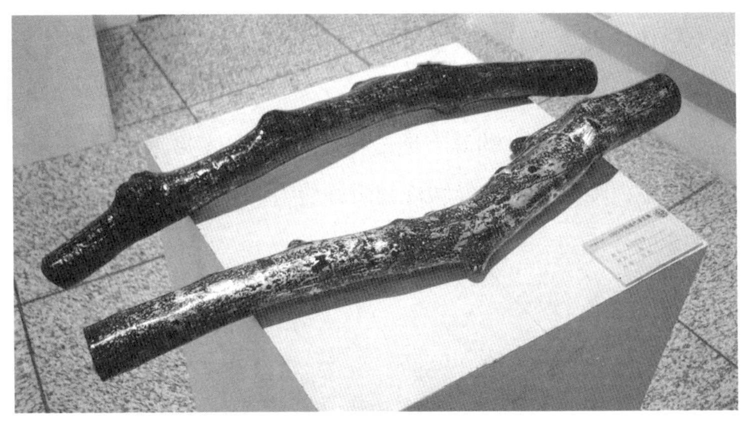

图 8-3-1

为要展示的陈设物门类太多，所以橱架本身的造型、色彩皆必须绝对的单纯，否则橱架变化过多、过于复杂，不适合作为有益的陈设背景出现。陈设品的数量，要根据橱架的大小来决定。一般来讲陈设品数量不宜过多过杂，不要有过分拥挤也不要有不胜负荷的感觉。根据这个原则，可以将摆设品分成若干类型分期、分批陈列展出，而将其余的陈设物暂时贮藏起来备用，陈设的效果会更加出色，也可以使陈设的题材时有变化。假如要同时陈设数量较多的摆设品时，必须将相同的或相似的器物分别组成较有规律的主体部分或一两个较为突出的主题，然后加以反复安排，从相互平衡中获得完美的组织和生动活泼的韵律美感。

第四节　室内陈设教学

一　教学难点

室内陈设艺术设计课程的难点是教学可操作性差，技术含量高，知识面广，可变性大，没有统一的标准和一定的模式，对于美每个人的理解有所不同，差距很大。表面上看来是挑挑选选，事实上加入自己的一些创新就需要另行加工，然而，要选择的物品又不是三件五件，若每一件都要有一定的创意，工作量将非常大。尤其设计成果很难用惯常的设计表达反映。另外，作业的呈现有很大的难度，教学一般采用模型制作或电脑模拟、Photoshop 贴图等方式，不过与现实还是有很大的差距。另外物品多是从市场和艺术品市场找来的，如果没有一个整体的设计思路，就会给人一种东抄西抄的拼凑感，形成不了一定的独创内容。

教学任务是使学生通过陈设艺术设计的基本理论和知识的学习，掌握陈设与室内设计的关系，能具备一定的室内陈设品的选择和规划设计能力，进而创造更符合人的生理和心理需求的、更优化的环境。

二 要点分析

室内陈设艺术设计课程的要点是对室内空间环境的气氛营造，它不是通过室内设计中固定的装饰构件来营造，而是通过所有能够移动的陈设物来实现的。通过不同的陈设物营造出不同效果的空间形态。室内陈设艺术设计课程的主要目的，是根据专业学习必须及社会发展迫切需求，培养具有较高陈设艺术修养，能够设计较高水平的室内环境设计人才。陈设艺术设计是以形象教学为主的学科，所以学习室内陈设艺术设计的主要目的，就是要给学生添加大量陈设方面的形象教材，使学生通过更多的形象感染，较快捷地掌握陈设艺术的设计语言。通过相关训练，旨在使学生掌握较好的构想能力。

陈设课不是一个可以在课堂里学好的课程，它需要学生拓宽眼界，多看、多听、多了解。所以参观成为本课程重要的教学手段。

三 课程的教学基本要求

室内陈设艺术设计学科需要在室内设计总学科教学的基础上进行训练，学生需要具备绘画基础知识、装饰基础知识和专业设计知识。

室内陈设艺术设计课程对知识方面的要求是能够了解家具与室内环境的关系，了解中外家具史，了解陈设品在环境中的作用，了解陈设品的摆放原则。对设计能力方面的要求是能够把所学习的室内陈设方面的知识自觉地应用到室内设计中去，并能够灵活地完成空间营造布置任务。

赏析积累国内外经典佳作，可以从中吸收营养，丰富自身陈设艺术设计方面的知识信息，积极调动人的聪明才智，展开丰富的空间陈设想象力。这样学生能在较短时间内掌握艺术陈设设计和鉴赏的基本方法，以及艺术工程的操作流程等。

作业

1. 通过室内设计图片或电影室内场景来分析作品中由那些陈设物组成？用平面图的形式标注出它们的具体位置。
2. 对一个没有太多室内设计特征的空间进行室内陈设艺术设计模拟操作、挑选及设计配套，列出选配计划和估价。

参考书目

1. 潘吾华编著：《室内陈设艺术设计》，北京：中国建筑工业出版社，1999年。
2. 庄荣、吴叶红编著：《家具与陈设》，北京：中国建筑工业出版社，2000年。
3. 胡景初、方海、彭亮编著：《世界现代家具发展史》，北京：中央编译出版社，2005年。

第九章　室内家具设计

第一节　室内家具设计概论

家具作为室内环境的一个重要组成部分，是人类生活不可或缺的物质产品。并且它也是社会文化的体现，传达着不同文化形态的信息，从不同角度反映了人类文明的进步程度。自从家具设计作为一门设计行业被确立以来，随着社会进步和居住品质的不断提高，近几年来已广为人们所推崇，甚至有压倒室内设计之势。同时，每年举办的各种规模的家具展如火如荼，国际超级家具连锁商场和民办、自发形成的家具市场，在各自不同的领域吸引着越来越多的消费群体。对于家具设计来说，也吸引了为数众多的设计者，许多院校开设了家具设计专业或产品设计专业，虽然其各自偏重的研究方向有所不同，但是这些都在一定程度上促进了家具设计的发展。

室内设计与家具设计有着密切的联系，一方面，室内设计制约了家具设计的空间布局和形态取向；另一方面，家具设计又反作用于室内设计，一个好的家具产品会为相对简陋的居室增添品味和艺术效果。只有合理地协调好家具与室内空间的关系，使两者紧密地结合在一起，才能得到好的室内空间居住环

图 9-1-1　家具展示

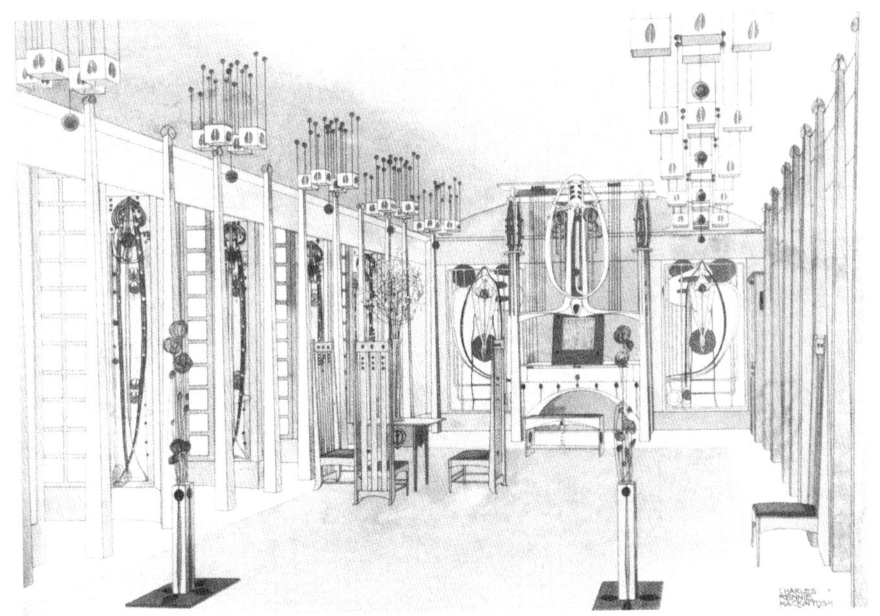

图 9-1-2　室内家具设计表现

境。例如，我们可以使用家具来分隔较大空间，面对较为单一的客厅空间，沙发的布置或者书架的摆放，都能起到隔而不断的视觉效果。

第二节　中西方家具发展比较

家具的发展正如同建筑史一样经历了漫长的历史过程，东西方在不同的文化背景和民族习俗根基上形成了不同的发展脉络。我们很难直接来比较东西方家具风格在工艺和艺术造诣上孰高孰低，然而了解家具的发展历程以及不同风格特征的艺术流派，可以使我们更加深入地了解家具与地域文化、建筑艺术以及审美和宗教的密切联系，从而对今后的设计工作起到有益的借鉴作用。

一　中国古典家具的发展脉络

中国古典家具产品的发展是伴随着传统起居方式的变化而逐渐发展演化的，这种起居方式的变革为家具的发展脉络奠定了重要的依据。

1.席地而坐转向垂足而坐

正如人们所熟知的，中国自古以来就对家具的设计和加工制作有着优良的传统。但是摆脱远古以来几千年形成的席地而坐的起居方式，从而过渡到垂足而坐的现代家具类型则经历了一个较为漫长的历史过程。

（1）春秋、战国时期 中国原始家具的雏形可上溯到远古人类的穴居生活，经过有目的的社会劳动积累，逐渐形成了早期的家具物品。已经有学者从大约新石器时代晚期的文物发掘中发现了中国最早的家具。随着生产技术的不断进步，到了春秋、战国时期，几、案和床类等形体较大的木质家具屡见于生活起居之中，并出现了髹漆彩绘工艺，其家具已形成了早期的榫卯结构的连接方法，同时青铜家具在铸造技术和加工工艺上也取得了长足的发展。

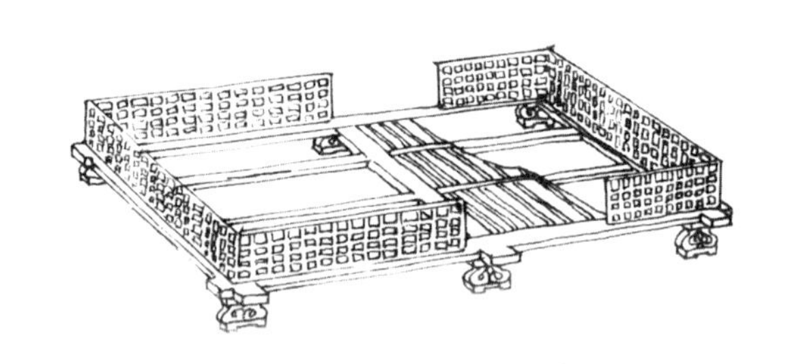

上：图9–2–1 ［战国］床
下：图9–2–2 ［战国］髹漆木俎

（2）秦、汉时期 家具的发展出现了较为繁荣的景象，髹漆工艺已相当成熟，家具在制作材料上也有所突破，除了使用木材外，还出现了竹家具、玉石家具等。但是，这一时期的家具由于席地而坐，几、案、床榻等都相对低矮。家具结构的发展较为完善，注重牢固和美观，并在家具中出现了最早的软垫。汉末两晋南北朝，由于长时期的战争影响，促进了各民族的融合。在家具的种类及制作工艺上受到了少数民族文化的冲击，呈现出多样化的态势。这一时期出现了扶手椅、束腰圆凳、方凳等较高的坐具以及橱、箱等竹藤家具。东汉末年胡床由西域传入，胡床是西北游牧民族的一种可折叠的轻便坐具，坐时垂足。西汉时，由印度引入榻登。

榻登是一种用以踩踏上床用的小型家具。由此可见，床的形式已发生较大变化，出现了高的床榻。这种文化的融合从一定程度上促进了家具由席地而坐逐渐向垂足而坐的演进，这在中国家具史上是一大变革。

（3）隋唐、五代时期 政治的稳定带来了经济和社会的进步，建筑技术的日臻完善推动了制作工艺的进一步发展，家具的种类也不断增多。这一时期的主要特点是矮型家具与高型家具并存，这也成为中国家具由席地而坐转向垂足而坐重要的过渡时期。镶嵌和漆艺在家具中也得到广泛运用，我们从唐代画家阎立本的《步辇图》和五代时期顾闳中的《韩熙载夜宴图》所描绘宫廷生活的画面中，能够窥探到家具类型之丰富以及装饰手段的不断完善。

（4）宋代 是中国家具承前启后的重要发展时期。宋代家具在继承了唐代以及五代时期的家具风格基础上，造型力求简洁优美，结构更为完备精细，不同款式的家具讲求摆放格局，并出现了最早的组合家具。受到建筑工艺的深刻影响，到了宋代，隋唐时家具在结构上流行的箱柜壶门结构已被梁柱式框架结构所替代。发端于东汉末年，至隋唐、五代不断发展起来的高型家具类型，在宋代得到了确立并广泛应用于社会各个阶层。自此，垂足而坐的家具样式和生活方式已取代了席地而坐的家具模式，为明清中国家具发展的鼎盛期奠定了基础。

上：图9–2–3［唐］圈椅
下：图9–2–4［五代］《韩熙载夜宴图》局部

2.古典家具的鼎盛期

（1）明代 是中国家具发展的鼎盛时期，在世界家具史上也居于重要的地位。在继承了宋代家具的基础上，将选材、加工、艺术审美与家具的使用功能完美地结合起来，成为明代家具之特色，这也是迄今为止无论哪个时期都无法企及的。明式家具的品种极为丰富，按其功能主要分为椅凳、几案、床榻、橱柜、台架及座屏六大类别；从造型上又可分成束腰和无束腰两大体系。依照房间的不同使用功能，诸如厅堂、卧室、书房等配置成套家具，形成了完整的家具配套体系。

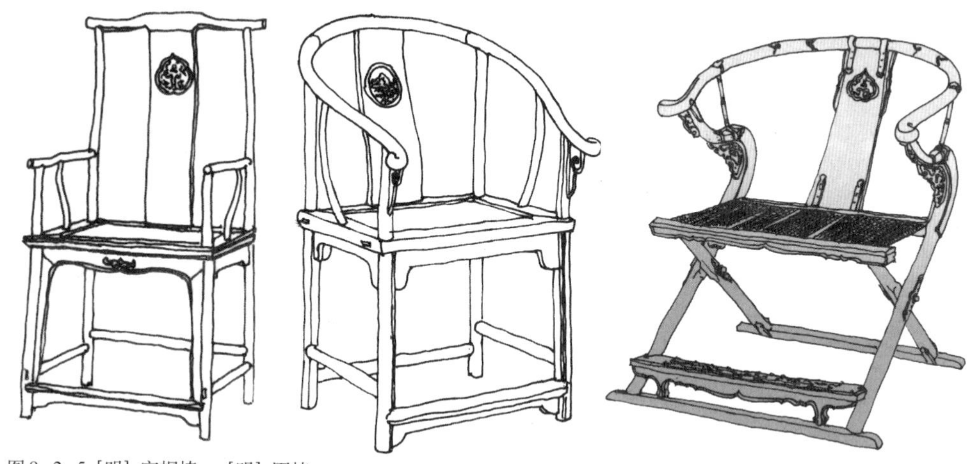

图 9–2–5［明］官帽椅　［明］圈椅

图 9–2–6［明］圆后背交椅

明式家具讲究选料，多采用质地坚硬、纹理清晰、色泽优美的优质硬木，这种珍贵的木料具有强度大、弹性高的特点，例如，在明式家具中较多使用紫檀、花梨、鸡翅木、铁梨、红木等硬木，其木质坚硬，运用先进的木工工具和精密科学的榫卯结构所形成的家具曲线，能达到构件断面虽小但强度很大的优点，呈现出简洁端庄、刚柔相济的特色。并且，注重其天然的木质纹理和色泽，不加油漆涂饰，简以素雕点缀，呈现出自然质朴、圆浑厚拙的风貌。明式家具的艺术造诣主要体现在“简、精、拙、沉、劲、秀、浑、雅”八个字上，明代家具无论在其家具造型、榫卯工艺、框架结构、艺术造诣以及材料选配上均达到了中国传统家具的顶峰。

（2）清代　继承了明代家具设计的传统，在结构及造型上变化不大。至康熙、雍正、乾隆之清王朝鼎盛时期，国家经济不断繁荣，从而使家具得到了新发展，并逐渐脱离了明式家具简洁质朴的面貌，呈现出富丽华贵的清代家具独特风格特征。清代家具丰富了装饰手段，在家具品种上也有了新的发展，具有造型雄伟厚重、形式多样、装饰繁杂、用材广泛、制作手段丰富的特点。家具多以代表福瑞吉祥题材的装饰细节进行雕饰、镶嵌以及彩绘，装饰手段丰富，采用多种材料并置和多种工艺相结合，工艺精湛，使清代家具独具特色。

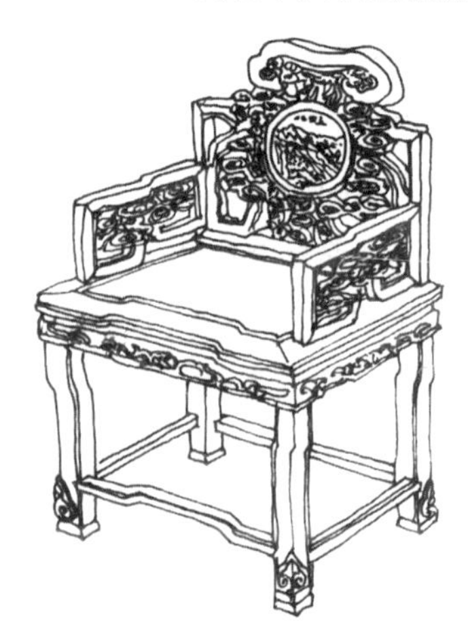

图 9–2–7［清］太师椅

3.传统家具的衰退

清晚期至近代 发端于19世纪上半叶清王朝政治上的腐败，以及长期绵延的战争使家具发展基本停滞，经济的衰退迫使中国传统家具与传统文化一并进入了衰落期。随着战争的不断深化和西方文化的强行介入，封建制一脉相承的传统家具发展被西方家具样式所阻断，家具生产出现了“西式中做”的新式家具。在近代早期的家具样式中，采取中式传统纹样与西方巴洛克、洛可可等家具形式相结合的方式逐渐蔓延开来。至此，中国古典家具样式的传承与发展已被西方近代家具风格带来的强大影响所融合。

图9-2-8 近代梳妆台

二 西方古典家具以及近现代家具的发展脉络

西方传统家具发展与各民族宗教信仰以及审美取向的差异密切相关，从家具装饰造型的风格演化中也映射出了各国古典建筑装饰的文脉特征。西方古典家具风格与城市文脉和建筑式样有着极大的联系，透过家具的发展脉络，对西方古典文明的发展也会有更深入的了解。

1.古典家具的风格演变

西方家具雏形的出现也相对较早，在古文明时代已有了最早的家具产品。从古埃及随葬品中发现的祭祀用器具发展到欧洲古典家具的新古典主义风格，经历了几千年的发展历程，家具造型随着不同地理环境、民族特色和时代风貌呈现出极为丰富的风格特征。

古代家具 早期的古代西方家具在古埃及时期已经出现。古埃及以强大的宗教体系统治整个王权，从最早的古朴时期直至晚期王朝历经了五个时期将近三千年的历史

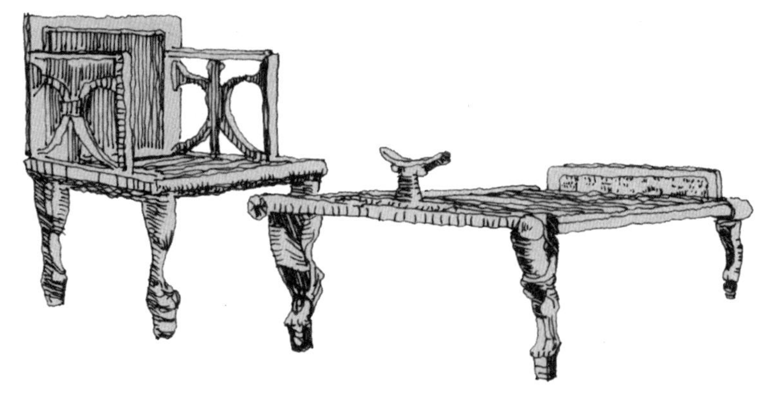

图 9-2-9　古埃及床与坐椅

变迁，这一时期创造了最早的象形文字，对人类文明的发展贡献颇丰。对神灵的崇拜及死后生活的憧憬，使得古埃及在神庙和墓葬建筑上取得了杰出的成果。形成的家具器皿也以神化的写实性动物雕刻为装饰，有着强烈的象征性内涵，包括蛇、狮、马、太阳以及法老和皇后的雕像，这些都是代表王权和对神敬仰的象征。古埃及已经开始使用诸如椅子、坐凳、箱柜和床等家具形式，整体风格体现出威严庄重、结构合理、装饰丰富的特色。

古希腊的古典建筑传统受到古埃及和东方文明的影响，结合独特的爱琴海温湿的自然条件，形成了伟大的西方传统建筑之源头—古希腊建筑。希腊的建筑艺术以神庙为核心，以石材为媒介，创造出了模式化的梁柱结构体系，我们所熟知的多立克式、爱奥尼亚式和科林斯式柱式正是这一体系的精髓。古希腊的家具装饰风格受到了建筑柱式装饰的影响，形成了一种放射状花纹组成的漩涡状以及螺旋线的装饰纹样，家具样式也有了较大的丰富，还出现了折叠凳。家具风格呈现出线条流畅、造型活泼、比例优雅、构图匀致、讲求雕刻装饰的特征，形成古希腊家具独特的艺术魅力。

图 9-2-10　古罗马青铜桌

古罗马的家具风格传承了古希腊的装饰手段，并且在多样化和艺术审美上有了进一步的发展。青铜家具在这一时期出现，并装饰以广受希腊家具影响的花纹纹样。在装饰题材的选择上，较多地运用了带翼的斯芬克斯，并体现出有别于希腊文明的奢华、严谨的风貌。正如罗马城所体现出的规划严整、组织合理、讲求整体的特点，反映出罗马人卓越的组织能力，其家具风格也体现出端庄华丽、装饰繁琐、追求整体视觉效果的特点。

中世纪家具 欧洲中世纪家具的发展经历了拜占庭、仿罗马式和哥特式风格三个时期。中世纪长时间以来在欧洲是代表漫长的蛮族入侵、战乱纷争和文化断层的黑暗时期，而现代研究则表明，这一时期对于民族文化的融合和现代文明的产生有着积极的促进作用。

拜占庭家具的风格特征融合了基督教的精神内涵和东方文明，通过几何形图案和十字形装饰，并且结合拜占庭建筑物构件的元素特征，形成独特的家具风格。镶嵌工艺在这一时期更为成熟，利用马赛克、玻璃等材料拼贴成各种纹样。

仿罗马式家具风格是这一时期建筑上追求古罗马建筑样式的延续，罗马式建筑所具有的厚重体量和宏伟气势在家具的风格上也得到了继承并有了新的发展。家具风格呈现出形体厚拙，并模仿古罗马式建筑拱券和梁柱等结构特征。

图9-2-11 哥特式教皇椅

哥特式风格诞生于法国，以在建筑构造上出现的尖拱券和飞扶壁等新型结构样式为标志，并逐渐地在欧洲蔓延开来，影响到英国、德国以及中欧地区，巴黎圣母院即哥特式建筑的典型代表。哥特式家具风格的典型特征是以植物装饰图案为主，多选用叶饰以及植物的茎和藤构成图案，并模仿哥特式建筑的尖拱券、花格窗等装饰细节构成家具结构。在坐椅上大量地采用高靠背并配合以尖拱等形式，使家具造型有一种随着垂直的装饰线条而向上升的视觉效果，使宗教特色得以升华。

文艺复兴家具 文艺复兴于14世纪兴起于意大利，是欧洲近代一场重要的回归古典传统的思想与艺术运动。这场延续至17世纪中叶的复兴运动摆脱了中世纪唯神至上的思想核心，取而代之的是一种回归人本的风格理念。这一时期在建筑艺术方面汲取了古典建筑养分并进行了新的创作，形成了新的柱式理论体系和众多杰出的建筑艺术珍品。在家具设计中也体现出这种源自古典元素并谋求创新的装饰风格，随着文艺复兴思潮在欧洲的扩展，不同国家的家具风格也呈现出不同的地域特色。总体说来，文

图 9–2–12 文艺复兴时期的绘画

艺复兴的家具体现出源自写实绘画风格的具象特征，采用自然元素，例如水果、花卉、自然风景以及动物等，在家具装饰中精确地再现自然事物中美妙的曲线造型。家具样式具有古典和谐的比例关系，给人一种简朴、精美、匀称、高雅的视觉感受，同时兼有装饰题材丰富和结构性能合理的特点。

巴洛克家具 继文艺复兴之后16世纪下半叶诞生于罗马的巴洛克艺术风格，于17、18世纪在欧洲广泛传播。巴洛克风格在复兴古典的根基上加入了新的修辞方式，充满了一种浪漫的古典主义风格。建筑上强调光影在建筑中的作用，运用变化的古典语言将几何形态元素引入建筑中，创造出有别于文艺复兴的独特艺术特征。巴洛克的家具风格从文学、音乐中得到灵感，摆脱了理性严谨的古

图9–2–13 巴洛克式镀金桌

典规范，利用复杂的几何形体装饰创造出富于动感的家具形态。在装饰题材上仍然沿用了写实形象和古典的装饰题材，比较常见的以动物、花卉、藤蔓、贝壳、叶饰等具象形态装点其上，打破规整的模式化线条装饰，以自由的，更富于韵律和动势的不规则多边形构成家具结构，突出夸张的视觉效果。晚期的巴洛克家具表现出一种装饰繁琐和精细雕饰的特点，这也为繁复奢华的洛可可家具风格发展奠定了基础。

洛可可家具　其风格在延续了巴洛克家具装饰的基础上，将自由奔放的富华视觉体验推向极致。利用层叠繁琐和随心所欲的装饰手段，完全摆脱了古典装饰法则，呈现极其繁复夸张的家具造型特色。洛可可风格以法国的凡尔赛宫为典型，炫耀富足的宫廷生活，家具造型配合整个室内装饰具有富丽堂皇、雕饰精巧、构想奇特等艺术特征。装饰细节仍然以巴洛克时期的题材为主，并增添了大量自由浪漫的装饰手法，装饰手段极为丰富。

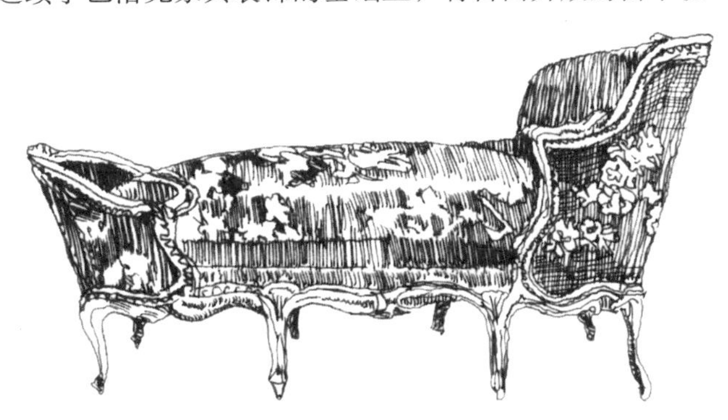

图 9-2-14　洛可可式躺椅

西方家具发展到洛可可时期装饰技法在工艺和质量上达到了最高程度，但与此相反的是，家具也因此背离了其自身结构的艺术魅力，而呈现出一种一味追求形式主义的姿态。这也不禁让我们反省，什么才是最好的家具产品？当技术发展到相当的程度，如何回归到家具本源的东西。这一点的确是值得我们思考的。

新古典主义家具　受到 18 世纪中叶出土的罗马庞贝古城以及意大利南部赫库兰尼姆的考古影响，以古典题材为主的创作思潮又再次萌发出新的活力。18 世纪中叶在罗马逐渐兴起了一场新古典主义艺术风格运动，并很快传播至法国、英国、德国以及美国等地区。新古典主义的家具风格，秉承了源自古希腊罗马的古典主义复兴思潮，又结合了浪漫主义的情怀，反对洛可可风格的奢靡，体现出回归自然的风貌。家具造型一改洛可可时期以曲面为主导，多采用直线和几何形，简洁优雅，精练考究，以古希腊和古罗马的装饰题材为点缀，如花饰、叶饰、希腊柱头、斯芬克斯等。于 1804 年登上皇位的拿破仑继续倡导新古典主义风格来炫耀其权力，此时的法国帝政时期家具具有较强的装饰性，以严格模仿古典题材的柱饰和装饰细节与家具造型结合起来，体现出一味讲求装饰效果的特点。较多地采用对称布局，并加入军事和帝国题材，象征拿破仑的首字母“N”广泛地运用于家具装饰中，用来彰显帝政时期在军事及政治方面的丰功伟绩。

2.现代家具的开端

19世纪中期至晚期，世界家具的设计风格呈现出多元化的态势。在工业革命的浪潮下，不同的设计流派在为探求新的表达方式寻找出路，同时，这一时期也为现代主义运动的开端奠定了基础。

工艺美术运动　作为工业革命最早发源地的英国，在19世纪下半叶，逐渐发起了一场反对机械化批量生产的设计运动，其创始人是威廉·莫里斯。以1851年在伦敦的水晶宫中举行的世界博览会为开端，在设计上展开了以英国为代表的工艺美术运动。工艺美术运动时期的家具产品具有简洁、朴实的特点，设计中强调艺术与技术的结合，代表人物有斯哥特、沃赛等。

图9-2-15　底比斯坐凳，Leonard F.

新艺术运动　19世纪末20世纪初，在法国掀起了摆脱传统装饰风格，以模仿自然形态为基础，强调曲线以及有机形态的设计运动。新艺术运动以反对大工业生产模式为目标，从1895年开始延续到1910年左右，由法国逐渐蔓延到欧洲的其他国家。在法国由基玛德设计的地铁入口成为这一时期典型的代表作。新艺术运动的家具产品

图9-2-16　梳妆台，Antonio Gaudi

图9-2-17　坐椅，Charles Rennie Mackintosh

特点体现为反对机械化的批量生产，强调手工艺加工，从自然形态以及东方的艺术中汲取元素，大量地运用曲线来装饰。代表人物包括了苏格兰的麦金托什、西班牙的高迪等。

图 9-2-18　坐椅，Eliel Saarinen

装饰艺术运动　是20世纪20至30年代诞生于法国巴黎的一场设计运动。与新艺术运动不同，装饰艺术运动不再回避现代机械化生产，结合现代材料以及技术手段为设计服务成为创作目标。同时，装饰艺术运动与现代主义还存在区别，它的设计服务对象还是社会的上层阶级。这一运动所产生的家具产品具有简洁单纯的造型特点，将简洁的造型与装饰手段的丰富相融合也是其重要特征。代表人物有法国的格雷、米勒等，20年代末诞生于美国的“好莱坞”风格也是这一运动的延伸和发展。

3.现代家具的风格样式

现代主义运动　现代主义运动的萌芽始于20世纪初，最早是从三个欧洲国家的探索发展起来的，分别是20世纪初期的荷兰“风格派运动”、俄国“构成主义运动”和德国的“工业同盟”以及于1919年成立的“包豪斯”设计学院。这一萌芽期诞生了一批著名的家具产品，包括由“风格派”成员里特维尔德设计的代表作品“红蓝椅”以及“包豪斯”成员布鲁尔设计的第一张钢管椅，这些探索为现代主义家具风格的形成奠定了基础。

图 9-2-19　红蓝椅，Gerrit Thomas Rietveld

现代主义运动从1919年“包豪斯”成立开始一直延续到三、四十年代，现代主义对传统的设计样式进行了彻底的变革，强调设计为大众服务，去除多余的装饰，反映设计的本质内容，其影响遍及世界各国，在艺术、

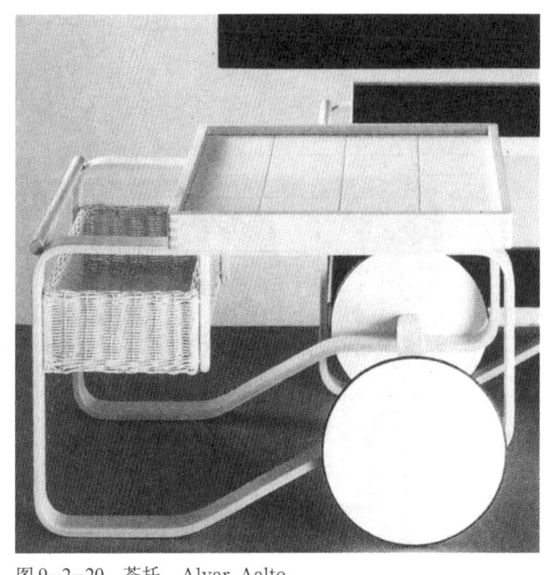

图9-2-20　茶托，Alvar Aalto

人文、科学等各个方面都产生了积极的作用。现代主义家具设计风格以“形式追随功能”为前提，呈现出“简洁实用、功能至上、机械加工、色彩单纯”的特点。现代主义时期的一些建筑大师也都投身到了家具设计的行列，由密斯为国际博览会德国馆设计的著名的“巴塞罗那椅”以及柯布西耶设计的室内家具和芬兰的阿尔瓦·阿尔托设计的讲求地域特色的家具产品，都体现出了现代主义家具风格。这一时期还涌现出了一批家具设计大师，包括布鲁尔、丹麦的雅各布森、瑞典的博格、意大利的吉奥·庞帝等。30年代以后，随着科学技术不断进步和塑料材料的发展，家具产品的材料选择也逐渐由金属、木制逐渐向更轻便的材料演进。现代主义运动对于家具产品的革新具有划时代的历史意义，对当代家具设计仍具有一定影响。

20世纪40年代之后　设计界呈现出活跃的态势，先是50年代由美国发起的国际主义运动，在五、六十年代风靡一时。这一运动基本上延续了战前现代主义的风格特征，家具产品也以密斯提出的“少即是多”为原则，更加追求简洁的机械化特征。国际主义家具将现代主义的思想传播至世界的众多角落，这种理性化的、功能至上的、低造价的家具产品广为人们所接受。

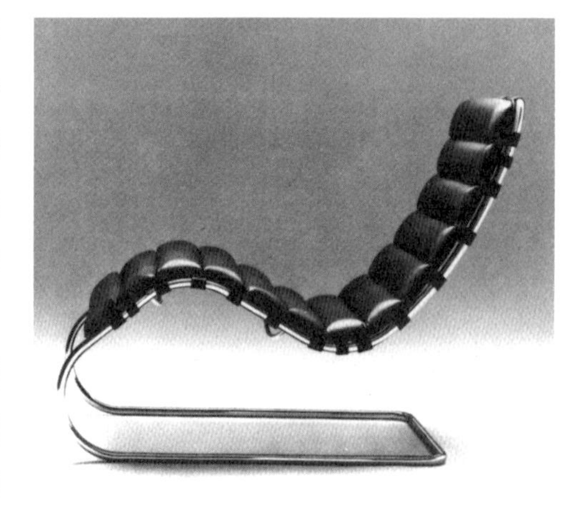

图9-2-21　躺椅，Ludwig Mies van der Rohe

70年代之后，随着对现代主义以及国际主义风格其刻板面貌的反感，设计师们展开了多种形式的尝试性探索，这些颠覆性的实验使得整个设计界进入了后现代主义时期。在家具产品的设计上，也逐渐摆脱了国际主义的束缚，以更为人性化的、多样化的造型以及材料呈现出幽默、夸张的理想主义色彩。现代主义之后的家具风格具有多元化的特征，出现了高科技派、“孟菲斯”集团、极少主义、解构主义、新现代主义、新古典等产品设计风格，一些建筑师、产品设计师都设计出了杰出的家具作品，其中包括迈克·格雷夫斯、马里奥·博塔、诺曼·福斯特、菲力普·斯塔克、阿尔多·罗西、弗兰克·盖里等。

第三节 家具的种类及加工工艺

一 家具的分类

家具的分类多种多样，不同的视角会产生不同的分类方式，并且随着家具的进一步发展，其分类界限变得更为模糊。家具的最基本的分类包括了功能特征、构造结构以及材质类型，了解家具的大致分类可帮助设计者区分不同家具的设计差异。

1. 按使用功能分类

可按不同使用空间对家具进行分类，包括：居住类、办公类、会展类等家具类型。

居住空间类家具，讲求成套组合，软质材料在此类家具中运用广泛，色彩明快或温馨，给人愉悦的感受。

办公空间类家具，简洁实用，配色上整体统一，常选用高强度、耐磨损材料，易拆装组合。

会展空间类家具，组装方便、灵活自如，多采用轻型材料，强调可变性和临时性。

上：图 9-3-1　布艺沙发
下：图 9-3-2　金属坐椅

左：图9-3-3　板式彩色书架
中：图9-3-4　折叠凳
右：图9-3-5　新型材料坐椅

2.按结构构造分类

按结构构造可将家具可分为框架式、板式、折叠式等。

框架式家具，以建筑框架模式搭建起来，结构坚固、耐用。

板式家具，采用板式搭接组合方式，具有方便拆装组合，造型灵活多变的特点。

折叠式家具，利用活动的组装部件结合，采用轻型材料，携带方便。

随着家具产品的不断发展，传统以家具使用材料为依据的分类方式，将逐渐地被其他的分类方式所取代。单一材料的家具种类已变得越来越少，多种材料的运用已成为趋势；并且新型材料的研发，不断地使家具材料的选择推陈出新。因此不能简单地以家具材料来进行分类，而应以材料为设计媒介扩展新的分类方式。

二 加工工艺流程简介

不同材料的家具其加工工艺有很大的区别，这里以木质家具为例，简要地介绍其加工流程。

现代木质家具的加工秉承了历史延续下来的传统家具制造工艺，由前期的框架式家具逐渐过渡到更为轻巧便携的板式家具和折叠式家具等新型家具类型，其加工工艺也由传统的手工作坊制过渡

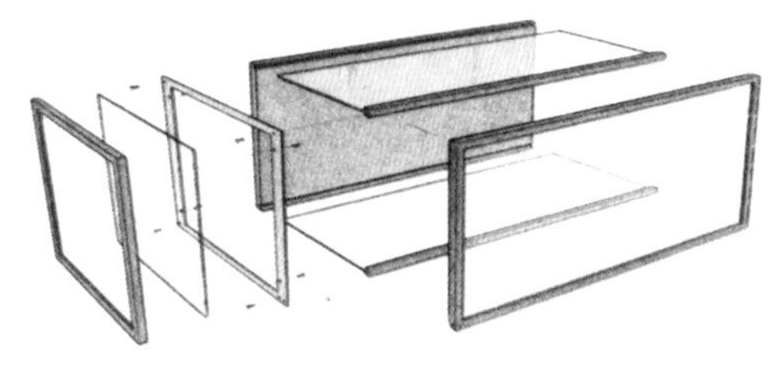

图9-3-6　家具组装设计示意

到机械化、标准化的批量生产。然而一些个性化的家具艺术产品，为突出其艺术品质和唯一性，依然追寻着传统的手工制作模式，成为家具产品中的佼佼者。

1.木材选料

家具制作所需的木料以硬木为主，在木材的选择上应发掘其先天的自然肌理。为避免其产生较大的收缩、膨胀以及翘曲等现象，应对其采取必要的措施，一般处理手段包括原材料的干燥、表面喷漆甚至涂层处理，以此来延缓木材的使用周期。较之传统家具所采用的天然优质木材而言，现代家具在材料的选择上有更强的实用性，往往选用密度板以及刨花板等人造板为基材，这样避免了天然实木稀缺带来的昂贵的原材料成本。

图 9–3–7　木质异形书架

2.生产工艺

木质家具的制作工艺包括手工制作和机械加工两种形式，手提工具主要有锯、刀具、刨、切削工具、量规等；机械加工所需工具主要为电动工具和车床。木质家具的加工工序主要分为木材的测定和制作规划、切割、表面修整以及接合加工等步骤。木材接合工艺的手段极为丰富，体现出了人类智慧精华之所在，在继承传统榫卯接合结构的基础上又衍生出了许多新的接合方式，诸如斜面接合、三向接合、销接和铰接等，特别是现代家具板式结构以及其他的特种形式家具的涌现，使得金属连接部件得到了新的发展。

3.表面装饰

除了保持天然木材优越的自身条件外，由于现代木质家具较多选用了造价更为低廉的人造板，其表面处理手段多种多样。主要处理手段有多种

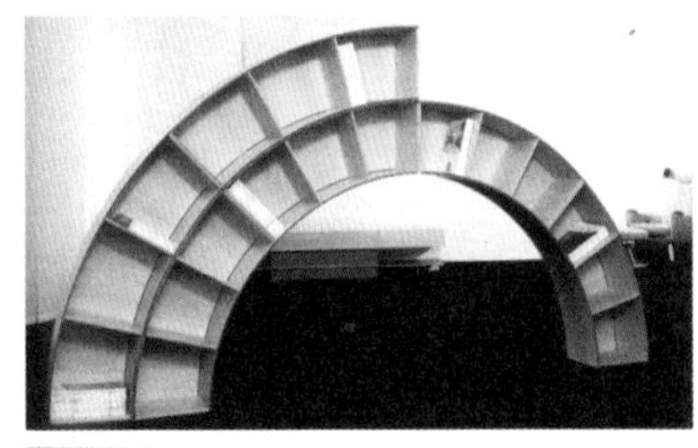

上：图 9–3–8　木质书架
下：图 9–3–9　多功能坐椅

材料贴面（贴天然木皮、PVC贴面、金属贴面等）、涂饰、热转印、真空覆膜等。不同的表面处理手段不但增强了家具表面美观耐用的特性，满足不同家具使用功能的需求，而且更大程度上改善了人造板以及木材的视觉艺术效果，使现代家具更加体现出造型简洁、制作精良的特点。

第四节 家具设计与人体工程学

一 人体工程学简介

人体工程学是研究人与环境尺度之间关系的一门学科，又被称为人体工学或人类工程学。它作为一门独立的学科确立是在20世纪50年代，最早期的研究是针对如何协调人与机械之间的合理关系发展起来的，通过实测、统计、分析研究、总结的方法逐渐建立起了一套探究“人、机械、环境”之间关系的理论系统。

在室内设计以及家具设计中为使环境和产品能够更好地适应使用者的活动需求，从而更加科学地组织室内空间和适应人类活动，就必然要将人体工程学作为重要的参考依据。与室内设计相关的人体工程学由传统的研究人与机械的关系，逐渐过渡到调和人与环境及家具产品的有机结合。有效地利用

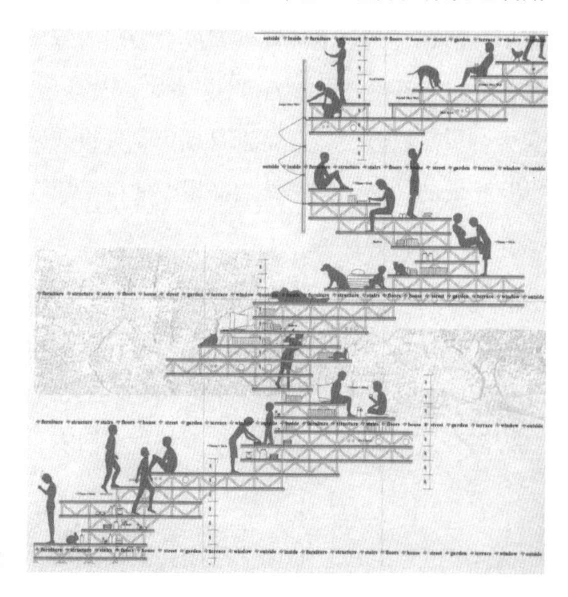

图9-4-1　人体活动尺度示意

人体工程学中所包含的人类解剖学、生理学和心理学等内容，可以更好地掌握使用者的基本尺度和行为心理，运用科学的方法，使设计能够满足使用者的要求并创建高效舒适的空间环境和形态，这对于设计者来说是至关重要的。

二 人体工程学与家具设计的关系

家具设计与人体工程学有着密切的联系，人体工程学为家具的设计过程提供参考依据和创作引导，主要体现在三个方面：

1.以人体尺寸为依据

人体工程学与家具设计最为直接的关系即表现为人体尺寸对家具的限定。掌握基本的人体尺寸，诸如身高、臂展长度、人体厚度、两肘宽度、正常坐高等具体尺寸，在设计家具时以此为参考，就可避免出现家具设计与使用脱节的现象。同时不同国家其人体尺寸会有较大差异，由于人体工程学的人体尺寸是一个地区的平均值，因此在面对不同地域进行设计时，也要将使用者的不同考虑进去。

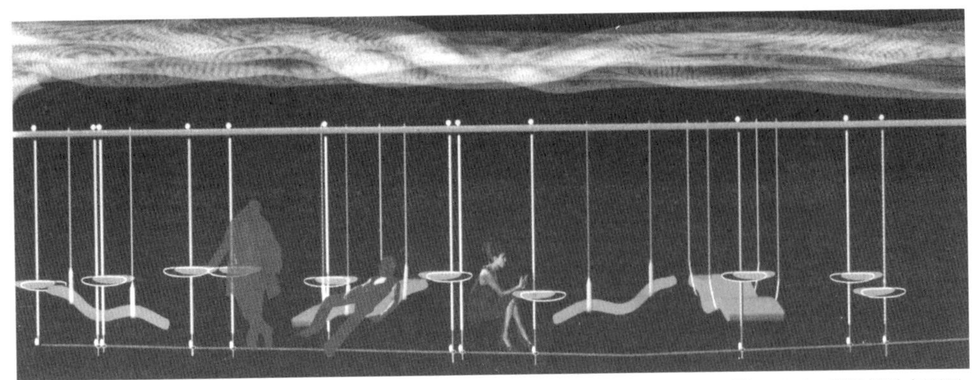

图 9-4-2　家具设计立面图

2.以人类行为习惯为引导

人的生活习惯和社会风俗也会对家具设计产生影响，人体工程学中针对人类行为习惯的研究为解决这一问题提供了理论依据。人类行为对家具的影响还体现在不同地域使用者的行为习惯决定了家具的造型特征，例如，分析本地人群如何进行起居生活，他们的生活习惯是怎样的，就能使家具设计以此为参照，更趋于符合使用者的需求。在目前的信息化时代，标准化的家具系统已司空见惯，针对不同人群行为方式的差异而

图 9-4-3　家具设计电脑表现图

创作的家具产品，才能使其更加符合当地居民的要求，达到适应人类生活活动的目的。

3.以使用心理研究为参考

使用者心理学的探究也会协助家具设计不仅满足使用功能的简单要求，还能够在更高的精神层面给人以丰富的感受。掌握好人的行为心理，既可以创造出使用功能极强、令人愉悦的家具产品，也可以延展出一些新的概念，创造强调艺术展示性的家具物品。例如，利用人类心理学能够创造出令人耳目一新的实验性家具产品；对人类行为心理的颠覆，从使用理念和感知心理上作尝试性的探索，能为未来的家具设计寻找方向。

图 9-4-4　多功能使用示意

第五节 现代家具设计的程序和特点

一 现代家具设计的程序简介

传统家具制作模式与现代家具有着本质的区别，一种世代相传师傅带徒弟的加工作坊被机械化标准化生产所取代，家具产品也慢慢地摆脱了这种一脉相承的制作传统，其设计本身逐渐地被强调出来，并且成为一件产品成败的关键因素。未经过精心考量的家具不但不能满足使用者的功能需求，还会给产品机械化生产带来极大的浪费，从而无谓地增加生产成本，给企业带来不应有的损失。因此，家具设计行业近几年来愈发地受到人们的青睐，家具设计方法论也不断地为人们所接受。一件好的家具作品不但具有新颖大胆的构思，更要有体贴周到的功能考虑，还要兼顾产品的艺术性和合理性，这一切有赖于设计者独特的创意思维和拥有加工制作的丰富经验。

家具产品的设计过程大致可分为产品构思、绘制创意图纸、制作样品模型三个主要步骤。产品构思，是形成最终家具产品的重要前提条件，这里除了需要必备的制作工艺常识和家具结构知识之外，设计者的艺术修养与敏锐的观察能力也是不可或缺的；绘制创意图纸，在构思基本成形之后可根据自身的特点进行创意表达，准确地手绘创意草图及产品三视图是快速表现家具产品创意的基本途径，也可利用电脑制作更为逼真的家具物品三维透视效果图，还有的甚至利用等比缩小的模型制作来展示家具作品；放大制作样品，这一阶段是完成最终家具设计的重要阶段，先对设计产品进行单个的放大制作，了解不同材料的加工工艺，在制作过程中不断地对家具设计的方案构思进行推

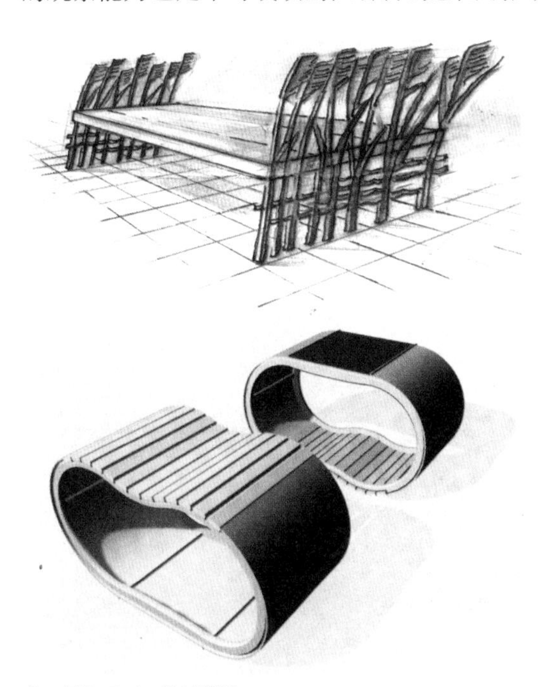

上：图9-5-1　设计草图
下：图9-5-2　坐凳设计方案

敲和完善，直至完成既美观又经济的成品，同时要总结制作经验，为进一步的机械化生产做准备。

在整个家具设计的过程中，设计者必须参与整个过程，从绘制方案、创意草图直至单个产品的加工制作，设计者都要参与其中，在整个过程中不断地协调各部分的关系，充实和改善设计方案，在思索过程中体味家具设计所带来的乐趣。

在三个不同的设计阶段要关注以下问题：

1.创意革新与使用功能并重

对于设计师的构思阶段而言，如何在设计中体现独特性和革新性经常成为设计者非常关注的问题，这往往造成一味地追求推陈出新，在家具造型上不断地推出个性化的形式，而对于使用者如何从家具中得到舒适的感受却常常忽视。这样，后现代主义设计风格的弊病就在家具产品中反映出来，只注重形式上的变化而脱离了家具为人服务的设计本质；然而，过分地强调使用功能的约束，遵循现代主义设计运动所倡导的"形式追随功能"的宗旨，这样往往使家具产品显得过于呆板，不能体现时代特色。因此，如何结合好创意革新与使用功能的关系，使两者得到兼顾，成为一件产品设计得好与坏的关键。

2.图纸绘制兼顾艺术性表达

家具产品需要通过好的表达手段将其表现，图纸绘制阶段可以将方案准确生动地表达出来。手工绘制方案表现图可以快速地传达设计者的意图，利用松动流畅的线条和简洁的色彩配合能够较好地将创意构思表达给观者。随后，还可利用尺规绘制的产

图9-5-3　设计表现图

品三视图将家具按照详细尺寸进行制图，也可利用三维电脑软件创建立体透视效果。不论是手工绘制还是电脑制图，一方面要准确地表达产品特征，同时要强调产品以及图面的艺术性效果，使图纸本身成为作品表达的一个重要组成部分。

3.不同制作工艺的密切配合

在放大制作单体家具样品阶段，针对不同方案应选用不同材料的加工手段。这就要求设计者要简单掌握不同材料的加工工艺，亲力亲为地参与到制作过程中去，了解不同材料的特性，为进一步设计奠定基础。一件好的家具作品必然是结构与材质的完美统一，家具艺术性的体现恰恰也反映在产品造型与各种材质的密切结合上。由此可见，设计者对不同材质制作工艺的熟知程度，也将决定家具产品设计的成败。

图 9–5–4　布艺沙发

二 现代家具设计的特点

现代家具发展至今，无论在产品种类和数量上都有了新的突破，随着人类居住条件的不断改善，对现代家具的需求量在逐年攀升。中国已逐渐成为众多国际家具厂商的重要生产基地，我们也能看到诸如B&B、Cappellini等国际著名家具品牌最新推出的产品在国内家具展会中频频亮相。在感叹其设计给人带来的震撼之余，如何拉近我们与世界的距离，并能在继承历史传统的基础上，体现出现代家具风格，这些都将成为我们设计者所亟待完成的重要任务。

综观当今世界三大著名家具展，我们不难看出，近几年的展览无论在其规模以及种类上都有了前所未有的突破，现代家具产品显现出款式多样、形态丰富、配色大胆、创意新颖的特点。以米兰家具展为例，这个创建于20世纪中期的著名国际家具展览历经四十多个春秋，不断地推陈出新，愈发呈现出勃勃生机。每年4月举行的这一家具行业盛会，被誉为家具界的时尚先锋，引领着时尚家具的流行趋势，展览汇集了众多世界顶级品牌，也成为国际访客和新闻媒体以及猎奇者聚集的乐园。从2004年以来，米兰家具展的规模不断扩大，至2006年在规模上增加了将近20%，参观者的数量也在不断增多，这种持续扩张的规模透析出了现代家具产业在人们生活起居中之重要地位。

作为具有世界影响力的德国科隆国际家具展，从其最新的展会上也透析出了新时期家具设计的审美取向。个性化的家具设计产品已成为近几届展会的亮点，年轻设计师相继推出构思大胆、以满足人们的个性化需求的产品，不断引领着世界家具的设计方向。家具产品已不仅是结构合理、取材优良，服务人们生活起居的物质产品，而从某种意义上来说，已成为结合多种科技元素、融传统与现代于一体，满足人们不同精神需求和艺术审美的设计作品。这一转变使家具设计在一定程度上摆脱了室内空间元素的限定，呈现出丰富多样的态势。

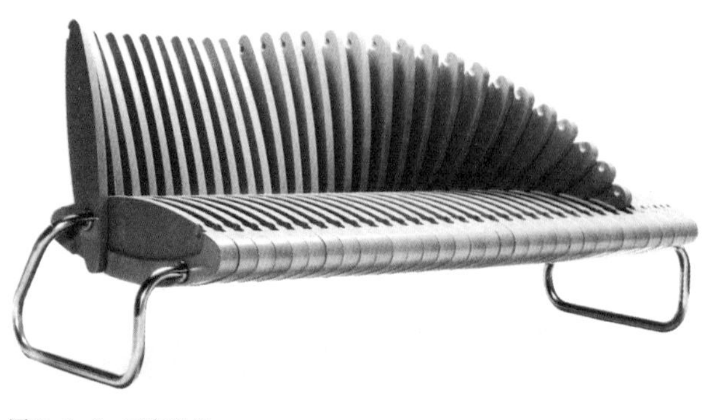

图 9-5-5　可变坐椅

这些具有代表性的家具展览在现代家具的流行趋势和前沿性展望上都揭示出了一些最新动向，展现了现代家具发展的理念和形态取向，具体体现在以下四个方面：

1.以人为本的设计理念

无论现代家具的样式如何变化，却依然讲求以人为本的创意理念。“以人为本”是家具设计的基本原则，这一点在现代家具的设计中被重点地强调出来。在设计中以使用者的行为心理、感知能力、尺度要求以及审美取向为标准，在规范模式中力求变化，既要符合人的使用要求，又追寻新颖大胆的创新精神，体现出功能与形式的完美统一。

图 9-5-6　结合视听设备的休息椅

2.不断变化的样式

现代家具的流行趋势在样式的选择上是极为丰富的，针对不同的审美需求，各种家具风格特征呈现出异彩纷呈的景象。从现代主义风格的简洁质朴扩展到形态纯粹的极简主义样式，从高贵奢华的古典主义风格又延伸到结合现代元素的新古典主义形式，同时，夸张繁琐的后现代主义逐渐演化成性格分明的个性化家具，这一切构成了现代家具风格的多样化特征。2004年的米兰家具展即按照不同的样式风格分为古典主义类、现代风格类、个性设计类以及混合类等四个类别来分别进行展示。

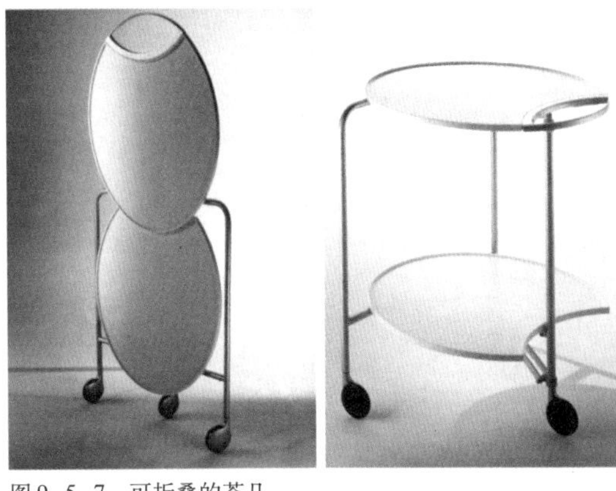

图9-5-7　可折叠的茶几

3.丰富的色彩配合

除了造型丰富之外，现代家具在材质肌理的运用和色彩的搭配上也表现出了令人耳目一新的感受。不论是单体家具还是系列组合，都充分强调了整个家具造型与材质及色彩的浑然一体。强烈的色彩组合与冷静的现代主义风格形成鲜明的对比，展现了多元化的视觉体验，运用色彩造成的强烈的视觉冲击展现出一种现代家具产品的活力与自信。

4.国际化趋势

现代家具风格也反映了国际化和标准化的特点，科技的不断进步促进了现代家具的国际化趋势，机械化生产带来了不同产品在形式以及风格上的趋同，大量优秀的西方现代家具产品成为争相效仿的对象，引领着全球家具设计的潮流。因而，将本民族传统元素与现代风格结合得好的例子是凤毛麟角。面对国际浪潮的冲击，如何保持冷静的头脑，将民族传统不断地延续下去，使之在新的形势下结合各方优势完成新的发展，这一亟待解决的问题有待我们作进一

图9-5-8　多彩的坐凳

图 9-5-9　造型奇特的金属书架

步思考。

由此可见，现代家具的面貌呈现出多元化的趋势，我们很难用一句话来概括现代家具的总体特征，同时，也不能用20世纪初期不同家具风格明确的样式演变，来对现代家具进行风格区分。一种设计样式只能在短期时间内引起人们的关注，现代家具风格随着潮流的更替呈现出一种新的、令人无法想象的更新频率。并且，各大家具品牌争先亮相的新产品，不断地触动着我们的感知神经，多种新型研发材料在家具制造中纷至沓来，也使得我们应接不暇。这一切都将使家具设计在未来展现出全新的风貌，使我们在设计体验中不断感受到家具给人类生活带来的愉悦。

第六节　未来家具设计的发展趋势

探寻未来家具发展的趋势，有助于设计者不断地更新思想、引领时尚。我们虽不能对未来家具的发展模式给予准确的定义，但是却能从最近的设计竞赛和学术作品中窥见其端倪。有时我们会被一个好的设计和理念所深深打动，这种学术性的探究也将引领家具设计面向未来寻求发展。与此同时，新理念的提出，也将会为设计者提供有益的理论指引和设计实践参考。在此，我们大胆地对未来的家具设计作一个简要的、启发式的思考，以此来激励设计者投入到全新的设计创意之中，不断完善家具设计产品。

一　新型材料运用

伴随着科学技术的日新月异，新型材料的研发在家具设计上的作用将会愈发地显著。环保材料以及高抗压、耐磨损等材料在家具中的亮相，已经在国际家具展上博得众彩，使我们不禁为其造型的奇特以及材料的新颖而惊叹。

而这种对材料的探索还在继续并将不断深入，只有把握这些前沿的发展趋势才能更好地与设计密切联系。反过来，设计者基于理想化的尝试性试验也必将在未来引导材料研究的深入发展。

二 多元风格并行

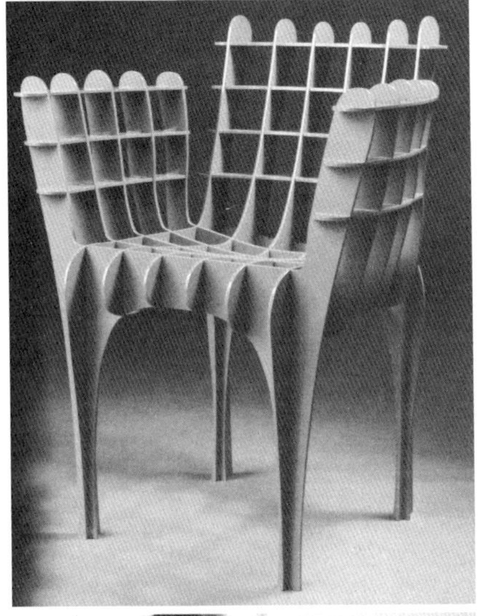

未来的家具设计将呈现出更为多元化的态势。追求简洁实用与复古经典风格将会并存，后现代风格的极度表现张力与谦逊朴实的现代主义风潮的延续也将会同时发展，从而使得家具在不同领域表现出丰富多彩的面貌。因此，这就要求设计者掌握更多的理论基础，并针对不同的需求提出建设性方案，同时新的风格样式缔造也有赖于设计师们大胆构思和具有开拓创新的精神。

三 家具理念革新

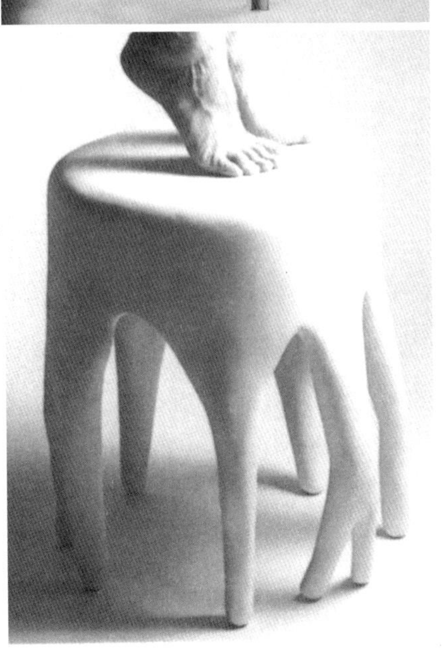

家具设计已不再局限于满足人们的使用要求，而更多地体现为人们精神需求的补给。设计者应冲出旧有家具样式的藩篱，用更为大胆的想法对家具设计的旧理念进行彻底的颠覆，为家具设计理念的重构进行多元的探索，这种实验性的探索在未来还将会继续。

上：图9-6-1　综合材料坐椅
中：图9-6-2　夸张的后现代风格坐椅
下：图9-6-3　个性化坐凳

激进的前瞻性试验必将成为新的设计手段和设计理念产生的首要前提，也将会对整个家具行业设计师的思维创新提供极大的帮助。

图9-6-4　波普风格的坐凳组合

四　艺术性主导设计潮流

将家具作为艺术品而不是简单的使用工具也将会成为潮流。在人们物质生活极大丰富的时代，互联网将世界的距离拉近，世界顶级的家具产品和家具展览均能在第一时间提供给使用者最新的信息，家具产品的陈设所能满足的也不仅仅只局限在其实用美观的层面，而更类似于艺术品收藏。使用者对具有艺术性的现代家具的搜集，已远离了传统的使用观念。在家具设计中倡导的艺术性和个性化追求，在某种程度上也符合了人类更高的精神需求。

五　设计体现多行业特征

随着家具设计的独特吸引力不断地深入人心，其他领域的设计师们的加入也将会成为一种潮流。我们已经在一些国际级家具厂商的产品中见到了诸如著名建筑师的作品以及时装设计师的产品，而这种潮流在未来将会成为一种趋势。正如我们所能记起的一些经典的现代主义时期家具产品，均是几位建筑师的杰作。不难看出，在未来，多种专业的交叉将会成为必然，不同行业的互补性及其产生的碰撞，将会共同奏响家具设计的美好乐章。

图 9–6–5　强调空间效果的家具设计

作业

1．结合中国传统家具类型对中国现代家具的设计提出展望和设计方案意向。

2．自选题目，对未来的家具设计样式风格进行方案设计和讨论。

参考书目

1．王受之：《世界现代设计史［专著］：1864—1996》，深圳：新世纪出版社，1995年。

2．雷达编著：《家具设计》，杭州：中国美术学院出版社，1995年。

3．李凤崧编著：《家具设计》，北京：中国建筑工业出版社，1999年。
4．张绮曼、郑曙旸主编：《室内设计资料集》，北京：中国建筑工业出版社，1991年。
5．阮长江编绘：《中国历代家具图录大全》，南京：江苏美术出版社，1992年。
6．隋洋主编：《室内设计原理》，长春：吉林美术出版社，2005年。
7．张月编著：《室内人体工程学》，北京：中国建筑工业出版社，2005年。
8．〔日〕清水文夫：《世界前卫家具》，龙溪译，沈阳：辽宁科学技术出版社，2006年。
9．陈铁君、黎佐治编著：《家具制作大全》，香港：万里书店出版，1988年。
10．陈平：《外国建筑史：从远古至19世纪》，南京：东南大学出版社，2006年。
11．江黎：《椅子的变异：超越概念》，北京：人民美术出版社，2003年。
12．〔英〕菲奥纳、基斯：《20世纪家具》，彭雁、詹凯译，北京：中国青年出版社，2002年。
13．唐开军编著：《家具装饰图案与风格》，北京：中国建筑工业出版社，2004年。
14．刘敦桢主编：《中国古代建筑史》，北京：中国建筑工业出版社，1984年。
15．Miriam Stimpson，*Modern Furniture Classics*，The Architectural Press Ltd. Great Britain，1987.
16．Paco Asensio，*Furniture Design*，teNeues Publishing Group，2002.

相关网站

国内家具设计网站：

http://www.jiaju.cc/design/

http://www.arting365.com/sp/2006-03/1142317758d119570.html

http://www.sj33.cn/industry/JJSJ/

http://www.artcn.cn/Article/gysj/furniture/Index.html

国外家具设计网站：

http://www.cosmit.it/

http://www.bebitalia.it/

http://www.cappellini.it/

http://www.casamilanohome.com/

http://www.alivar.com/

第十章　室内设计表现技法

第一节　手绘表现技法

一　概述

优秀的室内设计作品总是源于某种理念。设计师可在纸上勾勒出自己的设计概念，在设计构思过程中或用直线、或用曲线，或用彩色、或用黑白，把个人的理念置于图形之中，表现在纸上，通过图形向他人传达其想表达的理念和空间。一种设计理念从意念的开始到最终图形的形成，手绘其中起着重要的作用。在设计之初，设计师头脑中会有纷至沓来的多种概念，徒手表达是快速表达概念的最为便捷的方法。

随着电脑的普及，电脑制图越来越多地应用到设计中，其特点是数据精确，点、线、面及组合而成的形体可在屏幕上明确、精准地显示。电脑是我们进行设计的好帮手，但在输入精准数据时会影响思维的连贯性，无法替代设计之初的创造性思维。因此，简练、概括、迅速的徒手表现，一直是设计，特别是初始阶段的创造性的思维活动及其设计表达的最佳方式。

1.概念

设计是一门研究形态的艺术。巧妙的构思、丰富的想象力、精巧的技术无不通过“形”的方式展现于世。这种专门来表达“形”和“形”所携带的某种主观性质的感情，即是设计表现。设计表现最基本的词汇是点、线、面，辅之以光与影、色彩与质感，通过这些词汇及其构成的设计语言，设计师才能够和同行、业主、合作者相互协调，达成共识。

设计表现是设计师不可或缺的设计工具，借助这种表达方式，设计师能够把设计构思具体地、形象地、准确地表达出来，传达给观看者。因此环境艺术设计师需要有造型艺术方面的基本技能。

徒手快速表现是诸多表现形式中的一种，它以概括、简便、快捷见长，是一种可塑性很强的设计语言，在设计的整个进程中都起着重要的作用，特别适合设计师在思路展开和方案设计阶段同步跟踪的表达。徒手表现在设计的不同阶段表达的内容与表现的形式不尽相同，在设计构思阶段主要是表达图示思维的徒手设计草图，在设计成果表达阶段是徒手表现图。

2.特点

徒手快速表现图具有表达真实准确、说明性强、图面美观生动、出图快速便捷的特点。

设计领域里“准确”很重要。表现图最主要的作用在于通过图形的方式传达正确的信息，让人们了解设计的特点和空间效果。通过色彩、质感的表现和艺术的刻画达到设计的真实效果，便于人们看懂并理解。徒手表现具有真实性，能够客观地传达设计者的创意，忠实地表现设计中的空间造型、结构形式、构造特征、界面色彩与质感，可以从视觉感受上构筑起设计者与观看者之间的联系。

图形比单纯的语言文字更为直观，更富有说明性。设计者通过各种方式如草图、透视图、表现图等都可以达到说明的目的，表达设计意图。尤其是彩色表现图，更可以充分地表达设计的空间形态、结构、色彩和质感等，还能表现空间的节奏、韵律及空间的性格等抽象内容，具有高度的说明性。

图 10-1-1　具有美感的手绘作品比电脑效果图更有吸引

设计表现图虽不是纯艺术品，但必须具备一定的艺术魅力，便于同行和业主的理解。表现图是空间形态、比例、尺度、界面色彩、材料质感和光影的综合表达。优秀的设计图本身就是一件好的装饰品，它融艺术与技术于一体，还能表现出设计师的设计品质、工作态度与自信。在表达同一空间的设计表现图中，具有美感的作品更具有吸引力。

现代设计市场的激烈竞争，往往要求设计师在短时间内提出创意构思，而设计创意必须借助某种便利的途径表达出来。徒手表现无需借助电脑、打印机等电子设备，只需纸、笔、颜料，设计师就能在短时间内快速地表达出创意构思。因此徒手表现是设计前期非常重要的表现形式和表达方法。

3.作用与意义

表现图是设计师用以表达设计意图并与业主沟通交流的重要手段，是设计师"以画代言，以图表文，以象证实，以形表意的语言工具和表达手段"。与纯绘画作品不同，表现图是一种艺术和技术结合的产物，它既要求设计师对空间和形体造型进行推敲，还要有逻辑的思辨能力，通过各种方式将创意转化成为人所使用的空间，把创意加以视觉化。这种把创意转化为现实空间的过程，就是通过设计语汇把构思表现在图纸上的过程。它要求设计师具备良好的绘画基础、丰富的空间想象力和徒手表现能力，在二维的画面中充分地表现出构想空间的三维形态、色彩和质感，引起观者在视觉感受上的共鸣。

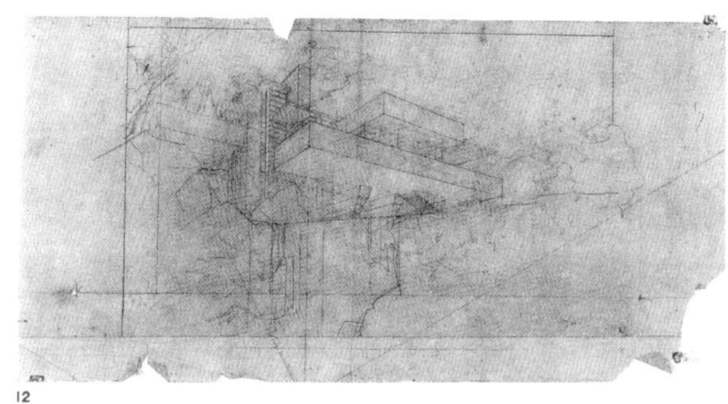

图 10-1-2　莱特的手绘草图——流水别墅

在思考的领域里，设计师采用的是集体思考的方式来解决问题——互相启发、互相提出合理性建议。现代设计经常是一种群体性的工作。就像音乐家使用五线谱一样，图纸以及图中运用的设计语汇作为设计师的共同语言使得设计本身可以超越语言、国界、时空。因此，设计表现的表达能力是每一位设计者应具备的基本能力。

徒手快速表现图是设计师设计思想的表达，也是设计师完善构思的直观依据。

设计本身是一个过程。在这一从构思、推敲、修正直至最终较为完善地表达设计意图的过程中，都离不开设计的图形表达。在设计前期的构思阶段，设计师通过草图能真实地表达设计观念。富有情趣和诗意的草图本身就是一个“设计作品”，历史上如辛克尔、柯布西耶、罗西等的构思草图都是很好的例子。

在任何一个设计的前期尤其是方案设计的开始阶段，最初的设计意象都是模糊的、不确定的。图示思维能够把设计过程中瞬间偶发的灵感及对设计条件的“协调”过程，通过可视图形的方式，将设计者的思考和创作意象记录下来。

图示思维方式的根本点是形象化的思想和分析，设计者把大脑中的思维活动延伸到外部来，通过图形使之外向化、具体化。正如德加所述：“sketch”（草图）是一种发现行为。在发现、分析问题和解决问题时，头脑里的思考过程通过手的勾勒，以图形方式呈现在纸上，图形通过眼的观察反馈到大脑，不断地进行再一次的思考、判断和综合。徒手设计草图这种形象化的思考方式，是对观察能力、创造能力、表达能力三者的综合。观察、发现、思索，强调脑、眼、手、图形的互动，通过这种循环往复的过程，最初的设计构思不断得以深化和完善。

在设计教学中，加强徒手设计草图、徒手表现的训练，通过脑、眼、手与图形之间的不断配合，以及再观察、再发现和再创造的过程，有助于提高学生观察问题、发现问题、分析问题的能力。徒手草图的训练——图示思维的设计方式，能有效地提高和开拓他们的创造性思维能力。创造性思维能力以及综合设计修养的提高，能给设计者带来更多的构思创意和灵感。正如勒·柯布西耶所说：“自由地画，通过线条来理解体积的概念，构造表面形态……首先要用眼睛看，仔细观察，你将有所发现……最终灵感降临。”

4.设计表现的表达形式

表现图由来已久，我国古代曾有的“界面”实际上也是一种表现图。文艺复兴时期，建筑图纸中开始以二维的空间表达出三维空间的效果，在表现图中引入透视法。设计表现图虽然不是绘画作品，但体现了艺术和设计艺术所应有的一切特征，例如整体统一、对比协调、节奏秩序等等。

设计表现的表达方法分为平面图形、轴测图形和透视图形三大类。平面图形的表

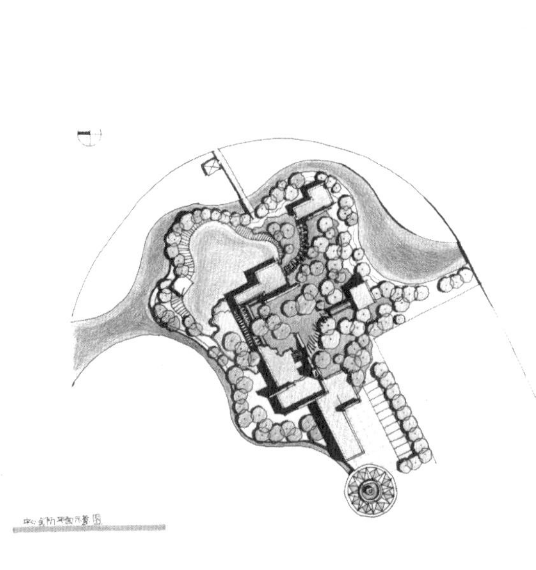

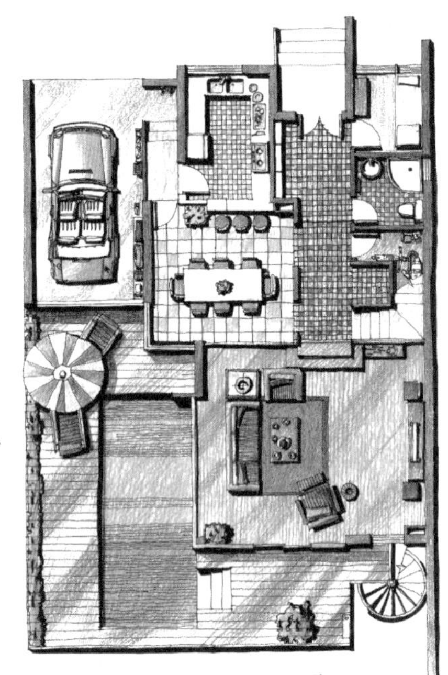

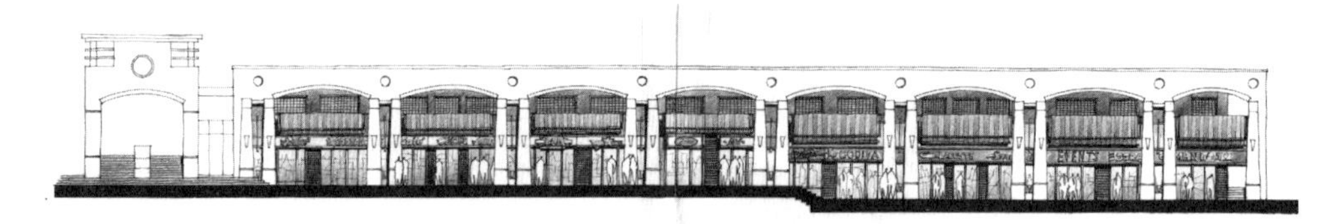

左上：图10-1-3　总平面图
右上：图10-1-4　平面图
下：图10-1-5　立面图

达方法包括彩色总平面、平面图、立面图和剖面图；轴测图形的表达方法包括透明轴测图、分解轴测图、分割轴测图、多视点轴测图组合、组装与解体轴测图；透视图包括通常情况下人的视角度的平视图，视点与视线方向特殊的俯视图与仰视图两大类。根据透视角度的不同又分为一点透视、两点透视和三点透视。

在不同的设计阶段，徒手表现图所要表达的内容和表达形式也有所不同。

在设计构思阶段，主要以铅笔或钢笔在草图纸上绘制徒手草图的形式出现，内容包括构思概念、总平面、平面布局、立剖面和部分透视，单色或局部点缀颜色。

随着设计的逐步深化，构思逐渐清晰、设计逐渐细化，到方案阶段要用钢笔、签字笔在复印纸上较为准确地勾勒出大的轮廓，配以马克笔、彩色铅笔着色。

在设计成品表达阶段，可以结合电脑辅助绘制准确的平、立、剖面及透视轮廓线，而后以各种徒手着色处理方式表达。

在徒手表现的表达内容中，平面图形的表达是比较容易掌握的。

二 基础准备

(一) 基础知识

1.透视知识

透视表现为近大远小的现象。由于放置位置的不同，两个体积完全相同的物体，离我们近的显大，离我们远的显小。现实中，相互平行的直线是永远不会相交的，但是，在视觉透视现象中，这些平行的直线会随着逐渐远离我们而渐渐地收敛、靠拢。极长的平行直线，如铁轨、高速公路，当我们看不到它们的时候会相交于一点。从透视图中还可看到垂直线的透视变化。原来高度相等的物体，在透视中变得不等高，越远越缩短；原来间距相等的景物，在视觉透视中会变得不相等，如电线杆、道路两侧的树木等。

图 10-1-6　透视中垂直线变化

根据图面中要表达的场景的大小，表现图通常分为两类，一类是表达通常情况下的人视角度的平视图；另一类是俯视图和仰视图，俯视图通常称为鸟瞰图。又根据透视角度的不同分为一点透视、两点透视和三点透视。

2.材料和肌理

材料是室内设计的重要组成部分，是体现空间效果的基本要素。质感是材料的表面结构带给我们的感觉，比如木材给人以温暖、亲切的感觉，而经过抛光的石板会给人坚硬、光洁、冰冷的感觉。不同的材料有不同的质感，同一材料也可以加工成不同的质感。自然面的石板表现出原始的粗犷质感，经过人工抛光后则表现出华丽精致的质感。

材料本身具有使用功能和激发人们的心理感受两种性能。例如各类坚硬的石制品，

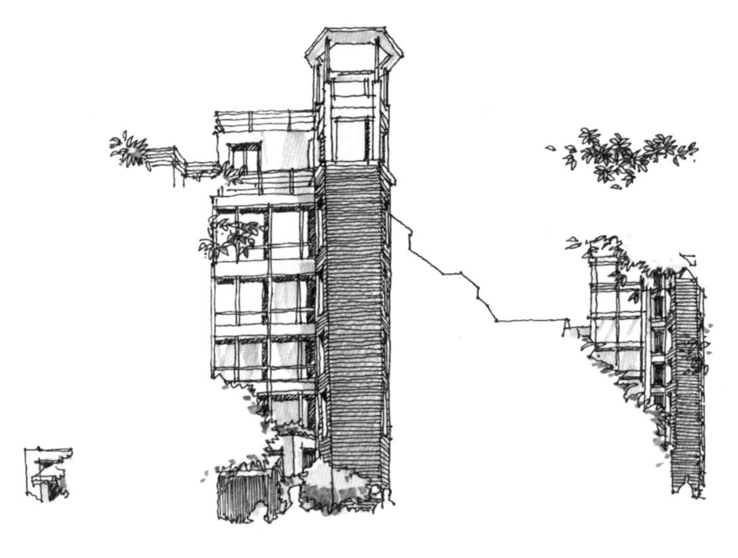

图10-1-7　不同质地的视觉感受

色彩丰富的陶瓷制品，光洁的金属材料，轻柔、细软的织物，以及自然亲切木制材料等等。由于在室内环境中人与界面材质是近距离接触，因此在对材质的选择上不仅要考虑视觉美感，更应注重材料表面质地、纹理给人带来的触觉感受。

在表现图中主要是通过不同的笔触来表达视觉上的感受。此外，相同的材料在不同的距离处给人的感受是不同的，在表现时要使用的表达方式也有所不同。比如通过倒影的形式表现抛光石材地面的光洁，通过玻璃另一侧景物清晰与否的描绘表现玻璃的通透程度等。因此，设计者应根据设计中具体环境所处的位置、具体的使用性质、具体的空间尺度和具体的界面材料，选择适合的表现方式。

3.造型和色彩

色彩本身不能独立存在，必须依附于空间中的其他因素，如空间的各种界面、家具、装饰、绿化等物体。

在室内空间，色彩对人的情绪和情感会产生一定的影响。这种影响包含了色彩与色彩之间的相互影响，以及色彩与空间之间的相互影响。暖色总是传达一种热烈、兴奋、温暖的感觉，与之相反，冷色则显得整洁匀称，让人感觉凉爽。明朗的色调使人感到轻松、愉快，灰暗的色调则让人沉稳、宁静。环境的色彩与色调会对空间的形态产生很大的影响，应与空间气氛协调。对空间的色调处理，是控制室内色彩设计的出发点，设计者应使其他各要素的色彩变化均能在整体色调下协调。

在设计表达时，对画面色彩的处理应依据空间的性格、空间的使用功能，进行协调或对比，使之趋于统一。色彩作为设计的一种手段，只有当它与空间、材料、光线

图 10-1-8 空间造型与色彩给人的心理感

等融为一个有机整体时，色彩设计才可算是有效的。因此，环境的整体性需要色彩系统的整体性。

4.陈设与软装饰

陈设和软装饰在现代室内设计中的作用主要是烘托室内气氛、创造环境意境、强化室内设计风格，同时还具有重新划分室内空间的功能。

由墙面、地面、顶面围合界定出的空间被称为一次空间，一般为硬质材料。在同一空间中，利用不同的室内陈设物可以重新分隔既有空间。这种在一次空间中划分出的可变空间被称为二次空间。在室内设计中利用家具、地毯、绿化、可移动的小型水景等陈设创造出的二次空间不仅使空间的使用功能更加合理，还可以使室内空间更富层次感。

图 10-1-9 陈设与软装饰的作用

室内陈设一般分为功能性陈设和装饰性陈设。功能性陈设是指具有一定使用功能并兼有观赏性的物品，如家具、屏风、灯具、器皿等，其中家具是室内空间不可缺少的一部分，同时能够进一步强化室内的设计风格。装饰性陈设是指以装饰观赏为主的物品，如雕塑、字画、纪念品、工艺品和植物等。软装饰包括窗帘、沙发布艺、各种织物等，它是柔化室内空间、丰富室内色彩不可缺少的一部分。

如果在表现图中出现的空间环境仅仅由一次空间中的界面材料构成，往往显得空旷、冰冷。适当地配以符合整体设计风格的室内家具、软装饰和陈设物，在表现图中能起到画龙点睛的作用，可以使画面表现得丰富、柔和，同时能够在与总体环境色调协调的前提下丰富画面的色彩。

（二）绘图用具

1.基本绘图工具

绘图铅笔、自动铅笔、针管笔和签字笔是绘制设计初稿时最常用的工具。

彩色水笔、马克笔和毛笔主要用于表现图后期处理，如描绘、着色等。

金银黑白笔、鸭嘴笔较少使用，主要用于细部描绘，勾勒和刻画物体的高光部位。

图 10-1-10　基本绘图工具

排笔和喷笔用于涂背景、大面积着色。

2.绘图仪器

丁字尺、三角板、直尺、曲线尺、比例尺和圆规是设计师必不可少的工具，此外还应备有卷尺、放大尺、槽尺、钢尺、万能绘图仪等。要求绘图仪器刻度准确、精密、误差小。

3.辅助绘图用具

包括描图台或制图桌、色标、调色盘、碟、笔洗、裁纸刀、刻刀、胶水、胶带等。

4.画纸

设计用纸范围很广，一般市面上的各类纸张都可以使用。每一种纸因其特性而呈现不同的质感，使用时根据自己的需要而定。一般质地较结实的绘图纸、水彩、水粉画纸，白卡纸（双面卡、单面卡），铜版纸和描图纸等均可使用。设计者还可选用有色纸，各种各样的有色纸能呈现出和谐的灰色，构成画面色彩的基调，若能利用好这个底色，则可以大大提高表现速度。

5.颜料

包括水彩颜料、丙烯颜料、广告颜料、中国画颜料、荧光颜料、彩色墨水、针笔墨水、染料，还有照相透明色等。随着设计专业和科技的迅速发展，设计材料日新月异、品种繁多，只要留意材料的信息，适时恰当地选择材料，运用到设计中去，就可取得事半功倍的效果。

6.常用材料及画法特点

（1）水彩颜料——水彩颜料多数清淡、透明，是最传统的设计表达材料。水彩擅长表现透明感，特别是用在玻璃、金属、反光面等透明物体的质感表达上。绘制表现图时只需以线条为主体，把设计图简单而迅速完成，再涂上水彩颜色即可。根据线条用笔的不同，分为铅笔淡彩和钢笔淡彩。

图 10–1–11　常用绘画材料的笔

(2) 广告颜料——具有相当的浓度，遮盖力强，笔道可以重叠，适合较厚的着色方法。在强调体积的厚重感或要强调原色的强度、或转折面较多情况下，用广告色来画最合适。

(3) 马克笔——是一种用途广泛的表现工具，使用方便，色彩固定，书写流利，可重叠涂画，也可配合水彩、水粉、彩色铅笔作画，已成为设计专业的必备工具之一。常用的有水性和油性两种。

(4) 彩色铅笔——可以将多种颜色叠加，描绘出十分细致的线条和柔软渐变的效果，明暗层次细腻自然，色彩柔和。水溶性彩色铅笔还可以表现出水彩的效果。

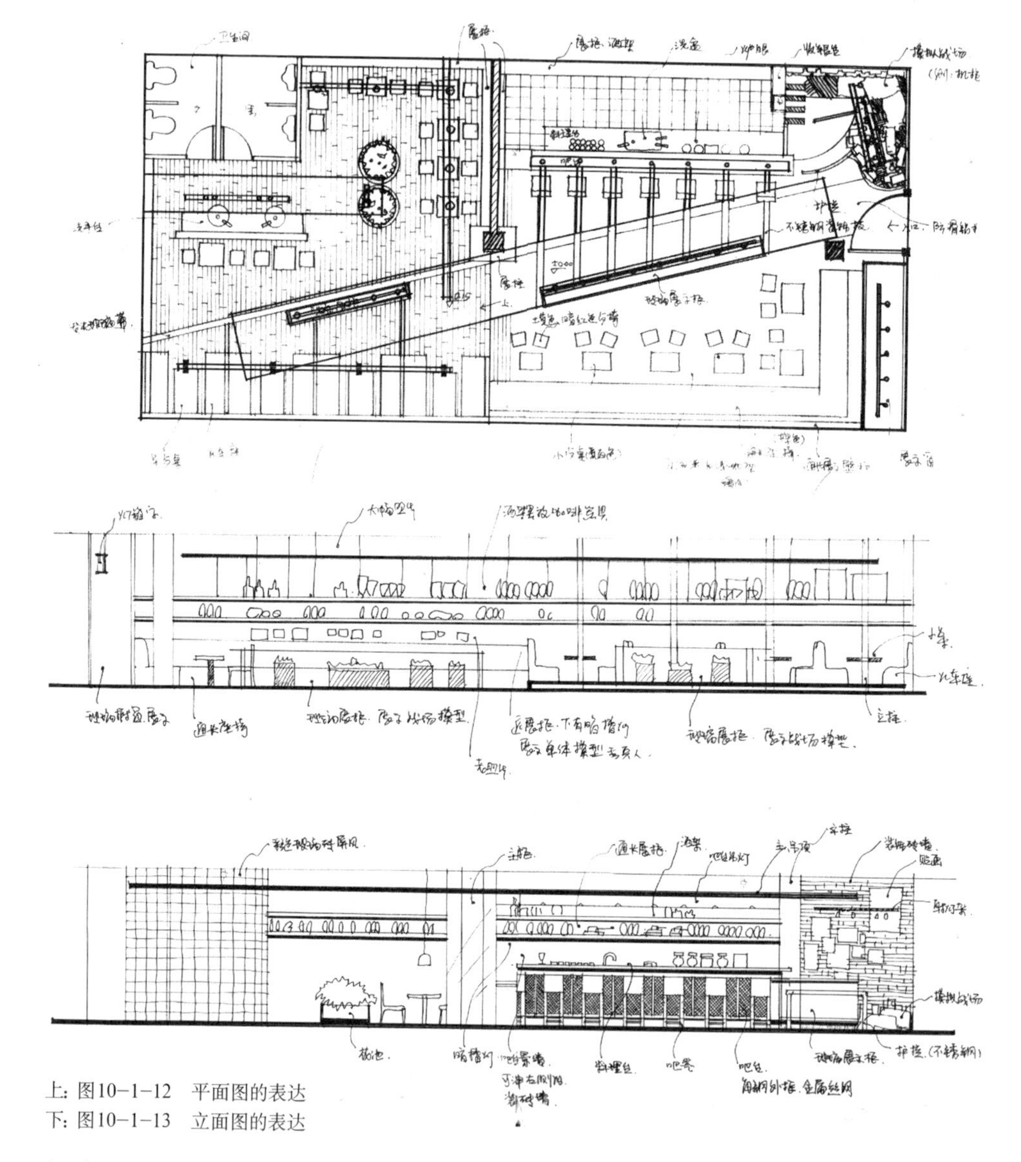

上: 图10-1-12　平面图的表达

下: 图10-1-13　立面图的表达

（三）基础要求

1. 制图基础

制图基础包括对三视图的理解、表达，线形的正确运用和各种图例的使用。

一个物体可以用三个正投形图来表达它的整体情况，这三个正投形图称为三视图，它们之间既有区别又互相联系。三视图通常表达为一个平面图、两个立面图。在室内设计中，还需顶面图和多个立面图才能充分表达室内空间的设计意图。

在纸面上用二维的正投形图形表达空间，需要使用不同粗细、不同样式的线来表明空间的远近、虚实和界面上的凹凸，这些线是设计中最基本的语汇。

各种通用图例则是一种通用的、程式化的设计语汇。

2.绘画基础：速写、素描、色彩

美术基础训练是专业技法训练的基础，同时能够提高学生的审美能力，是非常重要的学习过程。

画速写可以培养学生创造性思维的敏捷性及对形式美感的感受力。在速写教学中应注重造型能力的培养，训练快速出图的能力。在速写训练中，除了对人与物的造型训练外，还应增添大量与人、与物相关的场所、陈设、器物的速写训练，增加对于建筑空间的速写，逐步培养起学生把握大体量空间的设计能力。

在素描训练中要提高学生对于形体的认识能力和理解能力，注重形体变化的内在原因，同时重视对线条表现力的研究与掌握，强调用线表现形体结构。

在色彩训练中，应从研究色彩的规律入手，写生、归纳、默写交替进行。重视对色调的研究，特别关注在光环境下室内色彩气氛的表达。采用限用色彩数量（2—3种颜色）的办法进训练，培养学生用极少的颜色创造一个丰富的色彩空间。

3.设计基础

设计基础包括构成训练和空间训练。它要求学生通过相关的课程，对形体空间的构成要素进行研究，明确形体与空间构成的关系，如构成空间元素的比例、尺度、韵律、节奏等，形体之间的过渡、穿插、削减、叠加等，强化学生对于空间形态的理解。

三 表现图的学习方法

（一）学习内容

1.线条的表现能力

线条是最基本的造型元素。通过线条既可表现物体的外部轮廓和内部结构，也能描绘光影的明暗、不同的深浅色调的层次，还可以表达出物体表面质感、肌理的差异。

单线大致可以分为直线、曲线、不规则线等。直线又有水平、垂直、斜向之分，通过组合构成各种折线。曲线包括几何形和自由形，几何曲线较为理性，可以借助圆规、曲线板等绘具画成；自由曲线通常徒手画成，随意性大，富有个性。通过线的排列组成面，一般用直排线表达平面，曲排线表达曲面。

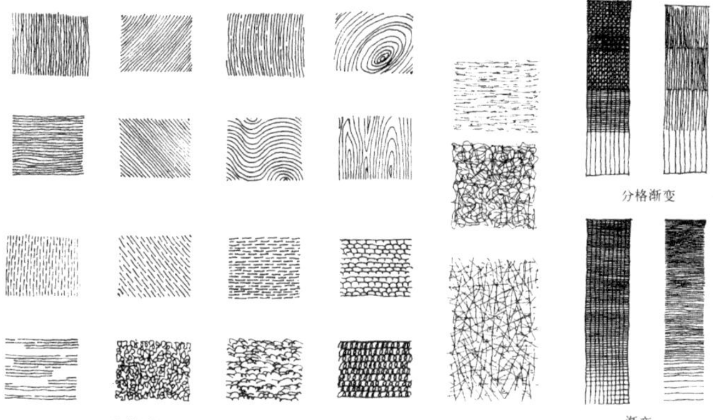

图10-1-14　线条的表现能力

在画面中笔触的组织的形式是形成图面美感的重要因素，笔触组织得好，可以增加画面的形式美感，增强技法的表现力。笔触组织的不好，则会令画面显得凌乱，破坏画面的整体性。

2.透视与空间的关系

平视透视模拟人的视线观察物体，视点中心线与水平线、地平线呈平行关系，画面与水平线、地平线呈垂直关系，要表现的内容位于水平面上呈空间透视关系。

平视透视中最常见的是一点透视和成角透视两种基本形式。

(1) 一点透视：方形物体平行于透视画面的线与面，在透视画面中不发生透视变化并保持原状；垂直于透视画面的线和面，在透视画面上发生透视变化。一点透视表现范围广，纵深感强，适合庄重、严肃的室内空间，能充分显示设计对象的正面细节。但由于平行于透视画面的面缺少变化，画面易呆板。

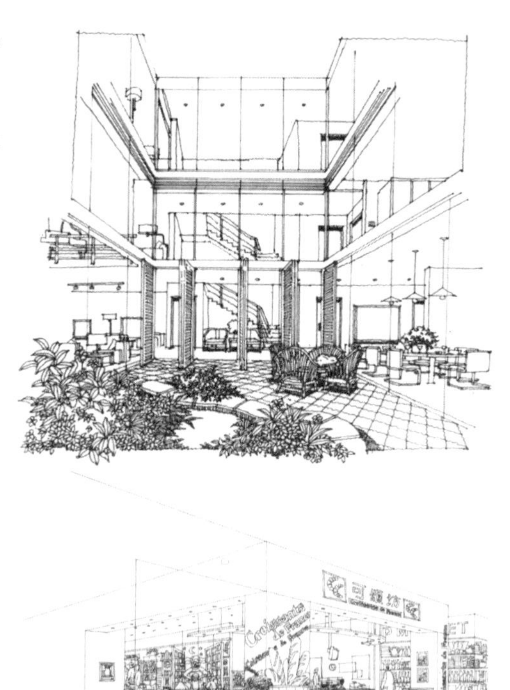
上：图10-1-15　一点透视
下：图10-1-16　成角透视

(2) 成角透视：平视的空间中，方形物体的两组面与透视画面构成的成角关系是透视，也称两点透视。透视中的方形物体的竖立线为原线，另外两组水平线与透视画面不平行均为变线。根据变线消失点的确定方法，两组变线的消失点一个在地平线上视心点的左侧，另一个在地平线上视心点的右侧。成角透视的变线在画面上变化较大，使整个成角透视构图画面具有动感强烈、画面生动活泼的特点，它适合于表现生动活泼的主题。

三点透视包括仰视透视和俯视透视。

透视画面与方形物体呈竖向倾斜关系，且视心线向上倾斜即为仰视透视。仰视透视适合于表现较高的空间群体，多用来表达室内高大的空间，特别是公共建筑内部的共享空间。画面生动、动感强烈，纵线压缩明显，人物表现难度大，适合纵向空间内容的表现。但视点位置与角度不好选择，容易出现畸变或偏重。

图 10-1-17　三点透视

透视画面与方形物体呈竖向倾斜关系，且视心线向下倾斜即为俯视透视，也就是通常所说的鸟瞰图。俯视透视减少了景物的重叠，特别适合表达大的场景。主要用于表现面积很大的建筑群体和区域景观。画面稳定感强，纵深感强，表现难度很大。

图 10-1-18　作品临摹

(二) 学习方法

1.作品临摹

选择具有代表性的草图、线描、淡彩等快速表现图，按照绘图步骤临摹，锻炼观察能力和线条的表现能力。

2.对图速写

选择优秀的室内设计作品实景照片，将照片中的内容提炼、简化，快速绘制成徒手表现图。

归类训练是对图速写中的重要内容，是指将相似技法归为一个范

左：图 10–1–19
透视中垂直线变化
右：图 10–1–20
透视中垂直线变化

围，主要用于训练将照片中各类界面、物品的表达，抽象为具有一定表现规律的技法。例如：石材表现，就是把各种石材的特点综合起来，归纳成表现技法的几个特点去掌握；亮金属表现就是把所有亮金属如不锈钢、钛金属等材料特点进行综合，概括出特点来表现。

3.现场速写

在实地调研考察过程中，进行现场徒手表现训练。速写训练对提高设计师的观察能力，提高审美修养，保持创作激情，迅速、准确地表达构思是十分有益的。在精细表现的教学中，常采用写生、照片归纳相结合的办法。对于陈设器物的形体塑造、细节描绘、质感刻画，通过写生的办法使学生掌握规律。对特定光环境下的器物的精细表现，通过照片归纳法让

上：图 10–1–21　现场速写
下：图 10–1–22　现场速写

学生进行总结。

4.设计创作

根据具体的课程内容，以徒手快速表现的方式，表达、绘制出设计构思过程的草图，方案阶段的平、立、剖面图及透视图以及最终表现成果。

图 10-1-23　设计创作

四　基础表现类型与程式化的表现图

徒手设计表现的方法很多，各种表现手法在空间造型、环境渲染、色调、质感和光影等方面的处理上各有千秋。为充分表达设计意图，同一张表现图中可以出现多种技法，相互配合使用，烘托环境气氛。

（一）快速表现基本类型

快速表现有铅笔淡彩、钢笔淡彩、水彩、彩色铅笔、马克笔等多种表达方法。

1.铅笔草图

铅笔草图主要用于设计前期构思阶段的创意表达，是设计师个人或设计团队内部通过图形表现构思、探讨设计理念的一种形式，一般用于内部作业。根据构思深度的不同画面表达出的内容和深度差距较大。

2.钢笔速写

钢笔速写通常用于临摹、收集资料、实景写生和即兴创作，属于设计师的自我创作和设计思想的表达，也是设计团队内部交流时常用的一种表达方式。

3.钢笔淡彩

钢笔淡彩表现色彩淡雅、线描清秀、出图时间短。有时利用色纸固有的色地表现，即利用底色表达大的色彩气氛，仅用墨线表达空间或物体的轮廓和暗部，极易统一色调，表现速度快。

4.马克笔

马克笔利用较宽的笔触组织色块，能快速说明大的色彩气氛，色彩鲜明，转折面轮廓分明，表现速度很快。

（二）程式化的表现图

1.程式化表现技法的特点

快速程式化表现技法的形式要素包括：形体、色彩、笔触、构图等，是一套能快速提高表现能力的方法。它能正确反映室内设计表现技法的重点和要求，同时又具有鲜明的形象化特征，便于学习掌握，效果显著。

程式化表现包含了三方面的特点：

（1）是从各种表现方法中提炼出来的；

（2）是经过概括、简化并夸张的；

（3）具有规范性的表达方式。

图 10–1–24　程式化的线条表现

程式化的表现技法是建立在概括基础之上的。这种经过艺术夸张处理的表现语言，精练、简洁，带有鲜明的形象特征，规范性强，又便于学习掌握。程式化表现技法的专业特点是概括性高，说明性强，表现速度快。

程式化表现技法将空间环境以及陈设物的形体、质感、色彩的特点，进行高度的概括，使之能够形象地反映出该类空间、物体的形象特征，并经归纳成为实用的表现技法。例如，将亮金属器物的表现概括为一条亮、一条暗，高光过去即是暗部的画法，略去中间色调的表现，表达出亮金属极强的反射特征。对空间界面的处理，同样采用高度概括的手法，强调空间变化的整体性，概括空间的表现层次，去掉细节，能衬托出室内的陈设与器物的衬底，表达室内空间的艺术气氛。

程式化表现技法突出了室内设计表现的根本目的。室内设计表现作品与其他艺术作品不同，强调物体的形体特征、色彩特征以及质感特征。它的根本目的是将设计师的设计概念准确地、通俗地传达给观者，并得到观者的认同。因此，它所采用的表现语言必须是描述性、说明性的，让别人能看懂。

由于程式化表现技法高度概括了物体的形体、色彩和质感特征，从而在表现手法上更加简洁、实用，缩短了做图时间，提高了工作效率，使设计师能在短时间内出图。设计实践表明，程式化表现技法非常适合室内设计表现对于时间要求紧的特点，能更好地满足设计市场的需要，因此深受设计师的欢迎。

2.形体塑造

对于形体处理，快速表现技法提倡“简”，即概括，强调高度概括形体的本质特征，去掉非本质因素的部分，注重形体之间的联系，加强对形体韵律的表现。“简”是“快”的基础，只有通过“简”的概括过程，才能达到“快”的最终目的。快速表现技法，在外形处理上，注重形体的张力；在内形的处理上，注重形体的丰富性；形成外形整、内形细的处理原则。对于同一物体，在前景时，使用细腻的笔触处理细部、色彩变化丰富；在背景时，只表现大的形态，作概括处理。使整个画面中的形体远观有大势，近看有变化，达到有形有质的效果。

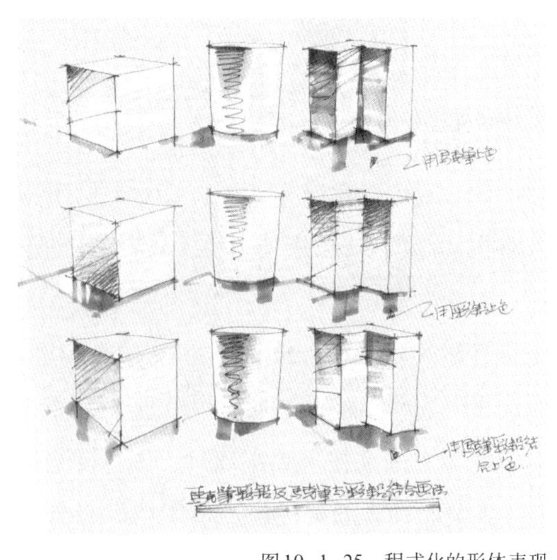

图10-1-25　程式化的形体表现

3.质感表达

质感是物体的表面结构产生的一种特殊的外在特征表现，说明物体的属性，用于形容物体表面的粗糙与平滑程度。如石材的粗糙感和坚硬感等。

在程式化表现技法中，将原形的本质特征归纳成具有符号特征的、形象化特点的简练语言，以简洁的符号寓意物体表面的形象特征。如：以木材的纹理喻示木制品，以大理石的纹理喻示石材，以玻璃表面上的反光喻示玻璃。这些符号化语言形象感极强，使人一看就明白它所

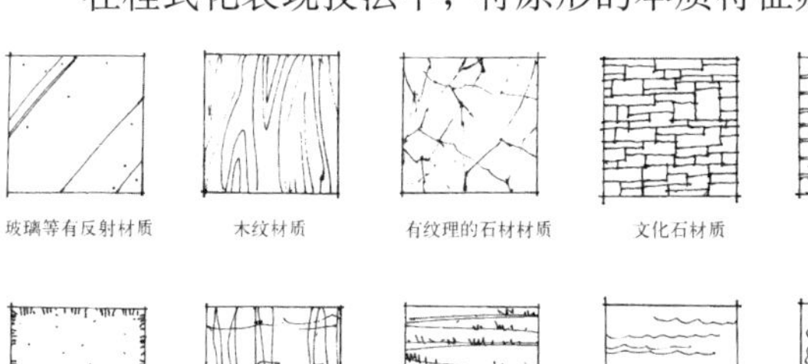

图10-1-26　程式化的质感表达

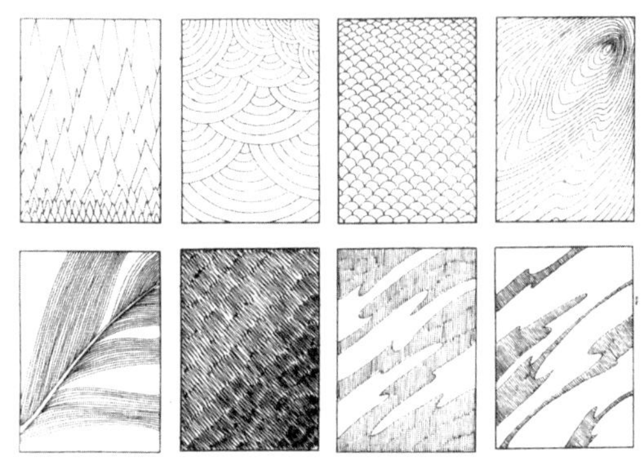
图 10-1-27　程式化的肌理表现

代表的物体。这种艺术语言既有原型的本质特点，又有艺术的概括提高，既来源于原型又高于原型。

好的质感表现往往是画面效果的点睛之笔，质感表现的好坏是一幅表现图能否成功的重要因素。质感表现训练往往从归纳物体的质感特点入手，对于材质、器物的特点，要先总结后表现。在总结的过程中，要特别注意在光环境下的陈设、器物、材质的不同特点，因为不同的光环境会产生不同的质感表现，只有结合光环境，才能使质感表现出特定的艺术气氛。

4.色彩表现

在做表现图后期的着色处理时，应对画面进行总体控制与把握，使图中室内空间呈现出的五个界面的色彩统一协调。暖色是前进色，看上去要比实际距离近；冷色是后退色，看上去要比实际距离远。亮色使物体看上去比实际更大、更轻；暗色则显得更小、更重。根据这些效果选择色彩，可以使小空间显得更大。一个狭长空间的顶端

图 10-1-28　光环境下的质感表现

墙面采用强烈的暖色调，两边墙面采用明亮的冷色调，在视觉上就可以拉近顶端的墙面而推远两侧的墙面，改变狭长的感觉。深色的顶棚比同样高度的亮色的顶棚显得更矮。深色的地面加顶棚会降低房间在视觉上的高度甚至造成压抑的效果。

在色彩表现上，快速表现技法注重色调的控制与把握，强调色调对表达色彩气氛的重要性，把大量的中间色概括成一个颜色，然后用这个色做底，在上面添上暗部，提出亮部，画出整个形体变化，使这个中间色溶入形体变化之中，变成形体的一部分。采用色调表现，能克服色彩表现中容易出现的灰、粉、花等弊病，可提高色彩的表现力。

5.画面构图

设计表现是设计成果的表达方式。设计成果表达的好与坏，会在某种程度上影响观者对方案中所要表达的设计理念的理解。因此不仅要详尽、真实地表达设计原型，还要在整个图面的布局上充分考虑形式美的原则，协调画面的视觉中心与表达的重点之间的关系，即天地之间的比例关系、图面的均衡感、配景的疏密以及画面的丰满度等。

图10-1-29　程式化的形体表现

快速表现构图通常是中间紧、周边松，有利于形成画面的视觉中心，能更好地突出要表达的重点。笔触的组织与变化，在草稿阶段就需要考虑，使其成为画面构成的一部分。笔触和形体的变化要和画面的整体韵律结合起来，使笔触表现变成画面表现的一部分。通常把大量的中间色概括成一个颜色是对色调进行控制与把握的一种主要方法，以主色调做底的同时保留亮部，在此基础上添加暗部、阴影和陈设品色彩，使整个画面的色彩统一在这个中间色调之中。

6.作画过程的秩序化

程式化表现技法强调作画过程的秩序化，注重做画过程的组织衔接，强调表现过程的重要性。先表现什么，后表现什么，都将事先设计，做到胸有成竹。对笔触组织、界面处理、画面构成、色彩变化、肌理变化、装裱等画面形式因素进行综合考虑，让每个环节都相互衔接，以保证画面的整体效果。具体绘制步骤如下：

（1）在设计构思成熟后，先用铅笔起稿，把每一部分结构都表现到位。

（2）用墨线描绘前，要明确表现重点，重点部分开始着手刻画的同时，要将物体的亮面、暗部、质感等表现出来。在绘制过程，大的结构线条可以借助于工具，其余的线条应直接勾画，特别是沙发、地毯等织物，避免画面呆板。

（3）视觉重心刻画完之后，开始向空间其他部分延伸，注意弱化远景，最后点缀配景、植物及装饰品，再进一步调整画面。

（4）整体铺开润色，先从画面整体色调入手，再进行局部对比色彩的点缀。在注重整体笔触运用的基础上，加入细部笔触的变化，视觉重心部分要详细刻画。绘制中应注意物体的质感与光影的表现，展示空间进深感的虚实变化。

程式化表现可以全部由徒手表现，也可以结合电脑制图。先由电脑辅助设计完成画面中的主要结构，打印出主体轮廓，徒手进行细部的设计与表现，徒手上色之后，经扫描及电脑的进一步处理，最后打印出成图。

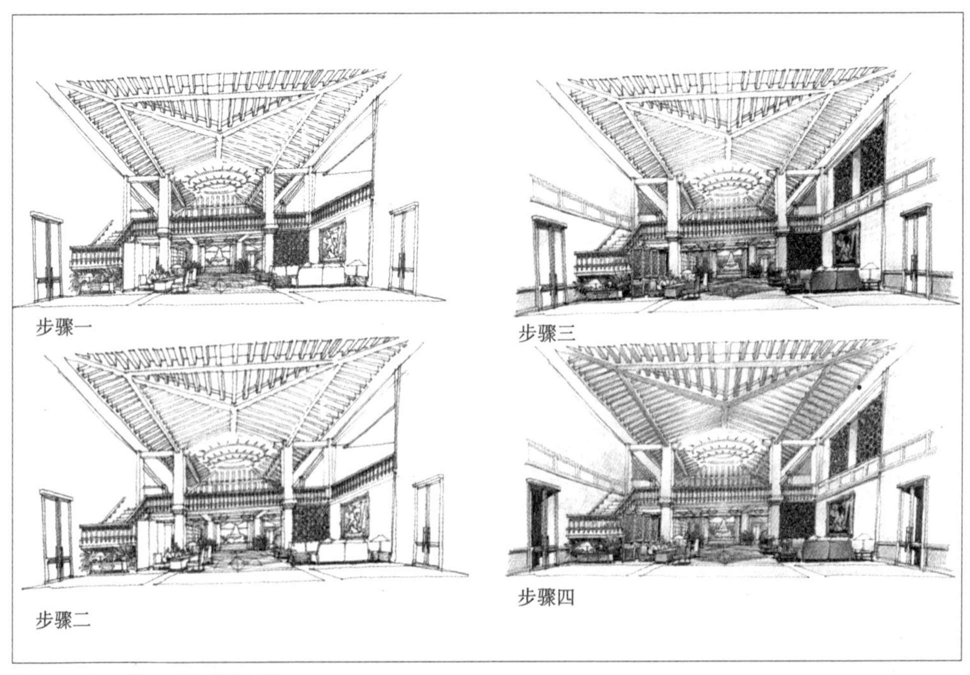

图 10-1-30　程式化的表现过程 1

步骤一

步骤二

步骤三

图 10-1-31　程式化的表现过程 2

第二节 电脑制图技法

一 概论

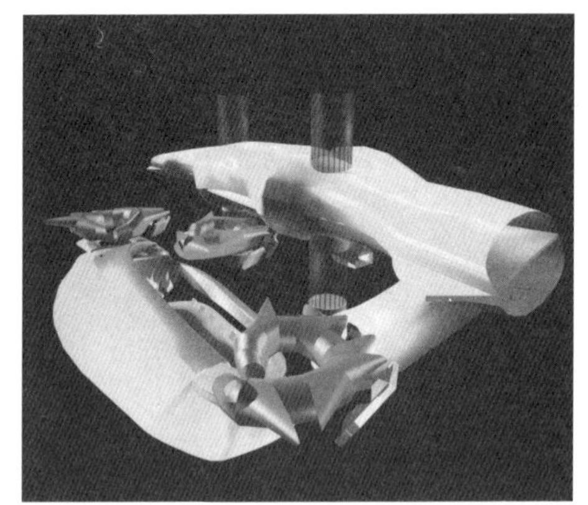

图 10-2-1 三维表现效果

电脑制图目前已广泛地应用于室内以及室外等多种设计表现中，利用电脑准确真实的视觉体验，能够更好地传达设计者的设计意图，为观者构建翔实逼真的空间效果。目前在室内设计中，电脑制图也逐渐成为设计表达的重要手段，除却电脑自身所具有真实的表现能力以外，一些大胆的实验性方案也能借助电脑软件呈现出夸张的、极富想象力的视觉效果。

借助电脑软件来呈现设计构思，其主要工作流程包括：

1.利用 AutoCAD 绘制平面布局图，对空间布局及尺寸进行规划；

2.利用 3DMax 软件构建三维实体并附着装饰材质，对灯光和摄像机进行基础设定；

3.利用三维渲染插件对模型参数进行微调并渲染输出；

4.利用 Photoshop 软件对最终的渲染结果进行调整和完善。

针对室内效果图的制作，主要可分为室内基础模型的创建和后期渲染输

图10-2-2 室内电脑表现图

出两大部分。以下密切围绕这两大主题，由简到繁、分主次进行软件的操作介绍，精简繁复内容，注重实用性。

二 基本制图程序

下面以室内效果图的创建演示为范例，通过对AutoCAD、3DMax、渲染器的综合运用，从方案图的平面构建到最终渲染调节，对制作程序作一个直观的过程演示。总的制作过程分为五个部分：方案平面图制作及导入、利用二维图形创建三维空间实体、材质调节、灯光及摄像机创建以及渲染和后期加工。

1.基础平面图的制作

首先利用AutoCAD软件对室内设计方案的平面图进行绘制。借助AutoCAD准确的数值输入，可以得到方案精确的平面图。在绘制过程中，及时调整方案布局，确定设计构思，使各部分尺寸合理、动线流畅。同时可将AutoCAD制作的平面方案文件在打印面板输出为JPG图片形式，调节输出大小，在Photoshop软件中可进一步与效果图合成处理，形成整体版面。

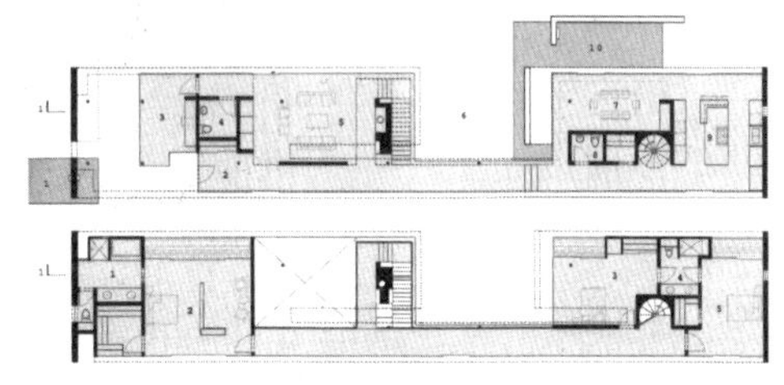

上：图10-2-3 渲染效果
下：图10-2-4 平面布局图

AutoCAD中常用的快捷键为：

L—直线、C—圆形、A—圆弧、H—图案填充、T—多行文字、B—创建块、PL—多段线、I—插入块、E—删除、M—移动、CO—复制对象、TR—修剪、EX—延伸、SC—缩放、O—偏移、RO—旋转、MI—镜像、CHA—倒角、F—圆角、X—分解、DI—测量、F3键—对象捕捉的开关、F8键—正交的开关、Esc键—取消。

2.导入基础图

绘制好的平面图形要导入3DMax软件中进行三维模型的创建。对比在Max中直接绘制的基础图形，我们不难发现，导入CAD图形的好处在于其数值的精确性，可为深入制作提供精确的尺寸。调入前首先对3DMax软件的尺寸单位进行设定（自定义[Customize]→单位设置[Units Setup]，通常以毫米[mm]为计量单位)，以确保模型的尺寸在两个软件中保持一致，避免错误的发生。

针对不同的文件类型，在3DMax软件中的导入方式也有所不同：

AutoCAD文件的导入：文件（File）→导入（Import）

3DMAX文件的导入：文件（File）→合并（Merge）

3DS文件的导入：文件（File）→导入（Import）

3.运用二维图形创建三维模型

在室内模型的创建中，要以绘制二维平面图形通过拉伸得到三维空间实体为基本原则，来创建室内较为简单的几何形体。方法是通过二维捕捉平面图节点(Vertex)的方式划线（Line)，以便较为准确地进行空间拉伸(Extrude)，形成三维实体。熟练掌握样条线的编辑修改(Edit Splinc）中不同层级的命令，将有助于建立较复杂的平面图形，为三维建模的进一步制作做准备。

图10-2-5　室内渲染效果

二维图形的绘制和修改包括：节点（Vertex）、线段（Segment）、样条线（spline）的修改方法。

图 10-2-6　室内建模角度 1

Edit Spline(编辑样条线)：是指在二维图形的编辑操作中所加入的重要修改命令，针对二维图形进行点、线段和样条线的修改。

（1）Vertex（节点）

属性：Corner（角点）、Smooth（平滑）、Bezier（贝兹）、Bezier Corner（贝兹角点）；

变换：Move（移动）、Rotate（旋转）、Scale（比例缩放等变换）；

创建线（Create Line）：新线与原始图形为一体；

断开（Break）：可将线段断开；

附加（Attach）：使多个图形结合为一体；

附加多个（Attach Multi）：按照目录选择结合的图形；

优化（Refine）：插入节点使曲线更连续、光滑，它与 Insert 不同，并不改变原始形状；

焊接(Weld)：将一点移至另一点上或将两个节点选定进行合并，在方框内调节两点进行合并的距离值；

连接（Connect）：不合并点而在两点之间增加线段；

插入（Insert）：插入新的节点；

圆角（Fillet）：可调整点的圆滑度；

切角（Chamfer）：对点进行倒角处理。

（2）Segment（线段）

优化（Refine）：插入节点使线段更连续、光滑；

断开（Break）：线段中间会增加两个节点，两节点不在一起而是分开的；

插入（Insert）：插入新的节点；

分离（Detach）：使局部线段从整体中分离出来；

拆分为几段（Divide）：插入节点使线段均匀分为几段。

图10-2-7　室内建模角度2

（3）Spline（样条线）

反转节点顺序（Reverse）：节点顺序会逆转过来(显示节点，Display → Show Vertex)；

布尔运算（Boolean）：分为三种情况，并运算（Union）、差运算（Subtraction）、交运算（Intersection）；(注意：首先要将两个图形附加［Attach］为一体)

轮廓线（Outline）：选择Center以当前对象为中心向两侧偏移，轮廓线的间距在空白栏中输入；

镜像（Mirror）：分为三种情况，水平镜像、垂直镜像以及水平垂直都镜像；

修剪（Trim）：类似于AutoCAD软件中的剪切工具；

延伸（Extend）：类似于AutoCAD软件中的延伸工具；

闭合（Close）：将未封闭的图形闭合。

（4）常用的二维图形绘制工具：

线（Line）、矩形（Rectangle）、圆（Circle）、椭圆（Ellipse）、圆弧（Arc）、圆环（Donut）、多边形（Ngon）。

4.修改器的常用工具

利用修改器命令可以对二维图形进行调节来创建简单的三维几何体，也可以通过修改器对标准几何体进行修改操作，得到较为复杂的实体形式。

几种常用的修改器如下：

（1）弯曲（Bend）：可增加物体的片段数以加强光滑度，Angle（弯曲角度）、Limits（限制在某处弯曲）；

（2）倒角(Bevel)：在二维图形的修改中出现，三个Level级别值定上、中、下的Height高度和Outline收缩程度；

（3）挤出（Extrude）：Cap Start（封闭上底面）、Cap End（封闭下底面），

输出结果：Patch—面片型曲面占空间较大，Mesh—网格实体便于修改。

（4）编辑网格（Edit Mesh）：是修改三维图形的重要命令，针对拉伸后的三维图形进行点、边、三角面、面以及几何体的调整。

Vertex—节点层级；Edit Geometry — Collapse（塌陷为一点）；

Edge—边层级，由节点组成；

Face—面层级，通常为三角形；

Polygon—多边形层级，较为常用的面的选取和修改调节层级；

Element—基本单元，通常为几何体本身。

（5）车削旋转成形工具（Lathe）：之前须绘制二维的旋转横截面。Degrees（旋转角度）、Direction（旋转轴的方向）、Align（对齐方式）

（6）自由变形修改（FFD）：分为五类：FFD2×2×2、FFD3×3×3、FFD4×4×4、FFD（box）、FFD（cyl）。

其原理是通过调节控制点使控制外框产生变形以传递到对象上产生相应的变形。

（7）晶格网架修改(Lattice)：根据几何体自身的边及节点进行网架化变形，可产生钢架结构。使边（Edge）转

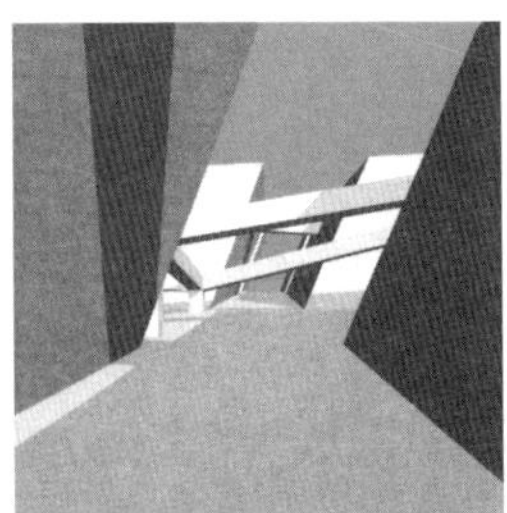

上：图10-2-8　建模效果1
下：图10-2-9　建模效果2

化为杆件，节点（Vertex）转化为连接点，Struts（支柱设置）、Jionts（节点设置）。

（8）锥化修改（Taper）：使物体在某一轴向上产生锥度变化。Amount（锥化程度）、Curve（用来设置曲线形状，值大于0曲线外凸；小于0曲线内凹；等于0为直线）、limits（限制锥化区域）。

（9）扭曲变形修改（Twist）：通常适用于圆形横截面对象的扭曲修改。

Angle（扭曲角度）、Bias（设置不均匀扭曲程度，值在－100至100之间）、limits（限制扭曲的范围）。

（10）UVW贴图修改（UVW Map）：对物体的贴图校正起到重要作用，加入UVW Map贴图修改可调整较为复杂的物体材质贴图类型，便于纠正在材质贴图中出现的错误计算。

Plana—平面贴图、Cylindri—筒状贴图、Spheric—球形贴图、Box—长方体贴图、Face—三角面片贴图、 Fit—适配整个物体。

5.材质的简单调节

材质制作面板中包括的基本参数有：

环境色（Ambient）、漫反射色（Diffuse）、高光色（Specular）、高光级别（Specular Level）、高光区域（Glossiness）、自发光（Self-Illumination）、不透明度（Opacity）。

几种常用材质的制作参数：

（1）透光贴图制作

可用来制作透光的网眼效果，利用Photoshop软件制作黑白贴图，在材质面板的不透明度贴图（Opacity）中选择制作好的黑白贴图，便可模拟透光的网眼材质，从而避免布尔运算造成的错误，并节省渲染时间。基本原理为黑色部分透明，白色部分不透明。也可利用黑白二维贴图创建复杂纹样的栏杆效果。

（2）地砖制作

利用Photoshop软件制作单块地砖贴图并描以黑框，在材质面板的漫反射贴图（Diffuse）中选择制作好的地砖贴图，平铺（Tiling）可调整重复次数，再加入反射贴图（Reflection）选择光线跟踪（Raytrace），设置值为20。要想产生逼真的倒影效果，还可在光线跟踪（Raytrace）下衰减（Attenuation）面板中开启线性（Linear）设置，调整衰减范围值，以mm为单位进行设置，便可形成自物体逐渐向下递减的倒影仿真效果。

(3) 玻璃效果制作

先选择Phong光滑模式，调整材质球颜色为玻璃的淡绿色，设置较强的高光值（Specular Level）和较小的高光区域（Glossiness），在材质面板中加入反射贴图（Reflection）选择光线跟踪（Raytrace），设置值为30，不透明度（Opacity）设置为45至60。

上：图10-2-10　多种材质效果

下：图10-2-11　玻璃材质效果

(4) 凹凸贴图制作

利用Photoshop软件制作黑白贴图并适当加强对比度，在材质面板中加入凹凸贴图（Bump）选项，并在位图（Bitmap）中选择制作好的黑白贴图，调整噪波（Noise）的值增加凹凸感。

6.灯光及摄像机创建

灯光的类型分为标准灯光（Standard）和光学灯光（Photometric）两大类型。标准灯光是创建室内灯光的基本手段，利用泛光灯（Omni）和聚光灯（Target Spot）以及阴影的设置，可创建较为真实的室内照明效果，还可利用目标平行光（Target Directional）模拟照射入室内的太阳光。

标准灯光（Standard）的修改命令中常用的参数有：

(1) 阴影开关（Shadows-On）及参数设置（Shadow Parameters）：可调整阴影的开启和关闭、阴影颜色（Color）和阴影浓度（Dens）；

图 10-2-12　模拟太阳光效果

（2）光线强度倍增值及颜色（Multiplier）：控制阴影的强度值和色彩；

（3）近处衰减（Near Attenuation）、远处衰减（Far Attenuation）：可调整灯光亮度的衰减范围，使用衰减可使灯光效果更加逼真。使用衰减（Use）、在视图中显示衰减范围（Show）；

（4）聚光区／光束（Hotspot/Beam）、衰减区／区域（Falloff/Field）：聚光区和衰减区的取值大小差异决定了灯光照射边界的柔和程度。

利用光学灯光（Photometric）的创建，在修改面板通过分布（Distribution）中选

图 10-2-13　摄像机模拟人的视角

择Web方式，可在Web参数（Web Parameters）面板中引入外挂的光域网文件。

摄像机可依据人的视线高度进行创建。在立面视图中，根据设定的视线高度创建二维矩形，并按照矩形的尺寸将摄像机捕捉移动到指定高度，使渲染场景更趋真实。

7.后期的渲染加工

在模型制作完成之后，加入了灯光和摄像机，调整其亮度及相关参数的设置，最终要对场景进行渲染输出。

（1）调整渲染参数：

重新设置渲染尺寸，尺寸越大渲染输出的效果越好，但合理的尺寸设置会有效地节省渲染时间。通常若图面打印幅面为A3，将渲染尺寸调整为2400 × 1800即可获得适中的图面效果。面对较为复杂的几何单体渲染，为便于后期加工，也可在渲染面板的Render Elements面板下添加（Add）入Alpha通道，或在存储输出图片的文件格式中选择Targa图像格式，这样物体在利用Photoshop软件进行后期图片处理时，可以形成带通道的图片形式，便于对图像进行选取。

图10-2-14　后期处理效果1

（2）3DMax的输出：

模型调整及制作完成后，对文件进行存储以备再次修改。继续使用文件时常常会遇到这样的问题：在别的电脑上打开制作好的Max文件，与其相关的材质贴图文件便无法找到。为使模型显示真实的材质效果，我们就必须将贴图文件一并带上，在3DMax软件中可以将制作好的模型材质进行整理并压缩到一个文件包里，这样就能在其他机器上进行修改了。方法是对制作完成的Max文件，在其文件（File）菜单下选择归档（Archive）命令，并选择归档（Archive），可生成带有贴图文件的压缩包。

图 10-2-15　后期处理效果 2

（3）Photoshop 处理：

在 Photoshop 软件中可以对室内渲染图像做进一步加工，Photoshop 处理二维图片的手段是极为丰富的。对于设计效果图来说，主要可完成的修改包括：图面亮度及对比度的调节、色相及饱和度的调节、添加及改变背景、制作特殊贴图文件、创建人物与植物配景、阴影的制作、添加灯光柱及光晕效果、室内建模中无法完成的细节装饰、效果图的拼贴排版和添加文字等。

三　复杂模型的创建

运用二维图形创建三维实体以及利用修改器创建几何体的方式只能创建一些相对简单的物体，对于室内设计这样复杂的建模来说还远远不够。例如，很难用以上两种方式制作曲面的或柔软的模型。因此，我们要以更为多样的复杂建模方式作为室内建模内容的补充和深化，为制作具有艺术化、特殊效果的室内及产品模型提供帮助。

1.复合对象物体创建

在室内建模中较为常用的复合对象物体（Compound Objects）包括：布尔运算（Boolean）、放样物体（Loft）、图形合并（ShapeMerge）、连接（Connect）、一致（Conform）等。

（1）布尔运算（Boolean）：是常用的利用多个几何物体之间的相加或相减运算，来创建较为复杂的几何形体的命令。值得注意的是，若后期渲染利用的是 Lightscape 渲染器，则应尽量避免使用布尔运算来创建物体，否则容易出现面的错误。布尔运算的

图 10-2-16　复杂建模 1

基本界面包括：Pick Operand（拾取进行布尔运算的操作对象）、Union（进行并集相加计算）、Intersection（保留物体相交的交集部分）、Subtraction（两种减法运算）、Display（显示的三种形式，包括结果［Result］、操作对象［Operand］和结果加隐藏对象［Result+Hidden］）。在对多个物体进行布尔运算时，为减少计算错误，要避免一次连续拾取多个物体。

（2）放样物体（Loft）：可使物体沿着规定的路径进行截面图形的放样建模。在不同的视图中，要通过建立二维截面图形和路径线，来放样建模。并且，可在不同路径节点上添加不同的截面图形以形成复杂的几何体。其基本参数包括：Get Path（获取路径命令）、Get Shape（获取图形命令）、Surface Parameters（曲面参数面板中可自定义物体贴图［Mapping］的重复数量）、Path Parameters（路径参数设置面板中可指定路径不同位置，以便在不同位置获取不同的截面图形）、Skin Parameters（蒙皮

图 10-2-17　复杂建模 2

参数面板中可打开或关闭上下封口［Capping］，增加选项［Options］中图形步数［Shape］值和路径步数［Path］值，可使放样物体更为精细)。

在修改器面板中可分别对图形（Shape）和路径（Path）进行调节。变形（Deformations）中的几种变形方式为：Scale（缩放）、Twist（扭曲）、Teeter（倾斜）、Bevel（倒角）、Fit（拟合放样）。这几种变形手段都是利用可控曲线图对放样完成的物体做进一步调节。值得一提的是，可以利用拟合放样（Fit）变形手段，通过在不同视图绘制二维三视图的方式，创建三维物体，这也是比较好用的制作复杂几何体方式之一。

（3）图形合并（ShapeMerge）：是将二维图形结合到三维几何体表面进行叠加操作。图形合并命令既可以使规则二维图形合并到几何体上，也可以使手绘的个性化图形进行合并，形体合并后加入Face Extrude（面挤出）修改操作，可将图形立体化处理。图形合并（ShapeMerge）的基本参数包括：Pick Shape（拾取图形）、Operation（操作选项）、Cookie Cutter（饼切操作，是将合并到几何体表面的图形部分删除）、Merge（合并操作，保留图形部分）、Invert（反转，保留图形部分将其余部分删除）。

（4）连接（Connect）：在两个物体之间建立连接，前提是要删除两个三维物体的部分表面。连接的部分具有可调节操作的张力效果，调节的参数包括：Pick Operand（拾取操作对象）、Segments（分段，设置连接部分的片段数）、Tension（张力，调节张力值）、Smoothing（平滑）、Bridge（桥接，对连接的部分进行平滑处理）、Ends（末端，对连接的末端接合处平滑处理）。

图10-2-18　复杂建模3

（5）一致（Conform）：是对创建的三维物体组合进行包裹操作以形成外围表皮的命令。操作方式是以附加为一体的多个三维几何体为结构骨架，建立包裹物体，并可通过Relax（松弛）修改操作，独立调节完善包裹物体。基本参数包括：Pick Wrap-To Object（拾取包裹对象）、Towards Wrap-To（指向包裹对象中心，勾选此选项可使包裹物体与可调节的对象轴心对齐）、Wrapper Parameters（包裹器参数调节）、Default Projection Distance（默认投影距离）、Standoff Distance（间隔距离）。

2.NURBS 曲面建模

NURBS是独立的曲面建模系统，在创建复杂特殊的曲面模型时较为常用，其创建的曲面具有造型准确、表面光滑、易调节的特点。NURBS物体的创建可通过绘制二维图形中NURBS曲线（NURBS Curves）以及三维几何体中NURBS曲面（NURBS Surfaces）直接创建，也可以将一些标准几何体转换为NURBS物体进行修改操作。

了解NURBS曲面建模的修改操作面板可以针对NURBS物体进行多项调节和创建操作，常用参数简介如下：

（1）点的创建（Create Points）

Curve Point（在曲线上创建点）、Curve-Curve Point（创建两条曲线相交的交点，并可分别对两条曲线进行剪切）、Surface Point（在曲面上创建点）、Surface-Curve Point（建立曲面与曲线的交点，可对曲线进行修剪操作）。

（2）曲线的创建（Create Curves）

CV Curve（创建CV可控曲线，较

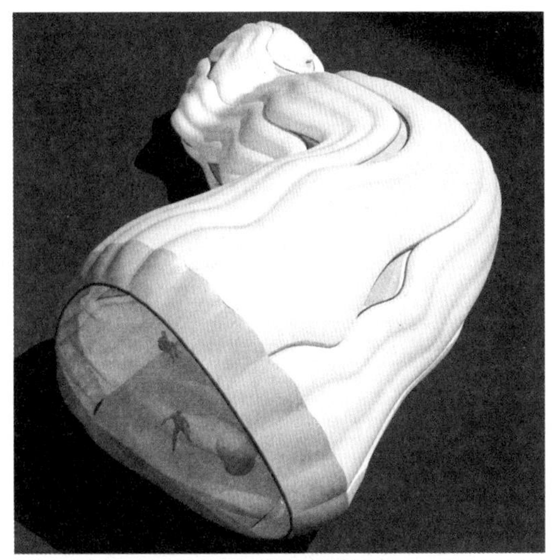

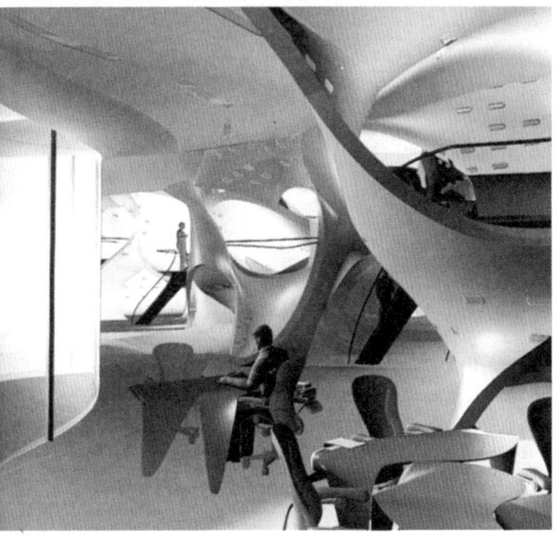

上：图10-2-19　复杂建模4
下：图10-2-20　复杂建模4

为常用)、Blend Curve (在两条曲线间建立可调节的融合曲线)、Surface-Surface Intersection Curve (创建曲面与曲面相交曲线，并可对曲面进行剪切操作，是调整曲面的重要工具)、U Iso Curve (在曲面上建立U向曲线)、V Iso Curve (在曲面上建立V向曲线)、Normal Projected Curve (法线方向投影曲线，依据物体法线进行映射，与视图无关)、Vector Projected Curve (向量投影曲线，根据当前视图进行映射操作，与视图垂直)、CV Curve on Surface (在曲面上创建CV可控曲线)。

(3) 曲面的创建 (Create Surfaces)

CV Surface (建立CV可控曲面)、Extrude Surface (挤出曲面)、Lathe Surface (创建车削曲面，依照截面曲线旋转成形)、Ruled Surface (规则曲面，在两条曲线间建立曲面)、Cap Surface (建立封盖曲面)、U Loft Surface (U向放样曲面，同一方向的多个曲线形成曲面)、UV Loft Surface (UV放样曲面，双方向的多个曲线形成曲面，需依次选取不同方向的曲线)、1-Rail Sweep (单轨扫描，使曲线沿路径形成曲面，类似放样操作)、2-Rail Sweep (双轨扫描，是由两条路径控制形成的曲面，先依次选取两条路径再选截面图形，可形成较为复杂的曲面)、Multisided Blend Surface (多边混合曲面，在多个曲面间建立融合曲面)、Multicurve Trimmed Surface (多重曲线修剪曲面)、Fillet Surface (在曲面间进行圆角处理)。

图10-2-21 复杂建模7

四 多种材质表现

对材质的制作和合成技术掌握的熟练程度，直接决定了后期渲染的效果，是设计表达的重要环节。虽然有些后期渲染软件也带有材质调节和制作功能，但对于三维制作软件中基本材质面板的了解，可以更好地配合其他插件，创造出逼真的效果。

1.不同材质类型

利用基本材质类型在创建复杂的场景效果时还远远不够，这就需要多种材质类型的相互配合。三维制作软件的材质面板包含了混合材质、合成材质、双面材质和多维材质等多种材质类型，较为常用的有：

混合材质（Blend），使两种材质按比例进行混合形成新的材质，混合量（Mix Amount）为混合强度的百分比调节，也可通过混合曲线（Mixing curve）进行调节和指定转换区域（Transition zone）。

合成材质（Composite），以一种材质为基本材质，可结合多个材质类型。

双面材质（Double Sided），可在物体的正反两面设置不同的材质，半透明（Translucency）选项可控制材质的透明度。

多维/次对象材质（Multi/Sub-Object），可使同一物体的不同表面对应其ID号赋予对应的材质，设置数量（Set Number）调节材质的数量，若出现对应错误，可在编辑网格（Edit Mesh）修改中调整物体的ID号设置。

顶/底材质（Top/Bottom），交换（Swap）可使顶底材质进行互换，混合（Blend）可调整两种材质相交边界的混合程度，位置（Position）是指可移动相交的位置。

图10-2-22 材质表现

墨汁水彩材质(Ink'n Paint)，可模拟彩墨手绘效果，绘制控制（Paint Controls）是调节填充色彩的选项，墨水控制（Ink Controls）是可操控画笔的参数。

2.多种贴图通道

贴图通道Maps面板中包含了多项贴图选项，主要有：

环境光颜色贴图（Ambient），设置环境光的颜色贴图，通常与漫反射颜色贴图（Diffuse）相互关联锁定。

漫反射颜色贴图(Diffuse)，是最为常用的物体表面贴图类型，利用位图(Bitmap)方式可调入外接图片文件。

高光颜色贴图（Specular Color），是控制物体高光区域颜色的贴图类型。

高光级别贴图（Specular Level），是控制物体高光区域强度的贴图类型。

光泽度贴图(Glossiness)，是利用贴图黑白度值决定物体高光区域的大小和亮度。

自发光贴图（Self-Illumination），可控制自发光的值及贴图效果。

不透明度贴图（Opacity），贴图的灰度关系决定了物体贴图区域的透明度，黑色区域完全透明，白色区域不透明。

过滤色贴图(Filter Color)，可为透明材质加入贴图叠加以及过滤的效果。

凹凸贴图（Bump），是常用的增加物体细部效果的贴图类型，可配合噪波(Noise)选项使物体在不增加几何面数量从而影响渲染速度的前提下，产生逼真的凹凸视觉效果。

反射贴图（Reflection），是重要的材质贴图类型，常与光线跟踪(Raytrace)、位图（Bitmap）以及平面镜(Flat Mirror)等选项合用，

上：图10-2-23　贴图效果1
下：图10-2-24　贴图效果2

使材质具有好的平面反射效果。

折射贴图（Refraction），利用贴图类型增加物体的折射效果。

置换贴图（Displacement），通过平面贴图方式可改变物体的形状，从而转换为新的物体，并需加入置换近似（Displace Approx）修改操作，对置换物体进行精度调节。

五 特效的添加

在常规渲染中加入适当的景深效果以及光束等特效处理，可以丰富渲染内容，强化视觉感受。以下对两种常用的特效添加予以介绍：

1.多种雾效

大气效果，是以摄像机照射的范围为基本参照，由近及远形成逐渐雾化的景深效果，在渲染较大的室外场景以及单体模型的特效时经常使用。在渲染（Rendering）菜单下打开环境和效果（Environment and Effects）参数设置面板，在大气（Atmosphere）界面下添加入雾（Fog）的特效，选择标准（Standard）类型，并调整摄像机的照射范围，即可形成物体在场景中随照射距离变化逐渐增强的大气特效。

层雾效果，若选择分层（Layered）类型，设置顶（Top）、底（Bottom）以及密度（Density）的数值可产生上下分层的雾效。同时，可继续添加雾（Fog）特效操作，形成场景中的多层雾效。衰减（Falloff）调节，水平噪波（Horizon）参数设置可以柔化层雾边缘。

图10-2-25 特效1

图 10-2-26　特效 2

2. 体积光束

在室内场景中加入的光束照射特效，可以更好地模拟太阳光照效果，为渲染增添细节及真实感。在环境和效果（Environment and Effects）参数设置面板的大气（Atmosphere）下添加入体积光（Volume Light）的特效，在体积光参数（Volume Light Parameters）界面下可通过拾取照射光源，在其光柱范围内便形成了白色颗粒状的光束效果。可调节密度(Density)、最大亮度(Max Light)、最小亮度(Min Light)以及噪波（Noise）等参数设置，衰减颜色（Attenuation Color）可对衰减色彩进行调节，通常为黑色。

六 渲染插件的配合

在三维模型创建完成之后，需要对场景进行最终的渲染输出，外挂的渲染插件已逐渐取代了自带的常规渲染器，呈现出更为真实生动的场景效果。目前，渲染插件的类型多种多样，新的产品不断涌现，操控方式上也愈发便捷。以下对较为常用的两大渲染软件加以简要介绍，为进一步的软件学习打下基础。

1. VRay 渲染器

(1) VRay 渲染简介

VRay 渲染器是安装于 3DMax 操作界面下，与 Max 软件结合极为紧密的渲染插件，如何更好地操控 VRay 渲染器与能否熟练地掌握三维建模软件命令密切相关。软

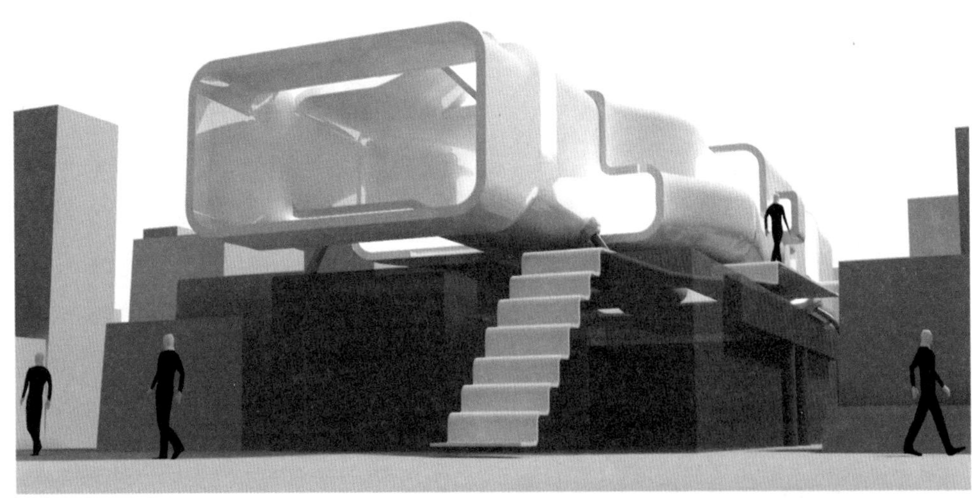

图10-2-27　VRay渲染表现1

件安装完成后，在灯光创建及阴影设置、材质面板和渲染器界面下都添加了VRay自带的灯光、材质及渲染调节参数，对这些因素综合利用的熟练程度及经验值决定了最终的渲染效果。

(2) VRay的灯光、阴影设置

VRay的灯光光板（VRayLight）与VRay阴影（VRayShadow）调节有其自身的调节设置参数。在灯光参数设置中可调节灯光的开启或关闭(On)、发光面(Double-sided)、是否可见（Invisible)、颜色（Color)、强度（Mult)、尺寸（Size）以及精度控制采样值(Subdivs)等参数。在阴影设置面板中包括了阴影偏移值(Bias)、精度控制采样值（Subdivs）以及不同方向的模糊值（U、V、W Size）等参数的调节。

(3) VRay的材质制作

在利用VRay渲染器渲染输出时一定要将物体指定为VRay材质类型。VRay材质编辑类型包括了VRay特殊材质(VRayMtl)和VRay包裹器(VRayMtlWrapper)等形式，随着版本的不断提升，越来越多的VRay材质类型被添加到材质面板中，为后期渲染特殊材质效果提供了极大的帮助。在材质制作中可以将多种Max制作的材质类型加入VRay包裹器（VRayMtlWrapper）以方便最终的渲染。因此，对创建Max不同材质的熟练掌握也有助于VRay的最终渲染效果。

(4) VRay的渲染参数调节

VRay渲染参数的设置较为复杂，是调节及形成最终渲染效果的主要界面，也是控

图 10-2-28 VRay 渲染表现2

制渲染精度及时间的重要环节。VRay渲染面板的参数设置包括以下各主要部分：全局开关控制(Global switches)、图像采样/抗锯齿设定（Image Sampler / Antialiasing)、景深/抗锯齿过滤器（Depth of field/Antialiasing filter)、间接照明/GI调节(Indirect Illumination /GI)、高级发光贴图参数（Advanced irradiance map parameters)、全局光子贴图(Global photon map)、焦散设置（Caustics)、环境设置(Environment)、运动模糊(Motion blur)、QMC采样(QMC samplers)、G－缓冲/色彩映射(G-buffer/Color mapping）等。每个控制面板下又包含众多的调节参数，对这些常用参数的了解及掌握，只有通过不断的实践操作和练习，最终才能制作出较为完善的渲染图像。

2.Lightscape软件

(1) Lightscape渲染简介

Lightscape渲染软件是近来较为流行的针对室内设计方案的渲染插件，它是依靠真实的光学灯光光照参数以及光能传递原理，产生极为逼真的室内渲染效果，目前仍广泛地应用于室内设计的渲染输出中。最新版本的中文界面操作系统，在材质的制作上引入了多种工程施工材料的基本属性，能够模拟室内装饰的大多数材质类型，使软件更为完善，为渲染输出提供了更大的便利，呈现出极好的渲染视觉效果。

(2) Lightscape的准备阶段

Lightscape软件的准备阶段是将三维软件制作完成的模型导入Lightscape中，并对基本参数进行简单调节的过程。在此之前应对软件的基本界面有一个大致的了解，

图 10-2-29　Lightscape 渲染表现 1

Lightscape 软件的操作界面包括图层列表、图块列表、光源列表及材质列表四个主要调整界面。在准备阶段的具体操作程序包含了输入三维模型、重新定义物体表面材质、确定物体表面参数、定义光源和简单调节三维实体五个步骤。在准备阶段可对三维模型作简单的移动等修改操作，并对物体的材质属性、表面参数以及场景中光源属性做进一步调整和重新指定，为深入的渲染阶段做准备。

（3）Lightscape 的解决阶段

Lightscape 的解决阶段是一个重要的过程，在此，模型的调节以及基础参数的设置已基本结束，进入室内环境光学灯光特效和光能传递的新阶段。解决阶段的具体程序包括定义处理参数、进行整体的光能传递过程、对材质以及光学灯光属性进行深入调节三个步骤。这一阶段对三维几何体模型已不能进行调整操作，而对于光源以及材质的属性还可做进一步调节。对有窗户的室内场景可加入天光以及太阳光照的效果，增加渲染的真实感，细化设计方案。

（4）Lightscape 的输出阶段

Lightscape 的输出阶段是渲染出图的基本参数设置过程，此阶段可对渲染精度做进一步调节，根据出图的需要加入光影跟踪特效和增加抗锯齿级别设定，好的图片质量与渲染分辨率的高低以及渲染时间息息相关。Lightscape 软件的渲染可输出的文件类型有单幅图片、动画图像等多种文件格式。对以上针对模型的调节以及光能传递过程还可做中期阶段的存储操作，为下次渲染以及修改调节提供方便。

图10-2-30 Lightscape 渲染表现2

作业

1. 对通过二维图形创建三维实体的制作过程进行讨论，并通过测试要求学生熟练掌握。
2. 以室内设计为依据，自拟题目，结合多种手段对设计方案进行表现和讨论。

参考书目

1. 吴家烨：《设计思维与表达》，北京：中国美术出版社，1995年。
2. 朱明健编著：《室内外设计思维与表达》，武汉：湖北美术出版社，2002年。
3. 胡锦编著：《设计快速表现》，北京：机械工业出版社，2003年。
4. 缪鹏、林小燕主编：《高等院校美术专业系列教材·美术技法理论·透视学》，广州：岭南美术出版社，2004年。
5. 孙佳成编著：《室内环境设计与手绘表现技法》，北京：中国建筑工业出版社，2006年。
6. 姚勇、鄢峻编著：《室内设计实例教程》，北京：中国青年出版社，2005年。

7. 毛卫宏编著：《Lightscape3.2室内装饰效果图制作技巧与典型实例》，北京：人民邮电出版社，2005年。
8. 曾冬梅编著:《专家级建筑效果图制作技巧揭秘·工装篇》，北京：兵器工业出版社、北京希望电子出版社，2004年。
9. Philip Jodidio，*Architecture Now*，Taschen，2001.
10. Massimiliano Fuksas，*7th International Architecture Exhibition*，Marsilio，Venezia，2000.

相关网站

1. 3DMax及相关网址

(3DMax俱乐部技术论坛) http://www.3dmax8.com/bbs/

(中国3DMax资源社区) http://bbs.3dmax9.cn/

(3DMax7中文版视频教程) http://www.it.com.cn/f/edu/057/15/144740.htm

(3DMax视频教程) http://www.enet.com.cn/eschool/zhuanti/3dmax/

(火星时代论坛) http://bbs.hxsd.com.cn/

2. VRay渲染器

(渲染器之家) hhtp://www.51render.com/

(中国渲染网) http://www.xuanran.cn/

(ABBS建筑论坛VRay) http://www.abbs.com.cn/bbs/post/page?bid=32&sty=1&age=30&s=244

3. Lightscape渲染器

(火星时代论坛) http://bbs.hxsd.com.cn/

(ABBS建筑论坛Ls) http://www.abbs.com.cn/bbs/post/page?bid=32&sty=1&age=30&s=241

4.在线软件教程

（天极设计在线）http://design.yesky.com/

（全视网）http://www.iforchina.com/

（中国计算机教学网）http://www.yzcc.com/